中国电力教育协会审定

"十二五"高职高专电力技术类专业系列教材

装表接电

全国电力职业教育教材编审委员会 组 编

胡位标 高 山 主 编

黄建硕 郭子君 袁卫华 副主编

熊木兰 娄宇红 编 写

王 宇 主 审

中国电力出版社

CHINA ELECTRIC POWER PRESS

内 容 提 要

本书采用模块化结构编写，由简单到复杂，深入浅出，避免繁琐的理论计算和验证，便于灵活施教；在内容定位方面，按照知识够用且必须掌握，同时服务于技能的思路，突出实用性和针对性，并融入一定的新技术、新设备、新工艺等。

全书共七个学习情境二十一个工作任务。七个学习情境为装表接电基本知识与技能，电能计量装置的施工，电能计量装置的检查与处理，电能计量装置的竣工验收，低压接户线、进户线及配套设备安装，防（反）窃电基本技能，智能电能表及信息采集终端安装。

本书主要作为高等职业院校电力技术类专业课程教材，也可作为供电企业生产一线人员的岗位技能培训教材，同时可作为电力企业工人和技术人员的辅导教材。

图书在版编目（CIP）数据

装表接电/胡位标，高山主编；全国电力职业教育教材编审委员会组编．—北京：中国电力出版社，2015.2（2023.12 重印）

全国电力高职高专“十二五”规划教材．电力技术类（电力工程）专业系列教材

ISBN 978-7-5123-6883-5

Ⅰ.①装…　Ⅱ.①胡…②高…③全…　Ⅲ.①电工－安装－高等职业教育－教材　Ⅳ.①TM05

中国版本图书馆 CIP 数据核字（2014）第 300876 号

中国电力出版社出版、发行

（北京市东城区北京站西街 19 号　100005　http：//www.cepp.sgcc.com.cn）

北京九州迅驰传媒文化有限公司印刷

各地新华书店经售

*

2015 年 2 月第一版　　2023 年 12 月北京第六次印刷

787 毫米×1092 毫米　16 开本　19.25 印张　471 千字

定价 **49.00** 元

全国电力职业教育教材编审委员会

参编院校

山东电力高等专科学校
山西电力职业技术学院
四川电力职业技术学院
三峡电力职业学院
武汉电力职业技术学院
江西电力职业技术学院
重庆电力高等专科学校
西安电力高等专科学校
保定电力职业技术学院
哈尔滨电力职业技术学院
安徽电气工程职业技术学院
福建电力职业技术学院
郑州电力高等专科学校
长沙电力职业技术学院

电力工程专家组

组　长　解建宝

副组长　李启煌　陶　明　王宏伟　杨金桃　周一平

成　员　（按姓氏笔画排序）

王玉彬　王　宇　王俊伟　刘晓春　余建华　吴斌兵
张惠忠　李建兴　李道霖　陈延枫　罗建华　胡　斌
章志刚　黄红荔　黄益华　谭绍琼

出 版 说 明

为深入贯彻《国家中长期教育改革和发展规划纲要（2010—2020）》精神，落实鼓励企业参与职业教育的要求，总结、推广电力类高职高专院校人才培养模式的创新成果，进一步深化"工学结合"的专业建设，推进"行动导向"教学模式改革，不断提高人才培养质量，满足电力发展对高素质技能型人才的需求，促进电力发展方式的转变，在中国电力企业联合会和国家电网公司的倡导下，由中国电力教育协会和中国电力出版社组织全国14所电力高职高专院校，通过统筹规划、分类指导、专题研讨、合作开发的方式，经过两年时间的艰苦工作，编写完成全国电力高职高专"十二五"规划教材。

本套教材分为电力工程、动力工程、实习实训、公共基础课、工科专业基础课、学生素质教育六大系列。其中，电力工程系列和工科专业基础课系列教材40余种，主要针对发电厂及电力系统、供用电技术、继电保护及自动化、输配电线路施工与维护等专业，涵盖了电力系统建设、运行、检修、营销以及智能电网等方面内容。教材采用行动导向方式编写，以电力职业教育工学结合和理实一体化教学模式为基础，既体现了高等职业教育的教学规律，又融入电力行业特色，是难得的行动导向式精品教材。

本套教材的设计思路及特点主要体现在以下几方面。

（1）按照"行动导向、任务驱动、理实一体、突出特色"的原则，以岗位分析为基础，以课程标准为依据，充分体现高等职业教育教学规律，在内容设计上突出能力培养为核心的教学理念，引入国家标准、行业标准和职业规范，科学合理设计任务或项目。

（2）在内容编排上充分考虑学生认知规律，充分体现"理实一体"的特征，有利于调动学生的学习积极性，是实现"教、学、做"一体化教学的适应性教材。

（3）在编写方式上主要采用任务驱动、项目导向等方式，包括学习情境描述、教学目标、学习任务描述、任务准备、相关知识等环节，目标任务明确，有利于提高学生学习的专业针对性和实用性。

（4）在编写人员组成上，融合了各电力高职高专院校骨干教师和企业技术人员，充分体现院校合作优势互补、校企合作共同育人的特征，为打造中国电力职业教育精品教材奠定了基础。

本套教材的出版是贯彻落实国家人才队伍建设总体战略，实现高端技能型人才培养的重要举措，是加快高职高专教育教学改革、全面提高高等职业教育教学质量的具体实践，必将对课程教学模式的改革与创新起到积极的推动作用。

本套教材的编写是一项创新性的、探索性的工作，限于编者的时间和经验，书中难免有疏漏和不当之处，恳切希望专家、学者和广大读者不吝赐教。

全国电力职业教育教材编审委员会

前　言

为大力实施“人才强企”战略，加快培养高素质技能人才队伍，根据人才培养计划和要求及“装表接电”课程标准，采用了现场教学组织形式，营造类似企业的学习环境，通过完成各项工作任务，以任务驱动的工作过程导向课程教学实施，以便全面培养技能型的专业能力、方法能力和社会能力。

本书是一门融专业性和技能操作性为一体的课程教材。本书主要采用情境（项目）导向式和任务驱动式编写方式，根据装表接电现场工作过程选择典型的工作任务为编写内容，将学生应知应会的装表接电知识分为七个学习情境，二十一个工作任务。每一个典型的工作任务都包括相关理论知识、学习情境的实训以及练习与思考等内容，以达到理论与实践的一体化，培养学生具备装表接电方面的基本专业能力和职业规范，并且掌握一定的工作方法。

本书学习情境一由长沙电力职业技术学院黄建硕和江西电力职业技术学院熊木兰编写；学习情境二由江西电力职业技术学院胡位标和山西电力职业技术学院郭子君编写；学习情境三由保定电力职业技术学院袁卫华编写；学习情境四由江西电力职业技术学院胡位标编写；学习情境五和学习情境七由郑州电力高等专科学校高山和娄宇红编写；学习情境六由江西电力职业技术学院胡位标和熊木兰编写。全书由江西电力职业技术学院胡位标担任第一主编，郑州电力高等专科学校高山担任第二主编，长沙电力职业技术学院王宇担任主审。

限于编者学识水平与实践经验，书中难免存在疏漏和不足之处，恳请使用本书的各位专家和读者提出宝贵意见，使之不断完善。

编　者

2015年1月

目　录

学习情境一

装表接电基本知识与技能

【情境描述】

在遵循相关法律法规和标准的前提下，介绍装表接电工作的基本知识和基本操作技能。

【教学目标】

(1) 能正确熟悉装表接电工作的业务内容。

(2) 能熟练掌握装表接电工作流程。

(3) 能正确选择和使用装表接电常用仪表。

(4) 能正确选择和使用装表接电登高工器具并对其进行维护。

(5) 能够熟悉现场作业的标准化作业指导书。

【教学环境】

装表接电实训室及一体化教室。

任务一　装表接电业务与工作流程

教学目标

知识目标

(1) 能正确叙述装表接电常用登高工器具类型、用途、使用方法及注意事项。

(2) 能正确叙述装表接电常用安全工器具类型、用途、使用方法及注意事项。

(3) 能熟练掌握装表接电工作内容、基本要求，了解装表接电业务中不同业务子项的工作流程及操作方法。

(4) 熟悉营销业务系统中的装表接电业务处理。

能力目标

(1) 能熟练掌握和规范使用装表接电有关的登高工器具。

(2) 能熟练掌握和规范使用装表接电有关的安全工器具。

态度目标

(1) 能主动学习相关知识，认真做好实训作业方案。

(2) 在严格遵守安全规范的前提下，小组成员分工协作，密切配合，高标准、高质量地按时完成实训任务。

(3) 在完成任务过程中能主动发现、分析并创造性地解决问题。

任务描述

了解装表接电任务的来源及其典型工作业务流程与处理方法。

任务准备

了解国家电网公司"SG186"工程营销业务应用系统中的装表接电相关业务流程及处理方法。

任务实施

根据装表接电业务主要涉及的"计量点管理"业务类中的周期轮换、关口新装、设备更新、设备拆除、关口计量异常处理和故障、差错处理6个业务子项的功能和具体业务流程的处理方法，处理典型客户的装表接电业务工作票。

一、条件与要求

(1) 设备条件：国家电网公司"SG186"工程营销业务应用系统及有关设备。

(2) 能熟悉计算机的基本知识。

(3) 具有一定的专业基础知识和基本操作能力。

二、施工前准备

(1) 分组进行，明确分工及责任，查阅资料，学习相关知识与规范。

(2) 检查"SG186"工程营销业务应用系统是否能正常运行。

三、任务实施参考

"SG186"工程营销业务应用系统主要分为周期轮换、关口新装、设备更新、设备拆除、关口计量异常处理和故障、差错处理6个业务子项。下面详细介绍主要的业务子项。

(一) 周期轮换

周期轮换是"SG186"工程营销业务系统"计量点管理"业务类中业务项下的一个子业务，包括轮换计划制定、调整、审批以及轮换的执行情况。

1. 周期轮换工作流程

周期轮换工作流程如图1-1-1所示。

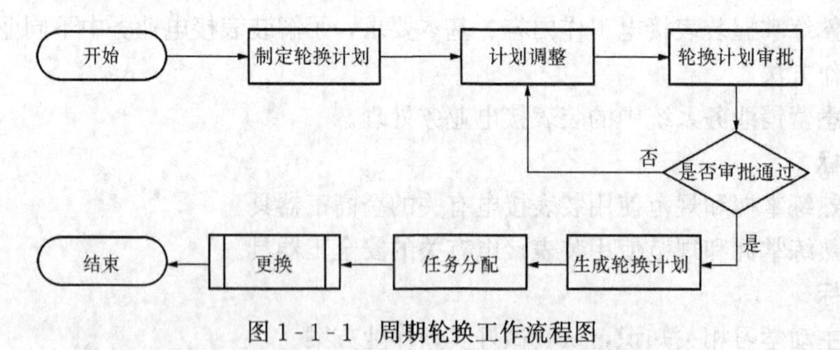

图1-1-1 周期轮换工作流程图

2. 周期轮换具体操作方法

（1）周期轮换计划制定人员定期编制周期轮换计划，提交计划审批人员进行审批。

登录“SG186”工程营销业务应用界面，如图 1-1-2 所示。点击＜计量点管理＞，在弹出的菜单中选中＜运行维护及检验＞并点击，选中＜制定轮换计划＞，制定 2013 年度电能表轮换计划，制定并发送成功后点击＜确定＞。

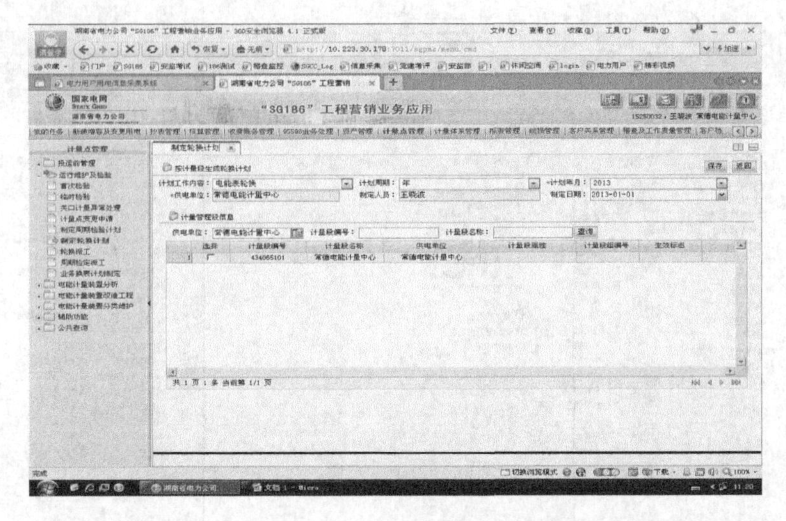

图 1-1-2　“SG186”工程营销业务应用登录界面

（2）计划审批人员对周期轮换计划进行审批，输入审批意见，审批同意后生效。

在待办工作单中审核轮换计划如图 1-1-3 所示。点击＜计划审核＞，按计量装置类别依次选＜通过＞并点击＜保存＞，保存成功，点击＜确定＞。2013 年度电能表轮换计划即生效。

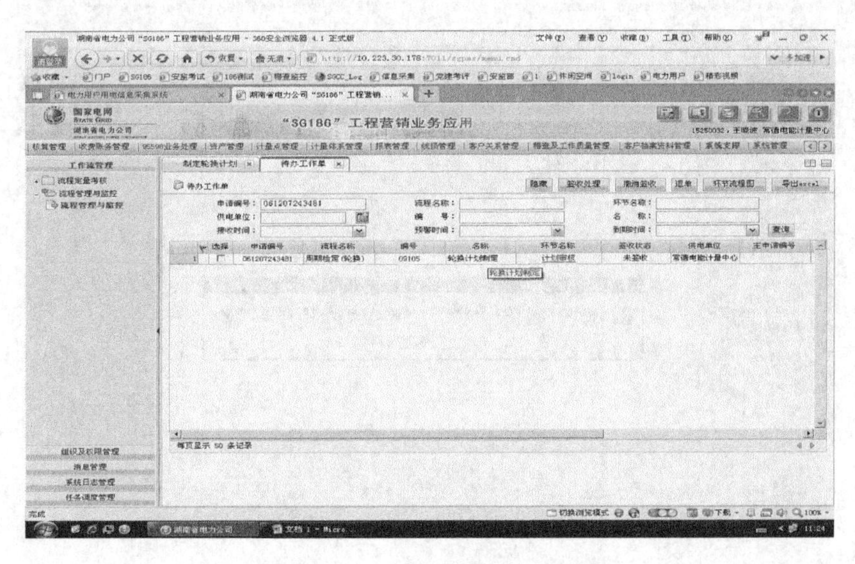

图 1-1-3　审核轮换计划示意图

（3）执行已经审批通过的年度周期轮换计划，由现场检验派工作人员根据轮换任务执行相应月份的计划明细派工。

选择任务处理人员如图 1-1-4 所示，根据轮换任务的客户编号进行筛选派工，为选中的轮换计划生成轮换工作单，轮换计划派工完成，并产生轮换工作单的申请编号如图 1-1-5 所示。

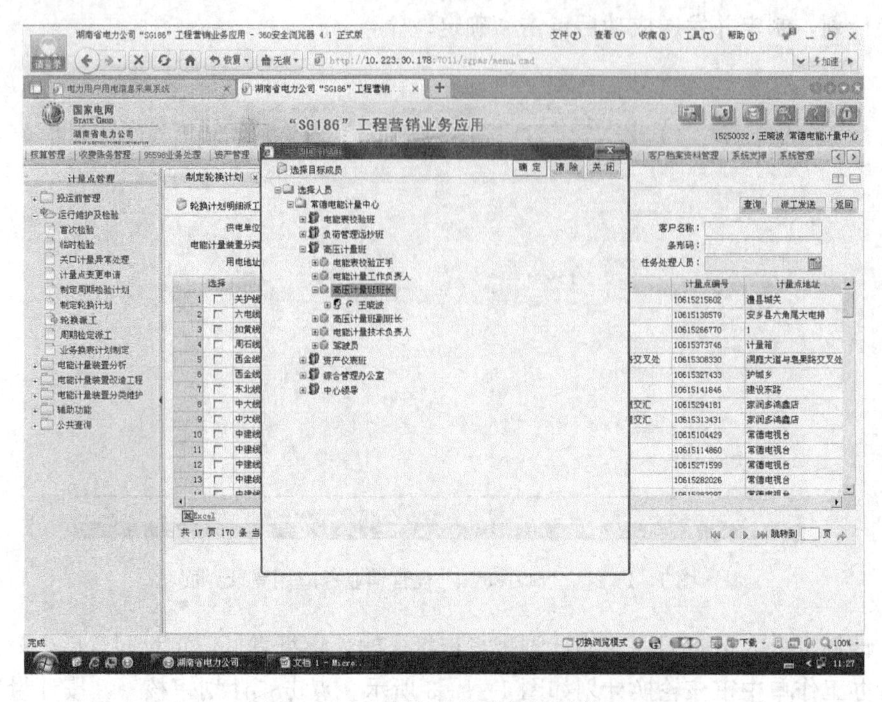

图 1-1-4　任务处理人员选择界面

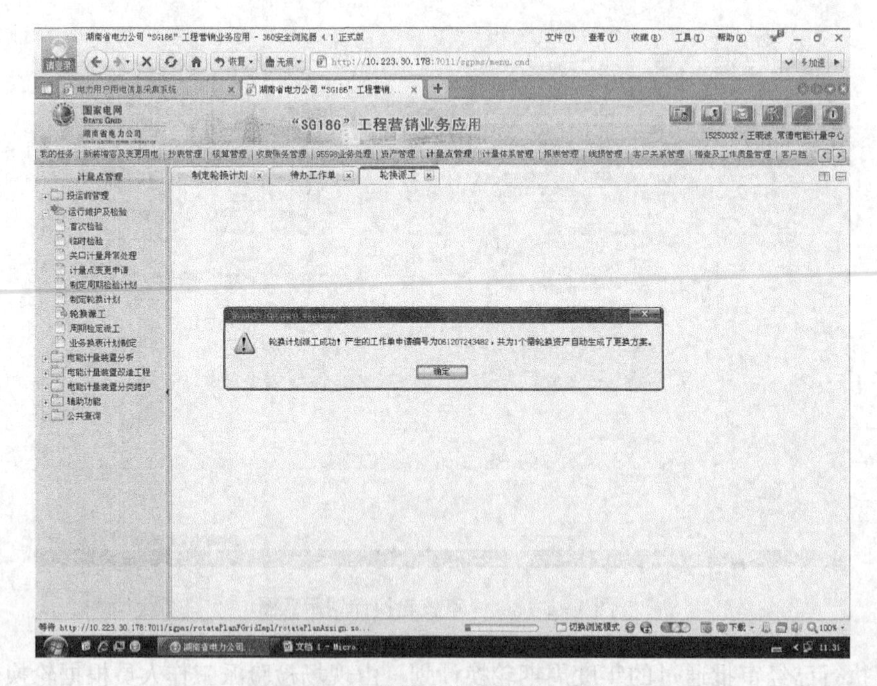

图 1-1-5　轮换工作单编号申请界面

（4）根据申请编号在待办工作单中点击＜制定方案＞如图 1-1-6 所示，根据需拆除的电能表的规格结合实际情况选择新增电能表的规格，并保存新增电能表方案。制定方案环节完成后，进行配表。

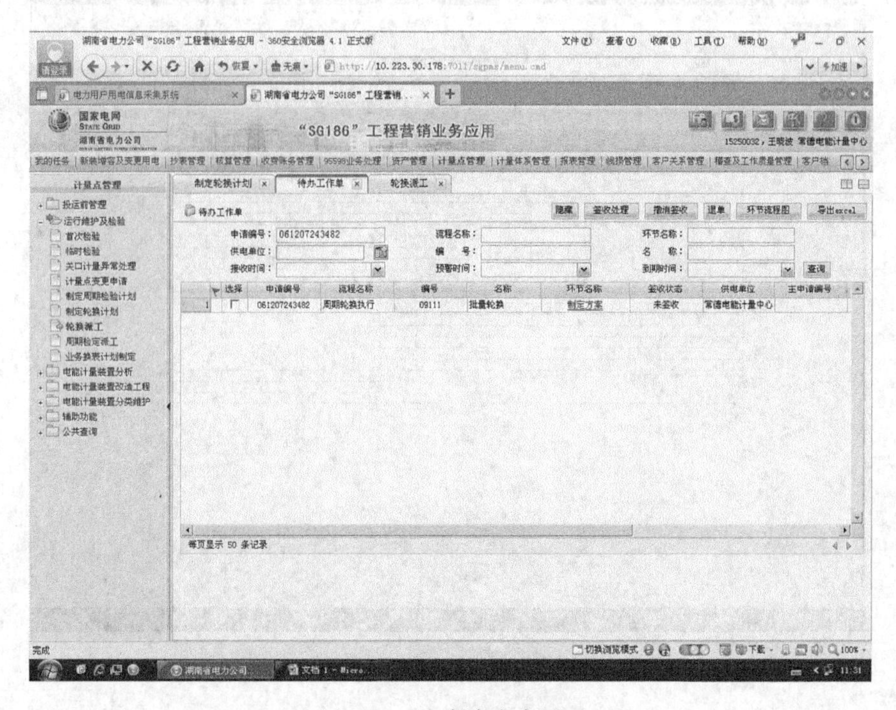

图 1-1-6　制定方案界面

（5）选择派工人员如图 1-1-7 所示。由指定的现场安装人员接收装拆任务。

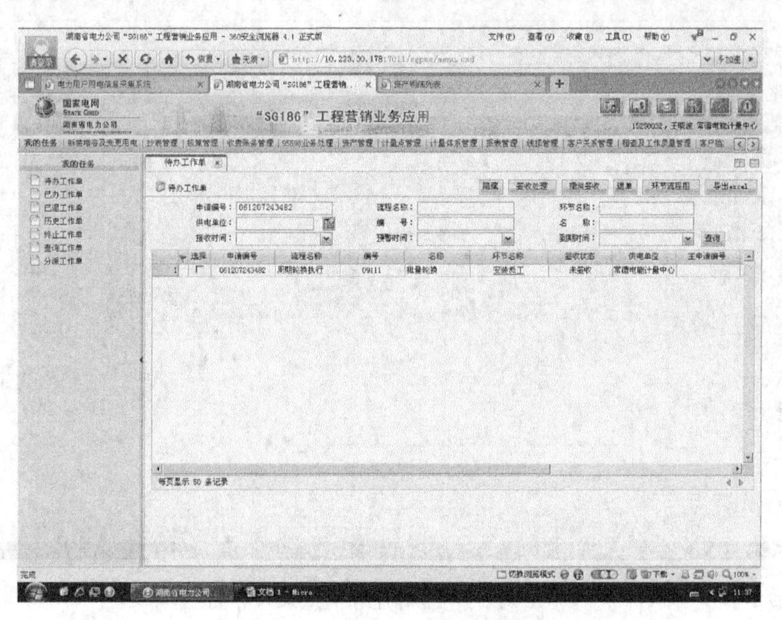

图 1-1-7　派工人员选择界面

打印装拆工作单如图1-1-8所示。录入装拆任务信息，如装换表方案无修改调整，由工作人员根据安装工作单到库房领取相应的安装设备和材料。

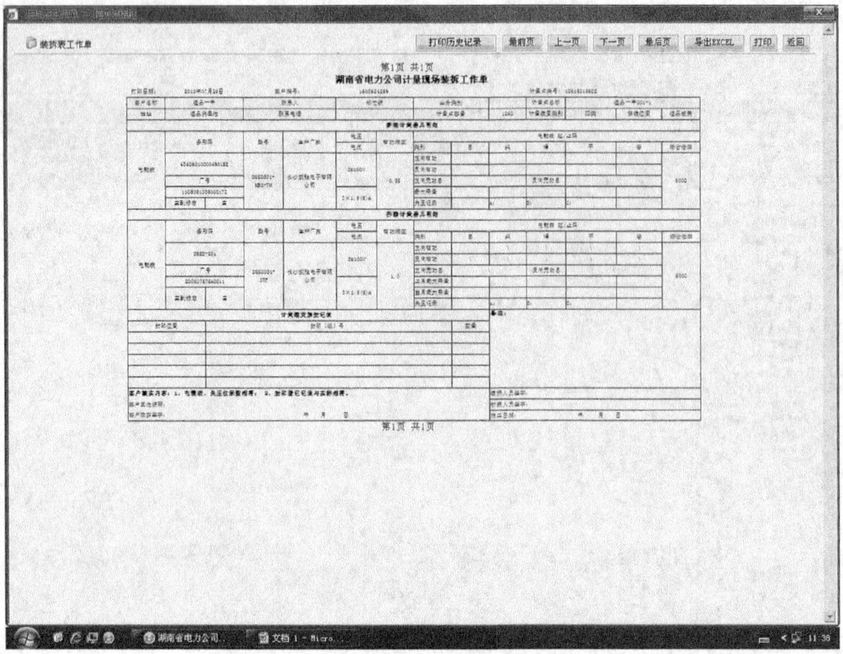

打印历史记录　最前页　上一页　下一页　最后页　导出EXCEL　打印　返回

第1页 共1页

湖南省电力公司计量现场装拆工作单

[illegible]

第1页 共1页

图1-1-8　装拆工作单打印界面

（6）现场装换表工作结束后，将现场安装信息录入系统。录入装拆任务信息如图1-1-9所示，将拆回的设备进行入库。

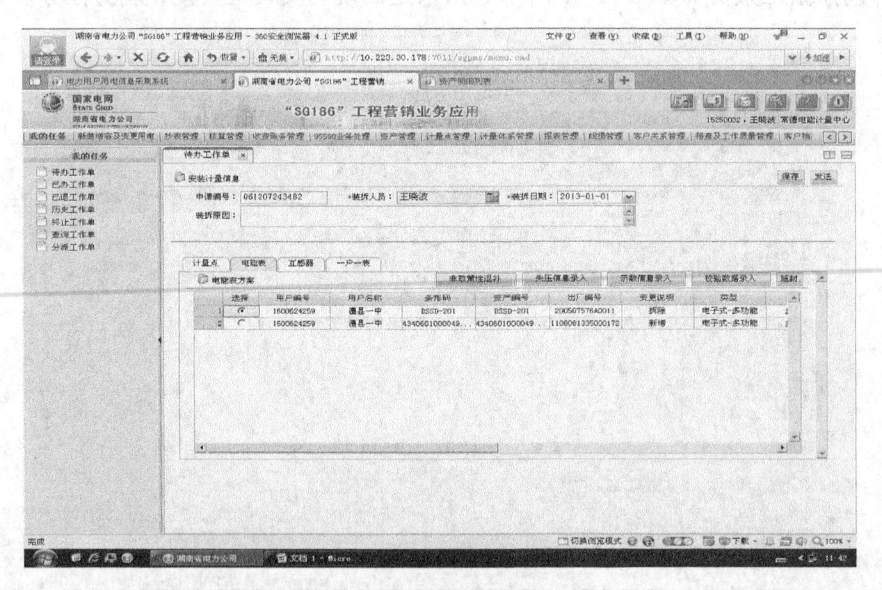

图1-1-9　装拆任务信息录入界面

（7）根据申请编号在待办工作单中查询＜轮换工单＞的设备入库，更改拆除电能表的状态，更改拆除电能表的状态为待报废，电能表入库如图 1-1-10 所示。同时由安装信息审核人员对安装结果进行审核。

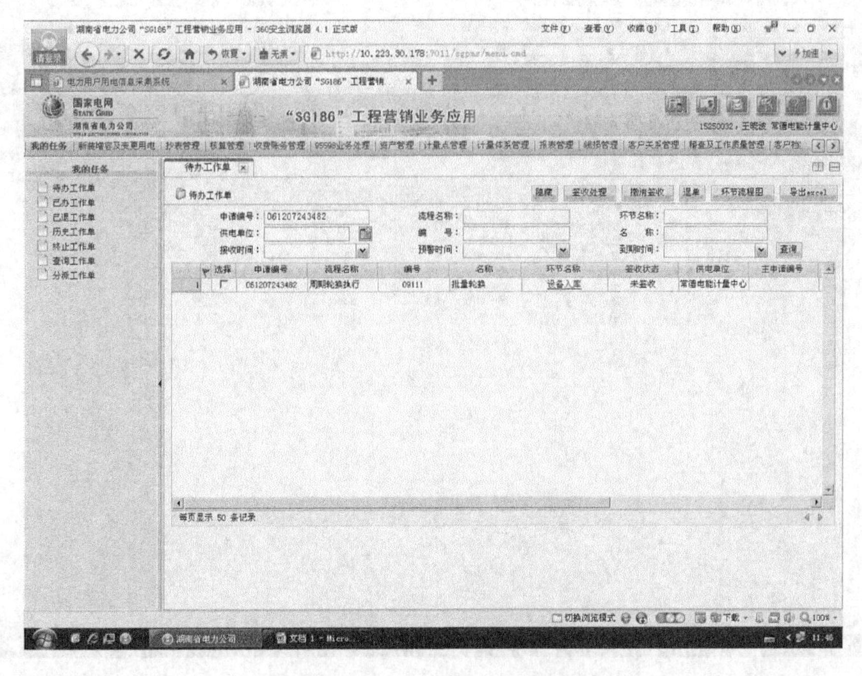

图 1-1-10　电能表入库界面

(8) 审核结束后对周期轮换的整个工作流程的资料和数据进行归档。

进入信息归档界面如图 1-1-11 所示，点击＜确认＞对工作单进行信息归档操作，信息归档成功，形成台账。

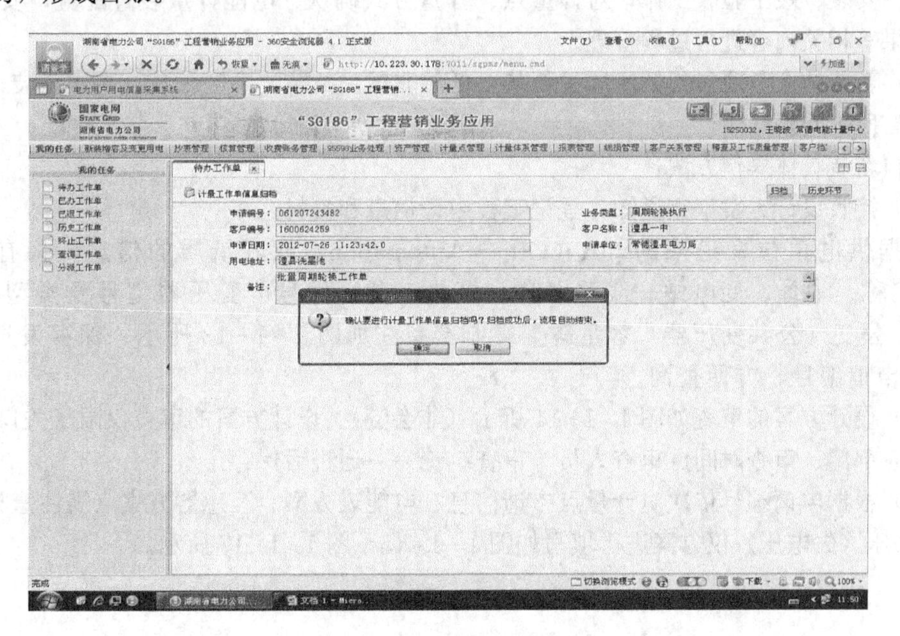

图 1-1-11　信息归档界面

(9) 工作单的全部处理环节的相关信息可点击〈查询工作单〉如图 1 - 1 - 12 所示。

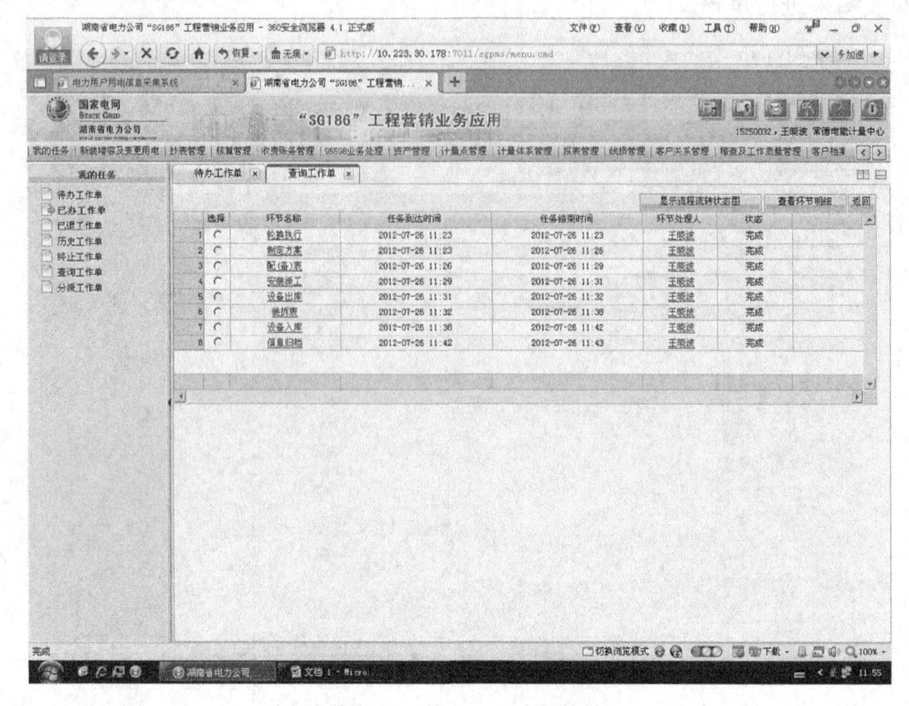

图 1 - 1 - 12　查询工作单界面

（二）关口新装

关口新装是对关口计量点和用电客户计量点进行集中统一管理，通过参与设计方案审查、设备安装、竣工验收工作，对计量点、计量方式确认、电能计量装置配置，安装情况、验收结果等相关内容进行过程管理。

关口新装的业务项包括低压居民新装、低压非居民新装、小区新装、高压新装，其业务流程各有所不同。

关口新装具体操作方法：

(1) 接收设计方案审查通知，登记工程申请信息和资料。

根据供电单位发送来的 OA（Office Automation）或者纸质的信息，将有效信息[项目名称、地址、变电站、线路名称、杆号、台区编号、变压器型号及类型（杆变/箱变）、公变（公共变压器）容量等] 复制至备注如图 1 - 1 - 13 所示。保存发送后记录该台区申请编号，方便查询。

(2) 设计方案的审查如图 1 - 1 - 14 所示（非会签）。设计方案的审查仅限于关口计量点。

审查部门、审查时间、审查人员、审查结论——通过后保存。

(3) 根据申请编号依次对计量点申请信息、电能表方案、互感器方案（需注意相别的选择）、失压（失电压）仪方案进行填写如图 1 - 1 - 15～图 1 - 1 - 17 所示。

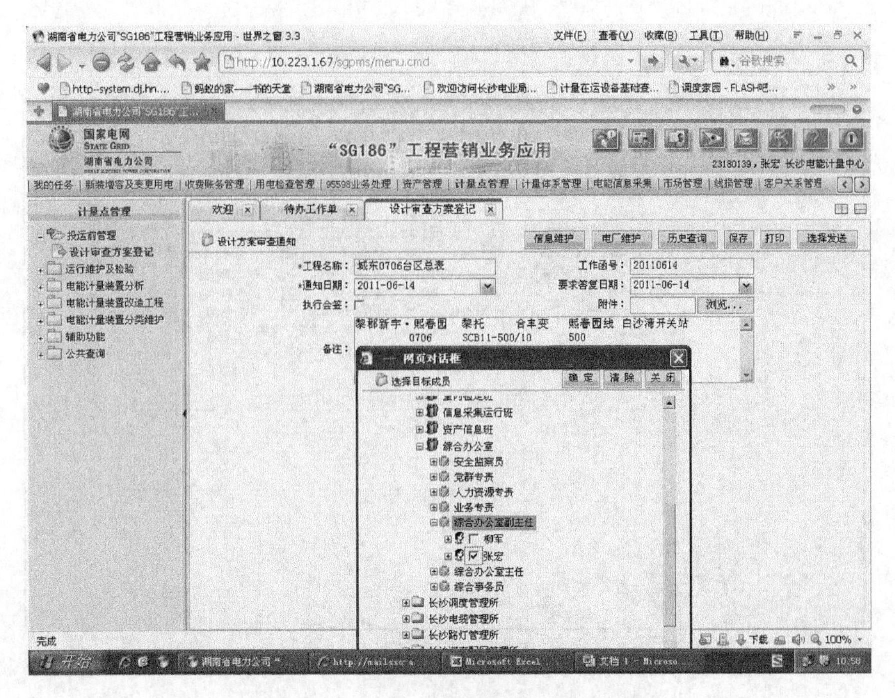

图 1-1-13　有效信息复制至备注界面

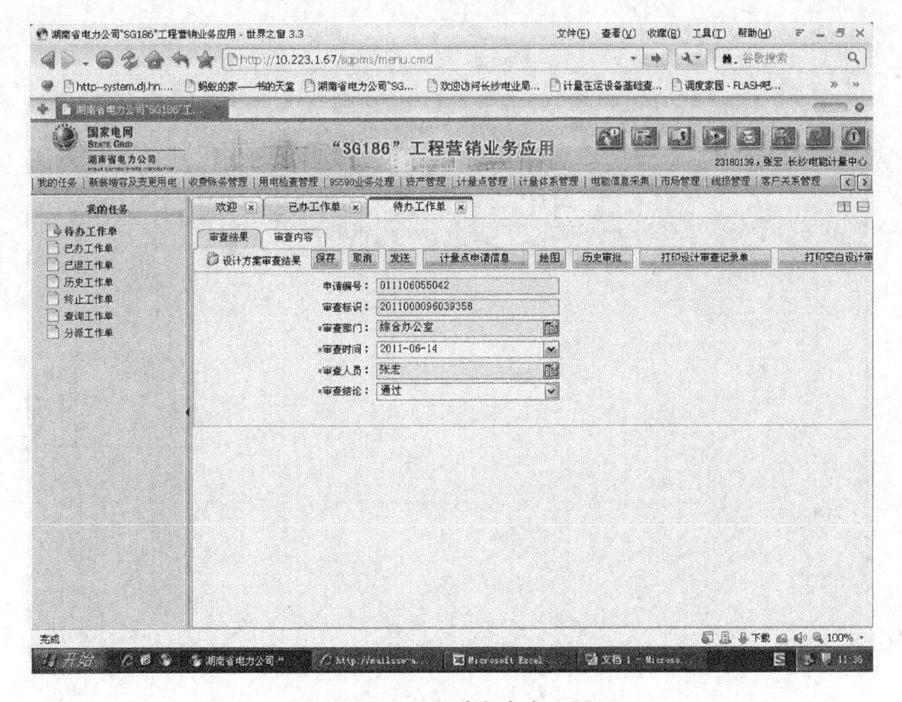

图 1-1-14　设计方案审查界面

湖南省电力公司"SG186"工程营销业务应用 - 世界之窗 3.3　文件(F)　查看(V)　收藏(B)　工具(T)　帮助(H)

http://10.223.1.67/sgpms/menu.cmd　谷歌搜索

http--system.dj.hn....　蚂蚁的家——书的天堂　湖南省电力公司"SG...　欢迎访问长沙电业局...　计量在运设备基础查...　调度家园 - FLASH吧...

网页对话框

计量点申请信息　电能表方案　互感器方案　失压仪方案

申请编号：011106055000

计量点申请信息　保存　删除　附件上传

计量点编号：		*计量点名称：	城东0706台区总表	计量点性质：	考核
申请类别：	新装	*电量计算方式：	实抄（装表计量）	电量交换点分类：	地市电网
计量点分类：	关口	计量点所属侧：	变电站外	计量方式：	高供低计
计量装置分类：	IV类计量装置	电压等级：	交流380V	是否配设备容器：	是
*线路：	熙春园线324	台区：	0706	接线方式：	三相四线
*供电单位：	长沙城东供电局	主用途类型：	台区供电考核	是否安装负控：	是
*受理人员：	张宏	*受理部门：	综合办公室	*受理时间：	2011-06-14
开关编号：		系统中性点接地方式：	中性点直接接地	装表位置：	计量箱
计量点容量：	500	计量点地址：	黎郡新宇·熙春园　黎托		

申请备注：黎郡新宇·熙春园　黎托　合丰变　熙春园线　白沙湾开关站　0706　SCB11-500/10　500

完成

开始　湖南省电力公司"...　http://mailsso-a...　Microsoft Excel　文档 1 - Microso...　11:09

图 1-1-15　审查后方案（计量点申请信息）填写界面

湖南省电力公司"SG186"工程营销业务应用 - 世界之窗 3.3　文件(F)　查看(V)　收藏(B)　工具(T)　帮助(H)

http://10.223.1.67/sgpms/menu.cmd　谷歌搜索

http--system.dj.hn....　蚂蚁的家——书的天堂　湖南省电力公司"SG...　欢迎访问长沙电业局...　计量在运设备基础查...　调度家园 - FLASH吧...

网页对话框

计量点申请信息　电能表方案　互感器方案　失压仪方案

申请编号：011106055000

电能表方案　选择公用互感器变比　加载模板　保存　恢复　返回

资产编号：		*电能表类型：	电子式-多功能	*电能表类别：	多功能表
*电压：	3x220/380V	*电流：	3×1.5(6)A	*接线方式：	三相四线
*准确度等级：	1.0	参考表标志：	否	综合倍率：	1
变更说明：	新增	*示数模板：	有功峰谷无功表		

示数类型：有功（总），有功（尖峰），有功（峰），有功（谷），有功（平），无功（总）

完成　下载　100%

开始　湖南省电力公司"...　http://mailsso-a...　Microsoft Excel　文档 1 - Microso...　11:12

图 1-1-16　审查后电能表方案填写界面

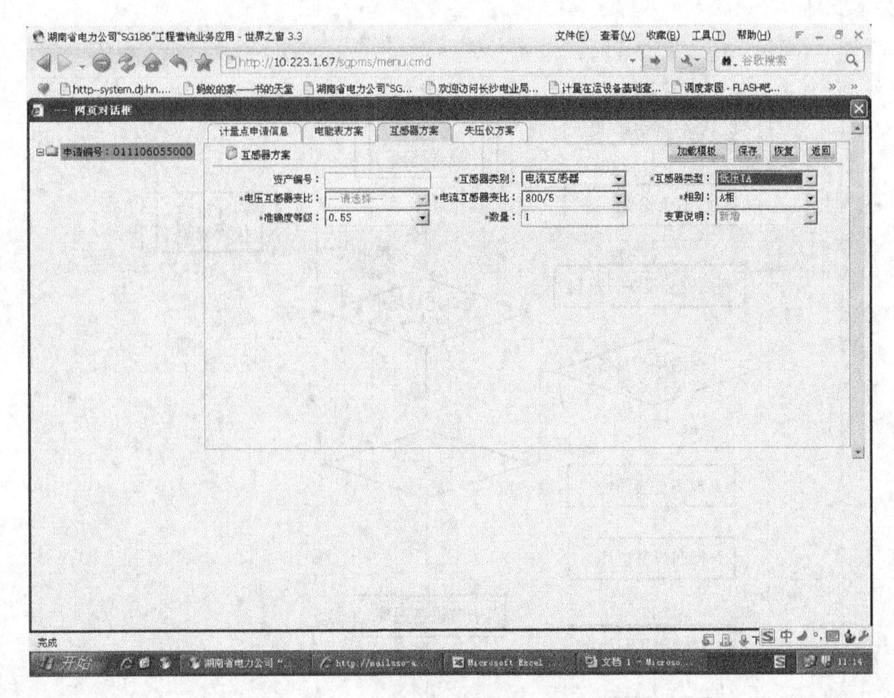

图 1-1-17　审查后互感器方案填写界面

(4) 选择派工人员，由指定的现场安装人员接收装拆任务。工作人员根据安装工作单到库房领取相应的安装设备和材料。

(5) 现场装换表工作结束后，将现场安装信息录入系统。打印装拆工作单，录入装拆任务信息，同时安装信息审核人员对安装结果进行审核。

(6) 竣工验收人员对现场安装的电能计量装置情况和相关技术资料进行核查，验收合格后将工作单归档。竣工验收仅限于关口计量点。

(7) 审核结束后对计量点的设计审查、设备安装和竣工验收的资料和数据进行归档，形成计量点台账。

（三）设备拆除

设备拆除是根据拆除任务单，安排工作人员现场执行拆除作业，记录现场拆除信息结果，将拆回设备送回库房中。设备拆除包括新装、增容和变更用电业务类的拆除任务等。设备拆除工作流程如图 1-1-18 所示。

设备拆除具体操作方法（以销户拆表为例）：

(1) 在待办工作单中找到该销户流程如图 1-1-19 所示，选择安装派工（施工人员）。

(2) 现场拆除工作结束后，将现场安装信息录入系统。其中，拆表计量点信息（计量点管理段）录入界面如图 1-1-20 所示，失压（失电压）信息录入界面如图 1-1-21 所示，示数信息录入界面如图 1-1-22 所示，互感器方案选择界面如图 1-1-23 所示；打印装拆工作单，录入拆除信息。

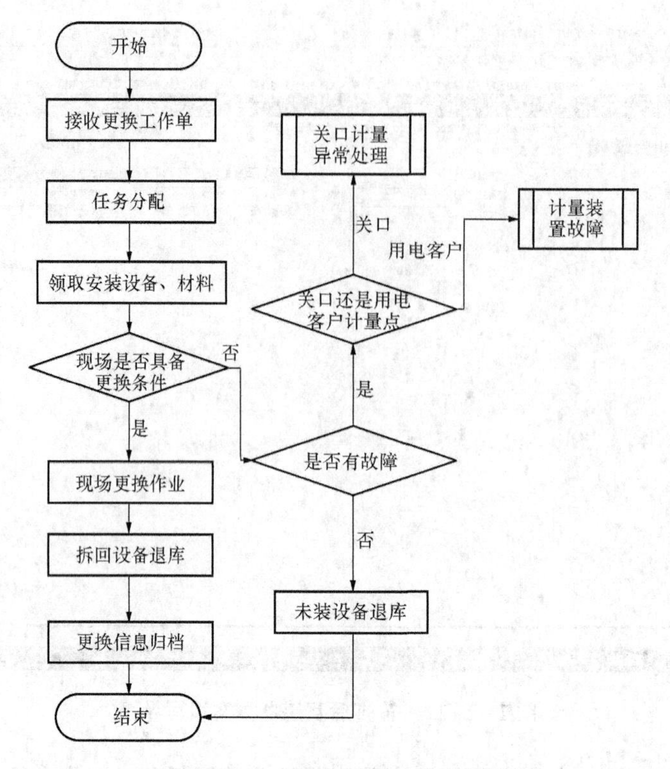

图 1-1-18 设备拆除工作流程图

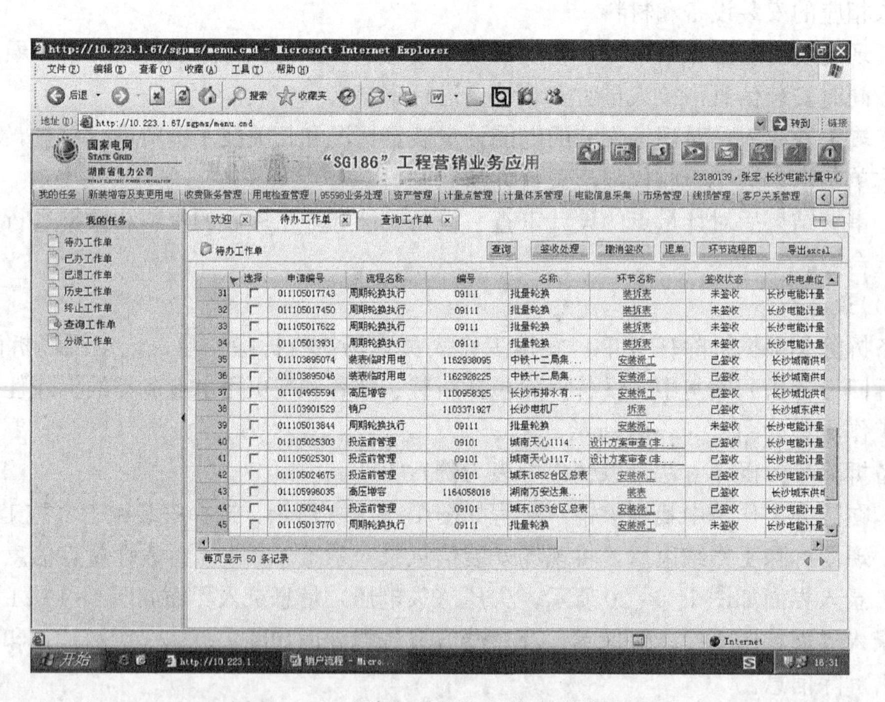

图 1-1-19 待办工作单中销户流程界面

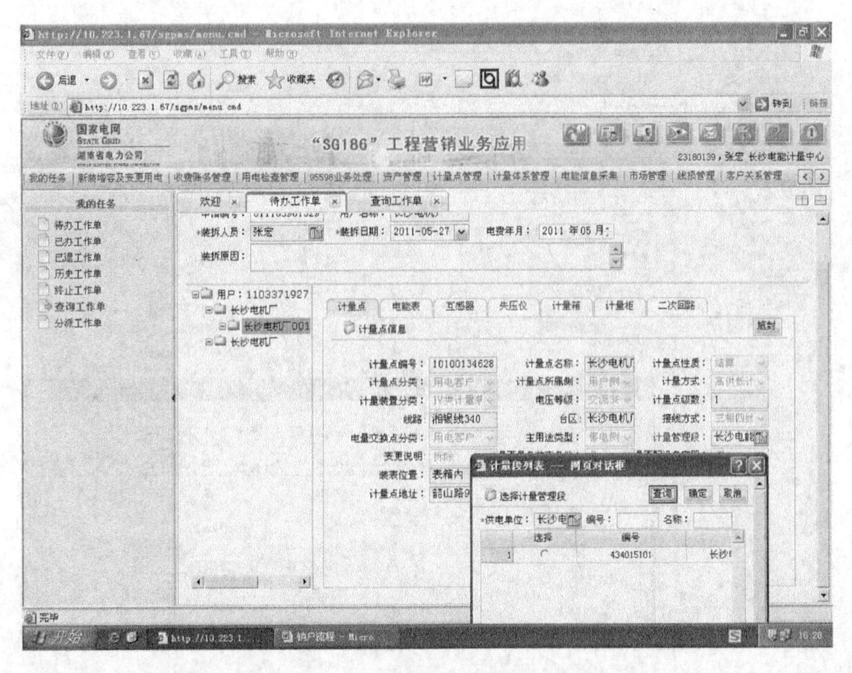

图 1-1-20　计量点信息录入界面

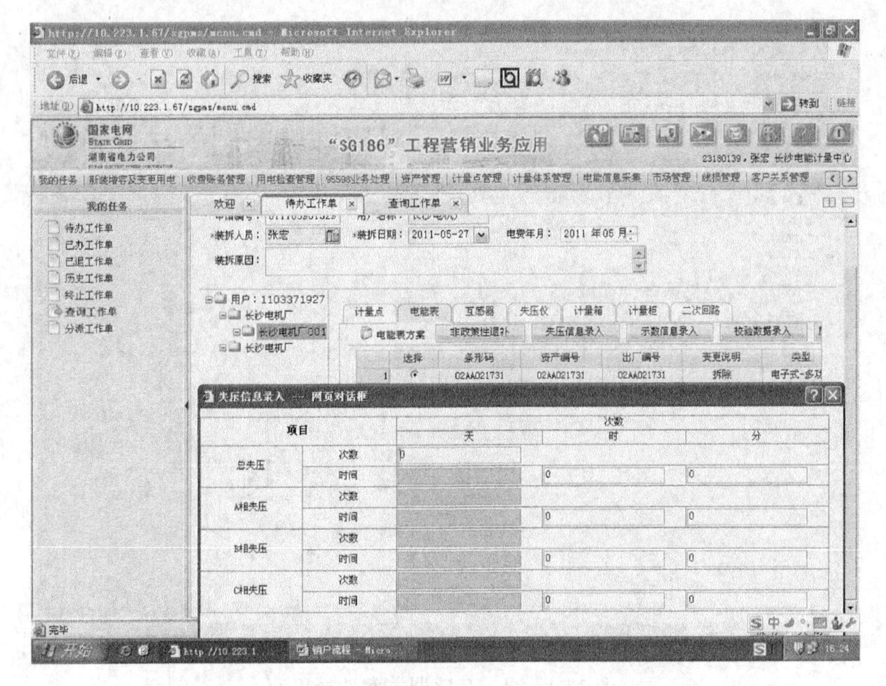

图 1-1-21　失压（失电压）信息录入界面

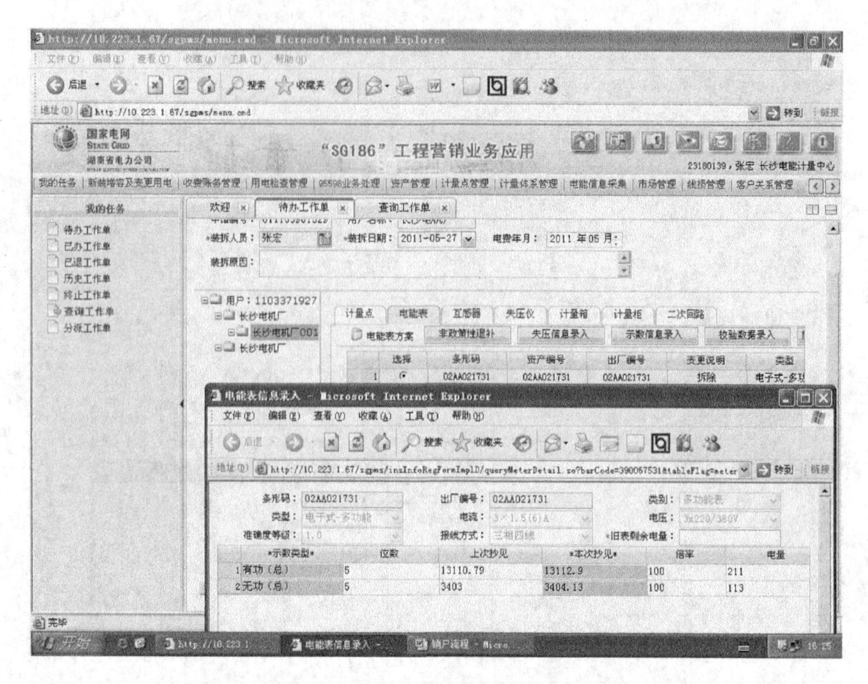

图 1-1-22　示数信息录入界面

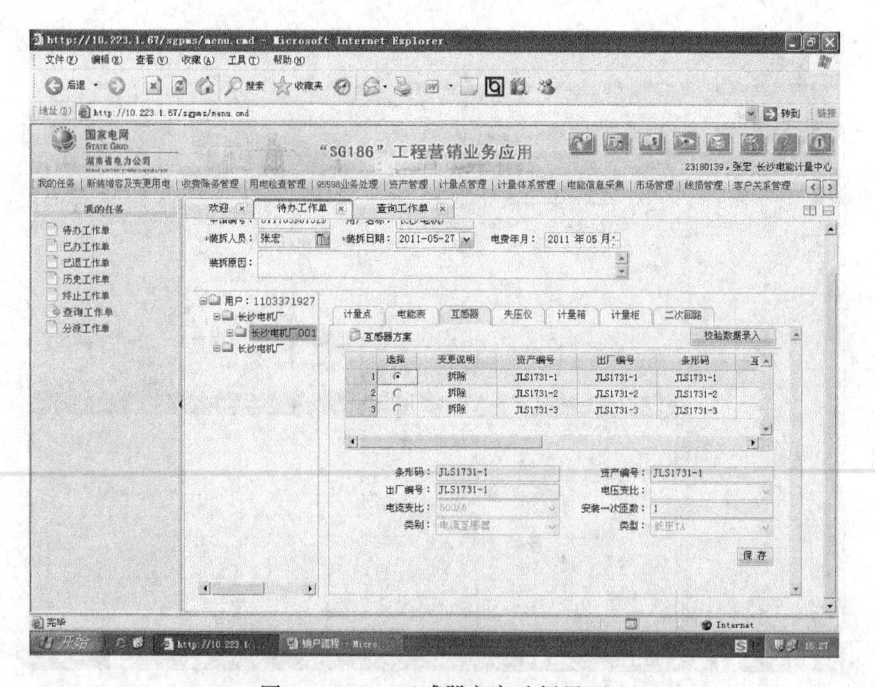

图 1-1-23　互感器方案选择界面

(3) 将拆回的设备进行入库。

(4) 资料和数据进行归档，形成台账。

(四) 关口计量异常处理

关口计量异常处理是根据来自安全生产应用、首次检验、周期检验、临时检验、更换、拆除、电能信息采集的关口异常处理任务，进行计量异常判断和故障、差错处理。

1. 关口计量异常处理流程图

关口计量异常处理流程图如图 1-1-24 所示。

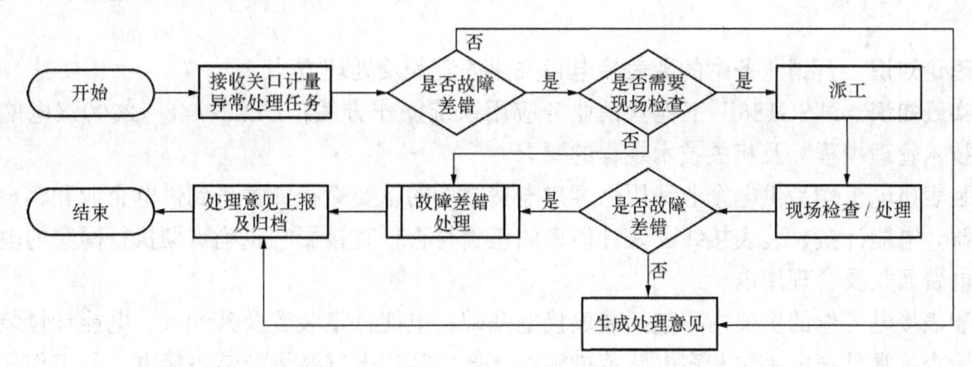

图 1-1-24　关口计量异常处理流程图

2. 关口计量异常处理具体操作方法

（1）根据接收到的关口计量异常处理任务，安排落实现场检查工作，生成计量故障处理工单。

（2）现场检查工作人员对关口计量点进行现场检查的信息录入。

（3）根据初步判定结果，结合现场核查信息，形成处理意见。

（4）对故障、差错处理情况进行上报和归档。

（五）故障、差错处理

故障、差错处理是对关口计量点和用电客户计量点的电能计量装置故障、差错进行处理。

1. 故障、差错处理流程图

故障、差错处理流程图如图 1-1-25 所示。

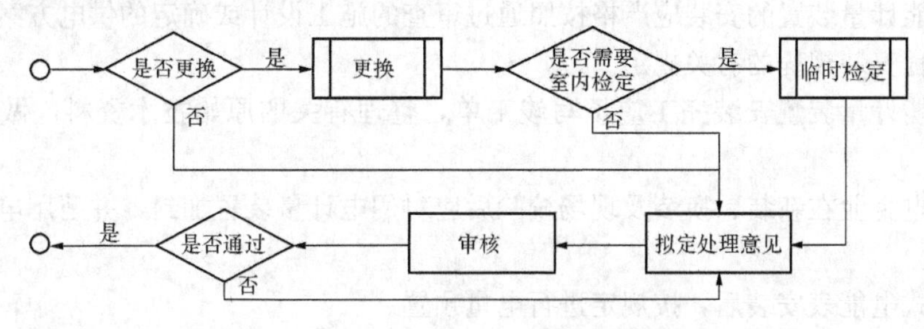

图 1-1-25　故障、差错处理流程图

2. 故障、差错处理具体操作方法

（1）登录“SG186”工程营销业务应用系统，进行装换表派工操作。

（2）现场安装人员接收装拆任务，打印装拆工作单。工作人员根据安装工作单到库房领取相应的安装设备和材料。

（3）现场装换表工作结束后，将现场安装信息录入系统；将拆回的设备进行入库。

（4）对完成的装换表工作进行审批。

(5) 进行故障、差错处理意见的拟定。

(6) 对故障、差错的处理进行审核。

 相关知识

理论知识 营销业务中的装表接电相关业务流程及处理方法。

实践知识 "SG186"工程营销业务应用系统操作方法；DL/T 448—2000《电能计量装置技术管理规程》及相关技术规程的要求。

装表接电工作是供电企业和用电客户电费结算的重要途径，关系到供电企业和客户的切身利益。电能计量、装表接线、表计倍率的正确与否，直接影响正确贯彻执行国家的电价政策和电费回收及合理用电。

装表接电工作的主要内容包括装表接电基础、电能计量装置及其配置、电能计量装置接线及检查、常见窃电手法和窃电防范措施、高低压客户电气装置及装表接电。其工作任务是根据用电负荷的具体情况，合理设置电能计量点，正确使用计量设备，熟练安装计量装置，保证准确无误地计量电能，达到合理收取电费的目的。装表接电人员应持证上岗，由省公司有关主管部门组织考核发证、核证。

一、装表接电前应具备的条件

(1) 新建的外部供电工程已验收合格；

(2) 客户受（送）电装置已验收合格；

(3) 工程款及其他费用结清；

(4) 供用电合同及有关协议已签订；

(5) 电能计量装置已检验安装合格；

(6) 客户电气工作人员考试合格并取得证件；客户安全运行规章制度已经建立。

二、装表接电

1. 装表接电工作要求

(1) 电能计量装置的安装应严格按照通过审查的施工设计或确定的供电方案进行，严格遵守电力工程安装规程的有关规定。

(2) 电能计量装置安装完工应填写竣工单，整理有关的原始技术资料，做好验收交接准备。

(3) 供电企业在新装、换装及现场校验后应对用电计量装置加封，并请用电客户在工作凭证上签章。

(4) 卡式电能表安装后，按规定进行电量预置。

(5) 安装工作的安排，应考虑工作量系数。工作量系数的决定要素包括计量点所在区域、设备类别、设备类型、电压等级、安装位置等。

(6) 具有采集功能的电能表安装结束后，设备的档案由计量人员和采集人员分别建立。

2. 安装前的准备

装表接电人员接到装表工单后，应做以下准备工作：

(1) 核对工单所列的计量装置是否与客户的供电方式和申请容量相适应，如有疑问，应及时向有关部门提出。

(2) 凭工单到表库领用电能表、互感器，并核对所领用的表计（或设备）与工单是否

一致。

(3) 检查电能表的校验封印、接线图、鉴定合格证、资产标记是否齐全，校验日期是否在 6 个月以内，外壳是否完好，圆盘有无卡住。

(4) 检查互感器的铭牌、极性标示是否完整、清晰，接线螺钉是否完好，检定合格证是否齐全。

(5) 检查所需的材料及工具、仪表等是否配齐。

三、竣工检查

各项安装工作完毕后，应进行竣工检查，竣工检查分送电前检查和通电检查。具体检查内容可参阅“学习情境四　电能计量装置的竣工验收”。

四、装表接电的时限要求

(1) 高压客户装表接电的期限要求是：高压电力客户不超过 7 个工作日。

(2) 低压客户装表接电的期限要求是：自受理之日起，居民客户不超过 3 个工作日，非居民客户不超过 7 个工作日。

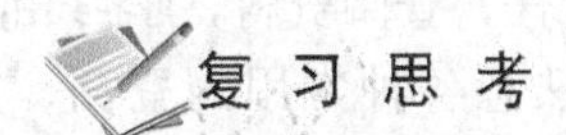

(1) 简述周期的轮换流程。

(2) 简述关口新装的流程。

(3) 简述关口计量异常处理流程及操作方法。

任务二　登高安全工器具使用与维护

教学目标

知识目标

(1) 能正确叙述装表接电常用登高工器具类型、用途、使用方法及注意事项。

(2) 能正确叙述装表接电常用安全工器具类型、用途、使用方法及注意事项。

能力目标

(1) 能熟练掌握和规范使用装表接电有关的登高工器具。

(2) 能熟练掌握和规范使用装表接电有关的安全工器具。

态度目标

(1) 能主动学习相关知识，认真做好实训作业方案。

(2) 在严格遵守安全规范的前提下，小组成员分工协作，密切配合，高标准、高质量地按时完成实训任务。

(3) 在完成任务过程中能主动发现、分析并创造性地解决问题。

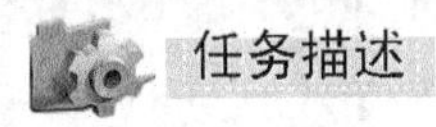

根据《国家电网公司电力安全工作规程》(2009 年版) 规定要求，熟悉装表接电有关的登高、安全工器具的正确使用及注意事项。

任务准备

装表接电有关的登高、安全工器具，如梯子、脚扣、安全帽、安全带等的选择和使用方法及注意事项。

任务实施

根据不同客户正确选择登高、安全工器具，如梯子、脚扣、安全帽、安全带等的使用练习。

一、条件与要求

（1）设备条件：脚扣、踏板、安全帽、安全带等登高、安全工器具。

（2）能熟悉常用登高、安全工器具操作训练作业内容。

（3）能初步判断常用电工仪器仪表是否正常。

二、施工前准备

（1）分组进行，明确分工及责任，查阅资料，学习相关知识与规范。

（2）按照规范及给定要求，熟悉各种常用的登高、安全工器具的正确使用方法及要求等。

三、任务实施参考

按照任务指导书实施任务，见表1-2-1任务指导书。

表1-2-1　　任 务 指 导 书

<table>
<tr><td>工作任务</td><td colspan="5">登杆基本技能训练</td><td>学时</td><td></td></tr>
<tr><td>姓名</td><td></td><td>学号</td><td></td><td>班级</td><td></td><td>日期</td><td></td></tr>
<tr><td colspan="8">一、实训目的及要求
1. 熟悉和正确使用安全用具；
2. 掌握登杆的基本技能。
二、工器具、材料及场地的准备
<table><tr><td>工器具</td><td>基本安全用具</td><td>场地要求</td></tr><tr><td>脚扣
踏板</td><td>安全帽
安全带
劳保手套
工作服</td><td>（1）专门的登高场地，至少能一次进行六组的登高训练
（2）场地至少铺30cm厚的粗砂
（3）采用统一的10m水泥杆</td></tr></table>
三、实训内容
1. 登高基本用具的识别；
2. 登杆技能训练项目：
（1）踏板上下杆的步骤；
（2）脚扣上下杆的步骤。
四、实训考核评分表</td></tr>
</table>

续表

10kV线路登杆考核评分表

考核时间：15min　　满分：100分　　姓名

考核内容	技能要求考核评分标准	标准分	扣分标准	得　分
登杆技能	准备工具：①作业人应穿工作服；②穿胶底鞋；③正确戴好安全帽；④系好安全带；⑤传递绳；⑥工具袋；⑦个人工具	15分	每缺少一项工具扣2分；不正确戴安全帽与安全带扣5分	
	工作前的检查：①登杆前检查杆根与拉线；②登杆工具的检查，对登杆工具进行冲击实验	15分	每少分析一项危险点或未采取控制措施扣2分	
	工具：使用前检查：①脚扣、踏板；②安全带是否安全可靠；③安全帽；④脚扣做冲击试验	15分	使用前每缺少一项工具扣2分；脚扣不做冲击试验扣3分	
	登杆前应检查：①杆根；②拉线；③杆塔埋深是否符合要求；④新立电杆的杆基是否安全牢固；⑤杆表面检查是否完好	15分	登杆前没检查：杆根、拉线、杆塔埋深、杆表面是否符合要求者，每项扣3分	
	登杆：①脚扣向上跨步距离在350～400mm左右；②身体距杆保持150～250mm；③登杆时要随着杆径的变化调脚扣径；④后脚跟要保持一垂线；⑤脚扣不能下滑或脱落	20分	没有正确使用脚扣登杆，登杆时不按要求进行，每差错一项扣3分，其中脚扣滑落加扣5分；登杆超时扣10分	
	杆上作业：①在杆上要扎好安全带，安全带要上挂下用；②在杆上作业要使用绳索传递材料和工具并存放在工具袋内；③下杆时要将传递绳和工具袋先放下	20分	在杆上没扎好安全带，没有使用绳索传递材料和工具每项扣5分	

 相关知识

理论知识　装表接电有关的登高、安全工器具的种类，不同用户不同环境下登高、安全工器具的选择、使用方法和注意事项等。

实践知识　装表接电有关的登高、安全工器具的使用操作。

一、登高工器具

装表接电工作高处作业时必须要借助于专用的登高工器具。正确选择登高工器具，熟练掌握各种登高工器具的使用方法，是确保装表接电工作安全作业的重要保证。常用的登高工器具有梯子、脚踏板、脚扣等。

（一）梯子

登高作业用的梯子分单梯和人字梯两种，如图1-2-1（a）、（b）所示。梯子的支柱应能承受作业人员及所携带的工具、材料攀登时的总重量。

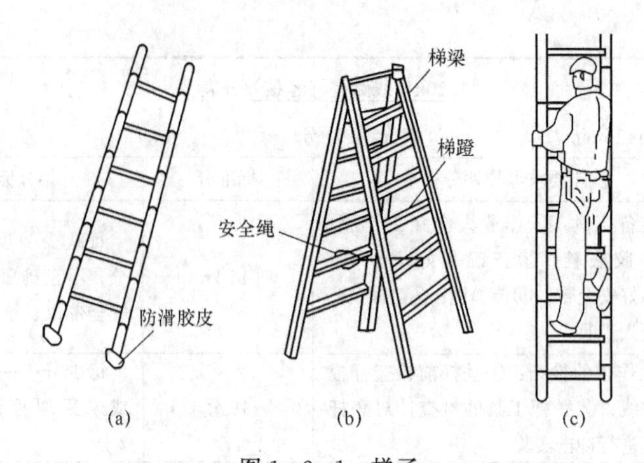

图 1-2-1 梯子
(a) 单梯；(b) 人字梯；(c) 站在梯上作业的正确方法

1. 使用方法

(1) 使用单梯时，梯与地面的斜角度大约为 60°。梯脚与墙壁之间的距离不得小于梯长的 1/4，以免梯倒伤人。

(2) 人字梯应有限制开度的措施。使用人字梯时，其开脚跨度不得大于梯长的 1/2，两侧应加拉链或拉绳限制其开脚度。

(3) 工作人员到达工作位置后，应将一只脚从上一梯梁后穿出靠在下一步梯梁上，站立稳固后方可开始工作，如图 1-2-1 (c) 所示。

2. 使用注意事项

(1) 硬质梯子的横挡应嵌在支柱上，梯阶的距离不应大于 40cm，并在距梯顶 1m 处设限高标示。使用单梯工作时，梯子不宜绑接使用。

(2) 人在梯子上时，禁止移动梯子。

(3) 梯子应坚固完整，有防滑措施。在光滑坚硬的地面上使用梯子进行登高作业时，应在梯脚上加胶套或胶垫；在泥土地面上使用梯子时，梯脚上应加铁尖。

(4) 不得将梯子架在不稳固的支持物上进行登高作业。

(5) 梯子的高度应能保证作业人员进行工作时，梯顶不低于人的腰部。严禁站在梯子的最高处或最上面一、二级横挡上工作。

(6) 当靠杆使用梯子时，应将梯子上端绑牢。

(7) 在变电站或高压电力设施附近禁止使用竹（木）及金属楼梯。

当上述要求不能满足时，一般实行人扶梯子。

(二) 脚踏板（又称登板、升降板）

脚踏板是由板和绳子两部分组成，选用质地坚韧的木材，如水曲柳、柞木等，制成 30～50mm 厚长方形体的踏板，再用白棕绳（或锦纶绳），将绳的两端系结在踏板两头的扎结槽内，在绳的中间穿上一个铁制挂钩而成。其结构和尺寸如图 1-2-2 (a) 所示。绳长度一般保持一人一手长。如图 1-2-2 (b) 所示。

1. 脚踏板登杆方法

脚踏板登杆方法如图 1-2-3 所示。

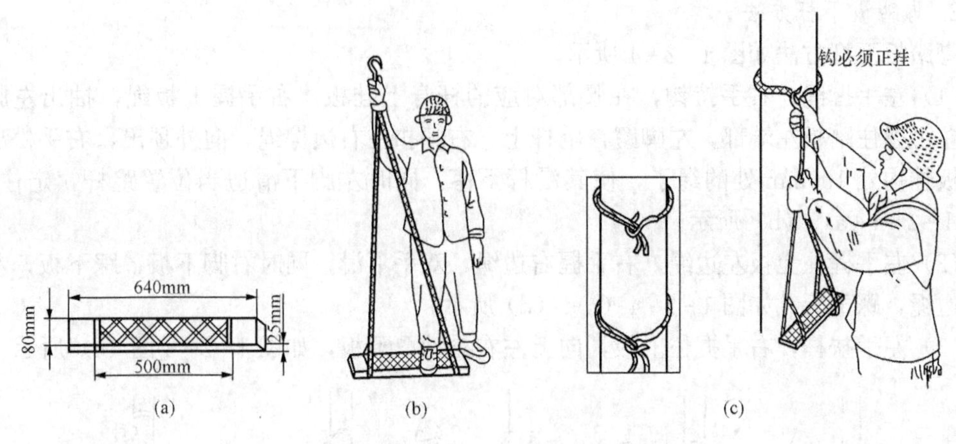

图 1-2-2　脚踏板

(a) 结构和尺寸；(b) 绳长度；(c) 钩法

(1) 系好安全带。

(2) 先把一块踏板钩挂在电杆上（高度以操作者能跨上为准），把另一块踏板背挂在肩上，接着左手拿住脚踏板白棕绳上部合适位置绕过电杆，右手顺势抓住挂钩，双手握住脚踏板绳将电杆包围向上举起，再举过头顶稍上部位，右手将挂钩由下往上钩住棕绳（正钩法）并收紧如图 1-2-2 (c) 所示，调好脚踏板位置。脚踏板的错误挂法如图 1-2-2 (d) 所示。

(3) 左手握绳，右手持钩，钩口向上挂板，右手收紧绳子，两脚上板，左脚绕紧左边绳，挂上板，如图 1-2-3 (a)、(b) 所示。

(4) 右手抓紧上板两根绳，左手压紧踏板左端部，抽出左脚踩在板上，右脚上上板，左脚登在杆上，右膝扣紧绳子，如图 1-2-3 (c)、(d) 所示。

(5) 侧身，左手握住下板钩下 100mm 处，脱钩取板，左脚上板，如图 1-2-3 (e) 所示。

重复上述各步骤进行攀登，直至工作所需高度为止。

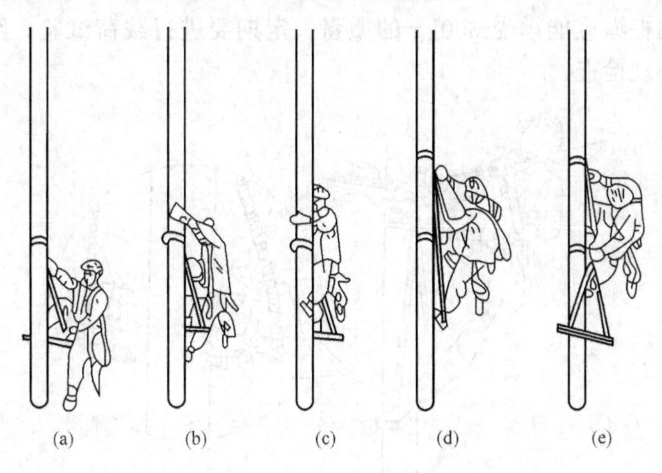

图 1-2-3　脚踏板登杆方法

2. 脚踏板下杆方法

脚踏板下杆方法如图 1-2-4 所示。

(1) 左手握绳，右手持钩，在腰部对应的杆身上挂板。右手握上板绳，抽出左脚，侧身，左手握住踏板左端部，左脚蹬在电杆上，右膝扣住右边棕绳，向外顶出，右手松出，握住下板挂钩处 100mm 处的绳子，使其沿杆下落，同时左脚下滑适当位置蹬杆，定住下板，如图 1-2-4 (a)、(b) 所示。

(2) 左手握住上板左边绳，右手握右边绳，双手下滑，同时右脚下板，踩下板，左脚扣紧左边绳，踩下板，如图 1-2-4 (c)、(d) 所示。

(3) 左手扶杆，右手握住上板，向上左右晃动取下板，如图 1-2-4 图 (e) 所示。

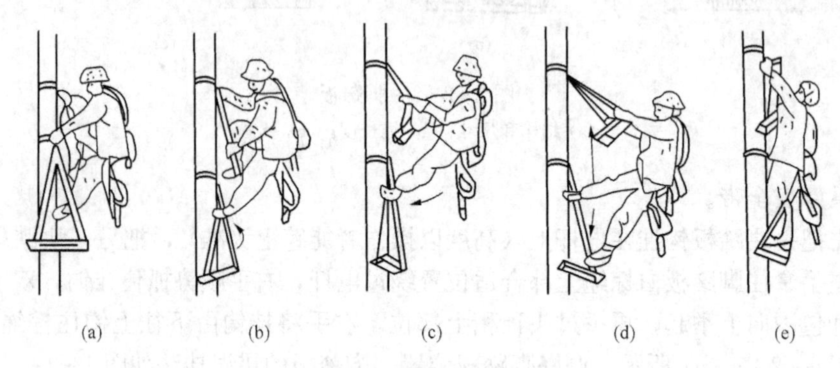

图 1-2-4 踏板下杆的方法

按上述步骤重复进行，直至人体着地为止。

3. 使用注意事项

(1) 使用前一定要检查踏板有无开裂和腐蚀，棕绳有无断股。

(2) 踏板挂钩时必须是正钩，切勿反钩。

(3) 登杆前必须对踏板进行人体载荷冲击实验。

(4) 保证杆上作业时人体平稳，踏板不晃动，站姿正确，如图 1-2-5 所示。

(5) 踏板和白棕绳应能承受 300kg 的质量，定期要进行载荷试验；踏板每半年实验一次，每月应进行外观检查。

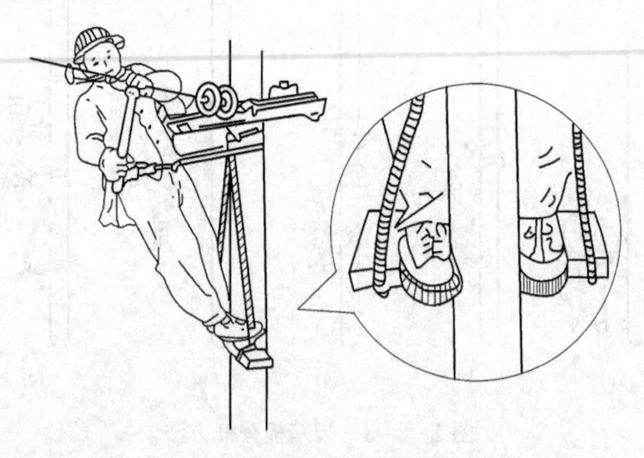

图 1-2-5 在脚踏板上作业人体站立的姿势

（三）脚扣

常用可调式铁脚扣，分为铁脚扣和带胶皮的脚扣两种。前者在扣环上制有铁齿，可供登木杆用；后者在扣环上包有胶皮，可供登水泥杆用。脚扣的外形如图1-2-6所示（施加1176N静压力即可）。

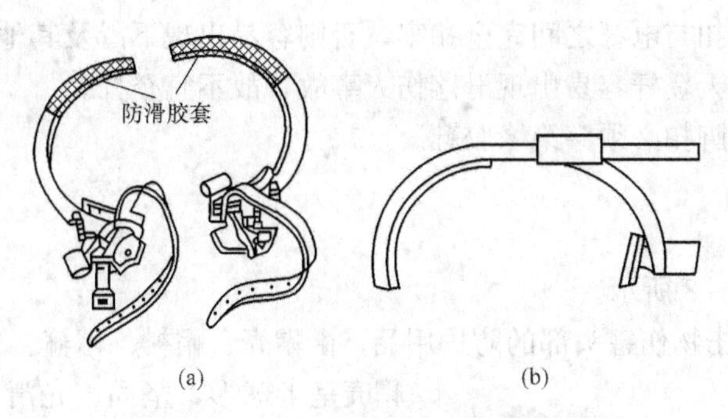

(a)　(b)

图1-2-6　脚扣

（a）铁脚扣；（b）带胶皮脚扣

1. 脚扣登杆

（1）系好安全带。

（2）登杆前，选择合适的脚扣，以能牢靠地抓住电杆，防止高空摔下；然后检查脚扣焊缝有无裂纹，防止登杆时发生折断。

（3）登杆时，两手要稳妥可靠地抱住电杆，步子不宜太大；换脚时，在一只脚的脚扣扣牢电杆后，才能动另一只脚，如图1-2-7（a）所示。一步步上去，快到杆顶时，要防止头碰撞横担。

（4）到达杆顶要选好工作位置，两脚扣交叉扣稳，然后挂好绳、带，方可作业，如图1-2-7（b)所示。登水泥杆应选择带胶皮的脚扣，到达工作位置时；两脚上下扣稳，然后挂好绳、带，方可作业。

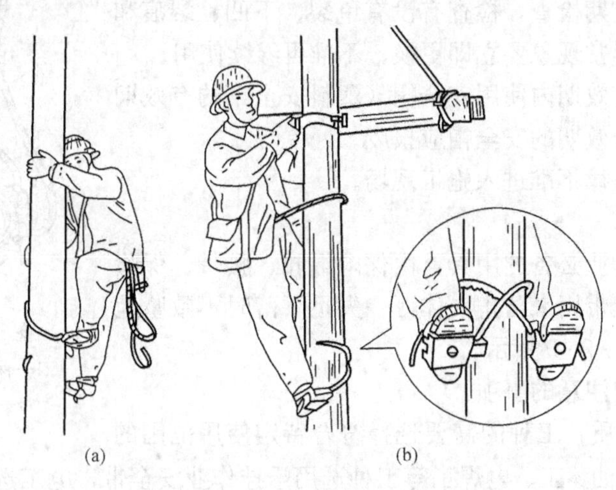

(a)　(b)

图1-2-7　脚扣登杆

（a）脚扣登杆；（b）在脚扣上作业人体站立的姿势

2. 注意事项

(1) 在登杆前应对脚扣进行人体载荷冲击试验，检查脚扣是否牢固可靠。穿脚扣时，脚扣带的松紧要适当，应防止脚扣在脚上转动或脱落。

(2) 上杆时，一定按电杆的规格，调节好脚扣的大小，使之牢靠地扣住电杆，上、下杆的每一步都必须使脚扣与电杆之间完全扣牢，否则容易出现下滑及其他事故。

(3) 雨天或冰雪天登杆容易出现滑落伤人事故，故不宜登杆。

(4) 登杆人员用脚扣必须穿绝缘胶鞋。

二、安全工器具

(一) 安全帽

安全帽如图 1-2-8 所示。

安全帽是防止冲击物伤害头部的防护用品，由帽壳、帽衬、帽箍、顶衬、下颌带等组成。帽壳呈半球形，坚固、光滑并有一定弹性，打击物的冲击和穿刺动能主要由帽壳承受。帽壳和帽衬之间留有一定空间，可缓冲、分散瞬时冲击力，从而避免或减轻对头部的直接伤害。

图 1-2-8 安全帽样图

安全帽的使用应注意下列事项：

(1) 使用前，应检查安全帽所有附件完好无损，并将帽后调整带旋钮或扣环按自己头型调整到适合的位置，然后将下颌带系牢。人的头顶和帽体内顶部的空间垂直距离一般为 25～50mm，至少不要小于 32mm。

(2) 使用者不能随意在安全帽上拆卸或添加附件，不要把安全帽歪戴，也不要把帽檐戴在脑后方，以免影响其原有的防护性能。

(3) 使用时，应将下颏带系好，防止工作中前倾后仰或其他原因造成滑落。

(4) 安全帽要定期检查，检查有没有龟裂、下凹、裂痕和磨损等情况，发现异常现象要立即更换，不准再继续使用。

(5) 应注意在有效期内使用安全帽（塑料安全帽的有效期限为 2 年半）超过有效期的安全帽应报废。

(6) 无安全帽一律不准进入施工现场。

(二) 安全带

安全带是登杆作业必备的用具，由保险绳扣、腰带、保险绳、腰绳组成。安全带用来防止人体万一失足下落时不致坠地摔伤。安全带如图 1-2-9 所示。

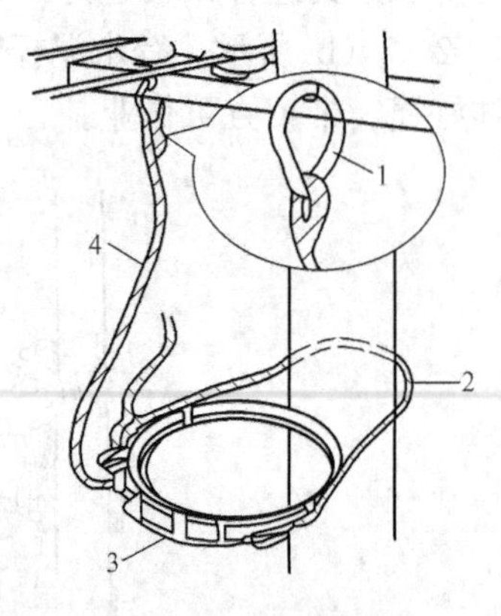

图 1-2-9 安全带
1—保险绳扣；2—腰绳；
3—腰带；4—保险绳

安全带使用时应注意的事项：

(1) 根据行业性质，工种的需要选择符合特定使用范围的安全带。如架子工、油漆工、电焊工等工种选用悬挂作业安全带，电工选用围杆作业安全带，在不同岗位应注意正确选用。

(2) 安全带应高挂低用，使用大于 3m 长绳时应加缓冲器（除自锁钩用吊绳外），并要防止摆动碰撞。

（3）安全绳不准打结使用，更不准将钩直接挂在安全绳上使用，钩子必须挂在连接环上使用。

（4）在攀登和悬空等作业中，必须佩戴安全带并有牢靠的挂钩设施。严禁只在腰间佩戴安全带，而不在固定的设施上拴挂钩环。

（5）使用安全带前应进行外观检查。

1）组件完整，无短缺、无伤残破损；

2）绳索、编带无脆裂、断股或扭结；

3）金属配件无裂纹、焊接无缺陷、无严重锈蚀；

4）挂钩的钩舌咬口平整不错位，保险装置完整可靠；

5）铆钉无明显偏位，表面平整。

（6）安全带应系在牢固的物体上，禁止系挂在移动或不牢固的物件上。不得系在棱角锋利处。安全带要高挂和平行拴挂，严禁低挂高用。

（7）在杆塔上工作时，应将安全带后备保护绳系在安全牢固的构件上（带电作业视其具体任务决定是否系后备安全绳），不得失去后备保护。

（8）安全带上的各种部件不得任意拆掉，当需要换新绳时要注意加绳套。

（9）使用频繁的绳，要经常做外观检查，发现异常时应立即更换新绳，带子使用期为3～5年，发现异常应提前报废。使用2年后，按批量购入情况，必须抽验一次。如悬挂式安全带冲击试验时，以80kg质量做自由坠落试验，若不破断，可使用。围杆带做静负荷试验，以2206N（225kgf）拉力拉5min，无破断可继续使用。对已抽试过的样带，应更换安全绳后才能继续使用。

（10）安全带应储藏在干燥、通风的仓库内，不可接触高温、明火、强酸、强碱和尖锐的坚硬物体，更不准长期暴晒雨淋。

登高工器具试验标准表，见附录A。

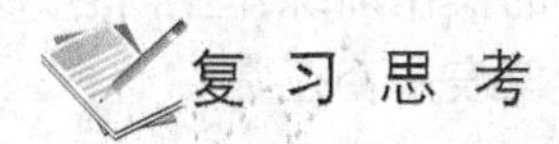

复习思考

（1）简述升降板的使用方法。

（2）简述使用脚扣的注意事项。

（3）分别用升降板和脚扣现场登高。

任务三　常用电工仪器仪表的使用

教学目标

知识目标

（1）了解常用的电工仪器仪表（主要包括万用表、钳形电流表、相位伏安表、绝缘电阻表、接地电阻表等）的结构、基本工作原理。

（2）掌握常用电工仪器仪表主要技术指标、用途及使用注意事项。

能力目标

（1）能正确叙述常用电工仪器仪表的操作流程。

（2）能熟练掌握和规范使用常用电工仪器仪表。

态度目标

（1）能主动学习相关知识，认真做好实训作业方案。

（2）在严格遵守安全规范的前提下，小组成员分工协作，密切配合，高标准、高质量地按时完成实训任务。

（3）在完成任务过程中能主动发现、分析并创造性地解决问题。

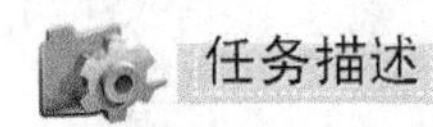

根据《国家电网公司电力安全工作规程》（2009 年版）规定要求，熟悉装表接电有关的常用电工仪器仪表的使用方法及注意事项。

装表接电有关的常用电工仪器仪表如万用表、钳形电流表、相位伏安表、绝缘电阻表、接地电阻表等的选择和使用方法及注意事项。

一、条件与要求

（1）设备条件：万用表（指针式万用表、数字万用表各 1 块，综合电工实验台 1 座，不同阻值的电阻各 1 个，1.5V 1 号电池 1 只，不同类型二极管各 1 只，不同型号三极管各 1 只，导线若干）、绝缘电阻表和钳形表（绝缘电阻表和钳形电流表各 1 块；电缆 1 卷；变压器 1 只；连接导线 2 根；实训室三相供电线路）、相位伏安表、绝缘电阻表、接地电阻表等有关工器具和材料。

（2）能熟悉常用电工仪器仪表的操作训练作业内容。

（3）能初步判断常用电工仪器仪表是否正常。

二、施工前准备

（1）分组进行，明确分工及责任，查阅资料，学习相关知识与规范。

（2）按照规范及给定要求，配置相应安全工器具，包括安全帽、安全带、绝缘鞋、绝缘手套、登高工具、接地线、警示标示等；所有安全工器具应经过定期安全试验合格，且在有效期限内。同时应配置相应施工工器具及仪表，如螺丝刀、钢丝钳、尖嘴钳、剥线钳、电工刀、扳手、绝缘胶布、万用表、钳形电流表等，所有工具裸露部位应做好绝缘措施。选配常用电工仪器仪表，熟悉各种安全工器具和施工工器具的详细操作步骤及要求等。

（3）严格执行《国家电网公司电力安全工作规程》（2009 年版）和其他增补的各种安全规程，互相监督。工作时，每组一般 2～3 人，明确 1 名负责人，负责现场监护。

三、任务实施参考

（一）万用表的使用

1. 指针式万用表的使用

（1）准备工作。由于万用表种类型式很多，在使用前要做好测量的准备工作。

1）熟悉转换开关、旋钮、插孔等的作用，检查表盘符号，“⌐”表示水平放置，“⊥”表示垂直使用。

2）了解刻度盘上每条刻度线所对应的被测电量。

3）检查红色和黑色两根表笔所接的位置是否正确，红表笔插入“+”插孔，黑表笔插入“-”插孔。有些万用表另有交直流2500V高压测量端，在测高压时黑表笔不动，将红表笔插入高压插口。

4）机械调零。旋动万用表面板上的调零螺钉，使指针对准刻度盘左端的“0”位置。

（2）测量交流电压。

1）测量前，将转换开关拨到对应的交流电压量程挡。如果事先无法估计被测电压大小，量程宜放在最高挡，以免损坏表头。

2）测量时，将表笔并联在被测电路或被测元器件两端。严禁在测量中拨动转换开关选择量程，不分正负极。

3）测电压时，要养成单手操作习惯，且注意力要高度集中。

4）由于表盘上交流电压刻度是按正弦交流电标定的，如果被测电量不是正弦量，误差会较大。

5）可测交流电压的频率范围一般为45～1000Hz，如果超过范围，误差会增大。

6）根据指针稳定时的位置及所选量程，正确读数。其读数为交流电压的有效值。

（3）测量直流电压。测量方法与交流电压基本相同，但要注意下面两点：

1）与测量交流电压一样，测量前要将转换开关拨到直流电压的挡位上，在事先无法估计被测电压的高低，量程宜大不宜小；测量时，表笔要与被测电路并联，测量中不允许拨动转换开关。

2）测量时，必须注意表笔的正负极性。红表笔接被测电路的高电位端，黑表笔接低电位端。若表笔接反，表头指针会反打，容易打弯指针。

如果事先无法估计被测点电位高低，可将表笔轻轻地试触一下被测点。若指针反偏，说明表笔极性反了，交换表笔即可。

（4）测量直流电流。

1）把转换开关拨到直流电流挡，选择合适的量程。

2）将被测电路断开，万用表串接于被测电路中。注意正、负极性：电流从红表笔流入，从黑表笔流出，不可接反。

3）在不清楚被测电流大小情况下，量程宜大不宜小。严禁在测量中拨动转换开关选择量程。

4）根据指针稳定时的位置及所选量程，正确读数。

（5）测量电阻。

1）把转换开关拨到欧姆挡，合理选择量程。

2）两表笔短接，进行电调零，即转动零欧姆调节旋钮，使指针打到电阻刻度右边的“0”处。

3）将被测电阻脱离电源，用两表笔接触电阻两端，从表头指针显示的读数乘所选量程的倍率数即为所测电阻的阻值。如选用$R\times100$挡测量，指针指示40，则被测电阻值为$40\times100=4000\Omega=4k\Omega$。

4）测量时，直接将表笔跨接在被测电阻或电路的两端，注意不能用手同时触及电阻两端，以避免人体电阻对读数的影响。

5）测量热敏电阻时，应注意电流热效应会改变热敏电阻的阻值。

2.数字式万用表的使用

（1）准备工作。同“指针式万用表”。

（2）电压（直流、交流）的测量。先将黑表笔插入COM插孔，红表笔插入V/Ω插孔，然后将功能开关置于DCV（直流）或ACV（交流）量程。将测试表笔连接到被测源两端，显示器将显示被测电压值。如果显示器只显示“1”，表示超量程。应将功能开关置于更高的量程（此方法同样适合电流和电阻的测量）。

（3）电流（直流、交流）的测量。先将黑表笔插入COM插孔，红表笔需视被测电流的大小而定。如果被测电流最大为2A，应将红表笔插入A孔；如果被测电流最大为20A，应将红表笔插入20A插孔。然后再将功能开关置于DCA或ACA量程。将测试表笔串联接入被测电路，显示器即显示被测电流值。

（4）电阻的测量。先将黑表笔插入COM插孔，红表笔插入V/Ω插孔（注意：红表笔极性此时为“+”，与指针式万用表相反），然后将功能开关置于OHM量程。将两表笔连接到被测电路上，显示器将显示出被测电阻值。

（5）二极管的测试。先将黑表笔插入COM插孔，红表笔插入V/Ω插孔，然后将功能开关置于二极管挡。将两表笔连接到被测二极管两端，显示器将显示二极管正向压降的mV值。当二极管反向时则过载。

根据万用表的显示，可检查二极管的质量及鉴别所测量的管子是硅管还是锗管。

1）测量结果若在1V以下，红表笔所接为二极管正极，黑表笔为负极。

2）测量显示若为550～700mV者为硅管，150～300mV者为锗管。

3）如果两个方向均显示超量程，则二极管开路；若两个方向均显示“0”V，则二极管击穿、短路。

（6）晶体管放大系数h_{FE}的测试。将功能开关置于h_{FE}挡，然后确定晶体管是NPN型还是PNP型，并将发射极、基极、集电极分别插入相应的插孔。此时，显示器将显示出晶体管的放大系数h_{FE}值。

1）基极判别。将红表笔接某极，黑表笔分别接其他两极，若都出现超量程或电压都小，则红表笔所接为基极；若一个超量程，一个电压小，则红表笔所接不是基极，应换脚重测。

2）管型判别。在上面测量中，若显示都超量程，则为PNP管；若电压都小（0.5～0.7V），则为NPN管。

3）集电极、发射极判别。用h_{FE}挡判别。在已知管子类型的情况下（此处设为NPN管），将基极插入B孔，其他两极分别插入C、E孔。若结果为$h_{FE}=1\sim10$（或十几），则三极管接反了；若$h_{FE}=10\sim100$（或更大），则接法正确。

（7）带声响的通断测试。先将黑表笔插入COM插孔，红表笔插入V/Ω插孔，然后将功能开关置于通断测试挡（与二极管测试量程相同），将测试表笔连接到被测导体两端。如果表笔之间的阻值低于约30Ω，蜂鸣器会发出声音。

（二）钳形电流表的使用

1. 测量前的准备

（1）检查仪表的钳口上是否有杂物或油污，待清理干净后再测量。

（2）进行仪表的机械调零。

2. 用钳形电流表测量

（1）估计被测电流的大小，将转换开关调至需要的测量挡。如无法估计被测电流大小，先用最高量程挡测量，然后根据测量情况调到合适的量程。注意：在测量过程中，不能切换量程；切换量程时须将钳形电流表从被测电路中移去，以免损坏钳形电流表。

（2）握紧钳柄，使钳口张开，放置被测导线。为减少误差，被测导线应置于钳口的中央。

（3）钳口要紧密接触，如遇有杂音时可检查钳口清洁，或重新开口一次，再闭合。

（4）测量5A以下的小电流时，为提高测量精度，在条件允许的情况下，可将被测导线多绕几圈，再放入钳口进行测量。此时实际电流应是仪表读数除以放入钳口中的导线圈数。

（5）不能用钳形电流表测量裸导线中的电流，以防触电和短路。

（6）不能用钳形电流表测量高压电路中的电流，以免发生事故。

（7）对于交流电流、电压两用表，测电压时，应将表笔插入专用的电压插孔中，然后用两表笔按测量电压的方法进行。

（8）测量时，只能卡一根导线。单相电路中，如果同时卡进相线和中性线，则因两根导线中的电流相等，方向相反，使电流表的读数为零。三相对称电路中，同时卡进两相相线，与卡进一相相线的电流读数相同；同时卡进三根相线的读数为零。三相不对称电路中，也只能一相一相地测量，不能同时卡两相或三相相线。

（9）测量完毕，将选择量程开关拨到最大量程挡位上，以防下次使用时，因疏忽大意未选量程就进行测量，而造成损坏仪表的意外事故。

3. 使用注意事项

（1）钳形电流表不得测高压线路的电流，被测线路的电压不得超过钳形电流表所规定的额定电压。

（2）测量前应估计被测电流的大小，选择合适的量程，不可用小量程测大电流。

（3）在测量过程中不得切换量程。

（4）当钳口钳入超过一根导线时，测出的电流为它们的相量和，测量时应将被测导线钳入钳口中央位置，以提高测量的准确度。

（5）测量5A以下小电流时，为得到准确的读数，可将被测导线多绕几圈穿入钳口进行测量，实际电流数值应为钳形表读数除以放进钳口内导线的根数。

（6）测量时应注意对带部分的安全距离，以免发生触电事故。

（7）测量时应注意钳口夹紧，防止钳口不紧造成读数不准。

（8）使用完后应将挡位调到交流电流最大挡。

（三）相序表的使用

1. 测量前的准备

使用前仔细阅读使用说明书、仪表使用有效期，检查配件齐全完好、测试导线良好，对不接电的裸露金属部件用绝缘胶带裹缠。

2. 相序表的操作步骤

（1）将三色测试线夹按顺序夹住三相电源的三个线头。

（2）用电动机式时，“点”按接电按钮。当相序表铝盘顺时针转动，为顺相序，反之为逆相序。用指示灯式时，当接电指示灯全亮，此时点亮的相序指示灯即为测试结果。

（3）测量后拆除测试线路。

（四）绝缘电阻表的使用

数字式绝缘电阻表的使用方法与机电式绝缘电阻表相似，这里仅介绍机电式绝缘电阻表的操作步骤。

1. 测量前准备工作

（1）测试前检查。使用前仔细阅读使用说明书、仪表使用有效期，检查配件齐全完好、测试导线良好。

（2）测量前必须将被测设备电源切断，并对地短路放电（约需 2～3min）。

（3）绝缘电阻表端钮与被测物之间的连接导线，应使用单股线分开单独连接，避免因绞线绝缘不良而引起误差。不得采用双股绝缘绞线，否则就相当于在被测设备上并联了一个绝缘电阻，使测量值变小。

（4）测量前要检查绝缘电阻表是否处于正常工作状态，要进行一次开路和短路试验。将绝缘电阻表的线路（L）和接地（E）两端钮开路，摇动手柄，指针应指在“∞”的位置；将两端钮短接，缓慢摇动手柄，指针应指在“0”处，否则绝缘电阻表有误差；在未摇动机电式绝缘电阻表且未接入任何线路时，仪表指针不应指向“0”或“∞”处，而是靠近刻度正中附近某个位置。

（5）绝缘电阻表放置要平稳，并远离带电导线和磁场，以免影响测量的准确度。

2. 接线

绝缘电阻表上有三个分别标有接地（E）、线路（L）、保护环（G）的端钮，测试对象不同，接线方式也不同。

（1）测量电路如电压回路与电流回路的绝缘电阻时，可将被测的两端分别接于 E 和 L 两个端钮上，如图 1-3-1（a）所示。

（2）测量电机等电气设备对地绝缘时，应当用 E 端接地（指被测设备的接地外壳），L 端接电机绕组等被测设备，否则会由于大地杂散电流对测量结果造成影响，使测量不准。将接于 L 端钮上，机壳接于 E 端钮上，如图 1-3-1（b）所示。

（3）测量电缆的导电线芯与电缆外壳的绝缘电阻时，除将被测两端分别接于 E 和 L 两端钮外，还需将电缆壳芯之间的内层绝缘接于保护环端钮 G 上，以消除因表面漏电而引起的误差。使用保护环后，绝缘表面的泄漏电流不经过线圈而直接回到发电机。如图 1-3-1（c）所示，L 端钮接芯线，E 端钮接外层铅皮，G 端钮接到芯线绝缘层上。

3. 测量

（1）发电机转速应基本维持恒定，切忌忽快忽慢。摇动发电机手柄时应由慢到快，保持在 120r/min 左右。若指针指零，就不能再继续摇动手柄，以防表内线圈过热而损坏。

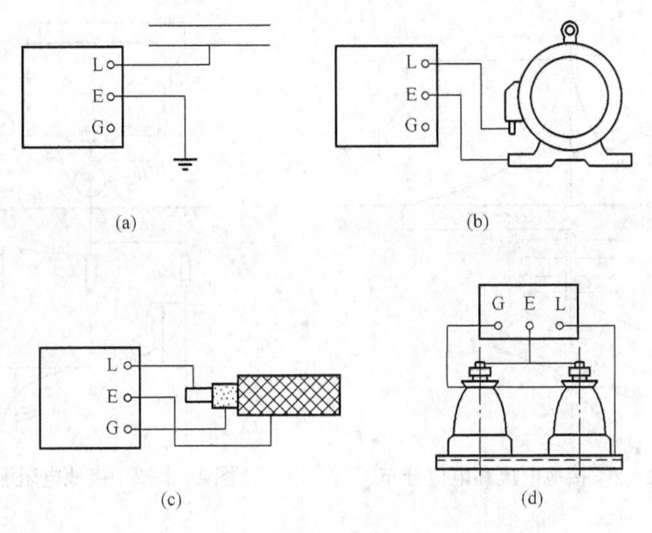

图 1-3-1　绝缘电阻表接线示意图

(2) 绝缘电阻随着测试时间的长短而有差异，一般采用 1min 以后的读数为准。对电容量较大的被测设备（如电容器、变压器、电缆线路等），应待指针稳定不变时记取读数。

(3) 不能全部停电的双回架空线路和母线，禁止进行测量。

(4) 在绝缘电阻表的手柄没有停止转动和被测试物没有放电以前，不可用手去触及被测试对象的测量部分以防触电。

4. 拆线

(1) 测试结束，等发电机完全停止转动后，拆除测试导线放入专用箱包中。

(2) 做完具有大电容设备的测试后，应对被测设备进行放电。

（五）接地电阻表的使用

数字式接地电阻表的使用方法与机电式接地电阻表相似，这里仅介绍机电式接地电阻表的操作步骤。

1. 测量前的准备工作

(1) 测试前检查。使用前仔细阅读使用说明书、仪表使用有效期，检查配件齐全完好、测试导线良好。

(2) 将两根探测针分别插入地中，使被测接地极 E、电位探测针和电流探测针 C 三点在一条直线上，E 至 P 的距离为 20m，E 至 C 为 40m，然后用专用 P 和 C 接到仪表相应的端钮上。接地电流和电位分布如图 1-3-2 所示。

(3) 把仪表放在水平位置，检查检流计的指针是否指在红线上，若未在红线上，则可用调零螺钉进行调整，然后将仪表的倍率标度置于最大倍数。

2. 测量

(1) 慢慢转动发电机的手柄，同时调整测量标度盘（即调节图 1-3-3 的 R_s），使检流计指针指向红线。当指针接近红线时，加快发电机手柄的转速至额定转速，达到 120r/min 以上，再调整测量标度盘，使指针稳定指于红线上，然后读数。

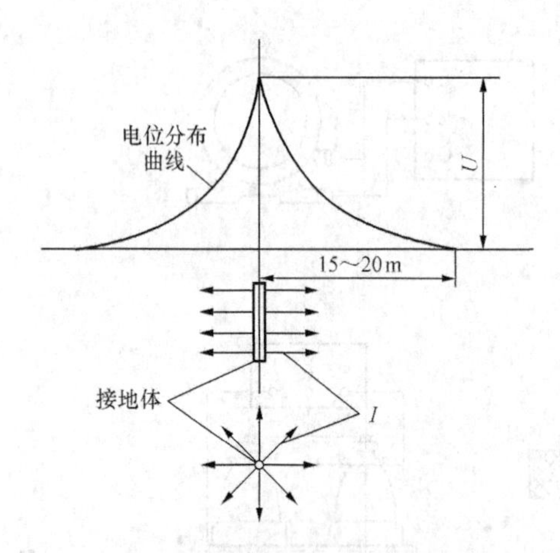

图1-3-2 接地电流和电位分布

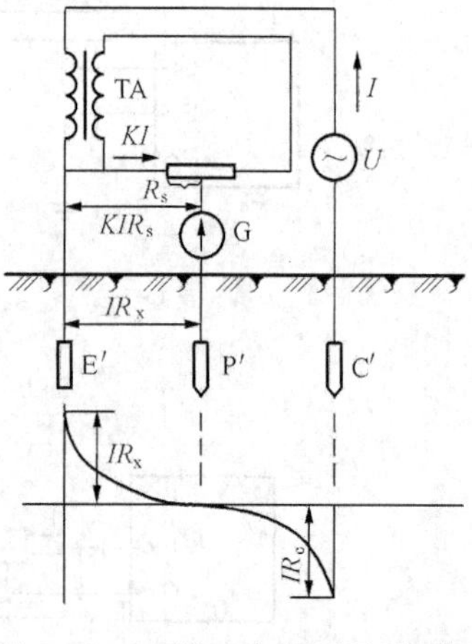

图1-3-3 接地电阻测量原理图

(2) 当指针完全平衡在红线上以后，用测量标度盘的读数乘以倍率标度，即为所测的接地电阻值。

(3) 如果测量标度盘的读数小于1，则应将倍率标度置于较小的倍数，再重新调整测量标度盘，以得到正确的读数。

(4) 被测接地电阻小于1Ω时，为了消除接线电阻和接触电阻的影响，宜采用四端钮测量仪。测量时将端钮C2和P2的短接片打开，分别用导线接到接地体上，并使端钮P2接在靠近接地体的一端，如图1-3-4 (c) 所示。现场作业时，接地电阻的测量，如图1-3-5所示。

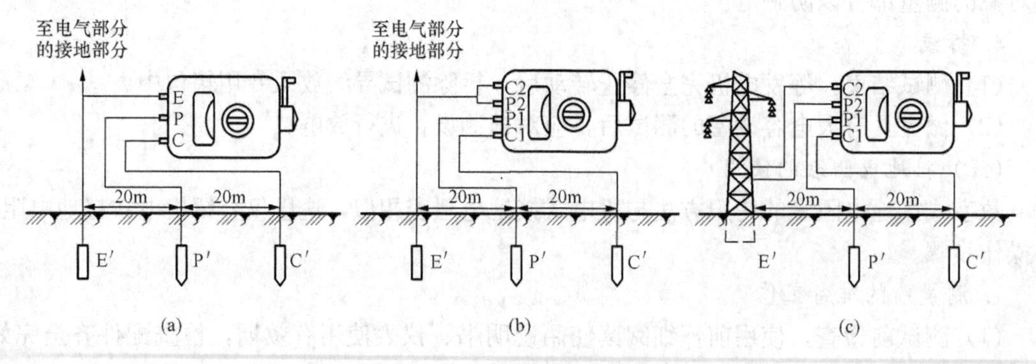

图1-3-4 接地电阻表的接线

(a) 三端钮式测量仪的接线；(b) 四端钮式测量仪的接线；(c) 测量小接地电阻时的接线

(六) 相位表的使用

1. 测量前的准备工作

(1) 测试前检查。使用前仔细阅读使用说明书、仪表使用有效期，检查配件齐全完好、测试导线良好。

(2) 预热。打开电源，将仪表预热3～5min以保证测量精度。

(3) 校准。有校准挡位的相位伏安表，在使用之前要先进行校准。

2. 相位角测量

(1) 将旋转开关旋至U1U2，两路电压信号从两路电压输入插孔输入时，显示器显示值

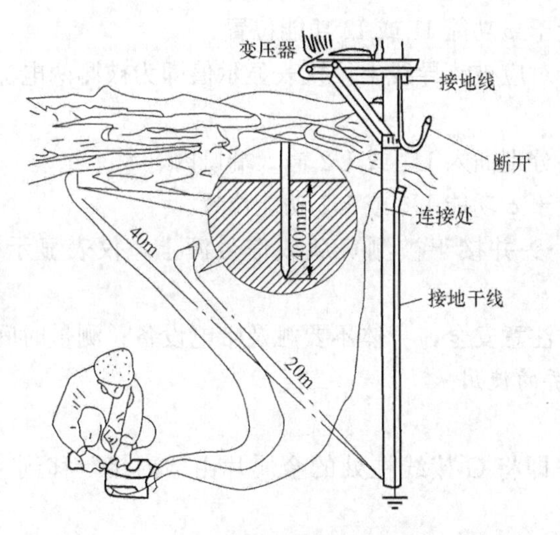

图 1-3-5　接地电阻测量连接示意图

即为两路电压之间的相位。具体操作：将两幅电压测量线按颜色之分，分别插入 U1、U2 上，将量程开关置于 φ 功能 U1U2 功能位置。依所测量两电压相量方向及仪表参考方向，将测试线另一头分别并接于被测电压 U1、U2 上，仪表显示值即为被测两电压 U1、U2 相位差值，参考相量为 U1，测量结果单位为“度”。测量时注意保持两电压 U1、U2 参考方向一致。

将旋转开关至 I1I2 两路电流信号从两路电流输入插孔输入时，显示器显示值即为两路电流之间的相位。具体操作：将 I1、I2 钳夹插头分别插入 I1、I2 孔内，将量程开关置于 φ 功能 I1-I2 功能位置。依所测量两电流矢量方向及钳子参考方向，将两钳形夹分别夹于对应被测导线上，仪表显示值即为被测两电流 I1、I2 相位差值，参考相量为 I1，测量结果单位为“度”。测量时注意保持两电流参考方向一致。

将旋转开关旋至 U1I2，电压信号从 U1 插孔输入，电流信号 I2 从插孔输入时，显示器显示值即为电压和电流之间的相位。具体操作：将一幅电压测量线按颜色之分插入 U1、端口内、I2 对应钳夹插头 I2 孔内，将量程开关置于 φ 功能 U1-I2 功能位置。依所测量电压、电流矢量方向及仪表参考方向，将电压测试线并接于被测电压上，钳形夹夹于被测电流导线上，仪表显示值即为被测电压 U1、与电流 I2 相位差值，参考相量为 U1，测量结果单位为“度”。测量时注意保持电压 U1 与电流 I2 参考方向。

将旋转开关旋至 I1U2，电流信号从 I1 插孔输入，电压信号从 U2 插孔输入时，显示器显示值即为电流和电压之间的相位。具体操作：将一幅电压测量线按颜色之分插入 U2、端口内、I1 对应钳夹插头 I1 孔内，将量程开关置于 φ 功能 I1-U2 功能位置。依所测量电压、电流矢量方向及仪表参考方向，将电压测试线并接于被测电压上，钳形夹夹于被测电流导线上，仪表显示值即为被测电流 I1 与电压 U2 相位差值，参考相量为 I1，测量结果单位为“度”。

(2) 数据读取。待显示器上数据稳定后读取测量结果。

(3) 关闭电源。关闭电源，拆除测试导线，并放入专用箱包中。

3. 电流测量

(1) 将钳夹插头分别插入 I1 或 I2 孔内。

(2) 将量程开关置于 φ 功能 I1 或 I2 功能位置。

(3) 将钳形夹夹于对应被测导线上，仪表显示值即为被测两电流 I1 或 I2 值。

4. 电压测量

(1) 将测量线插头分别插入 U1 或 U2 输入端口内。

(2) 将量程开关置于 φ 功能 U1 或 U2 功能位置。

(3) 将测试线另一头并接于被测负载或信号源上，仪表显示值即为被测电压 U1 或 U2 值。

注意：测量高压时注意安全，身体不要触及带电设备；测量时间不要太长。

(七) 直流单臂电桥的使用

1. 测量前的准备

打开检流计锁扣，即将 G 接线柱处的金属片由“内接”移到“外接”，打开检流计开关，将指针调至零位。

2. 操作步骤

以 QJ23 型直流单臂电桥为例来说明它的使用。图 1-3-6 为直流单臂电桥结构原理图，图1-3-7为 QJ23 型直流单臂电桥面板图。

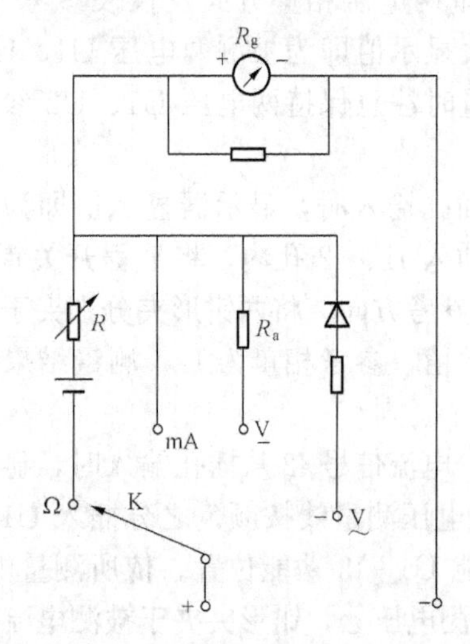

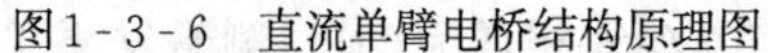

图1-3-6 直流单臂电桥结构原理图

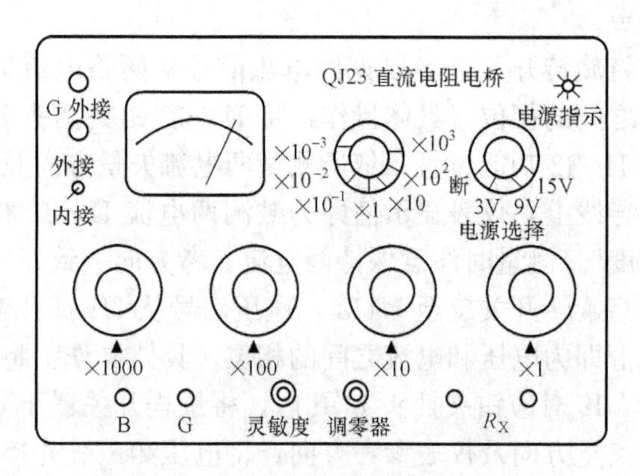

图 1-3-7 QJ23 型直流单臂电桥面板图

(1) 将电桥放平稳，断开电源和检流计按钮，进行机械调零，使检流计指针和零线重合。

(2) 用万用表电流挡粗测被测电阻值，选取合理的比例臂，使电桥比较臂的四个读数盘都利用起来，以得到 4 个有效数值，保证测量精度。

(3) 按选取的比例臂，调好比较臂电阻。

(4) 将被测电阻 R_X 接入 X1、X2 接线柱，先按下电源按钮 B，再按检流计按钮 G，若检流计指针摆向“+”端，需增大比较臂电阻，若指针摆向“−”端，需减小比较臂电阻。反复调节，直到指针指到零位为止。

(5) 读出比较臂的电阻值再乘以倍率，即为被测电阻值。

(6) 测量完毕后，先断开 G 钮，再断开 B 钮，断开电源，拆除测量接线，并将检流计金属片由“外接”移到“内接”，锁住检流计，以免搬动时震坏悬丝。

相关知识

装表接电人员在日常安装和维修工作中离不开电工仪表，电工仪表质量的好坏和使用方法正确与否都会直接影响操作质量和工作效率，甚至会造成生产事故和人身伤亡事故。因此，掌握常用电工仪表的性能和正确的使用方法，对提高工作效率和安全生产具有重要意义。常用的电工仪表包括万用表、钳形电流表、相位伏安表、相序表、绝缘电阻表、接地电阻表，下面分别介绍其使用方法。

一、万用表

万用表是一种多功能表，分为常规电磁式和电子式，都可以用来测量直流电压、电流，交流电压、电流，以及电阻、电感、电容和晶体管等，被广泛应用于安装维修工作中。电磁式万用表的测量值用仪表指示、电子式的由显示屏以数字显示。

以 MF30 型电磁式万用表和 DT840 型数字式万用表为例，了解其结构和性能，学会使用万用表正确测量电压、电流、电阻等基本电量的方法，熟悉有关使用的注意事项。

1. MF30 型电磁式万用表

（1）基本组成。MF30 型电磁式万用表主要由表头、测量线路、转换开关三部分组成。其外形结构如图 1-3-8 所示。

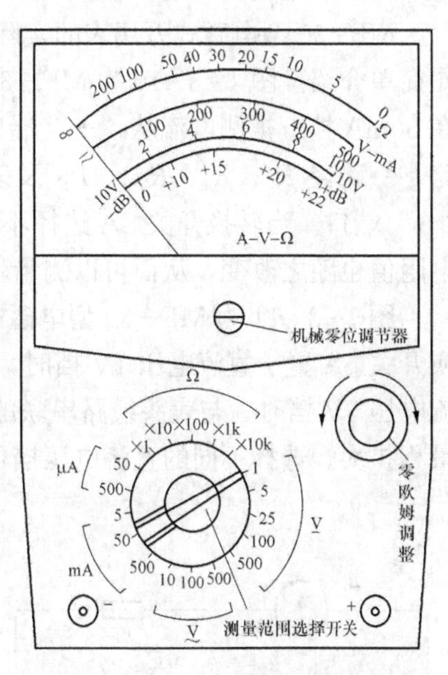

图 1-3-8　MF30 型电磁式万用表外形结构

MF30 型万用表可以测量直流电流、直流电压、交流电压和电阻等多种电量。当转换开关拨到直流电流挡，可分别与 5 个接触点接通，用于测量 500、50、5mA 和 500、50μA 量程的直流电流。同样，当转换开关拨到欧姆挡，可分别测量×1、×10、×100、×1kΩ、×10kΩ 量程的电阻；当转换开关拨到直流电压挡，可分别测量 1、5、25、100、500V 量程的直流电压；当转换开关拨到交流电压挡，可分别测量 500、100、10V 量程的交流电压。

（2）电磁式万用表的工作原理。电磁式万用表最简单的测量原理如图 1-3-9 所示。测电阻时把转换开关 SA 拨到“Ω”挡，使用内部电池做电源，由外接的被测电阻、E、R_P、R_1 和表头部分组成闭合电路，形成的电流使表头的指针偏转。设被测电阻为 R_X，表内的总电阻为 R，形成的电流为 I，则

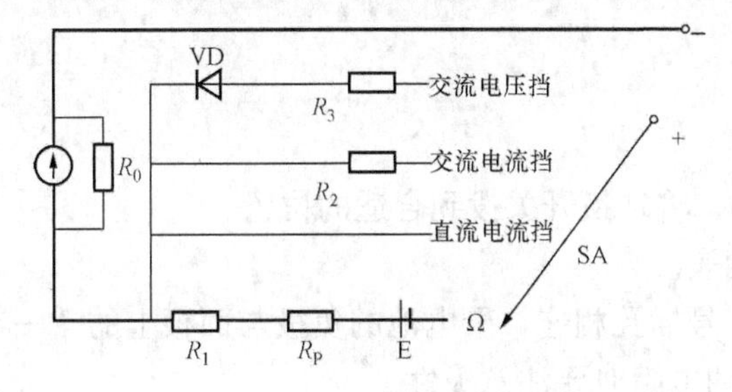

图 1-3-9　电磁式万用表最简单的测量原理图

$$I=\frac{E}{R_X+R} \qquad (1-3-1)$$

由式（1-3-1）可知：I 与 R_X 不呈线性关系，所以表盘上电阻标度尺的刻度是不均

匀的。电阻挡的标度尺刻度是反向分度，即 $R_X=0$，指针指向满刻度处；$R_X\to\infty$，指针指在表头机械零点上。电阻标度尺的刻度从右向左表示被测电阻逐渐增加，这与其他仪表指示正好相反，因此在读数时应注意。

测量直流电流时把转换开关 SA 拨到“mA”挡，此时从“+”端到“−”端所形成的测量线路实际上是一个直流电流表的测量电路。

测量直流电压时将转换开关 SA 拨到“V”挡，采用串联电阻分压的方法来扩大电压表量程。测量交流电压时，转换开关 SA 拨到“V̰”挡，用二极管 VD 整流，使交流电压变为直流电压，再进行测量。

MF-30 型电磁式万用表的实际测量线路较复杂，下面以测量直流电流和直流电压为例作简单介绍。图 1-3-10 为 MF-30 型万用表测量直流电流的原理图。图中转换开关 SA 拨在 50mA 挡，被测电流从“+”端口流入，经过熔断器 FU 和转换开关 SA 的触点后分成两路，一路经 R_3、R_4、$R_{5\text{-}9}$、R_P 及表头回到“−”端口；另一路经分流电阻 R_2、R_1 回到“−”端口。当转换开关 SA 选择不同的直流电流挡时，与表头串联的电阻值和并联的分流电阻值也随之改变，从而可以测量不同量程的直流电流。

图 1-3-11 为 MF-30 型电磁式万用表测量直流电压 1V、5V、25V 挡的原理图，当转换开关 SA 置于直流电压 1V 挡时，与表头线路串联的电阻为 R11，当转换开关 SA 置于直流电压 5V 挡时，与表头线路串联的电阻为 R11+R12，串联电阻的增大使测量直流电压的量程扩大。选择不同的直流电压挡可改变电压表的量程。

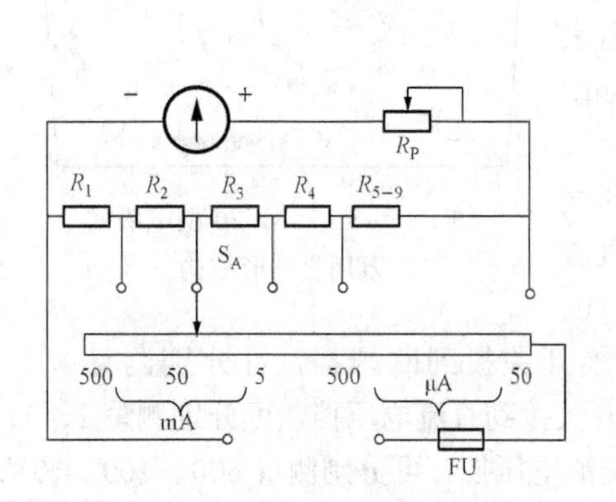

图 1-3-10　MF-30 型万用表测量直流电流的原理图

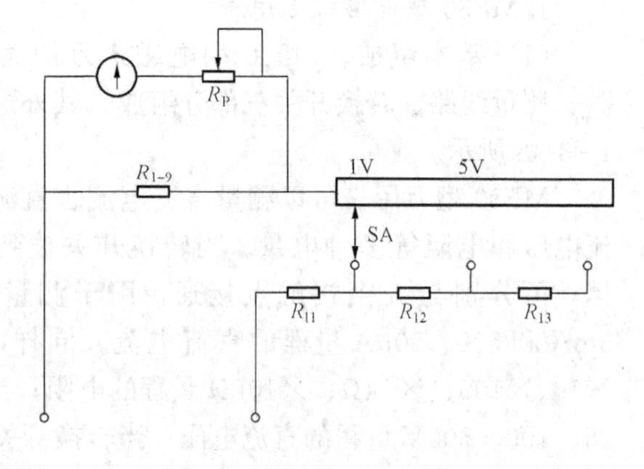

图 1-3-11　MF-30 型电磁式万用表测量直流电压的原理图

(3) 使用注意事项。

1) 使用前，应将表头指针调零。

2) 测量前，应根据被测电量的项目和大小，将转换开关拨到合适的位置。

3) 不允许带电测量电阻，否则会烧坏万用表。

4) 万用表内干电池的正极与面板上“−”号插孔相连，干电池的负极与面板上的“+”号插孔相连。在测量电解电容和晶体管等器件的电阻时要注意极性。

5) 每换一次倍率挡，要重新进行电调零。

6) 不允许用万用表电阻挡直接测量高灵敏度表头内阻，以免烧坏表头。（万用表内电池

电压也可能足以使表头过流烧坏）

7）不准用两只手捏住表笔的金属部分测电阻，否则会将人体电阻并接于被测电阻而引起测量误差。

8）测量完毕，应将转换开关拨到最高交流电压挡，有的万用表（如MF500型）应将转换开关拨到标有“.”的空挡位置。

2. 数字式万用表

数字式万用表由功能变换器、转换开关和直流数字电压表三部分组成，其原理框图如图1-3-12所示。直流数字电压表是数字式万用表的核心部分，各种电量或参数的测量，都是首先经过相应的变换器，将其转化为直流数字电压表可以接收的直流电压，然后送入直流数字电压表，经模/数转换器变换为数字量，再经计数器计数并以十进制数字将被测量显示出来。

数字式万用表逻辑功能如图1-3-12所示，DT840型数字式万用表的面板结构如图1-3-13所示。

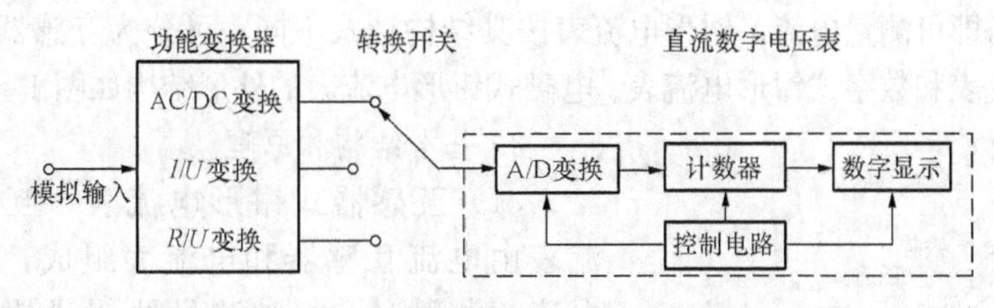

图1-3-12　数字式万用表原理框图

（1）应用场合。

1）电压（直流、交流）的测量。

2）电流（直流、交流）的测量。

3）电阻的测量。

4）二极管的测试。

5）晶体管放大系数h_{FE}的测试。

6）带声响的通断测试。

（2）使用注意事项。

1）使用数字式万用表，应仔细阅读使用说明书，熟悉面板结构及各旋钮、插孔的作用，以免使用中发生差错。

2）测量前，应校对量程开关位置及两表笔所插的插孔无误后再进行测量。

3）测量前若无法估计被测量的大小，应先用最高量程测量，再视测量结果选择合适量程。

4）严禁测量高电压或大电流时拨动量程开关，以防止产生电弧，烧毁开关触点。

5）当使用数字万用表电阻挡测量晶体管、电解电容等元件时，应注意红表笔接“V、Ω”插孔，内接电源正极，

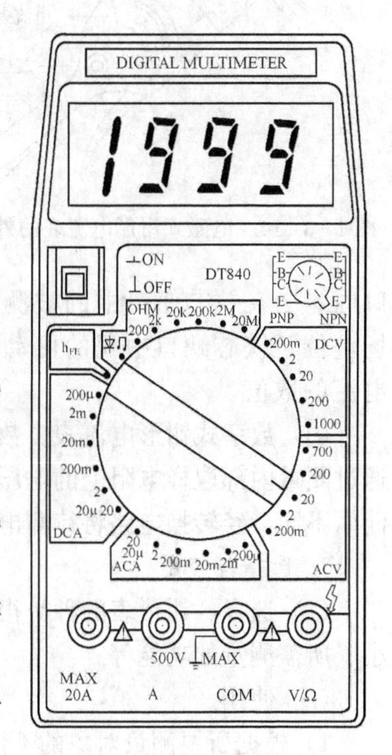

图1-3-13　DT840型数字式万用表的面板结构

黑表笔接“COM”插孔，内接电源负极，这点与指针式万用表正好相反。

6）数字万用表的频率特性较差，只能测 45～500Hz 范围内的正弦电量的有效值。

7）严禁在被测电路带电的情况下测电阻，以免损坏仪表。

8）若将电源开关拨至“ON”位置，液晶无显示，应检查电池是否失效或熔丝管是否烧断。若显示欠电压信号“～”，需更换新电池。

9）为延长电池使用寿命，每次使用完毕应将电源开关拨至“OFF”位置。长期不使用的万用表要取出电池，防止因电池内电解液漏出而腐蚀表内元器件。

二、钳形电流表

1. 用途

钳形电流表是一种不需要断开电路就可以直接测量交流电路的便携式仪表。这种仪表测量精度不高，可对设备或电路的运行情况作粗略的了解，由于使用方便，应用很广泛。

钳形电流表在外部都有一个可以开合的“钳口”，主要用来“非接触”测量交直流电流，即不用切断电路即可测量电流。钳形电流表按其结构形式不同，可分为互感器式钳形电流表、电磁式钳形电流表和数字式钳形电流表。电磁式钳形电流表的外形结构如图 1-3-14 所示。

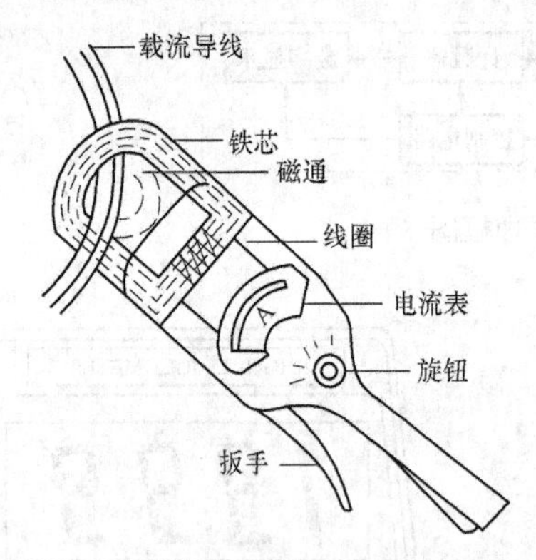

图 1-3-14 电磁式钳形电流表的外形结构

2. 基本结构和原理

（1）互感器式钳形电流表。互感器式钳形电流表由电流互感器和电流表组成，用来测量交流电流。测量时，将被测导线钳进钳口内，被钳导线相当于电流互感器的一匝线圈，属于一次线圈，有电流通过时，钳形电流表内的二次线圈感应出二次电流，在钳形电流表度盘上就可以读出被测导线的电流。

（2）电磁式钳形电流表。电磁式钳形电流表由电磁系测量机构做成，不仅可以测量交流电流，还可测量直流电流。测量时，将被测导线钳进钳口内，卡在铁芯钳口中的被测电流导线相当于电磁系机构中的线圈，在铁芯中产生磁场，位于铁芯缺口中间的可动铁片受此磁场的作用而偏转，从而带动指针指示出被测电流的数值。

（3）数字式钳形电流表。数字式钳形电流表的内部是一个电压表，其测量电流的手段是通过测量内部取样电阻上的电压。该取样电阻串联在要测量的电路中，其阻值根据挡位的不同而不同，经转换电路将待测电流通过液晶显示屏以数字形式显示出来。

3. 选择与使用

（1）选择。钳形表的种类很多，在选用时主要考虑被测导线的形状、粗细、被测量的大小、所需测量的功能等。

（2）使用。

1）根据所要测量对象的不同，选用不同的钳形表。

2）测量时，为减小误差，被测导线应置于钳口内中心位置。

3）钳形表的钳口应保持良好接触。

4）为消除铁芯中剩磁的影响，应将钳口开合数次。

5）要选择合适的量限。

6）测量小电流时，可变换采取间接测量方法。

7）钳形表的钳口铁芯相接处应保持清洁和接触紧密。

4. 具体操作步骤

以上三种钳形电流表的测量步骤基本相同。

（1）测试前检查。使用前仔细阅读使用说明书、仪表使用有效期，检查配件齐全完好、测试导线良好。

（2）量程选择。将功能量程开关置于交流电流量程范围。如果被测电流范围事先无法估计，则应首先将功能量程开关置于最大量程，然后逐渐降低直至取得满意的分辨力。电磁式钳形电流表注意被测量落在量程的 2/3 及以上区域为宜，而数字式钳形电流表要选择最靠近被测量但测量范围大于被测量的量程。

（3）电流测量。电流测量时，应按动手柄使钳口张开，把被测导线置于钳口中央，使钳口闭合。

（4）数据读取。待显示器上数据稳定后读取测量结果。

5. 注意事项

（1）要根据被测电流回路的电流大小选择合适的钳形电流表，在操作时要防止构成相间短路。同时要注意被测电流的频率，因为对于直流电流表或频率较低的电流只能使用电磁式钳形电流表和数字式钳形电流表才能正确测量。

（2）严禁在测量过程中切换量程开关的挡位，以免造成钳形电流表电流互感器二次瞬间开路，产生高电压造成匝间击穿，损坏钳形电流表。

（3）在测量时，应将被测导线置于钳形电流表的钳口中央，保证测量数据准确，要注意钳口咬合良好，不能触及其他带电体或接地点，以免引起短路或接地。如有杂音，可将钳口重新开合一次。

（4）测量小电流时，为了得到较准确的读数，若条件允许，可将导线多绕几圈放进钳口进行测量，但实际电流值应为读数除以放进钳口内的导线圈数。

（5）测量时还应注意被测导线的电压，不能超过钳形电流表的允许值，不宜测裸导线电流。测量电流时最好戴绝缘手套。

（6）测量完毕后一定要将调节开关放在最大电流量程位置上，以免下次使用时，由于未经选择量程而造成仪表损坏。

三、相序表

1. 用途

相序表是用来判别三相交流电源电压顺相序或逆相序的一种电工仪表。

2. 基本工作原理和结构

相序表主要分为电动机式和指示灯式两种。电动机式有一个可旋转铝盘，其工作原理与异步电动机转子旋转原理相同。铝盘旋转方向取决于三相电源的相序，因此可通过铝盘转动方向来指示相序。指示灯式一般有指示来电接入状况的接电指示灯和显示来电相序的相序指示灯，通过表内专用电路对三相电源间相位进行判断，并通过相序指示灯来指示相序。其外观图如图 1-3-15 所示。

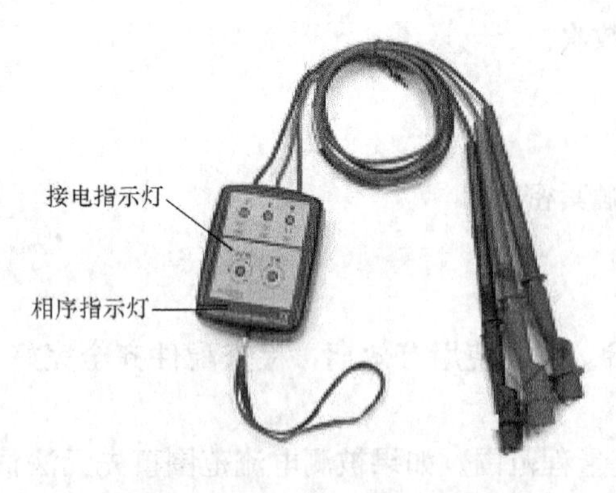

图1-3-15　相序表外观图

3. 使用

参见“任务实施”中“（三）相序表的使用”。

4. 注意事项

（1）当任一测试线已经与三相电路接通时，应避免用手触及其他测试线的金属端，防止发生触电。

（2）对不接电的裸露金属部件进行绝缘处理时，应尽可能减少裸露面积。

（3）应在允许电压范围内进行测量，否则相序表测试结果有可能失准。

（4）对于有接电按钮的相序表，不宜长时间按住按钮不放，以防烧坏触点。

（5）如果接线良好，相序表铝盘不转动或接电指示灯未全亮，表示其中一相断相。

四、绝缘电阻表

1. 用途

绝缘电阻表又叫兆欧表，俗称摇表，是用来测量大电阻（主要是绝缘电阻）的直读式仪表。它的计量单位是兆欧（MΩ）。

影响绝缘电阻测量值的因素有温度、湿度、测量电压及作用时间、绕组中残存电荷和绝缘的表面状况等，通过测量电气设备的绝缘电阻，可以达到如下目的：

（1）了解绝缘结构的绝缘性能。由优质绝缘材料组成合理的绝缘结构或绝缘系统，应该具有良好的绝缘性能和较高的绝缘电阻值。

（2）了解电器产品绝缘性能状况。电器产品绝缘处理不佳，其绝缘性能将明显下降。

（3）了解绝缘受潮及受污染情况。当电气设备的绝缘受潮及受污染后，其绝缘电阻通常会明显下降。

（4）检验绝缘是否承受耐电压试验。若在电气设备的绝缘电阻低于某一限值时进行耐电压测试，将会产生较大的试验电流，造成热击穿而损坏电气设备的绝缘。因此，通常各式各样试验标准均规定在耐电压试验前，先测量绝缘电阻。

2. 基本结构和工作原理

（1）结构。常用的手摇式绝缘电阻表，主要由磁电式流比计和手摇直流发电机组成，输出电压有500、1000、2500、5000V几种。随着电子技术的发展，目前也出现用干电池及晶体管直流变换器把电池低压直流转换为高压直流，来代替手摇发电机的绝缘电阻表。

如图1-3-16所示，可动线圈互成一定角度，放置在一个有缺口的圆柱形铁芯外面，并与指针固定在同一转轴上；极掌为不对称形状，以使空气隙不均匀。动圈中的电流是通过导流丝导入的，当通入电流后，两个动圈内部的电流方向是相反的。

（2）工作原理。绝缘电阻表的工作原理如图1-3-17所示。被测电阻R_X接于绝缘电阻表测量端子“线端”L与“地端”E之间。摇动手柄，直流发电机输出直流电流。线圈1、电阻R_1和被测电阻R_X串联，线圈2和电阻R_2串联，然后两条电路并联后接于发电机电压U上。设线圈1电阻为r_1，线圈2电阻为r_2，则两个线圈上电流分别为

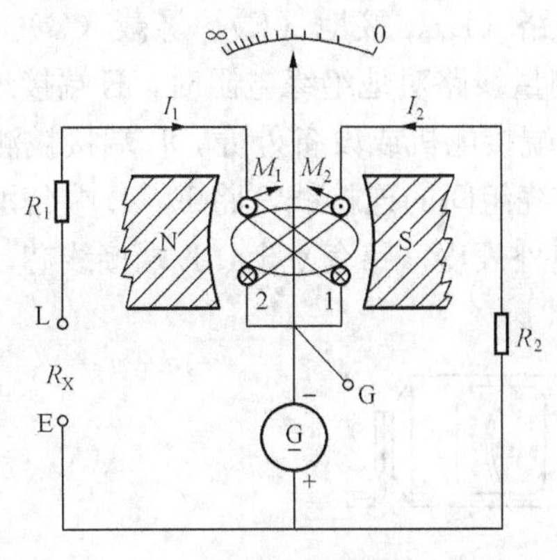

图 1-3-16　绝缘电阻表结构示意图

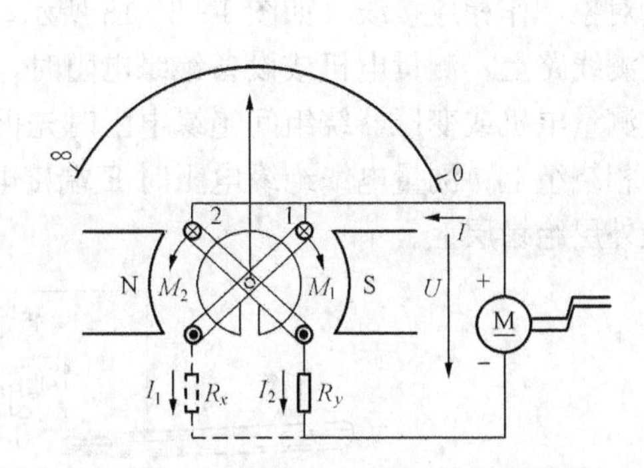

图 1-3-17　绝缘电阻表工作原理图

$$I_1=\frac{U}{r_1R_1R_X} \tag{1-3-2}$$

$$I_2=\frac{U}{r_2R_2} \tag{1-3-3}$$

两式相除得

$$\frac{I_1}{I_2}=\frac{r_2R_2}{r_1R_1R_X} \tag{1-3-4}$$

式中：r_1、r_2、R_1 和 R_2 为定值；R_X 为变量，改变 R_X 会引起比值 I_1/I_2 的变化。

由于线圈 1 与线圈 2 绕向相反，流入电流 I_1 和 I_2 后在永久磁场作用下，两个线圈上分别产生两个方向相反的转矩 T_1 和 T_2。由于气隙磁场不均匀，因此 T_1 和 T_2 既与对应的电流成正比又与其线圈所处的角度有关。当 $T_1 \neq T_2$ 时指针发生偏转，直到 $T_1=T_2$ 时，指针停止。指针偏转的角度只取决于 I_1 和 I_2 的比值，此时指针所指的是刻度盘上显示的被测设备的绝缘电阻值。

当 E 端与 L 端短接时，I_1 为最大，指针顺时针方向偏转到最大位置，即“0”位置；当 E、L 端未接被测电阻时，R_X 趋于无限大，$I_1=0$，指针逆时针方向转到“∞”的位置。该仪表结构中没有产生反作用力距的游丝，在使用之前，指针可以停留在刻度盘的任意位置。

3. 选择与使用

(1) 选择。绝缘电阻表的额定电压应根据被测电气设备的额定电压来选择。测量额定电压 500V 以下的设备，选用 500V 或 1000V 的绝缘电阻表；测量额定电压在 500V 以上的设备，应选用 1000V 或 2500V 的绝缘电阻表；对于绝缘子、母线等要选用 2500V 或 3000V 绝缘电阻表。

(2) 使用。

1) 使用前检查绝缘电阻表是否完好。将绝缘电阻表水平且平稳放置，检查指针偏转情况：将 E、L 两端开路，以约 120r/min 的转速摇动手柄，观测指针是否指到“∞”处；然后将 E、L 两端短接，缓慢摇动手柄，观测指针是否指到“0”处，经检查完好才能使用。

2) 测量时，绝缘电阻表要放置平稳牢固，被测物表面擦干净，以保证测量正确。

3）正确接线。绝缘电阻表有三个接线柱：线路（L）、接地（E）、屏蔽（G）。根据不同测量对象，作相应接线，如图 1-3-18 所示。测量线路对地绝缘电阻时，E 端接地，L 端接于被测线路上；测量电机或设备绝缘电阻时，E 端接电机或设备外壳，L 端接被测绕组的一端；测量电机或变压器绕组间绝缘电阻时先拆除绕组间的连接线，将 E、L 端分别接于被测的两相绕组上；测量电缆绝缘电阻时 E 端接电缆外表皮（铅套）上，L 端接线芯，G 端接芯线最外层绝缘层上。

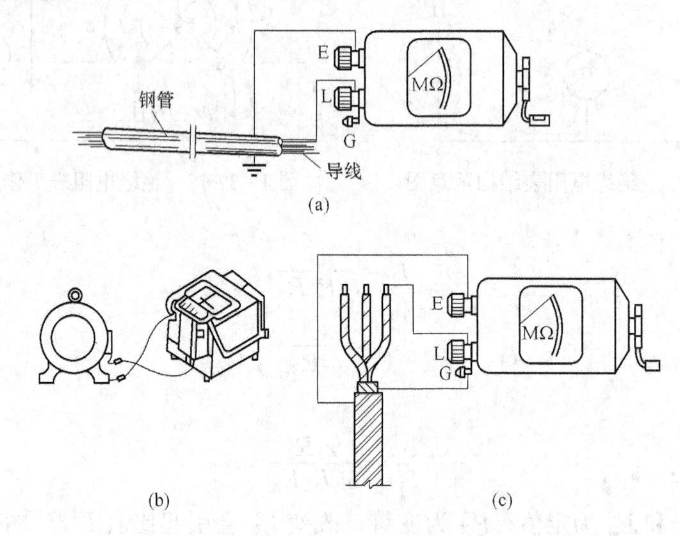

图 1-3-18　绝缘电阻表的接线方法

(a) 测量线路的绝缘电阻；(b) 测量电动机的绝缘电阻；(c) 测量电缆的绝缘电阻

4）由慢到快摇动手柄，直到转速达 120r/min 左右，保持手柄的转速均匀、稳定，一般转动 1min，待指针稳定后读数。

5）测量完毕，待绝缘电阻表停止转动和被测物接地放电后方能拆除连接导线。

4. 注意事项

因绝缘电阻表本身工作时产生高压电，为避免人身及设备事故必须重视以下几点：

(1) 不能在设备带电的情况下测量其绝缘电阻。测量前被测设备必须切断电源和负载，并进行放电；已用绝缘电阻表测量过的设备如要再次测量，也必须先接地放电，以保证人身和设备的安全。

(2) 绝缘电阻表测量时要远离大电流导体和外磁场。对可能感应出高电压的设备，必须消除这种可能性后，才能进行测量。

(3) 被测设备表面要清洁，尽可能减少接触电阻，确保测量结果的正确性。

(4) 与被测设备的连接导线应用绝缘电阻表专用测量导线或选用绝缘强度高的两根单芯多股软导线，两根导线切忌绞在一起，以免影响测量准确度。

(5) 当发电机手柄已经摇动，在 E、L 之间就会产生很高的直流电压，绝不能用手触及。

(6) 测量过程中，如果指针指向"0"位，表示被测设备短路，应立即停止转动手柄。

(7) 测量过程中不得触及设备的测量部分，以防触电。

(8) 被测设备中如有半导体器件，应先将其插件板拆去。

(9) 测量电容性设备的绝缘电阻时，测量完毕，应对设备充分放电。

（10）测试结束，发电机还未完全停止转动或设备尚未放电之前，不要用手触及导线和进行拆除导线工作。

（11）禁止在雷电时或在邻近有带高压导体的设备进行测量，只有在设备不带电又不可能受其他电源感应而带电时才能进行。

五、接地电阻表

1. 电气设备接地电阻及其要求

电气设备的任何部分与接地体之间的连接称为“接地”，与土壤直接接触的金属导体称为接地体或接地电极。

电气设备运行时，为了防止设备漏电危及人身安全，要求将设备的金属外壳、框架进行接地。另外，为了防止大气雷电袭击，在高大建筑物或高压输电铁架上，都装有避雷装置。避雷装置也需要可靠接地。

对于不同的电气设备，接地电阻值的要求也不同，电压在1kV以下的电气设备，其接地装置的工频接地电阻值不应超过表1-3-1中所列数值。

表1-3-1　1kV以下电气设备接地电阻值

电气设备类型	接地电阻值（Ω）
100kVA以上的变压器或发电机	≤4
电压或电流互感器二次线圈	≤10
100kVA以下的变压器或发电机	≤10
独立避雷针	≤25

电气设备接地是为了安全，如果接地电阻不符合要求，不但安全得不到保证，而且还会造成安全假象，形成事故隐患。因此，电气设备的接地装置安装以后，要对其接地电阻进行测量，检查接地电阻值是否符合要求。接地电阻表又称接地摇表，是测量和检查接地电阻的专用仪器。

2. 接地电阻表用途

接地电阻表的外形和绝缘电阻表相似，主要用于直接测量各种接地装置的接地电阻。

3. 基本结构和工作原理

按结构和工作原理的不同可以分为机电式和数字式两大类。

（1）机电式接地电阻表是根据电位计原理设计的，由手摇交流发电机、相敏整流放大器、电位器、电流互感器及检流计构成。

（2）数字式接地电阻表是在机电式接地电阻表的基础上，将手摇发电机用逆变器替代，测量结果以数字显示，内部电路相应进行数字化得到的。接地电阻表通常都带有两根探测针，其中一根为电位探测针，另一根为电流探测针。

4. 使用

参见“任务实施”中“（五）接地电阻表的使用”。

5. 注意事项

（1）当检流计的灵敏度过高时，可将电位探测针P，插入土中浅一些；当检流计灵敏度不够时，可在电位探测针P和电流探测针C周围注水使其湿润。

（2）测量时，接地线路要与被保护的设备断开，以便得到准确的测量数据。

（3）当大地干扰信号较强时，可以适当改变手摇发电机的转速，提高抗干扰能力，以获得平稳读数。

(4) 当接地极 E 和电流探测针 C 之间距离大于 40m 时，电位探测针 P 的位置可插入在离开 E、C 中间直线几米以外，其测量误差可忽略不计。当接地极 E 和电流探测针 C 之间距离小于 40m 时，则应将电位探测针 P 插入 E 与 C 的直线中间。

(5) 对于没有构成接地回路的接地体，数字式钳形接地电阻表无法直接测量它的接地电阻，为形成回路，可利用大楼的消防水龙头、暖气管道或自来水管等自然接地体（它们的接地电阻很小，可忽略）作为辅助接地电极构成测量回路。

六、相位伏安表

1. 用途

相位伏安表主要是用来测量同频率两个量（如工频电压和电流）之间相位差，既可以测量交流电压、电流之间的相位，也可以测量两个电压或两个电流之间的相位，同时还可以测量交流电压、电流。使用该仪表可以确定电能表接线正确与否（相量图法）、辅助判断电能表运行情况、测量三相电压相序等。

2. 基本结构和工作原理

由于相位测量必须基于相对独立的两个测量回路，相位伏安表一般制成双测量回路形式，有两把电流钳和两对电压测试线。相位伏安表内部由比较器、光电耦合器、双稳电路和直流电压表组成。当两路信号输入（一路作为基准波，一路作为被测信号），通过内部比较器变换状态，使正弦波转换成方波信号，然后通过光电耦合器隔离，分别触发双稳电路的复位端和置位端。基准信号的每个正半周前沿使双稳电路置位，输出高电平；被测信号每到正半周前沿则使双稳电路复位，输出低电平。在 0°～360°相位角范围内，被测信号与基准信号之间的相位差越大，双稳电路输出高电平的时间就越长，其平均输出电压也就越高。经过校准，用数字式电压表测量此电压就可以测出两信号之间的相位角，外观图如图 1-3-19 所示。

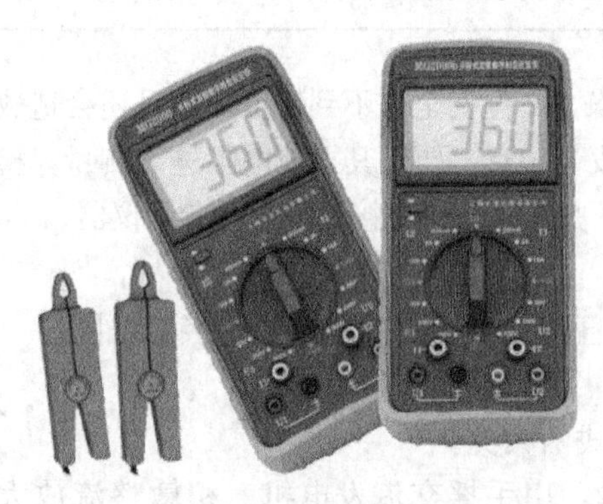

图 1-3-19　相位伏安表外观图

3. 具体操作步骤

相位伏安表主要用来测量相位差，也可测量电压、电流。测量电压时，挡位应与电压测量回路保持一致，使用方法与万用表相同。测量电流时，电流钳的使用方法与钳形电流表基本相同，有关测试步骤参见“任务实施”中“（一）万用表的使用”和“（二）钳形电流表的使用”。

4. 注意事项

(1) 相位伏安表仅用于二次回路和低压回路检测，不能用于高压线路，以预防通过电流钳触电。

(2) 测量电压和电流之间的相位差时，注意电流钳的极性。

(3) 所测相位差均为 1 路信号超前 2 路信号的相位，所以与被测相位相关的两个量必须接入不同的测量回路，否则无法得到测量结果（注：1 路信号和 2 路信号分别是指两个不同的测量回路测得的电压、电流）。

(4) 保证两把电流钳分别对号入座，不可任意调换，否则难以保证精度。

(5) 显示器上出现欠电压符号提示时，应更换相应电池。

七、直流单臂电桥

一般用万用表测中值电阻，但测量值准确度不够。在工程上要较准确测量中值电阻，常用直流单臂电桥（也称惠斯登电桥）。该仪表适用于测量 1～106Ω 的电阻值，其主要特点是灵敏度和测试准确度都很高，而且使用方便。

1. 基本工作原理和结构

直流单臂电桥结构原理如图 1-3-20 所示。它由四个桥臂 R_1、R_2、R_3、R_4，直流电源 E，检流计 G（含与之串联内阻 R_0）组成，其中 R_x 为被测电阻，R_1，R_2、R_3 均为可调的已知电阻。调整这些可调的桥臂电阻使电桥平衡，此时 $I_g=0$，则 R_X 计算式为

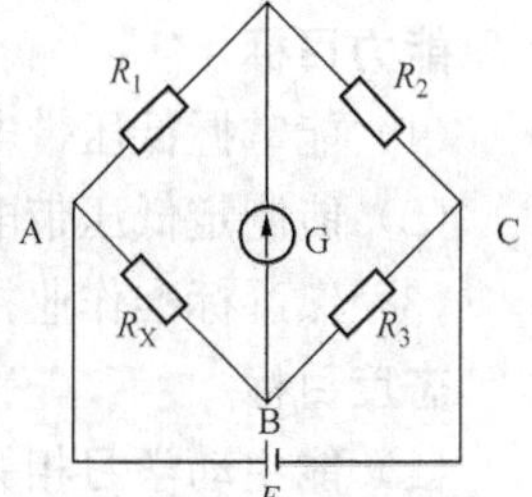

图 1-3-20　直流单臂电桥结构原理图

$$R_X=\frac{R_1}{R_2}R_3 \tag{1-3-5}$$

式中：R_1、R_2 为电桥的比例臂电阻，在电桥结构中，R_1 和 R_2 之间的比例关系的改变是通过同轴波段开关来实现的；R_3 为电桥的比较臂电阻，因为当比例臂被确定后，被测电阻 R_X 是与已知的可调标准电阻 R_3 进行比较而确定阻值的。仪表的测试准确度较高，主要是由已知的比例臂电阻和比较臂电阻的准确度所决定，其次是采用高灵敏度检流计作指零仪。

2. 使用

参见“任务实施”中“（七）直流单臂电桥的使用”。

3. 注意事项

（1）正确选择比例臂，使比较臂的第一盘（×1000）上的读数不为 0，才能保证测量的准确度。

（2）为减少引线电阻带来的误差，被测电阻与测量端的连接导线要短而粗。还应注意各端钮是否拧紧，以避免接触不良引起电桥的不稳定。

（3）当电池电压不足时应立即更换，采用外接电源时应注意极性与电压额定值。

（4）被测物不能带电。对含有电容的元件应先放电 1min 后再测量。

（1）电磁式万用表在测量前的准备工作有哪些？用它测量电阻的注意事项有哪些？

（2）简述钳形电流表的使用注意事项。

（3）简述绝缘电阻表的使用注意事项。

（4）简述接地电阻表的使用方法和注意事项。

（5）简述直流单臂电桥的使用方法和注意事项。

（6）为什么测量绝缘电阻要用绝缘电阻表，而不能用万用表？

任务四　电能表现场安装标准化作业指导书编制

知识目标

（1）能依据电力企业标准化作业指导书的格式要求和有关规范编写装表接电典型业务的

作业指导卡。

（2）能依据《国家电网公司电力安全工作规程》（2009年版）对施工中的危险点进行分析与防控。

能力目标

（1）能掌握低压带电作业的基本技能。

（2）能制定低压带电作业方案。

（3）熟悉标准作业指导书的格式及内容。

态度目标

（1）能主动学习相关知识，认真做好计量装置竣工验收实训作业方案。

（2）在严格遵守安全规范的前提下，小组成员分工协作，密切配合，高标准、高质量地按时完成实训任务。

（3）在完成任务过程中能主动发现、分析并创造性地解决问题。

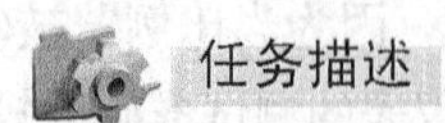

任务描述

按照电力企业标准化作业指导书的格式要求和有关规范，学习编制现场电能表安装标准化作业指导卡。

任务准备

学习电力安全的有关知识与技能，掌握电力企业标准化作业指导卡的格式要求和有关技术规范与服务规范。

任务实施

编写典型装表接电业务的标准化作业指导卡。

相关知识

理论知识　《国家电网公司电力安全工作规程》（2009年版）、《供电企业标准化作业指导书范本（配电部分）》、《供电企业项目作业指导书（电能计量与电测仪表）》。

实践知识　根据客户际情况，熟悉装表接电业务的标准化作业指导书和低压带电作业方案。

一、低压带电作业方案

低压带电作业方案是预先将带电施工作业的技术、安全、组织程序编制成一个方案，对安全完成带电作业所涉及的各个步骤进行规范化、流程化、数字化的描述，用以指导作业全过程。

1. 作业方案内容

（1）依据供电方案确定的供电方式和现场施工条件来制定带电作业施工方案。

（2）对开展带电作业的工作现场进行查勘，确认带电作业环境满足工作需要并具备开展带电作业安全、技术条件，监护者具备开展监护的空间。

（3）制定保证安全的组织、技术措施。办理相应的作业工作票以及编制标准化作业指导书。

(4) 开展带电作业方式和安全施工的辅助设施。

(5) 规划作业所需要的器材。

(6) 确定登高方式，组织并确定登高、带电工作人员。

2. 低压带电作业方案格式

低压带电作业方案一般包括编制总则、现场查勘、作业内容、作业终结四部分。

(1) 编制总则。编制总则包含工程项目名称、总体工程概况介绍、施工班组、工期、编制依据的规程或标准。

(2) 现场查勘。现场查勘包含确定作业地点、工作条件、工作环境、带电作业方式、登高方式、带电搭接作业步骤。

(3) 作业内容。

1) 方案应明确作业前准备工作及责任人。

2) 作业负责人（监护人）确定，工作班人员组成及职责。

3) 根据现场查勘情况，确定作业工具、安全防护用具、作业中所需器材及材料。

4) 进入作业位置的作业步骤及危险点控制，制定具有针对性的防范措施。

5) 按工作票所列安全措施布置。

6) 作业过程的安全监护。

(4) 作业终结。

1) 对作业质量的检查确认。

2) 作业终结程序。对照已完成的作业过程，检查所制定的方案是否存在有待完善、改进的程序，以提高类似作业管理水平。

3. 低压带电作业施工过程中的注意事项

(1) 参加低压带电作业的工作人员，应经专门培训，并经考试合格，企业书面批准后，方能参加相应的低压带电作业操作。根据搭接方案，组织具有低压带电作业经验、资质的熟练工承担操作任务。

(2) 低压带电作业的作业工作票签发人或工作负责人认为有必要时，应组织施工人员(操作人员)到现场查勘，根据查勘结果做出能否进行带电作业的判断，并确定搭接方法，监护方案和所需工具以及应采取的各项措施。

(3) 办理开展工作的相关手续，现场落实保证施工安全的组织措施和技术措施。

(4) 低压带电作业应设专责监护人。监护人不得直接操作。监护的范围不能超过一个作业点。对于负责作业面，必要时应增设“近距离”监护人。

(5) 低压带电作业，严禁带负荷断线和搭接。

(6) 在低压带电作业过程中如系统突然停电，作业人员应视设备、线路仍然带电。

二、标准化作业指导书

标准化作业指导书，是以国家检定规程或行业标准为基础，主要针对电能计量器具的安装、检定、测试以及现场计量装置检验等作业的方法、流程和安全要求进行科学、合理的规范。

1. 标准化作业指导书分类

按作业性质分为两类：

(1) 现场类作业指导书，包括高压电能计量装置现场安装、电能表现场检验、电能表现场轮换、电流互感器现场检验、电压互感器现场检验、电压互感器二次回路压降现场检验、电能计量装置现场验收、电能计量装置现场送电、电能信息采集终端（230M、公网）安装及检修等，共12项常规现场作业。现场作业主要以标准化作业卡形式来落实执行。

（2）室内类作业指导书，包括电能表室内检定、电流互感器室内检定、电压互感器室内检定和负荷管理系统主站运行维护工作。

2.《标准化作业指导书》介绍

（一）高压电能计量装置标准化作业指导书

1.1 范围

本指导书适用于高压计量装置的现场新装、改造及新装、改造后的检查工作。本项作业主要包括计量器具的安装、未检互感器的误差试验以及安装后的检查。

1.2 引用文件

《国家电网公司电力安全工作规程》（2009年版）

JJG 1021—2007《电力互感器检定规程》

DL/T 448—2000《电能计量装置技术管理规程》

SD 109—83《电能计量装置检验规程》

DL/T 614—2007《多功能电能表》

DL/T 825—2002《电能计量装置安装接线规则》

DL/T 725—2000《电力用电流互感器订货技术条件》

DL/T 726—2000《电力用电压互感器订货技术条件》

DB43/T 438—2009《关口电能计量装置配置技术规范》

1.3 使用说明

本指导书规定了电能计量装置现场安装及安装后检验工作中的安全和质量的控制措施及要求，作业人员应熟练掌握。执行本作业时需要填写《标准化作业卡》。

1.4 工作前准备

1.4.1 准备工作安排

（1）接受业扩工单或变电站施工任务单（新建基建项目）及相关图纸资料后，确认图纸设计符合规程规定要求，计量装置安装及检验条件已具备。

（2）根据装表工单办理计量器具的领用手续。

（3）准备现场计量装置安装及检验所需的仪器仪表和工器具。

（4）工作负责人根据现场情况、工作时间和施工工作内容办理工作票或施工任务单。

1.4.2 人员要求

（1）现场工作人员应身体健康、精神状态良好。工作人员不少于两人，其中一人进行监护。

（2）现场工作人员必须具备必要的电气知识，掌握本专业作业技能；必须持有计量检定员证和中级工及以上职业资格证并经批准上岗。

（3）现场工作人员必须熟悉《国家电网公司电力安全工作规程》（2009年版）的相关知识，并经考试合格。

1.4.3 现场设备和材料

以下设备和材料可根据现场实际作业要求进行选配。

(1) 仪器设备。电能表现场校验仪、电流互感器和电压互感器现场校验装置及附属配件。

(2) 工器具。十字螺丝刀、一字螺丝刀、斜口钳、尖嘴钳、剥线钳、封印钳、录音笔、安全帽、高压验电笔、万用表、绝缘电阻表、相序表、手电钻、安全围栏、安全标示牌。

(3) 材料。电能表、互感器、计量专用接线盒、分色单芯铜质绝缘导线（电压线不小于 $2.5mm^2$，电流线不小于 $4mm^2$）、二次线号码筒、绝缘塑胶带、计量专用封条或封印、封线、封锁。

1.5 作业程序及作业标准

1.5.1 开工

开工程序见表 1-4-1。

表 1-4-1 开 工 程 序

序号	内 容	备 注
1	工作负责人开具工作票或填写施工任务单（新建基建项目），完成保证安全的组织措施和技术措施	现场工作人员应严格执行电力安全工作的相关规程、规定
2	开工前工作负责人检查所有工作人员是否正确使用劳保用品，并由工作负责人带领进入工作现场，并向所有工作人员进行作业前培训及站队“三交”：确保作业“四清楚，四到位”（“四清楚”：作业任务清楚、危险点清楚、作业程序清楚、安全措施清楚；“四到位”：人员到位、措施到位、执行到位、监督到位），并在人员签字栏内分别签名	严格按照作业前培训和现场录音的相关规定执行

1.5.2 作业内容和工艺标准

作业内容和工艺标准见表 1-4-2。

表 1-4-2 作业内容和工艺标准

序号	作业内容	作业程序及要求	安全措施及注意事项
一	计量器具安装		
1	互感器安装	(1) 确定现场运行的主接线方式及被测馈电线路的正常运行方式 (2) 核对互感器变比、极性标识，确定互感器安装位置 (3) 互感器安装应平整牢固，一、二次接线应牢固可靠，一次安全距离满足要求 (4) 互感器的一、二次相位应一致。两台 Vv 接线的单相高压电压互感器二次侧 B 相必须可靠接地 (5) 高压电流互感器二次侧必须单点可靠安全接地	(1) 互感器一、二次接线必须根据 DL/T 448—2000《电能计量装置技术管理规程》进行正确接线 (2) 多绕组电流互感器只用一个绕组时，未使用的绕组应可靠短接

续表

序号	作业内容	作业程序及要求	安全措施及注意事项
2	电能表及接线盒安装	(1) 电能表及接线盒应安装在固定的金属板或其他防火材料板上 (2) 电能表及接线盒的安装应不少于两个固定点，安装牢固，方便拆装 (3) 电能表及接线盒安装应垂直平稳 (4) 电能表安装位置应方便抄读，便于观察	应注意安装过程中表计轻拿轻放，防止摔跌、震动而损坏表计
3	二次接线	(1) 二次线应分相分色，并按回路使用号码筒进行对应编号 (2) 二次导线截面通过计算进行确定，电流回路不小于 $4mm^2$，电压回路不小于 $2.5mm^2$ 单芯铜质导线 (3) 电能表导线连接必须使用两个螺钉同时紧固，不应有金属外露部分，不能有压接绝缘层现象 (4) 三相三线制接线，电流二次回路应采用四线连接；三相四线制接线，电流二次回路应采用六线连接 (5) 导线布线应排列整齐，无损伤接头等现象	
二	电流互感器检验	本作业项只针对安装前未进行首检的电流互感器。未安装的，于安装之前进行检验；已安装就位的，在安全措施可靠的情况下可直接进行检验	
1	电流互感器检验	(1) 对被试互感器进行外观检查，并确定电流互感器的实际变比。通过改变计量二次绕组抽头实现多变比的，所有的电流比都应进行检验 (2) 正确连接所有试验线路，并再次进行确认，所有接线牢固可靠 (3) 根据互感器额定负载确定负载箱挡位(含额定功率因数)，按先上限后下限的顺序进行检验 (4) 检验时，应先平稳缓慢地升流到5%，确认校验仪无极性或接线报警，再按规程要求进行误差测量 (5) 电流互感器的误差应满足规程要求	(1) 确保被检电流互感器一次侧已明显断开，并且两端可靠接地 (2) 升流前应检查确认电流互感器检验的回路各部分接线牢固，各端子连片已连接，非检验绕组已可靠短接（保护回路已退出）；并确认回路上无人工作，一次接线无分流回路 (3) 其他工作人员已经撤离，设置围栏，防止人员误入测量区域 (4) 检验过程中严禁电流互感器二次回路开路
2	恢复正确接线	电流互感器检验后正确恢复一、二次接线	(1) 注意恢复二次接线螺钉必须拧紧，无露头和压接绝缘层情况 (2) 注意核对接线编号，确保接线正确 (3) 注意退出因检验短接的非计量绕组短接线或短接片

续表

序号	作业内容	作业程序及要求	安全措施及注意事项
三	电压互感器检验	本作业项只针对安装前未进行首检的电压互感器。未安装的，于互感器安装之前进行检验；已安装就位的，在安全措施可靠的情况下可直接进行检验	
1	电压互感器检验	(1) 对被试互感器进行外观检查，并确定电压互感器的实际变比 (2) 正确连接所有试验线路，并再次进行确认，所有接线牢固可靠 (3) 根据互感器额定负载确定负载箱挡位(含额定功率因数)，按先上限后下限的顺序进行检验 (4) 检验时升压应首先平稳缓慢地升到5%，确认校验仪无极性或接线报警，再按规程要求进行测量 (5) 电压互感器的误差应满足规程要求	(1) 将电压互感器与电源之间的电气连接断开 (2) 加压前应检查确认电压互感器检验的回路各部分接线牢固，各端子连片已连接，非检验绕组已断开并接入额定二次负载；并确认回路上无人工作 (3) 其他工作人员已经撤离，设置围栏，防止人员误入测量区域 (4) 确认一次接线的安全距离满足安规要求 (5) 加电压全过程应精力集中，随时警戒异常情况发生
2	恢复正确接线	电压互感器检验后正确恢复一、二次接线	(1) 检验完成后，必须对被检互感器和标准互感器进行静电放电 (2) 注意恢复接线时，二次接线螺钉必须拧紧，无露头和压接绝缘层情况 (3) 注意核对接线编号，确保接线正确 (4) 注意连接因检验退出的非检验绕组回路
四	计量装置安装后检查	(1) 检查电压、电流互感器安装是否牢固，安全距离是否符合规定要求；电压互感器高压熔断器合格，且安装可靠 (2) 逐一检查电压、电流互感器二次接线柱至电能表尾端的连接线是否一一对应，接线正确且按正相序连接。所有接线端钮紧固、牢靠；电流、电压互感器二次侧是否仅有一点可靠接地 (3) 核对电能表、互感器参数、安装位置与工单是否一致 (4) 检查计量屏柜内是否有遗留工具、物件和其他杂物	
五	计量装置加封	(1) 确认可以施封位置，并做好记录。电能表端钮盒、专用接线盒、计量屏(柜、箱)前后门、互感器二次接线柱等位置均应施封 (2) 施封时使用计量专用编号封印。封印应压实，印模清晰，封丝无松动情况 (3) 检查施封情况，确保不启动封印情况下，不能开启 (4) 封印情况及加封位置应逐一记录在运行台账本，并请客户核对签字 (5) 损坏或拆回的旧封印应统一登记回收	(1) 注意加封过程中封丝、封钳与带电部分距离 (2) 注意柜门加封后，检查封印的可靠性

续表

序号	作业内容	作业程序及要求	安全措施及注意事项
六	工作完结	(1) 工单数据应填写完整正确 (2) 工单填写后，应会同客户核对计量器具参数和数据，向客户告知计量装置运行注意事项，并请客户确认签字 (3) 填写电能计量装置评级检查记录，对电能计量装置进行设备评级 (4) 办理工作终结手续，并对此次作业进行作业评价，针对存在的问题，提出持续改进意见和防范措施。评价意见填入作业卡的“作业评价”栏内	

1.6 风险辨识及控制措施

风险辨识及控制措施见表1-4-3。

表1-4-3 风险辨识及控制措施

序号	风险辨识	控制措施
1	施工电源取用不当或不使用漏电保护器，造成人员或设备事故	(1) 施工电源取用必须由两人进行 (2) 测量电压是否符合电压等级要求，检查移动电源盒及导线是否损坏 (3) 从接线插座取电源，应检查接线插座是否完整无缺 (4) 如从配电箱（柜）内取电源，应先断开电源再接线，接线应牢固
2	高处作业，易造成人员摔跌事故	(1) 在离坠落高度基准面2m及以上的地点进行作业，高处作业均应先搭设脚手架、使用高空作业车、升降平台或采取其他防止坠落措施，方可进行 (2) 在平行移动作业的杆塔（构架）上作业时，还应使用有后备绳的双保险安全带 (3) 站在离坠落高度基准面2m及以上的梯子上工作时，应有专人扶持梯子，并将安全带（绳）挂在高于工作地点的梯子或其他可靠位置
3	施工现场高处作业，工器具跌落，造成人员伤害	上下传递物品，不得抛递。高处作业人员使用工具必须使用工具夹或工具袋，防止工具跌落
4	电流互感器二次侧开路，电压互感器二次侧短路，造成人员或设备事故	(1) 工作前必须认真检查试验线及接头完好无损，与标准设备的连接可靠无松动 (2) 非检验绕组二次必须可靠短接 (3) 电压互感器二次回路测试线、连接线必须有足够的绝缘强度 (4) 现场工作不得少于两人，应使用绝缘工具，戴手套。工具的多余金属外露部分必须使用绝缘带可靠包扎
5	电压互感器试验升压安全措施不力，而发生人员触电事故	(1) 电压互感器检验前，断开互感器高低两侧，并有明显断开点 (2) 在试验区域加设围栏，在围栏外侧悬挂标示牌“止步！高压危险”，并在各通道派人值守，提醒其他人员“正在加压，请远离试验区域” (3) 加压全过程应精力集中，随时警戒异常情况发生
6	工作移动中，误碰误动其他运行设备而造成跳闸事故	工作位置挂“在此工作”标示牌。工作移动迁移时，加强监护，注意与其他运行设备的距离

续表

序号	风险辨识	控制措施
7	计量用二次回路或电能表接线错误，导致现场实际电能计量不准	(1) 计量装接工作必须由两人以上进行，并相互检查 (2) 装接完结应认真核对互感器、电能表的接线按正相序连接 (3) 电流回路采用四线制或六线制接线
8	装表时未向客户确认新装电能表的初始电量，导致客户对电能表底度电量不认可的风险	(1) 抄录表码时，应按照表计显示位数抄录，并由其他工作班成员核对 (2) 抄录完后，请客户核对并签字

备注："高压电能计量装置现场安装标准化作业卡"见附录 B。

（二）低压电能计量标准化作业指导书

2.1　适用范围

本指导书适用于低压计量装置的现场新装、改造、轮换及新装、改造、轮换后的检查工作；适用于电能信息采集终端的现场安装及维护工作。

2.2　引用文件

《国家电网公司电力安全工作规程》（2009 年版）

JJG 1021—2007《电力互感器检定规程》

DL/T 448—2000《电能计量装置技术管理规程》

SD 109—1983《电能计量装置检验规程》

DL/T 614—2007《多功能电能表》

DL/T 825—2002《电能计量装置安装接线规则》

DL/T 725—2000《电力用电流互感器订货技术条件》

DB43/T 438—2009《关口电能计量装置配置技术规范》

DL/T 698—2010《电能信息采集与管理系统》

Q/GDW 129—2005《电力负荷管理系统通用技术条件》

2.3　使用说明

（1）在作业卡作业流程记录中，执行情况采用打"√"标记完成，"执行人"栏由工作负责人签字。

（2）低压电能计量的现场标准化作业卡分"新装"和"变更"两种，其中变更类包括表计轮换、计量装置改造等业务。

（3）批量安装的同一个台区的表计使用一张标准化作业卡，客户名称可填写××客户。

（4）装置送电时必须使用验收报告单，高供低计的专变（"专用变压器"的简称）客户计量装置（经互感器）必须带负荷检查，使用负荷检查记录单。如送电时无负荷，则应跟踪分析负荷情况，在一个月之内进行带负荷检查。

（5）工作票、工作派工单编号规则为：编号由三部分组成，第一部分为本单位第一个汉字，如×××局编为"×"，第二部分为所在班组，如"装接班"，第三部分由 7 位数字组成，前两位数为年份，中间两位数为月份，后三位按每月工作票数量顺序编写，如第二种票编号“×装接班 1012001”；作业卡编号以工作票及派工单编号为准。

（6）现场作业票卡使用要求。

1）填写派工单（或施工任务单）的计量工作有：

a）新装专变客户（专变客户是指由专用变压器供电的客户）计量装置安装测试工作。

b）低压客户计量装置接户线、进户线上带电工作。

c）单一电源低压配电分支线上用户计量装置停电工作。

d）新建变电站计量装置安装测试工作。

e）计量装置巡视检查工作和用电管理终端设备的重启工作。

f）新装计量装置（含用电管理终端）的现场验收工作。

g）公变客户（公变客户是指由公用变压器供电的客户）计量装置的现场送电、轮换、故障处理及异动工作。

h）公变客户计量装置的安装（不带电）可以用营销工单代替派工单。

2）填用第一种工作票的计量工作有：

a）需线路（包括配电设备）停电的计量装置（含用电管理终端）的安装、改造、测试工作。

b）需变电设备全部、部分停电或需做安全措施的计量装置安装、改造、测试工作。

以上工作必须填用现场勘察记录单。

3）填用第二种工作票的计量工作有：

a）新装专变客户及变电站计量装置（含用电管理终端）的现场送电工作。

b）对运行中的电能表进行现场轮换周校、计量装置二次压降测试、谐波测试及用电管理终端调试工作。

c）不需线路停电且与带电导线最小安全距离不小于安规规定，并没有触电危险的计量装置（含用电管理终端）安装改造测试工作。

4）计量装置（含用电管理终端）事故应急抢修可不用工作票，但应使用事故应急抢修单。填用派工单（或施工任务单）的计量工作事故应急抢修可以不用事故应急抢修单，但必须填用派工单（或施工任务单）。

备注：“低压电能计量装置现场新装标准化作业卡”见附录C。

（三）范例

以低压三相客户现场装表为例，说明现场装表作业应具备的基本条件、所需工具、消耗的材料、作业步骤等。

3.1　基本条件（见表1-4-4）

表1-4-4　　基本条件

工作任务	低压三相客户现场装表业务	作业指导书编号	
工作条件		工种	用电
设备类型			
工作组成员及分工	作业人员2人；其中装表员1人，安全和技术监督1人		

续表

工作任务	低压三相客户现场装表业务	作业指导书编号	
作业人员职责	现场装表		
标准作业时间	不超过1个工作日		
制定依据	(1)《中华人民共和国电力法》 (2)《电力供应与使条例》 (3)《用电检查管理办法》 (4) 本省有关电气装置安装验收规程 (5)《用电检查技术标准汇编》		

3.2 所需工具及消耗材料（见表1-4-5）

表1-4-5　所需工具及消耗材料

序号	名　称	数量	序号	名　称	数量
1	一字螺丝刀（200mm）	1	11	万用表	1
2	十字螺丝刀（200mm）	1	12	编号铅封	若干
3	活动扳手（250mm）	1	13	进户线（××mm^2）	若干
4	活动扳手（150mm）	1	14	绝缘胶带	若干
5	剥线钳（150mm）	1	15	螺钉	若干
6	尖嘴钳（200mm）	1	16	扎线	若干
7	钢丝钳（200mm）	1	17		
8	电工刀（150mm）	1	18		
9	相序表	1	19		
10	验电笔	1	20		

3.3 作业步骤（见表1-4-6）

表1-4-6　作　业　步　骤

序号	作业序号	质量要求及监督检查	危险点分析及控制措施
1	安装前核对	(1) 核对电能表表号是否与工作票一致 (2) 检查电流互感器是否与工作票一致 (3) 检查铅封编号是否与工作票上的一致	
2	检查导线是否带电	(1) 检查表前开关是否断开 (2) 检查进户线导线是否带电 (3) 初步核对进户线相序	
3	安装	(1) 表箱定位及固定 (2) 将电能表和电流互感器固定在表箱上 (3) 安装进户线，将进户线穿越电流互感器 (4) 将二次线按规定连接好 (5) 检查二次接线，将电压跨钩拧紧 (6) 加封表接线端子铅封	

续表

序号	作业序号	质量要求及监督检查	危险点分析及控制措施
4	检查	(1) 检查表箱内是否有工具及残漏导线 (2) 合上表前开关（装上表前熔断器） (3) 用相序表检查相序是否正确	
5	客户认可	请客户在工作票上签字确认	

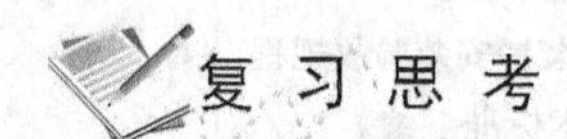

复 习 思 考

(1) 简述标准化作业指导书的类型。

(2) 根据工作任务写出标准化作业卡。

学习情境二

电能计量装置的施工

【情境描述】

在遵循相关法律法规和标准的前提下，介绍装表接电工作的基本知识和基本操作技能。

【教学目标】

(1) 能正确熟悉装表接电工作的业务内容。
(2) 能熟练掌握装表接电工作流程 。
(3) 能正确选择和使用装表接电常用仪表。
(4) 能正确选择和使用装表接电登高作业工具并对其进行维护。
(5) 能够熟悉现场作业的标准化作业指导书。

【教学环境】

装表接电实训室及一体化教室。

任务一 电能计量装置施工方案的编制

教学目标

知识目标

能熟悉电能计量装置施工方案（包括配置方案和现场施工方案）的编制，具体包括：
(1) 能简要说明电能计量装置的分类、配置原则、电能表和互感器选择原则要求。
(2) 能简要说明电能计量点的定义、分类、设置原则。
(3) 能正确叙述计量方式的分类，能正确叙述按规程要求的电能计量装置的接线方式。
(4) 能正确叙述计量二次回路的确定等。
(5) 能简要说明现场作业一般规定。

能力目标

(1) 能熟悉电能计量装置配置原则。
(2) 能合理确定计量点、计量方式及二次回路。
(3) 能合理选择电能表、互感器。
(4) 能正确叙述现场作业内容和要求。
(5) 能明确施工的作业要求。

态度目标

参见其他任务中的“态度目标”。

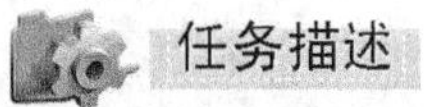

任务描述

依据相关技术规程（DL/T 448—2000《电能计量装置技术管理规程》、DL/T 825—2002《电能计量装置安装接线规则》等），编制电能计量装置施工方案。

任务准备

了解电能计量装置施工方案编制内容，电能计量装置配置方案和现场施工方案编制的相关知识内容。

任务实施

实施计量装置配置方案（包括计量装置分类要求、配置原则、接线方式、电能表和互感器选择原则要求等）和现场施工方案（包括现场作业一般规定、现场作业内容和要求等）并明确施工的作业要求。

1. 工作前准备工作

（1）装表接电人员根据业务主管分配任务在电力营销信息系统打印工作传票，凭工作传票和领表单至表库领取计量器具。在领取计量器具时，应认真检查、核对，内容包括计量器具外观是否完好，封印是否齐全、标识是否合格，变比、资产编号、规格、类型、电压、容量、表底码、互感器极性等是否正确等。

（2）电能计量器具搬运，应放置在专用的运输箱内，运输时应轻拿轻放并有防雨淋、颠簸、震动和摔跌措施，保持计量器具完好。

（3）应提前与客户联系预约以提高工作效率和减少对客户正常生产及生活的影响。

（4）发现传票信息与实际不符或现场不具备装表接电条件时，应终止工作，及时向班组长或相关部门及人员报告，做好记录与客户确认，待处理正常后再行作业。

2. 安全要求

（1）安全工器具配置：应配置相应安全工器具，包括安全帽、安全带、绝缘鞋、绝缘手套、登高工器具、接地线、警示标识等；所有安全工器具应经过定期安全试验合格，并在有效期限内。

（2）相应施工工器具、仪表配置：螺丝刀、钢丝钳、尖嘴钳、剥线钳、电工刀、扳手、绝缘胶布、万用表、钳形电流表等，所有工具裸露部位应做好绝缘措施。

（3）人员配置：现场施工前工作人员应出示证件或挂牌。严格执行《国家电网公司电力安全工作规程》（2009 年版）和其他增补的各种安全规程，做好施工的安全组织措施和施工前的安全技术措施，互相监督，工作时，每组一般 2～3 人，明确 1 名负责人，负责现场监护［对于老客户改造的还应做好以下安全措施：熟悉客户的一次系统电气接线，对双电源客户做好防止反送电措施。应办理第一种工作票，要求被改造客户的人员全过程跟踪。客户停电前，应对原电能计量装置所配的电能表和互感器进行现场测试，做好原始记录，以便发现问题，及时告知客户妥善解决。待客户停电后，要按照《国家电网公司电力安全工作规程》（2009 年版）的要求，做好计量柜内进出线两侧的验电、挂接地线，计量柜外装设遮栏、悬挂标示牌等安全措施，工作负责人向参与施工的工作人员交代本次工作范围，现场危险点状况，待所有工作人员在工作票上全部签名后方可进行电能计量装置的改造工作]。

3. 施工顺序

(1) 一般安装次序为先装互感器、二次连线、专用接线盒，再安装电能表。

(2) 在安装前应对新投运计量箱柜进行验收，检查是否符合防窃电的要求，计量箱柜附件及导线线径配置是否合理，不同电价类别计量是否齐全，计量回路与出线隔离开关是否正确对应，连线前应检查互感器极性和标注正确性。

(3) 成套高压电能计量装置投运前，对计量二次回路应重点检查，内容包括接线是否正确，计量配置和导线截面、标识是否符合规程要求，连接是否可靠，接地是否合格，防窃电功能是否完备等（应断开二次回路接线，进行接线正确性检查）。

(4) 严格按 DL/T 825—2002《电能计量装置安装接线规则》等有关工艺要求进行现场施工，要求做到布线合理、美观整齐、连接可靠。

(5) 新装电能计量装置投运后应将电能表示数、互感器变比等与计费有关的原始数据及时通知客户检查核对，必要时请客户在工作传票上签字确认。

4. 送电前的检查

(1) 检查电流、电压互感器装置是否牢固，安全距离是否足够，各处触头是否旋紧，接触面是否紧密。

(2) 核对电流、电压互感器一、二次线极性是否正确，是否与标准图样符合。

(3) 检查电流和电压互感器二次侧、外壳等是否有接地。

(4) 核对电能表接线是否正确，接头螺钉是否旋紧，线头有否碰壳现象。

(5) 核对已记录的有功、无功、最大需量表及电卡表的倍率及起始读数及有关参数有否抄错，最大需量指标是否在零点。

(6) 检查接线盒内螺钉是否旋紧，有否滑牙，短路小铜片是否关紧，连接是否可靠。

(7) 检查电压熔丝插是否有松动，熔丝两端弹簧铜片的弹性及接触是否完好。

(8) 检查所有封印是否完好，有无遗漏。检查工具物件是否遗留在设备中。

检查完毕确认无误，方可送电。

5. 通电后检查

(1) 测量电压相序是否正确，拉开电容器后，有功、无功表是否顺转（或用相序表测试）。用验电笔试验电能表外壳中性线端柱，应无电压，以防电流互感器开路，电压短路或电能表漏电。若发现反相序，则应进行调整，可通过一次侧调换，也可通过二次侧调换。

(2) 对于电卡表应做同样的检查，检查完毕后应对电卡表进行清零，并做动作测试，检查开关是否正确动作。当帮客户输入电卡时，应检查表内所输数据是否与开卡数据相同，并把电卡表使用的有关注意事项告之客户，待客户确定清楚使用事项后方可结束。

6. 清扫施工现场

对电能表接线盒、试验接线盒、计量柜前后门、互感器箱前后门、电压互感器隔离开关把手、二次连线回路端子盒等应加封部位加装封印。检查、整理、清点、收集施工工具和施工材料。做好应通知客户或需客户签字确认的其他事宜。

工作中，应始终遵守《国家电网公司文明服务规范》，做好优质服务。

相关知识

电能计量装置施工方案主要包括两方面内容：电能计量装置配置方案和现场施工方案。电能计量装置配置方案主要包括电能计量装置的分类要求、电能计量装置配置原则、计量点的确定、计量方式的确定、电能计量的接线方式、电能计量柜的选择原则、电能表的选择原则要求、互感器的选择原则要求、计量二次回路的确定、电能量采集终端的选择原则要求。现场施工方案对装表接电人员在现场作业一般规定进行介绍，并具体说明在电能计量装置新装、电能计量装置换装、电能计量装置拆除、工作结束、工作传票登录及退表处理等环节需要注意的内容和要求。

一、电能计量装置配置方案

1. 电能计量装置的分类要求

(1) 电能计量装置包括各种类型电能表，计量用电压、电流互感器及其二次回路，电能计量柜（箱）等。

(2) 电能计量装置，按其所计量电能量的多少和计量的对象的重要程度分为五类（Ⅰ、Ⅱ、Ⅲ、Ⅳ、Ⅴ）。装表接电人员应主要了解以下分类方法：

1) Ⅰ类：月平均用电量在500万kWh及以上或变压器容量在10000kVA及以上的高压计费客户。

2) Ⅱ类：月平均用电量在100万kWh及以上或变压器容量在2000kVA及以上的高压计费客户。

3) Ⅲ类：月平均用电量在10万kWh及以上或变压器容量在315kVA及以上的计费客户。

4) Ⅳ类：负荷容量在315kVA以下的计费客户。

5) Ⅴ类：单相供电的电力客户计费用电能计量装置。

2. 电能计量装置配置原则

(1) 新建电源、电网工程的电能计量装置应采用专用电压、电流互感器的配置方式，35kV及以上电压等级，应采用专用计量二次绕组。对在用电能计量装置有条件时也应逐步改造，使其满足现行技术管理要求。

(2) 10kV及以下的电能计量柜应采用整体式电能计量柜。

(3) 10kV以上、110kV以下的电能计量装置：宜采用分体式电能计量柜。配置专用的电流、电压互感器，二次回路以及专用计量屏，以二次电缆与电能计量电压、电流互感器柜相连接。

(4) 110kV及以上的电能计量装置：应配专用的电流、电压互感器或专用计量绕组，具有专用二次回路及专用计量屏，以二次电缆与电流、电压互感器相连接。

(5) 电能计量装置按不同用电类别，应配置的电能表、互感器的准确度等级不应低于表2-1-1规定。

表 2-1-1　电能计量装置配置的电能表、互感器准确度等级

电能计量装置类别	准确度等级			
	有功电能表	无功电能表	电压互感器	电流互感器
Ⅰ	0.2S 或 0.5S	2.0	0.2	0.2S 或 0.2
Ⅱ	0.2S 或 0.5S	2.0	0.2	0.2S 或 0.2
Ⅲ	1.0	2.0	0.5	0.5S
Ⅳ	2.0	3.0	0.5	0.5S
Ⅴ	2.0			0.5S

(6) 整体式电能计量柜电压、电流互感器二次导线应从输出端子直接接至计量柜内的电流、电压端子（试验接线盒），中间不得有任何辅助触点、接头或其他连接端子。手车式（中置柜）计量柜的二次回路需要通过转接触头连接电能表，此类转接触头的技术要求应满足相关技术标准。

(7) 110kV 及以上电压互感器一次侧安装隔离开关，35kV 及以下电压互感器一次侧安装 0.5～1A 的熔断器。

(8) 下列部位必须具备加封条件并采取有效防窃电措施：电能表两侧表耳，电能表箱（柜）门锁，电能表尾盖板，试验接线盒防误操作盖板，计量互感器二次接线端子及快速熔断式隔离开关，计量互感器柜门锁，计量电压互感器一次隔离开关操作把手、熔管室及手车摇柄。

(9) 大客户计量柜（箱）除电能表由供电公司提供以外，其他所有电气设备及器件，如互感器、失电压计时器、负荷管理终端、试验接线盒等，均应随计量柜（箱）一同设置配置。这些电气设备及器件必须符合计量技术标准，并经计量管理部门检定、确认合格。

(10) 安装在电网变电站内的电压互感器、电流互感器、电能表柜及二次回路用于贸易结算时应独立或专用设计。

(11) 不宜采用套管式电流互感器，以方便增、减容电流互感器更换。有条件的地方应采用多抽头或多绕组电流互感器，以方便增、减容处理。

3. 计量方式的技术要求

(1) 居民客户，根据用电负荷大小及居住情况装设专用或公用单相 220V 电能表或 380/220V 三相电能表。

(2) 由地区公共低压电网供电的 220V 照明负荷，线路电流大于 40A 时，宜采用三相四线制供电。

(3) 低压供电客户的最大负荷电流为 50A 及以下时，可直接接入电能表，最大负荷电流 50A 以上时宜采用经互感器接入电能表。

(4) 高压供电客户，采用高压计量方式。对 10kV 供电，配电变压器容量大于 315kVA 时，应在高压侧计量。若高压计量条件不具备，亦可采用低压侧计量，但应加收配电变压器损失。

(5) 受电容量在 100kW 及以上客户，应装设无功电能表，实行功率因数调整电费。对装设有无功补偿装置的客户，应装设可计量四象限无功电能量的多功能电能表。

(6) 按照负荷管理的规定，对应实行分时电价的客户，应装设具有分时功能的多功能电

能表。

4. 电能计量装置的接线方式

(1) 接入中性点绝缘系统的电能计量装置，应采用三相三线有功、无功电能表。接入非中性点绝缘系统的电能计量装置，应采用三相四线有功、无功电能表或3只机电式无止逆单相电能表。

(2) 接入中性点绝缘系统的3台电压互感器，35kV及以上的宜采用Yy方式接线，35kV以下的宜采用Vv方式接线。接入非中性点绝缘系统的3台电压互感器，宜采用YNyn方式接线。其一次侧接地方式和系统接地方式相一致。

(3) 三相三线的电能计量装置，其2台电流互感器二次绕组与电能表之间宜采用四线连接。

(4) 三相四线制连接的电能计量装置，其3台电流互感器二次绕组之间宜采用六线连接。

5. 电能计量柜的选择原则

(1) 10kV及以下三相供电客户，应安装全国统一标准的电能计量柜；最大负荷小于100A的三相低压供电客户可安装电能计量箱；有箱式变电站的专用变压器客户宜实行高压计量，采用统一确定的计量安装方式；35kV供电客户也应安装电能计量柜；实行一户一表的城镇居民住宅的电能计量箱应符合设计要求规定；实行一户一表的零散居民电能计量装置应集中装箱安装。

(2) 电能计量柜应具备的基本功能应符合下列要求：

1) 整体式电能计量柜应设置防止误操作的安全联锁装置。

2) 人体接近带电体、带电体与带电体以及带电体与机械器件的安全防护距离应符合有关规程规定。

3) 电气设备及电器器件，均应选用符合其产品标准，并经检验合格的产品。

4) 电能计量柜的电气接地应符合规程规定。

(3) 电能计量柜（箱）的结构及工艺，应满足安全运行、准确计量、运行监视和试验维护的要求，同时还应做到：

1) 壳体及机械组件具有足够的机械强度，在储运、安装操作及检修时不发生有害的变形。

2) 应具有足够空间安装计量器具，而且安装位置还应考虑现场拆换的方便。电能计量柜（箱）应具有可靠的防窃电措施。

3) 电能计量柜（箱）的各柜（箱）门上必须设置可铅封门锁，并应有带玻璃的观察窗。其玻璃应用无色透明材料（或钢化玻璃），厚度应不小于4mm，面积应满足监视和抄表的要求。

4) 各电能表应装在电能表专用支架上。

5) 各单元之间，宜用隔板或采用箱体结构体加以区分和隔离。

6) 连接导线中间不得有接头，可移动部件及需经常试验或拆卸的连接导线，应留有必要的裕度。

7) 须预留装设电力负荷管理终端的位置。

8) 电能计量箱与墙壁的固定点不应少于3个，并使电能计量箱不能前后、左右移动。

6. 电能表的选择原则要求

(1) 为提高低负荷计量的准确性，应选用过负荷4倍及以上的电能表。

(2) 经电流互感器接入的电能表，其标定电流宜不超过电流互感器额定二次电流的30%，其额定最大电流约为电流互感器二次额定电流的120%。直接入电能表的标定电流应按正常运行负荷电流的30%左右进行选择。

(3) 执行功率因数调整电费的客户，应安装能计量有功电量、感性和容性无功电量的电能计量装置；按最大需量计收基本电费的客户应装设具有最大需量计量功能的电能表；实行分时电价的客户应装复费率电能表或多功能电能表。带有数据通信接口的电能表，其通信定位规约应符合DL/T 645—2007《多功能电能表通信规约》的要求。

(4) 电能表的额定电压应与接入回路电压相符。

(5) 电能表安装前必须经过法定计量检定机构检定合格才能使用。严禁安装使用未经检定的电能表。

7. 互感器的选择原则要求

(1) 互感器实际二次负荷应在25%～100%额定二次负荷范围内；电流互感器额定二次负荷的功率因数应为0.8～1.0；电压互感器额定二次功率因数应与实际二次负荷的功率因数接近。

(2) 电流互感器一次侧额定电流的确定，应保证其在正常运行中的实际负荷电流达到额定值的60%左右，至少应不小于30%。否则应选用高动热稳定电流互感器或改变配置变比。

(3) 电流互感器的额定电压与被测供电线路额定电压等级相符，电压互感器的一次侧额定电压必须与被测供电线路额定电压相符，二次侧额定电压值必须与电能表额定电压值相对应。

(4) 计费电能表应装设专用互感器（或专用绕组，严禁与测量、保护、控制回路的电流互感器共用）。

(5) 互感器必须经过法定计量检定机构检定合格才能使用。严禁使用未经检定的互感器。

8. 计量二次回路的确定

(1) Ⅰ、Ⅱ、Ⅲ类计费用电能计量装置应按计量点配置计量专用电压、电流互感器或专用二次绕组。电能计量专用电压、电流互感器或专用二次绕组及其二次回路不得接入与电能计量无关的设备。

(2) 35kV以上计费用电能装置中电压互感器二次回路，应不装设隔离开关辅助触点，但可装设熔断器；35kV及以下计费用电能计量装置中电压互感器二次回路，应不装设隔离开关辅助触点和熔断器。

(3) 未配置计量柜（箱）的，其互感器二次回路的所有接线端子、试验端子应能实施铅封。

(4) 互感器二次回路的连接导线采用铜质单芯绝缘导线，多根双拼的宜采用专用压接头。电压、电流回路各相导线应分别采用黄、绿、红色线，中性线应采用黑色线，接地线为黄与绿双色线，也可以采用专用编号电缆。对电流二次回路，连接导线截面应按电流互感器的额定二次负荷计算确定，至少应不小于4mm^2。对于电压二次回路连接导线截面应按允许的电压降计算确定，至少应不小于2.5mm^2。

（5）电流互感器二次回路严禁与计量无关设备连接。

（6）二次回路导线额定电压不低于500V。

（7）计量二次回路的电压回路，不得作其他辅助设备的供电电源，利用多功能表的失电压、失电流功能监察运行中的各相电压、电流和功率。

（8）二次回路具有供现场检验接线的试验接线盒。

二、现场施工方案

1. 现场作业一般规定

（1）装表接电现场工作一般不应少于2人，装表接电人员工作时应出示证件或挂牌。

（2）装表接电人员在现场应先按工作传票核对客户户名、用电地址、资产编号和工作内容，并检查有无其他异常，正常时方可开展工作。因客户门锁等原因，无法进入现场的，应主动与客户取得联系，约定下次工作时间，并向班组长汇报。

（3）发现客户有违约用电或窃电时应停止工作保护现场，通知和等候用电检查（稽查）人员处理。

（4）发现电能计量装置有传票中未列出的故障、接线错误、倍率差错等异常时，做好检查记录交客户签字确认并报业务部门后续处理。

（5）发现传票信息与实际不符或现场不具备装表接电条件时，应终止工作，及时向班组长或相关部门及人员报告，做好记录与客户确认，待处理正常后再行作业。

（6）发现电能计量装置失窃应终止工作，并进行失窃报办。

（7）安装工艺应符合规程规范要求。设备安装应牢固，电能表安装垂直，布线美观整齐，连接可靠。

（8）对登高、带电作业等危险工作，应做好保证安全的组织措施和技术措施，方可开始作业，具体参见本书有关模块。

2. 现场作业内容和要求

（1）新装电能计量装置。

1）一般安装次序为先装互感器、二次连线、专用接线盒，再安装电能表。

2）连线前应检查互感器极性标注正确性和一次侧电流方向。

3）对成套高压电能计量装置，应断开计量二次回路的连接。检查互感器极性关系和导线是否符合要求，合格后重新接线。

4）新装电能计量装置装出时间、资产编号、电能表底码等原始信息应以适当方式（如当面签字、发通知单等）及时通知客户检查核对。

（2）换装电能计量装置。

1）现场核对工作对象、工作范围、工作内容是否与传票或工作任务单一致，检查有无违约用电、窃电、隐藏故障、不合理结存电量等异常，如出现异常及时报办处理。

2）与客户共同做好作业前准备和安全措施后按传票或工作任务单要求实施换装作业。对有专用接线盒的电能计量装置，不停电时应短接电流，断开电压，抄录短接时客户用电功率和记录短接时间，计算出应补电量，记录于工作传票交客户签字确认。对没有专用接线盒的电能计量装置，停电换装作业应在切断电能计量装置（含二次连线）各侧电源后进行；如是带电作业（如居民单相表轮换），应断开设备负荷开关，空负荷操作。严禁在电能计量装置电流互感器一次侧有负荷电流的情况下，在电能计量装置二次回路上开展任何工作。

3）计量回路带有远方抄表或负荷管理装置时，换表时如变动其接线，换表后应予恢复正常（必要时，通知远方抄表或负荷管理装置管理机构做现场参数变更设置）。

4）换装电能计量装置装拆时间、资产编号、装拆示数等数据信息应以适当方式（如当面签字、发通知单等）及时通知客户检查核对。

（3）拆除电能计量装置。

1）现场核对工作对象、工作范围、工作内容是否与传票或工作任务单一致，检查有无违约用电、窃电、隐藏故障、不合理结存电量等异常，如出现异常及时报办处理。

2）切除负荷和电源，按传票或工作任务单内容拆除电能计量装置。

3）拆除电能计量装置时间、资产编号、拆表示数等数据信息应以适当方式（如当面签字、发通知单等）及时通知客户。

4）对现场需拆除或需处理的空接线路、设备等通知客户或相关部门与人员做好电气安全防护和相应后续处理。

（4）工作结束。装表接电工作结束，人员离开前应做好以下工作：

1）装出表通电前检查，设备安装是否牢固，二次连线是否准确、可靠，接线是否正确，电气回路是否畅通。

2）装出表通电检查，相序是否正确，电能表运行是否正常。

3）清扫施工现场，对电能表接线盒、试验接线盒、计量柜前后门、互感器箱前后门、计量电压互感器隔离开关把手、二次连线回路端子盒等应加封部位加装封印。

4）检查、整理、清点施工工具和拆下的电能计量装置。

5）做好应通知客户或需客户签字确认的其他事宜。

（5）工作传票登录及退表处理。

1）工作传票应在工作结束后的一个工作日内（工作量大时最多不超过三个工作日）完成在营销信息系统登录和向下传递。

2）传票填写和登录应及时、规范、准确、可靠。

3）按故障、现场检验流程拆回的电能计量器具，应在半个工作日内送电能计量中心鉴定。

4）按其他业务流程和轮换拆回的电能计量器具，在二、三级表库或退回一级表库保存1～2个抄表周期后，按计量资产管理规定后续处理。

三、案例

【例2-1-1】 某客户10kV供电、容量为2000kVA、计量方式为高供高计、供电方为单电源、计量点设在客户端。请编制该客户电能计量装置施工方案。

解 该客户电能计量装置施工方案编制如下：

（一）电能计量装置配置原则及要求

1. 互感器的配置原则及要求

（1）应采用专用电压、电流互感器的配置方式，不得接入与计量无关的设备。

（2）互感器实际二次负荷应在25％～100％二次额定负荷范围内；电流互感器二次额定负荷的功率因数应为0.8～1.0；电压互感器二次额定功率因数应与实际二次负荷的功率因数接近。该户的电流互感器额定二次容量可选不小于10VA，电压互感器额定二次容量可选不小于30VA。

（3）电流互感器二次计量绕组的变比应根据变压器容量或实际负荷容量选取，使其正常运行中的工作电流达到额定值的60%左右，至少应不小于30%。该户电流互感器变比可选150/5A。

（4）电流互感器的额定电压与被测供电线路额定电压等级相符，电压互感器一次侧额定电压必须与被测线路额定电压相符，二次额定电压值必须与电能表额定电压值相对应。

2. 电能表的选择及要求

（1）为提高低负荷计量的准确性，应选用过载4倍及以上的电能表。

（2）经电流互感器接入的电能表，其标定电流宜不超过电流互感器二次额定电流的30%，其最大额定电流应为电流互感器二次额定电流的120%左右。直接接入式电能表的标定电流应按正常运行负荷电流的30%左右进行选择。

（3）应安装能计量有功电量、感性和容性无功电量的电能计量装置；按最大需量计收基本电费的客户应装设具有最大需量计量功能的电能表；实行分时电价的客户应装设多功能电能表。

（4）带有数据通信接口的电能表，其通信规约应符合DL/T 645－2007《多功能电能表通信规约》的要求。

（5）具有正、反向送电的计量点应装设计量正向和反向有功电量以及四象限无功电量的电能表。

3. 电能计量柜的配置及要求

（1）应配置全国统一标准的电能计量柜。

（2）计量柜应设置防误操作的安全联锁装置。

（3）人体与带电体、带电体与带电体及带电体与机械附件的安全距离应符合规程要求。

（4）电能计量柜的电气接地应符合规程要求。

（5）电能计量柜门上必须设置可铅封门锁，并应有带玻璃的观察窗。其玻璃应用无色透明材料，厚度不小于4mm，面积应满足监视和抄表的需求。

（6）计量柜内应具有固定电能表的专用支架。

（7）须预留装设负荷管理终端箱的位置。

4. 二次计量回路的选择

（1）二次计量回路的连接导线应采用铜质单芯绝缘线。电压、电流互感器二次计量回路导线截面积不小于4mm^2。电流互感器二次端子与电能表之间的连接应采用分相独立回路的接线方式。

（2）二次计量回路U、V、W、N相连接导线应分别采用黄、绿、红、黑色线，接地线为黄与绿双色线。导线两端有回路编号标示，颜色、标示清楚。

（3）电压互感器二次端子出线应直接接至联合接线盒，中间不应有任何辅助触点。

（4）电流互感器二次出线侧宜具有可铅封的独立端子，二次回路导线应由二次端子直接接至联合接线盒，中间不应有任何辅助触点。

（5）应装设具有封闭与防误接线措施的电能计量试验（联合）接线盒。

5. 应配置的电能表、互感器的准确度等级

电能计量装置根据用电类别应配置的电能表、互感器的准确度等级见表2-1-1。

6. 其他要求

(1) 电能计量装置应加封，封印应具有防伪、防撬和不可恢复性。下列部位应施加封印：电能表表盖、电能表端钮盒、试验（联合）接线盒、互感器二次计量接线端子、计量监测及抄表装置、电压互感器一次侧隔离开关操作手柄、计费互感器室、计量柜（箱）门。

(2) 电压互感器一次侧应安装 1A 或 0.5A 的熔断器。

(3) 该户除计费电能表、电卡表由供电公司提供外，其他电气设备及附件，如互感器、试验接线盒等均由用户随计量柜一同配置。其技术规范应满足计量技术标准，并经计量管理部门鉴定合格。

7. 电能计量接线方式

(1) 接入中性点非有效接地系统，应采用三相三线有功、无功电能表。电压互感器，宜采用 Vv 方式接线。其 2 台电流互感器二次绕组与电能表之间宜采用四线连接。

(2) 接入中性点有效接地系统，应采用三相四线有功、无功电能表。电压互感器应采用 Yy 方式接线。其 3 台电流互感器二次绕组与电能表之间宜采用六线连接。

(二) 对电能计量装置配置及设计方案的审核

1. 审核依据

(1) DL/T 448—2000《电能计量装置技术管理规程》。

(2)《供电营业规则》。

(3) DL/T 825—2002《电能计量装置安装接线规则》。

2. 设计审查内容

设计审查内容包括计量点、计量方式（电能表与互感器的接线方式、电能表的类别、装设套数）的确定；计量器具型号、规格、准确度等级、制造厂家、互感器二次回路及附件等的选择、电能计量柜（箱）的选用、安装条件的审查等。

(三) 电能计量装置投运前的全面验收

1. 验收技术资料

(1) 电能计量装置计量方式原理接线图，一、二次接线图，施工设计图和施工变更资料。

(2) 电压、电流互感器安装使用说明书、出厂检验报告、法定计量检定机构的检定证书。

(3) 计量柜（箱）的出厂检验报告、说明书。

(4) 二次回路导线或电缆的型号、规格、长度及电缆走向图纸资料。

(5) 电压互感器二次回路中的熔断器、接线端子的说明书等。

(6) 高压电气设备的接地方式及绝缘试验报告。

(7) 施工过程中需要说明的其他资料。

2. 现场核查内容

(1) 计量器具型号、规格、计量法制标示、出厂编号应与计量检定证书和技术资料的内容相符。

(2) 产品外观质量应无明显瑕疵和受损。

(3) 安装工艺质量应符合有关标准要求。

(4) 电能表、互感器及其二次回路接线情况应和竣工图一致。

若验收合格，即可着手准备组织施工工作。

四、工作传票登录处理

(1) 工作传票应在工作结束后的一个工作日内（最多不超过三个工作日）完成在营销信息系统登录和向下传递。

(2) 传票填写和登录应及时、规范、准确、可靠。

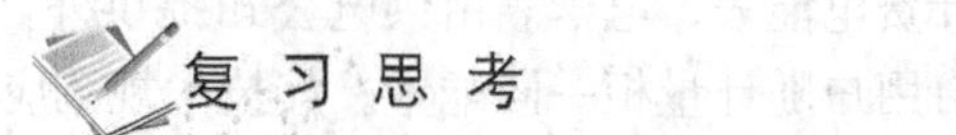

(1) 电流互感器二次侧与电能表之间的连接采用分相接线法与两相星形接线、三相星形接线各有何优缺点？适用哪些范围？

(2) 电能计量装置配置的基本原则是什么？

任务二　单相电能表的安装

教学目标

知识目标

(1) 了解单相电能表（机械表或多功能表）铭牌参数的含义及一般功能。

(2) 能简要说明单相电能表的安装内容。

(3) 能正确叙述单相电能表的安装技术要求。

(4) 了解多功能电能表内部参数设置的一般方法。

能力目标

(1) 能熟悉单相多功能电能表安装的正确基本接线。

(2) 能通过按键及显示实现各种电量及参数的识读。

(3) 能对异常信息进行准确的判断和处理。

态度目标

参见其他任务中的相关内容。

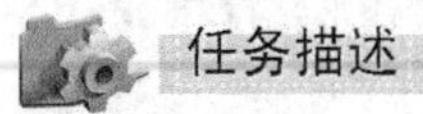

依据相关技术规程，按照客户条件与要求正确安装单相电能表。

任务准备

分析 DL/T 448—2000《电能计量装置技术管理规程》、DL/T 825—2002《电能计量装置安装接线规则》中单相电能表的安装规定，不同环境单相电能表的安装有何安全要求和技术要求，重点分析防窃电环节技术要求。

课前预习【相关知识】部分，了解单相电能表的有关技术参数，掌握导线截面选择方法、导线长度与型号的确定以及对导线的质量要求，掌握电能计量装置安装的基本要求。画出单相电能表安装的正确接线原理图。

任务实施

一、条件与要求

（1）设备条件：单相电能表及通电计量柜（或抄核收培训模拟装置）。

（2）能熟悉单相电能表安装的作业内容。

（3）能初步判断单相电能表是否正常，对存在异常的电能表，规范填写“电能计量装置故障、缺陷记录单”。

二、施工前准备

（1）分组进行，明确分工及责任，查阅资料，学习相关知识与规范。

（2）按照规范及给定要求，选配计量装置及附件，制定详细的作业步骤及施工规范要求，做好危险点分析及预控和监护措施等。

（3）施工器具需求（见表2-2-1）。

表2-2-1　施工器具需求表

序号	名称	型号及编号	单位	数量	备　注
1	登高板		副		
2	绝缘梯		把		
3	低压短接线		组		
4	钳形电流表		只		
5	相序表		只		
6	低压验电笔		只		
7	平口螺丝刀		把		（螺丝刀金属裸露部分用绝缘胶带缠绕、螺丝刀口带磁）
8	十字螺丝刀		把		（螺丝刀金属裸露部分用绝缘胶带缠绕、螺丝刀口带磁）
9	平口钳		把		
10	尖嘴钳		把		
11	斜口钳		把		
12	电工刀		把		刀把需进行绝缘处理
13	剥线钳		把		
14	安全带		副		
15	安全帽		个		
16	常用接线工具		套		若干
17	记号笔		支		
18	护目镜		副		

（4）危险点分析与控制。

1）危险点分析（见表2-2-2）。

表 2-2-2 危险点分析表

序号	内容	后果
1	工作人员进入作业现场不戴安全帽	可能会发生人员伤害事故
2	工作现场不挂标示牌或不装设遮栏或围栏	工作人员可能会发生走错间隔及操作其他运行设备
3	二次电流回路开路或失去接地点	易引起人员伤亡及设备损坏
4	电压回路操作	有可能造成交流电压回路短路、接地
5	在高处安装计量装置时	可能造成高空坠落或高空坠物，引起人员伤亡及设备损坏
6	设备的标示不清楚	易发生误接线，造成运行设备事故
7	未使用绝缘工具	易引起人身触电及设备损坏
8	使用电钻时	可能碰及带电体
9	没有明显的电源断开点	易引起人身触电伤亡事故
10	低压搭（拆）头时不按先中性线（相线）后相线（中性线）顺序进行	容易引起人身触电伤亡事故

2）安全措施（见表 2-2-3）。

表 2-2-3 安全措施

序号	内容
1	进入工作现场，工作人员必须戴安全帽，穿工作服，正确使用劳动保护用品
2	现场作业必须执行派工单制度，工作票制度，工作许可制度，工作监护制度，工作间断、转移和终结制度
3	开工前，工作负责人应对工作人员详细交代在工作区内的安全注意事项，进行危险点分析
4	工作现场应装设遮栏或围栏或标示牌或设置临时工作区等，操作必须有专人监护
5	检查实际接线与现场、要求、图纸是否一致，实际安装位是否与派工内容一致，如发现不一致，应及时进行报告、更正，确认无误后方可进行安装作业
6	在进行停电安装作业前，必须用试电笔验电，应确定表前、表后线是否带电，在确认无电、无误，方可进行安装工作
7	使用绝缘工具，做好安全防范措施
8	严禁相线、地线短接
9	严禁相线、地线短接
10	使用梯子或登杆作业时，应采取可靠防滑措施，并注意保持与带电设备的安全距离
11	安装作业结束后，工作人员应清理现场

三、任务实施参考（关键步骤及注意事项）

（一）开工前准备

（1）穿工作服，戴好安全帽及线手套。

（2）工作负责人检查派工单上所列安全措施是否正确完备，经核查无误后，方可安排工作。

（3）工作票负责人会同工作票许可人检查工作票上所列安全措施是否正确完备，经核查无误后，与工作票许可人办理工作票许可手续。

（4）认知并检查实训现场提供的材料是否完好齐备，明确其用途及安装方法。

（5）开工前，工作负责人带领所有工作人员进入作业现场，详细交代作业任务、安全措施和安全注意事项、设备状态及人员分工。全体工作人员应明确作业范围、进度要求等内容，并在作业人员签字栏内分别签名。

（二）人员要求

（1）现场作业人员应身体健康、精神状态良好。

（2）现场工作负责人必须具备相关工作经验，且熟悉电气设备安全知识。

（3）工作班成员不得少于2人。

（4）工作人员必须具备必要的电气专业（或电工基础）知识，掌握本专业作业技能，必须持有上岗证。

（5）工作班人员必须熟悉《国家电网公司电力安全工作规程》（以下简称《安规》）的相关知识，熟悉现场安全作业要求，并经安规考试合格。

（三）单相电能表安装作业步骤及标准

（1）完成工作许可手续后，工作负责人向工作班成员交待工作内容、工作环境、工作安全要点，并按照工作票（派工单）上所列危险点进行分析并布置预控措施。

（2）监护人到位，工作人员查找并核对应新装电能表的位置。排列进户线导线，垂直、水平方向的相对距离达到安装标准，固定良好，要求固定后外形横平竖直。导线加装PVC管（或槽板），进出线不能同管。

（3）检查导线外观无松股，绝缘无破损，导线连接头、分流线夹无金属面裸露。

（4）安装固定电能表箱，电能表安装高度为1.8～2.2m，表箱成垂直、四方固定（配电计量屏或楼层竖井表计安装处）。将电能表固定于计量箱内，要求垂直牢固。

（5）安装接电正常，确认无误后，抄录电能表相关参数，对电能表及表箱完善铅封，请客户在工作单上履行确认签字手续。

（四）操作过程

1. 电能表进线接线

（1）线长测量。在初步确定线路的走向、路径和方位后，用卷尺量取从自动空气开关下桩头与电能表表尾之间导线的长度。

（2）导线截取。首先用卷尺量取一根导线且留有适当的裕度后截取，然后按相同长度量取另一根。

（3）电能表进线端线头剥削。先根据接线孔深度确定剥削长度，用电工刀或剥削钳分别剥去每根导线线头的绝缘层。

（4）表尾进线端接线。导线线头与表尾接线孔连接时，要按红蓝分次接入表尾1、3接线孔，并用螺钉针压式固定。

（5）导线走线。导线的走线方位，按照“横平竖直、走边路”的原则进行布置；导线的弯角按单根进行弯曲，其曲率半径不小于三倍导线的外径。

注意：导线走线时，要求从上到下、从左到右，横平竖直、层次清晰，布置合理、美观大方，成捆集中、边路走线；表尾导线要注意上下叠压的次序，从外到里按照红、蓝两色导线依次布置。

（6）自动空气开关下接线端余线处理。当导线至自动空气开关下接线端时，要对多余线头进行处理。首先分别量取各线头需要剥削的长度尺寸，并画好线，再用钳剪去多余的线头。

（7）自动空气开关下接线端线头剥削。线头绝缘层的剥削方法与前面相同。

(8) 自动空气开关下接线端接线。导线线头与自动空气开关下接线端接线孔连接时，按照红、蓝色分次接入自动空气开关两接线孔，并用螺钉针压式固定。

(9) 导线绑扎。用3mm×150mm的尼龙扎带绑扎，先捆绑成型，绑扎时要注意布局合理、位置适当、间距均匀。

2. 电能表与自动空气开关之间的接线

其操作方法和要求与“1. 电能表进线接线”9个步骤中对应的环节相同。不同的是：导线线头与表尾接线孔连接时，要按照红色、蓝色分别接入表尾2、4接线孔。

(五) 竣工检查

(1) 接线整理。对整个计量箱工艺接线进行最后检查，确认接线正确后，再修剪尼龙扎线，在距离根部2mm处用斜口钳剪去扎带尾部多余的长度。

(2) 停电接线检查。用万用表对接线进行一次全面检查，确认接线正确。

(3) 通电检查。对电能表通电，并用万用表检查各回路的通断情况，听电能表的声音是否正常。

(4) 电能表接线盒封印。用封印钳将电能表接线盒封印。

(5) 计量箱封印。拧紧计量箱外壳螺钉，用封印钳将电能表计量箱封印。

(6) 工器具整理。逐件清点、整理工器具，分别放入工具包和工具箱中。

(7) 材料整理。逐件清点、整理剩余材料及附件。

(8) 现场清理。清理计量柜及操作现场，在整个过程中做到文明施工、安全操作。

(9) 抄录数据。抄录电能表示数、电流互感器变比、铭牌等相关数据。

(10) 检查记录。检查工作单上记录，严防遗漏项目，同时工作负责人在工作记录上详细记录本次工作内容、工作结果和存在的问题等。

(11) 终结工作票（派工单）手续。

(12) 出具工作传单，请客户在工作单上履行确认签字手续。

单相电能表新安装标准化作业卡和现场带电换装单相电能表标准化作业卡分别见附录F和G。

 相关知识

一、电能表

(一) 电能表的分类

(1) 按结构和工作原理的不同，电能表分为感应式、静止式（电子式）和机电一体式电能表。

(2) 按接入方式的不同，电能表分为直接接入式和间接接入式（经互感器接入式）电能表；其中，又有单相、三相三线、三相四线电能表之分。

(3) 按计量对象的不同，电能表主要分为有功电能表、无功电能表、最大需量表、复费率（分时）电能表、多功能电能表、预付费电能表、谐波电能表等。

此外，电能表按用途的不同有测量和标准之分，按接入电源的性质不同有交流和直流之分；按平均寿命的长短，可以将单相机电式电能表分为普通型和长寿命技术型。

(二) 电能表的铭牌标示

根据有关标准规定，电能表铭牌上必须标注电能表的主要技术指标、型号等内容（以图2-2-1为例）。

1. 基本电流、额定电流和最大电流

根据规程的定义，基本电流是确定直接接通仪表有关特性的电流值，用 I_b 表示；额定电流是确定经互感器工作的仪表有关特性的电流值，用 I_N 表示；而能使电能表长期工作并能基本满足准确度要求的电流最大值称为最大电流，用 I_{max} 表示。

如 10（40）A 的电能表，其基本电流为 10A，最大电流为 40A。如果最大电流小于基本电流的 150%时，则只标明基本电流。对于三相电能表还应在前面乘以相数，如3×1.5（6）A。

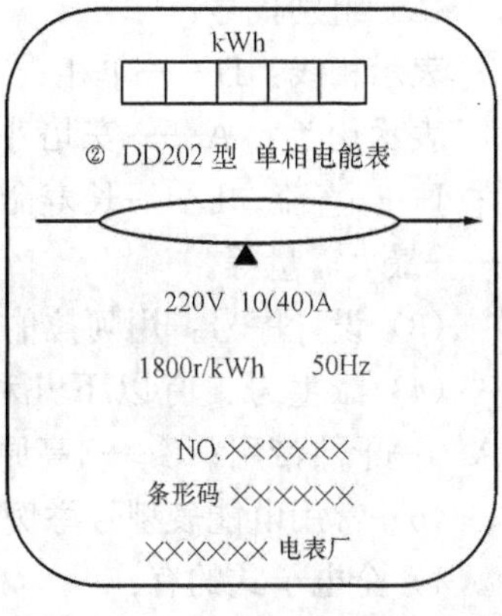

kWh
② DD202 型 单相电能表
220V 10(40)A
1800r/kWh 50Hz
NO.××××××
条形码 ××××××
×××××× 电表厂

图 2-2-1　电能表的铭牌示意图

2. 额定电压

确定仪表有关特性的电压值，以 U_N 表示。对于单相电能表用电压线路接线端上的电压表示，如 220V；直接接入式三相三线电能表以相数乘以线电压表示，如 3×380V，额定线电压为 380V；直接接入式三相四线电能表则以相数乘以相电压/线电压表示，如 3×220/380V，额定线电压为 380V，额定相电压为 220V。

3. 额定频率

确定仪表有关特性的频率值，以赫兹（Hz）为单位，一般为 50Hz。

4. 准确度等级

准确度等级主要用于衡量电能表计量结果的准确程度，其数值 K 的含义是：在规程规定的参比条件下，当负载功率因数 $\cos\varphi=1.0$，加额定电压、额定频率，负载电流在 10%I_b～I_{max}（或 5%I_N～I_{max}）范围内，安装式单相电能表和平衡负载时三相电能表的基本误差限均不得超过±K%。

如电能表铭牌上的标记“②”表示该电能表的准确度等级为 2.0 级，其基本误差在上述条件下不得超过±2%。安装式电能表准确度等级一般分为：3.0、2.0、1.0、0.5、0.5S、0.2、0.2S，准确度等级的数值越小表示计量准确程度越高。S 级电能表与非 S 级电能表的主要区别在于对轻负荷计量的准确度要求不同。非 S 级电能表在 5%基本电流以下没有误差要求，而 S 级电能表在 1%基本电流即有误差要求。

5. 电能表常数

电能表常数反映电能表记录的电能量和相应的转盘转数或输出脉冲数之间关系的常数，机电式有功电能表以 r/kWh 表示；机电式无功电能表以 r/kvarh 表示；电子式有功电能表以 imp/kWh 或 imp/Wh 表示；电子式无功电能表以 imp/kvarh 或 imp/varh 表示。其含义以最常见的单位 r/kWh 为例说明，r/kWh 表示每千瓦小时电能表转盘转动的圈数，如 720r/kWh 表示机电式或机电一体式电能表每记录 1kWh 的电量转盘将转 720 圈，而 200imp/kWh 则表示电子式电能表每记录 1kWh 的电量将输出 200 个脉冲或者说电能表的脉冲指示灯将闪烁 200 次。

6. 电能表的型号

我国电能表型号的表示方法一般按下列规定编排：类别代号 ＋ 组别代号 ＋ 设计序号 ＋ 派生号。

（1）类别代号：D——电能表。

（2）组别代号：

表示相线：D——单相；S——三相三线有功；T——三相四线有功。

表示用途：A——安培小时计；B——标准；D——多功能；F——复费率；H——总耗；J——直流；L——长寿命；M——脉冲；S——全电子式；Y——预付费；X——无功；Z——最大需量等。

（3）设计序号：用阿拉伯数字表示，如862、864、95、98等。

（4）派生号：有以下几种表示方法，如T——湿热、干燥两用；TH——湿热带用；TA——干热带用；G——高原用；H——船用；F——化工防腐用等。

（5）常用电能表型号举例。

1）全电子式的有：

DDSF——表示单相全电子式复费率电能表，如DDSF311型；

DSSF——表示三相三线全电子式复费率电能表，如DSSF353型；

DTSF——表示三相四线全电子式复费率电能表，如DTSF311型；

DSSD——表示三相三线全电子式多功能电能表，如DSSD331型、DSSD110型等；

DTSD——表示三相四线全电子式多功能电能表，如DTSD133。

2）机械式的有：

DD——表示单相机电式电能表，如DD862型；

DS——表示三相三线有功电能表，如DS864型；

DT——表示三相四线有功电能表，如DT862型，DT864型等；

DX——表示无功电能表，如DX862型，DX863型等；

DSF——表示三相三线复费率电能表，如DSF188型、DSF168型等；

DTF——表示三相四线复费率电能表，如DTF188型、DTF168型等；

DZ——表示最大需量表，如DZ1型；

DDY——表示单相预付费电能表，如DDY59型；

DBT——表示三相四线有功标准电能表，如DBT25型。

（三）常用电能表的结构、工作原理和技术特点

1. 感应式（机械式）电能表

感应式电能表是利用电磁感应原理制成的，也叫机械式电能表。它以结构简单、构架坚固和对工作条件要求低的优势一直被沿用到现在。尽管目前正在推广使用电子式电能表，但是机械电能表并没有完全退出市场。而且，从理论教学角度看，机械电能表具有不可替代的位置。因为它的构成部件分离、直观，误差调整能够操作，这些都便于学生学习和掌握电能表的测量原理和误差理论。而电子式电能表内部都是高度集成化的电路板，不便于初学者学习电能表的工作原理。因此，首先介绍感应式电能表。

感应式电能表的型号、规格虽然很多，且各有不同，但它们的基本结构都是相似的，都是由测量机构、误差补偿调整装置和辅助部件所组成。测量机构是它的核心部分，一般由串联的电磁铁（电流元件）、并联的电磁铁（电压元件）、可转动的铝盘、制动的永久磁铁、轴承和计度器等组成。当电能表接在交流电路中，电压线圈两端加以线路电压，电流线圈中流过负荷电流，电压元件和电流元件就产生在空间上不同位置、在相角上不同相位的电压和电流工作磁通。它们分别穿过铝盘，并各在铝盘中产生感应涡流，于是电压工作磁通与由电流

工作磁通产生的感应涡流相互作用，电流工作磁通与由电压工作磁通产生的感应涡流相互作用，作用的结果在铝盘中就形成以铝盘转轴为中心的转动力矩，此转动力矩与负荷的有功功率成正比，使电能表铝盘始终按一个方向转动起来。由永久磁铁产生的制动力矩同时作用在铝盘上，使铝盘转速与负载的有功功率成正比。铝盘的转数通过蜗轮、蜗杆及计度器，转换为电路所消耗电能的数值。

当电能表接入电路中，电路消耗的电能与时间 t 内铝盘转动的转数成正比，即

$$W = Pt = Knt = KN \tag{2-2-1}$$

式中：W 为电路消耗的电能，kWh；P 为电路消耗的功率，kW；t 为计量的时间段，h；n 为铝盘的转速，r/h；N 为铝盘的转数，r；K 为电能表的比例常数，kWh/r。

三相机电式电能表是在单相机电式电能表的基础上发展制成的，两者的区别在于每只三相表是由两组或三组电磁驱动组件组成，它们分别产生的驱动力矩共同作用在同一轴上的一个（或两个）圆盘上，并由一个计度器显示出三相电路消耗的总电能量。

由于计量对象的不同，机电式电能表可分为有功电能表和无功电能表。

（1）有功电能表。通过将有功功率对相应时间积分的方式测量有功电能的仪表，多用于计量发电厂生产至客户消耗的有功电能，其测量结果一般表示为

$$W_a = UI\cos\varphi\, t \tag{2-2-2}$$

式中：W_a 为有功电能量，kWh；U、I 为交流电路的电压和电流的有效值；φ 为电压和电流之间的相位角；$\cos\varphi$ 为负载功率因数；t 为所测电能的累计时间。

（2）无功电能表。通过将无功功率对相应时间积分的方式测量无功电能的仪表，多用于计量发电厂生产及客户与电力系统交换的无功电能，测量结果为

$$W_r = UI\sin\varphi \tag{2-2-3}$$

式中：W_r 为无功电能量，kvarh；U、I 为交流电路的电压和电流的有效值；φ 为电压和电流之间的相位角。

感应式电能表具有结构简单、操作安全、维修方便、造价低廉等优点，但准确度低、适用频率窄、功能单一等不足限制了其使用范围，将逐渐被淘汰。

2. 静止式（电子式）电能表

静止式电能表也就是电子式电能表，根据规程的定义，静止式有功电能表是由电流和电压作用于固态（电子）乘法器器件而产生与瓦时成比例的输出量的仪表。其测量组件一般由乘法器、显示单元、输出单元、电源单元四部分组成，它的核心是乘法器。乘法器分为模拟乘法器和数字乘法器两种。静止式电能表的基本工作原理如图 2-2-2 所示。根据功率定义，将电压和电流两个量作为乘法器的输入量，通过乘法器内部对两个输入量相乘，经 V/F 转换器输出量就是与电压和电流乘积成正比的脉冲。脉冲频率正比于平均功率，脉冲个数与电能成正比，通过累计脉冲个数来记录电能量。

（1）乘法器。

1）时分割（模拟）乘法器电能表。该乘法器工作原理是利用电流信号控制标准方波的间隔大小，标准方波控制时分割开关，时分割开关不断切换电压信号获得一个时分割后的信号，该信号通过积分作为模拟乘法器的输出量正比于输入电压和电流乘积，即有功功率，将该输出量进行模数转换，转换后的脉冲频率正比于有功功率，脉冲个数与电能成正比，通过累计脉冲个数记录电能量。

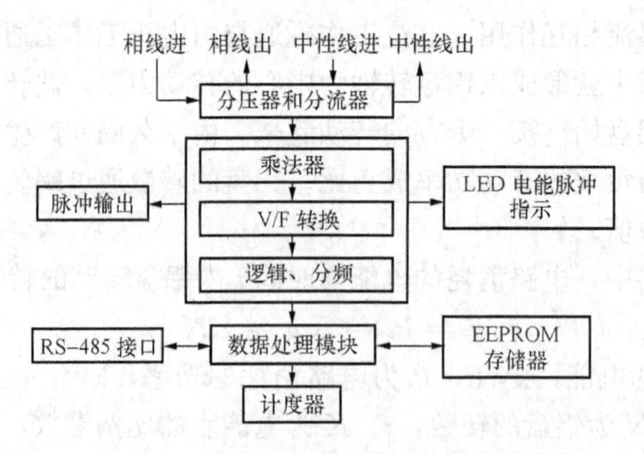

图 2-2-2 静止式电能表工作原理图

2）数字乘法器电能表。该乘法器工作原理是对一个周波 $u(t)$ 和 $i(t)$ 进行 N 次采样，计算得到平均功率、平均电压、平均电流；然后根据波形因数=有效值/平均值=1.11，波顶因数=最大值/有效值=1.414，计算得到电压和电流有效值；再根据 $S=UI$，$\cos\varphi=P/S$，$Q=S\sin\varphi$，计算得到无功功率、视在功率、功率因数；功率乘以一个周波的时间就是消耗的电能。该电能表能实时显示电压、电流、功率、功率因数等参数。

3）时分割乘法器和 A/D 采样的混合方案电能表。利用 A/D 采样实时计算显示电压、电流、功率、功率因数等参数功能。

随着电子技术的飞速发展，体大笨重、功耗高而精度低的机电式电能表的测量机构被电子电路所替代。客户消耗的电能，通过电能测量单元的电流采样器和电压采样器将输入电压与电流变换成与功率成一定比例关系的脉冲信号。电能测量单元的种类繁多，一般取决于该单元的核心——乘法器的类型。其大体上可分为以模拟乘法器为核心和以数字乘法器为核心两大类，前者应用比较多的是时分割型，后者则以微处理器为核心的高精度 A/D 型为代表，近来的静止式电能表主要以数字乘法器为主。

（2）显示单元。显示单元一般有两种，一种是将脉冲累计值转换为用液晶显示的电能量数值，另一种是用脉冲信号去驱动附有步进电机的计度器，直接显示电能量数值。

（3）输出单元。输出单元的主要任务是电能脉冲输出，其输出形式有两种：一种是有源输出，电压幅值为（5±0.5）V，脉冲宽度为 40～80ms，与电能计数器有电气公共节点，适合实验室校表；另一种是无源输出的开关信号，与外界没有电气连接，是通过光电耦合隔离的，适合长距离传送。

（4）电源单元。电源单元的主要任务是将较高的交流电压变换成电子电路所需要的±5V直流低电压，并提供后备电池，确保电网停电时重要数据不丢失，此外还可以实现静止式电能表与外界交流电网之间的电气隔离，避免电网噪声的侵入。

由于静止式电能表是通过电子电路采样直接转化为电量，因此准确度高、功耗小；所有电子元件都安装在 PCB 板上，结构精密、体积小、质量轻；安全性好、不可调，具有防窃电功能；对高温、污染、振动等外部环境要求不高；有优良的运行特性以及具有电脑全自动化抄表、计费、校验等功能。

3. 复费率电能表

复费率电能表又称分时计费电能表，是一种能对高峰和低谷负荷分别进行计量的电能表。它把一天 24h 分为若干个时段，各时段内的用电量分别累计，然后以不同的电价分别计算电费。

复费率电能表主要由电能测量、脉冲转换、时控装置、逻辑功能控制、分时电量记录器和稳压电源六部分组成。在传统的感应系电能表的基础上加装电子脉冲电路，由脉冲信号通过集成电路和时控电路控制，来驱动电量记录器进行电量的记录。使其按预定的峰、谷时间分别记录电路中高峰、低谷和总的电能。所以它一般装有峰电量、谷电量、总电量三个电量记录器，每一个电量记录器在设定的时段内计量交流有功或无功电能量。

在我国，根据地区（省、直辖市）经济的发展，分时电价一般分为尖峰、峰、平、谷（24h 内又分为至少 8 个时段），白天与黑夜，枯水期与丰水期等不同费率，国外还有节假日、星期天等许多费率时段分别执行不同电价。

早期分时计度电能表多为机电式，随着电子工业的发展和计算机技术的广泛应用，目前多采用电子式，即静止式多费率电能表，工作原理如图 2-2-3 所示。

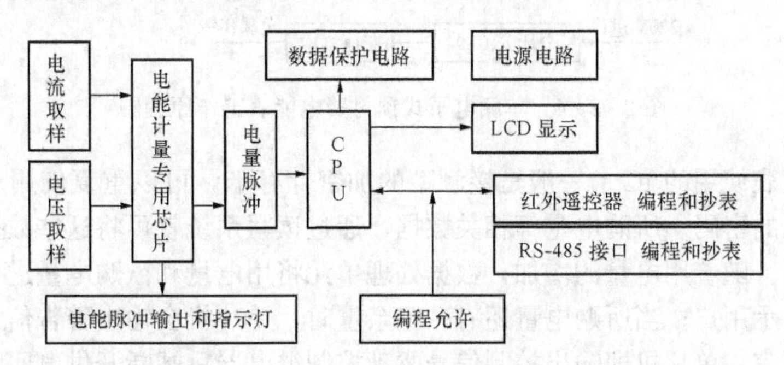

图 2-2-3　静止式多费率电能表工作原理图

4. 最大需量电能表

需量就是客户在 15min 时间段的平均用电功率，最大需量就是在一个月内所有需量的最大值，反映客户每月的最大用电负荷。

最大需量表既要记录最大需量的数值，同时也要记录最大需量出现的时间。

需量分两种：时段式每 15min 计算一次平均用电功率；滑差式每 1min 计算一次平均用电功率，将当前 1min 功率和前 14min 的功率合并进行计算。

机电式最大需量电能表：同步电机控制时间，利用转盘转动带动齿轮和推针使指针偏转，其指针偏转角正比于功率，15min 推针复零，指针保留在最大需量位置。

电子式最大需量电能表：每 1min 的功率都分别存储在存储芯片内部，由计算机进行计算，并将最大需量的数值和出现的时间存储、显示。

执行两部制电价的客户要收取的基本电费按照供电营业规则规定，应按照变压器容量或最大需量进行计算，由客户确定。

国家、质量技术监督局、电力行业对电能表的最大需量都制定了检定规程，因此依据电能表记录的最大需量收取基本电费符合有关法律法规。

随着电子技术的发展，需量功能基本上由多功能电能表来完成，传统意义上的需量表将逐渐被淘汰。

5. 预付费电能表

所谓预付费电能表，就是由电能计量单元和数据处理单元构成的一种先付费后用电的电能表。

从预付费电能表的发展历程可将其分为三种类型：投币式、磁卡式、电卡（IC卡）式。早期生产的投币式电能表基本上已不使用；而磁卡式由于其磁卡性能的局限性，尚未广泛应用就遭淘汰；目前大多数采用的预付费电能表都是电卡式电能表，其原理如图2-2-4所示。

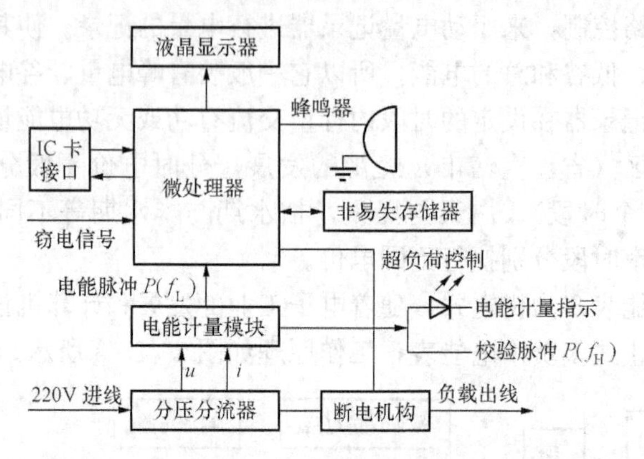

图2-2-4　单相电子式预付费电能表工作原理图

预付费电能表使用的IC卡一般是接触型的加密储存卡，可以重复使用。卡内的信息包括该用户电能表的密码、所购电量等相关数据，通过读写系统就可将这些数据存入电能表单片机的存储器中。随着用电量的增加，数据处理单元将用电量和欲购电量进行减法运算，并将剩余的电量告示用户；当所购电量还有一定余量时，单片机会输出警告信号，提醒用户购电；一旦电量用完，单片机即输出控制信号驱动控制继电器跳闸断开供电回路。如果这时客户将新购电量经IC卡座输入电能表，数据处理单元读得数据后，即由单片机输出信号驱动控制继电器闭合而恢复供电。

预付费电能表的应用，充分发挥了先进的电子技术和电脑技术，实现了用电收费的电子化，使电能真正成为商品走入市场。但是，IC卡电能表的应用必须配备相应的收费管理系统（包括读写器以及计算机管理系统），专用于向IC卡中写入客户的购电量，以及对系统工作的统计和安全管理。值得注意的是供电企业预付费没有国家相关政策及法规的许可，使用中要与客户签订合同，并慎重选用跳闸断电功能。

6. 多功能电能表

根据规程的定义，多功能电能表是由测量单元和数据处理单元等组成，除计量有功（无功）电能量外，还具有分时计量、测量需量等两种以上功能，并能自动显示、存储和传输数据的静止式电能表。

多功能电能表可分为两大类：一类是全电子式多功能电能表（或称静止式多功能电能表、固态式多功能电能表），其电能测量单元和数据处理单元都是由大规模集成电路组成；另一类是机电式多功能电能表，其电能测量单元由机电式测量机构组成，数据处理单元由单片机组成，机电式多功能电能表是全电子式多功能电能表生产初期的一种过渡产品，目前基本上已经淘汰。

多功能电能表根据需要可实现有功正、反向和四象限无功计量及其分时计量、电量自动定时冻结，具有最大需量，电压，电流，有功、无功功率测量显示和存储以及传输数据等功能。其基本结构和工作原理如图2-2-5所示。

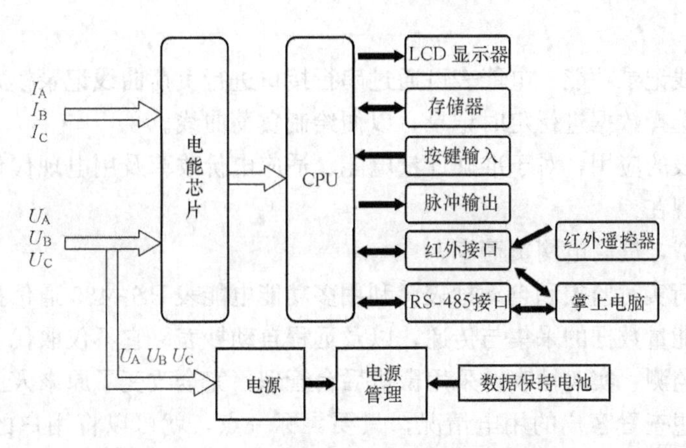

图 2-2-5　多功能电能表结构及工作原理图

电能表工作时，电压、电流经取样电路分别取样后，送入专用电能芯片进行处理，并转化为数字信号送到 CPU 进行计算。由于采用了专用的电能处理芯片，使得电压电流采样分辨率大为提高，且有足够的时间来更加精确的测量电能数据，从而使电能表的计量准确度有了显著改善。

图中 CPU 用于分时计费和处理各种输入/输出数据，通过串行接口将专用电能芯片的数据读出，并根据预先设定的时段完成分时有功电能计量和最大需量计量功能，根据需要显示各项数据、通过红外或 RS-485 接口进行通信传输，并完成运行参数的监测，记录存储各种数据。

多功能电能表的主要功能有：

(1) 计量功能。多功能电能表有两种基本类型：一种是双方向电能表，计量正、反向有功电量和感性、容性无功电量；另一种是单方向电能表，计量正向有功电量和感性、容性无功电量。

(2) 分时计费。按四费率时段：尖、峰、平、谷分时计量，以年为周期分为几个时区，每个时区内以一天为小周期，分为几个时段，每个时段对应一种费率。这样就能很好地满足分时计量的要求。

(3) 最大需量。可以分别计算四个费率的正、反向有功最大需量以及最大需量发生的时间。

(4) 按月统计数据。可以统计上月及本月的用电量和分时电量。用于月度用电收费和用电监测。

(5) 事件记录。一般有失电压记录和电压合格率。

1) 失电压记录：当电能表侧接入的电压、电流中的某相或某两相有电流而电压值低于78%额定电压时，电能表将记录这相或这两相的失电压累计时间及失电压电量，并同时有“失电压”提示。失电压时间与电量记录，为追补电量提供了依据。

2) 电压合格率：当电能表侧接入的电压超过所设置的电压上限或低于下限值而又在电压考核范围内时，电能表将分别记录超过上限或低于下限的不合格运行时间。

(6) 预付费。可以实现预购电量或电费，设定剩余电费报警及跳闸。

(7) 功率脉冲输出与通信接口。用于向负荷终端和集抄器输出脉冲，实现远方抄表和负荷监测。

(8) 负荷曲线记录功能。电能表可通过串行接口进行负荷曲线记录模式及负荷曲线记录起始时间设定，选择数据进行定时记录，以便绘制负荷曲线。

多功能电能表的应用，对于准确计量电能、适应电价改革及用电现代化管理起到了重要的作用，主要体现在：

(1) 分时计费，提高电网负荷率。

(2) 实现负荷实时监控和自动抄表。利用多功能电能表RS-485通信接口和功率脉冲能力，可以实现电能量数据的采集与传递，以及远程自动抄表。它不仅取代了电力定量器，而且能够实现实时监测、实时抄表。采用微机后台管理，完全改变了原来人工抄表，估算负荷的做法。现在要想查看客户的用电情况，只要鼠标一点，就可以将用户的用电量、用电负荷、事故记录等用电信息显示在屏幕上。

(3) 提高计量准确性。电子式电能表因其功耗小，有效地减少了电压互感器二次负载，降低了电压互感器二次压降误差，且误差稳定，误差曲线平直，S级表的灵敏性好，在1% I_b 负荷点仍能正确计量。

(4) 能满足同一回路中各种计量功能的需要。一只多功能电能表可代替原来四只机电式电能表的计量功能。

(5) 减少了漏计电量。根据失电压记录可以发现客户因电压互感器熔断器熔断或二次接线断开造成的失电压电量记录。

（四）单相电能表的接线

1. 接线方式

单相电能表的接线有直接接入式和经TA互感器接入式两种，接线原理如图2-2-6、图2-2-7所示。

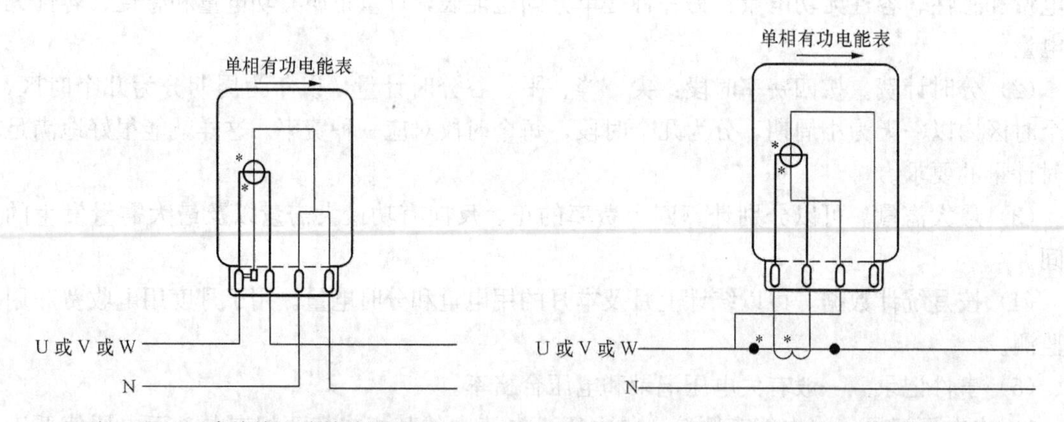

图2-2-6　直接接入式接线原理图　　图2-2-7　经TA互感器接入式接线原理图

2. 主要用途

220V单相客户或办公照明的有功电能计量。

3. 常见故障

单相电能表的常见故障有电压连接片断开、电流线圈反接、电流互感器二次开路或短路等。

4. 安装工艺

(1) 高供低计的客户，计量点至变压器低压侧的电气距离不宜超过 20m，对加热系统的距离不得小于 0.5m。安装地点周围环境应干净明亮，使表计不易受损、受震，不受磁力及烟灰影响，无腐蚀性气体、易蒸发液体的侵蚀；能保证电能表运行安全可靠，抄表读数、校验、检查、轮换装拆方便；电能表原则上装于室外的走廊、过道、公共的楼梯间。

(2) 高层住宅一户一表，宜集中安装于位于一、二楼的专用配电间内，装表地点的环境温度应不超过电能表技术标准规定的范围。

(3) 电能表的安装高度，对计量屏，应使电能表水平中心线距地面为 0.6～1.8m；安装在墙壁上的计量箱高为 1.6～2.0m。单户表箱安装布置原则为采取横向一排式。如因条件限制，允许上、下两排布置，但上表箱底对地面垂直距离不应超过 2.1m。装设在高层住宅专用配电间内的表箱底部对地面的垂直距离不得小于 0.8m。单相电能表之间的距离不得小于 30mm，三相电能表的空间距离及表与表之间的距离均不应小于 80mm，电能表与屏边最小距离应大于 40mm。

(4) 低压三相供电的计量装置表位应装在室内进门后 3m 范围内；单相供电的用户，计量表位应装在室外；凡城市规划指定的主要道路两侧，表计应装设在室内；基建工地和临时用电户电能计量装置的表位应装在室外，装设在固定的建筑物上或变压器台架上。

(5) 装设在计量屏（箱）内的开关、熔断器等设备应垂直安装，上端接电源，下端接负荷。相序排列顺序从左侧起为 U、V、W 或 U、V、W、N。电能表安装必须牢固垂直，每只表除挂表螺钉外，至少有一只定位螺钉，使表中心线朝各方向的倾斜不大于 1°；安装在绝缘板上的三相电能表，若有接地端钮，应将其可靠接地。

在多雷地区，计量装置应装设防雷保护，如采用低压阀型避雷器。

装表时，必须严格按照接线盒内的接线图操作；对无图示的电能表，应先查明内部接线。可用万用表现场测量各端钮之间的电阻值，一般电压线圈阻值在千欧数量级，电流线圈的阻值近似为零。若在现场难以查明电能表的内部接线时应将表退回。

(6) 操作时应遵循以下接线原则：

1) 单相电能表必须将相线接入电流线圈首端。

2) 电能表的中性线必须与电源中性线直接连接，进出有序，不允许互相串联，不允许采用接地接金属外壳代替。

3) 进表导线与电能表接线端钮应为同一种金属导体。

(7) 进表导线裸露部分必须全部插入接线孔内，并将接线盒中压线螺钉自上而下逐个拧紧。线小孔大时，应加辅助线，设法使入表线达到接线孔 1/2 及以上。带电压连接片的单相电能表，安装时应检查其接触是否良好，低压电能表入表线的额定电压规定不超过 500V。

经电流互感器接入的电能表，其标定电流不宜超过电流互感器二次额定电流的 30%，其最大额定电流应为电流互感器二次额定电流的 120%左右。直接接入式电能表的标定电流应按正常运行负荷电流的 30%左右进行选择。

5. 电能计量装置中的附属部件

(1) 试验接线盒。如图 2-2-8 所示，左起：一、二格为 U 相所设；三、四格为 V 相所设；五、六格为 W 相所设；第七格为电压中性点，连接的中性线应接地。

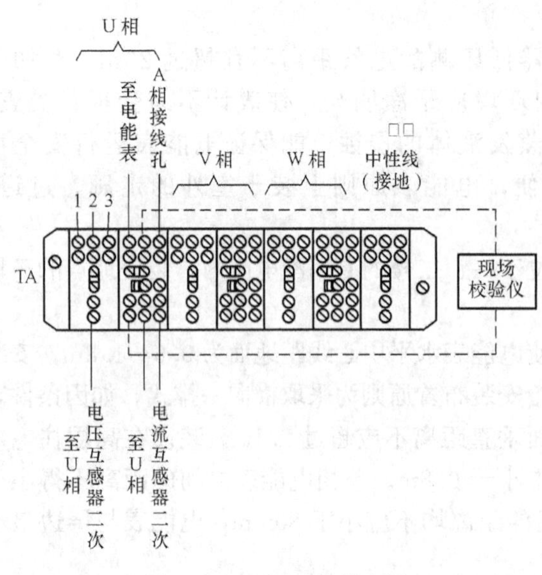

图 2-2-8　试验接线盒图

以U相为例，左边一格为电压接线盒，其中间的连接片可以方便地接通和断开V相电压二次线。当连接片接通时，上端三个接线孔1、2、3都与下端进线孔同电位，可分别接向电能表的各A相电位进线端。右边为电流接线盒，其中每个竖行各螺钉间分别连通，中间的两个短路片，上短路片为常闭状态平常接通左边两竖行（当用虚线所示串进现场校验仪后，右移该短路片，断开左边两竖行的直接接通）；下短路片为常开状态（更换电能表之前，要先右移该短路片直接短接右边两竖行，从而短接TA，保证更换电能表时TA不开路）。

（2）铅封。铅封安装在电能表表盖、电能表接线盒、电流互感器二次出线盒、电能计量箱（柜）的闭合螺钉上。圆形铅封直径约1cm，中间有两个小眼，穿进并压紧环形尼龙绳，尼龙绳的环套套进计量设备闭门螺钉的顶端A（有个小孔）和盒盖上的固定小孔B，如有人擅自拧开螺钉打开计量设备必将破坏铅封，为查获擅自动用计量设备的行为提供依据。

铅是较软的金属，中间穿进环形尼龙绳后，用带有专用印模的铅封钳（见图2-2-9）一夹，印模上的标记和编号就打印在了铅封上。铅封还是计量管理权限的一种象征。

铅封钳专人专用且必须按不同的专业配备，数量由各使用单位申请，报电能计量管理机构审批后才能发放。铅封钳的编号由单位、班组和序号组成。任何个人不得同时持有两把铅封钳，也不得持有本岗位以外的铅封钳。铅封钳必须妥善保管，不得外借和交换使用。丢失铅封钳，持钳人应立即向本单位报告，并采取相应的补救措施。职工调离计量岗位，应上交原来使用的铅封钳，并做好档案记录。各单位如需添加、更换新的铅封钳，应向电能计量管理机构申请，统一配制，并封存旧的铅封钳。

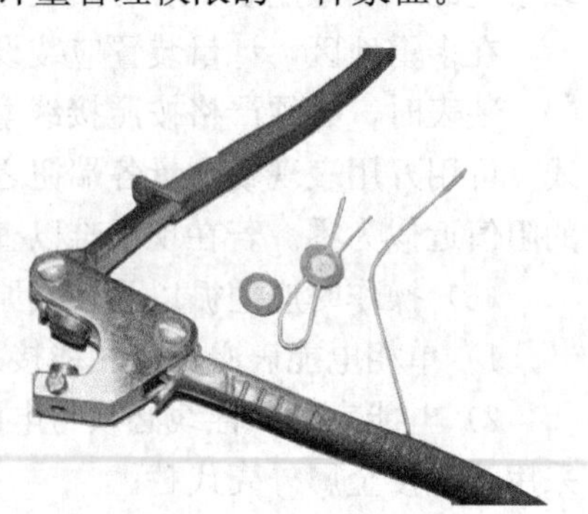

图 2-2-9　铅封钳

下列事件属营业工作差错或营业责任事故：

1）遗失铅封钳、遗失铅封（包括应回收的旧铅封）。

2）加封字迹不清，铅封边缘不整齐，铅芯压得过浅过松，加封不登记。

3）启封时不认真检查，没识别出伪造铅封，使窃电客户或人员逃脱处理。

4）铅封钳及铅封管理员未执行领用登记制度，未登录台账，铅封数与实际不符。

5）持钳人领用铅封未逐日逐个登记、领用数与实际数不符。

6）计量专责未按要求进行铅封管理。

二、电能计量装置的安装

1. 电能表的安装场所规定

(1) 周围环境应干净明亮，不易受损、受震，无磁场及烟灰影响。

(2) 无腐蚀性气体和易蒸发液体的侵蚀。

(3) 运行安全可靠，抄表读数、校验、轮换方便。

(4) 电能表原则上装于室外走廊、过道内及公共的楼梯间，或装于专用配电间内（2楼及以下）。高层住宅一户一表，且集中安装于2楼及以下的公共楼梯内。

(5) 装表点的气温不超过规定的工作温度范围。

2. 电能表的一般安装规范

(1) 高供低计的客户，计量点到变压器低压侧的电气距离不超过20m。

(2) 电能表的安装高度：对计量屏，应使电能表水平中心线距地面在0.6～1.8m的范围内；对安装于墙壁的计量箱宜为1.6～2.0m的范围。单户表箱安装布置原则为采取横向一排式，如因条件限制，允许上、下两排布置，但上表箱底对地垂直距离不应超过2m；装设在高层住宅专用配电间内的表箱底部对地面的垂直距离不得小于0.8m；电能表的空间距离及表与表之间的距离均不小于10cm。

(3) 低压三相供电的计量装置表位应在屋内、进门后3m范围内；单相供电的用户，计量表应装设在屋外；凡城市规划指定的主要公路两侧的住户，表箱应装在屋内；基建工地和临时用电户电能计量装置的表应装在屋外固定的建筑物上或变压器构架上。

(4) 装在计量屏（箱）内及电能表板上的断路器、熔断器等设备应垂直安装，上端接电源，下端接负荷。相序排列从左到右或从上到下分别为U、V、W或U、V、W、N。电能表安装必须牢固垂直，每只表除挂表螺钉外至少还有一只定位螺钉，应使表中心线向各方向倾斜度不大于1°。

(5) 安装在绝缘板上的三相电能表，若有接地端钮，应将其可靠接地或接中性线。

(6) 在多雷地区，计量装置应装设防雷保护，如采用低压阀型避雷器。当低压配电线路受到雷击时，雷电波将由接户线引入屋内，危害极大。最简单的防雷方法就是将接户线入户前的电杆绝缘子铁脚接地，这样当线路受到雷击时，就能对绝缘子铁脚放电，将雷电流泄掉，从而使设备和人员不受高电压的危害。在多雷地区，安装阀型避雷器或压敏电阻，较为适宜。

(7) 在装表接电时，接线盒内必须严格按图纸施工。对无图纸的电能表，应先查明内部接线。现场检查的方法可使用万用表测量各端钮之间的电阻值，一般电压线圈为千欧级，电流线圈近似为零。

(8) 在装表接线时，必须遵行以下接线原则：

1) 单相电能表必须将相线接入电流线圈首端。

2) 三相电能表必须按正相序接线。

3) 三相四线电能表必须接中性线。

4) 电能表的中性线必须与电源中性线直接连接，不允许互相串联，不允许采用接地、接金属外壳等方式代替。

5) 进表导线与电能表接线端钮应为同种金属导体，直接接入式电能表导线截面应根据正常负荷电流选择，参见表2-2-4负荷电流与导线截面选择表。

表 2-2-4 **负荷电流与导线截面选择表**

负荷电流（A）	铜芯绝缘导线截面（mm²）	负荷电流（A）	铜芯绝缘导线截面（mm²）
$I<20$	4.0	$60\leqslant I<80$	7×2.5
$20\leqslant I<40$	6.0	$80\leqslant I<100$	7×4.0
$40\leqslant I<60$	7×1.5		

注 按 DL/T 448—2000《电能计量装置技术管理规程》规定，负荷电流为 50A 以上时，宜经电流互感器接入。

(9) 进表线导体裸露部分必须全部插入接线盒内，并将端钮逐个拧紧。线小孔大时，应采用有效的补救措施。带电压连接片的电能表，安装时应检查其接触是否完好。

3. 电流互感器的安装

低压电流互感器的安装，一般遵行以下安装规范：

(1) 电流互感器安装必须牢固。互感器外壳的金属外露部分应可靠接地。

(2) 同一组电流互感器应按同一方向安装，以保证该组电流互感器一次及二次回路电流的正方向一致，并易于观察铭牌。

(3) 电流互感器二次侧不允许开路，对双二次侧互感器只用一个二次回路时，另两个二次侧应可靠短接。

(4) 低压电流互感器的二次侧应不接地。因为低压计量装置使用的导线、电能表及互感器的绝缘等级相同，可能承受的最高电压也基本一致；另外二次绕组接地后，整套装置一次回路对地的绝缘水平将要下降，使绝缘弱点的电能表或互感器在高压作用时受感应（雷击）损坏。为减小遭受雷击损坏，也以不接地为佳。在低压电能计量装置中，电能表电流线圈带电压接法，电流互感器的二次侧不能接地。

4. 二次回路的安装

(1) 电能计量装置的一、二次接线，必须根据批准的图纸施工。二次回路应有明显的标示，各相采用不同颜色的导线，导线截面要符合要求。二次回路布线要合理、整齐、美观、减少交叉、固定良好。对于成套计量装置，导线与端钮连接处，应有清楚的端子编号。

(2) 二次回路的导线绝缘不得有损伤，不得有接头，导线与端钮的链接必须拧紧，接触良好。

(3) 计费用的电流互感器应采用分相接入，取消公共回路，减少错误机会。

(4) 低压计量装置的电压线宜单独接入，不与电流线共用，取电压处和电流互感器一次间不得有断口，且应在母线上另行打孔连接，禁止在两段母线连接螺钉上引出。

(5) 当需要在一组互感器的二次回路中安装多块电能表（包括有功电能表、无功电能表、最大需量表、多费率电能表等）时，必须遵行以下原则：

1) 每块电能表仍按本身的接线方式接线。

2) 各电能表所有的同相电压线圈并联，所有的电流线圈串联。

3) 保证二次电流回路的总阻抗不超过电流互感器的二次额定阻抗值。

4) 电压回路从母线到每个电能表端钮盒之间的压降，应符合 DL/T 448—2000《电能计量装置技术管理规程》中的要求。

5. 计量屏（箱）的安装

(1) 低压非照明电能计量装置的安装要求。

1）由专用变压器供电的低压计费客户，其计量装置可选用以下两个方案之一：

a）将变压器低压侧套管封闭，在低压配电间内装设低压计量屏的计量方式。低压计量屏应为变压器过来的第一块屏，变压器到计量屏之间的电气距离不得超过20m，应采用电力电缆或绝缘导线连接，中间不允许装设隔离开关等开断设备，电力电缆或绝缘导线不允许采用地埋方式。

b）对于严重窃电，屡查屡犯的农村客户，可采取将变压器低压侧套管封闭，在变压器低压封闭套管侧装设的计量方式。

2）由公用变压器供电的动力客户，应在产权分界处装设低压计量箱计量。

3）对实行电量承包试点的农电站，应采用高压计量箱计量。

（2）高压计量箱电能表的安装方式有两种：

1）电能表箱附在组合互感器箱的侧面，这样电能表一般距离地面较高，且距高压带电部分很近，运行维护及抄表可采取遥控、遥测方式。

2）电能表箱与组合互感器分离，通过电缆引下，另外安装。这种方式便于抄表与监视，但由于电流互感器二次负荷容量较小，所以电能表与组合互感器之间的电缆不宜过长，且电缆必须穿钢管或硬塑管加以保护。采用高压计量箱，结构简单，体积不大，安装方便，价格低廉，且基本上能满足计量要求，尤其在农村降损防窃方面，效果明显。

三、危险点分析与控制措施

（1）现场工作人员组织学习作业指导书，并补充完备。

（2）作业前培训工作要完成，人员培训要到位，当天工作内容要清楚做到心里有数。

（3）人员分工明确，工作场地具备作业条件。

（4）风险辨识及预控措施已落实到位，工作人员签字确认。

四、作业前准备

装表接电人员接到装表工单后，应做以下准备工作：

（1）核对工单所列的计量装置是否与客户的供电方式和申请容量相适应，如有疑问应及时向有关部门提出。

（2）凭工单到表库领用电能表，并核对所领用的电能表是否与工单一致。

（3）检查电能表的校验封印、接线图、检定合格证、资产标记（条形码）是否齐全，校验日期是否在6个月以内，外壳是否完好，圆盘是否卡住。

（4）检查所需的材料及工具、仪表等是否配足带齐。

（5）电能表在运输途中应注意防震、防摔。运输中，电能表应放入专用防震箱内，在路面不平、震动较大时，应采取有效措施减小震动。

五、施工要求

1. 人员要求

（1）装接现场工作一般不应少于2人，装表接电员工作时应出示证件或挂牌。

（2）在客户处安装电能表时，应事先与客户预约，避免工作组到现场后，因客户的原因不能开展工作。

因特殊原因，不能正常开展装接工作时，除向客户说明外，还应向派工人员汇报。

（3）装表接电员在现场应先按工作传票（工单）核对客户基本信息和工作内容，检查安装现场是否满足技术规程要求，条件具备时方可开展装接工作。

（4）发现计量装置有传票（工单）中未列出的事项或计量方式配置不合理等异常时，应做好检查记录报业务部门后续处理。必要时，向客户说明。

（5）发现传票（工单）信息与实际不符或现场不具备装接条件时，应终止工作，及时向派工人员或相关部门报告，做好现场记录并向客户解释清楚，待处理正常后再行作业。

（6）所安装的计量器具具备有效检定合格标示并与传票（工单）给定信息一致。

（7）发现客户有违约用电或窃电时应停止工作保护现场，通知和等候用电检查（稽查）人员处理。

2. 技术要求

除遵守模块通用标准外、安装工艺，还应满足以下要求：

（1）安装工艺应符合规程、规范要求。国产单相电能表规范接线为“相线 1 进 2 出，中性线 3 进 4 出”，如图 2-2-10 所示。

（2）进户线必须经过表前熔断器或开关转接后，进入电能表。出表导线也应遵守先接入自动空气开关，再接入负荷这个原则。这种接线方式，可以解决铝质进户线与电能表铜线的转接，同时也方便后期计量管理的表计更换。

（3）大容量电能表安装时，可采用“T”接方式将中性线接入电能表。安装时，中性线也应与相线同时从电表配电箱内进出，不得将电能表中性线引至表箱外与主中性线“T”接。接线见图 2-2-11。中性线的压接必须可靠。

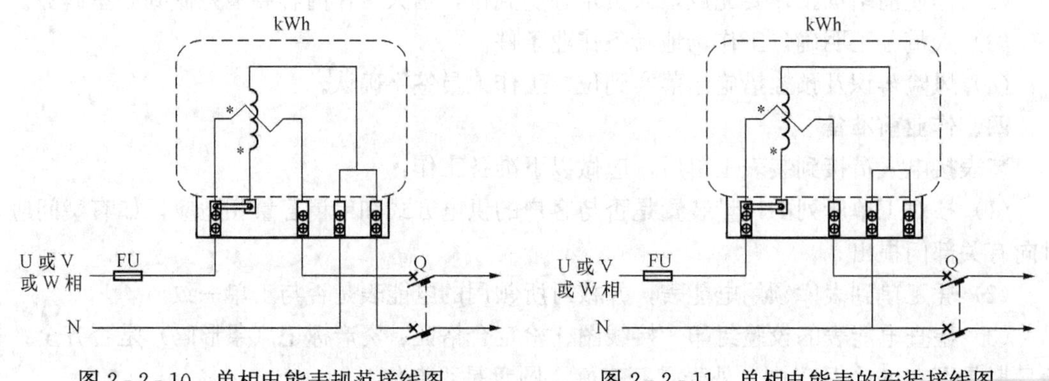

图 2-2-10　单相电能表规范接线图　　图 2-2-11　单相电能表的安装接线图

3. 工作终结

（1）通电前检查，表计安装是否牢固，导线连线是否正确、可靠，电能表前后开关（熔断器）配置及功能是否完好。

（2）端钮盒电压连接片压接是否可靠。

（3）再次确认装接数据的完整、正确，客户检查核对并签字确认。

（4）清扫施工现场，对电能表接线盒、计量柜门、二次连线回路端子盒等应加封部位加装封印。

（5）通电带负载检查，电表能否正常运行。上电指示及转盘转动趋势、脉冲闪烁频率是否与负荷大小对应。

（6）对具有复费率功能的电能表还要检查时钟偏差，时段设置是否符合要求。

（7）检查、整理、清点施工工具和装接现场材料。

六、注意事项

（1）在进行单相电能表安装工作时，应填用低压第二种工作票。

（2）在情况允许的条件下最好有两人一起工作。

（3）严禁二次回路短路，应使用绝缘工具，戴手套等措施。

（4）安装时导线绝缘层不要损伤，每个接线孔只能接一个导线线头，接线孔外不能裸露导线线头，表尾针式接头不能只压一个螺钉。

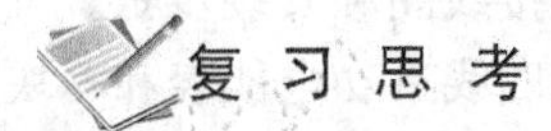

复习思考

（1）现场单相电能表安装有哪些具体步骤？

（2）对电能表的安装场所和位置选择有哪些要求？

（3）工作终结要做哪几项工作？

任务三　低压三相四线电能计量装置的安装

教学目标

知识目标

（1）能正确叙述低压直接接入式和间接接入式的电能计量装置的接线检查作业项目、程序和内容。

（2）掌握低压三相四线电能计量装置（包括直接接入式和间接接入式）安装的安全措施和检查注意事项。

（3）掌握低压三相四线电能计量装置安装的使用设备、材料选取，一次回路（包括二次回路）的安装接线及安装后的质量检查。

能力目标

（1）能熟悉低压三相四线电能计量装置安装的正确接线。

（2）能正确对低压直接接入式和经电流互感器接入式的三相四线电能表出现开路、短路、接错、接线盒烧坏等现象造成的电能表失电压、分电流、极性反接等情况进行检查，并予以处理。

（3）能正确使用相位伏安表、万用表、钳形电流表等工具进行相关参数的测量。

（4）能对某三相客户进行三相四线电能表直接接入式和经 TA 接入式的安装。

态度目标

（1）能主动学习，在完成任务过程中发现问题、分析问题和解决问题。

（2）在严格遵守安全规范的前提下，能与小组成员协作共同完成本学习任务。

（3）在完成任务过程中能主动发现、分析并创造性地解决问题。

任务描述

根据用电申请批准方案和现场查勘意见，按照 DL/T 448—2000、DL/T 825—2002 等规范的要求为低压客户设计制定三相四线电能计量装置的直接接入式和间接接入式的安装方案。

任务准备

分析 DL/T 448—2000、DL/T 825—2002 中三相四线电能计量装置的安装规定，不同环境三相四线电能计量装置的安装有何安全要求和技术要求，课前预习相关知识部分，并独立回答下列问题：

（1）画出直接接入式和经互感器接入式低压三相四线电能计量装置的正确接线原理图。

（2）熟悉一、二次回路的安装接线图和安装步骤。

（3）某低压客户安装一块三相四线有功电能表和一块另外配置 400/5 的电流互感器，如何进行安装？

任务实施

一、条件与要求

（1）设备条件：三相四线多功能电能表及通电计量柜（或抄核收培训模拟装置及模拟多功能表）。

（2）对给定的多功能电能表显示信息进行判读，正确识读电能表的正向有功峰、平、谷、总电量，反向有功总电量，正、反向无功总电量以及实时电流、电压、功率、功率因数，核对电能表内部时钟等，并规范填写在电能表识读记录卡上。

（3）对存在异常的电能表，规范填写“电能计量装置故障、缺陷记录单”。

二、施工前准备

（1）分组进行，明确分工及责任，查阅资料，学习相关知识与规范。

（2）根据工作任务要求，确定工作内容。组织工作人员学习作业指导书，使全体工作人员熟悉工作内容、进度要求、作业标准、安全注意事项。

（3）了解现场作业环境条件，分析可能遇到的问题，提出有效的预防措施。

（4）按照规范及给定要求，选配经过定期检验且合格的测量仪表和安全工机具，携带的工具和材料能够满足安装作业的需求。

（5）填写工作票或派工单，内容清楚、工作任务和工作范围明确。做好危险点分析及预控和监护措施等。

（6）施工器具需求（见表 2-3-1）。

表 2-3-1　　施工器具需求

序号	名称	型号及编号	单位	数量	备注
1	绝缘手套		双		
2	绝缘鞋		双		
3	验电笔		只		
4	接地线		组		
5	低压短路环	不小于 $4mm^2$ 硬质塑料铜芯线	组	3	短接二次电流回路专用

续表

序号	名称	型号及编号	单位	数量	备　注
6	登高板		副		
7	绝缘梯		把		
8	低压短接线		组		
9	钳形电流表		只		
10	相序表		只		
11	低压验电笔		只		
12	平口螺丝刀		把		螺丝刀金属裸露部分用绝缘胶带缠绕、螺丝刀口带磁
13	十字螺丝刀		把		螺丝刀金属裸露部分用绝缘胶带缠绕、螺丝刀口带磁
14	平口钳		把		
15	尖嘴钳		把		
16	斜口钳		把		
17	电工刀		把		刀把需进行绝缘处理
18	剥线钳		把		
19	安全带		副		
20	安全帽		个		
21	常用接线工具		套		若干
22	记号笔		支		
23	护目镜		副		

(7) 危险点分析与控制。

1) 危险点分析（见表2-3-2）。

表2-3-2　　危 险 点 分 析

序号	内　容	后　果
1	工作人员进入作业现场不戴安全帽	可能会发生人员伤害事故
2	工作现场不挂标示牌或不装设遮栏或围栏	工作人员可能会发生走错间隔及操作其他运行设备
3	二次电流回路开路或失去接地点	易引起人员伤亡及设备损坏
4	电压回路操作	有可能造成交流电压回路短路、接地
5	在高处安装计量装置时	可能造成高空坠落或高空坠物，引起人员伤亡及设备损坏
6	设备的标示不清楚	易发生误接线，造成运行设备事故
7	未使用绝缘工具	易引起人身触电及设备损坏
8	使用电钻时	可能碰及带电体
9	没有明显的电源断开点	易引起人身触电伤亡事故
10	低压搭（拆）头时不按先中性线（相线）后相线（中性线）顺序进行	容易引起人身触电伤亡事故

2）安全措施（见表 2-3-3）。

表 2-3-3 安 全 措 施

序号	内 容
1	进入工作现场，工作人员必须戴安全帽，穿工作服，正确使用劳动保护用品
2	现场作业必须执行派工单制度，工作票制度，工作许可制度，工作监护制度，工作间断、转移和终结制度
3	开工前，工作负责人应对工作人员详细交代在工作区内的安全注意事项，进行危险点分析
4	工作现场应装设遮栏或围栏或标示牌或设置临时工作区等，操作必须有专人监护
5	检查实际接线与现场、要求、图纸是否一致，实际安装位是否与派工内容一致，如发现不一致，应及时进行报告、更正，确认无误后方可进行安装作业
6	在进行停电安装作业前，必须用试电笔验电，应确定表前（或低压电流互感器）、表后线（或低压电流互感器）是否带电，或者是否有明显的断开点，在确认无电、无误情况下方可进行安装工作
7	使用绝缘工具，做好安全防范措施
8	为防止震动引起保护误动，客户变电站作业，要采取与信号、控制、保护回路有效的隔离措施，防止误碰、误动；必要时可以暂停保护连接片
9	严禁相线（电压）短接、接地，严禁二次电流回路开路
10	使用梯子或登杆作业时，应采取可靠防滑措施，并注意保持与带电设备的安全距离
11	安装作业结束后，工作人员应对安装设备及电压、电流回路连接情况进行检查，并清理现场

三、任务实施参考（关键步骤及注意事项）

（一）开工前准备

开工前准备工作与“单相电能表的安装”类同。

（二）人员要求

人员要求与“单相电能表的安装”类同。

（三）直接接入式低压三相电能表新安装作业步骤及标准

工作负责人向工作班成员交代工作内容、工作环境、工作安全要点，并按照工作票（派工单）上所列危险点进行分析并布置预控措施。

排列进户线导线，垂直、水平方向的相对距离达到安装标准，固定良好。要求固定后外形横平竖直。导线加装 PVC 管（或槽板），进出线不能同管。

检查导线外观无松股，绝缘无破损，导线连接头、分流线夹无金属面裸露。

安装固定电能表箱，电能表安装高度 1.8～2.2m，表箱成垂直、四方固定。将电能表固定于计量箱内，（配电计量屏或楼层竖井表计安装处），要求垂直牢固。

从电能表端钮盒施放相线至表后自动空气开关上端（自动空气开关处于分位），中性线接入电能表（计量）箱内中性线母排或直接与负荷侧中性线接通。

按照先中性线后相线的顺序穿（槽板）管施放入计量箱，并依次接入电能表端钮盒内，拧紧固定。

检查电能表接线正确无误后，按照先中性线、后相线的顺序依次搭接（搭接按照线路作业规程规定执行）。

安装接电正常，确认无误后，抄录电能表相关参数，对电能表及端子盒实施铅封，确认铅封完好。请客户在工作单上履行确认签字手续。

（四）低压带电流互感器三相电能表新安装作业步骤及标准

工作负责人向工作班成员交代工作内容、工作环境、工作安全要点，并按照工作票（派工单）上所列危险点进行分析并布置预控措施。

排列进户线导线，垂直、水平方向的相对距离达到安装标准，良好固定，要求固定后外形横平竖直。导线加装 PVC 管（或槽板），进出线不能同管。

检查导线外观无松股，绝缘无破损，导线连接头、分流线夹无金属面裸露。

安装低压带电流互感器的计量装置，必须在互感器前端有明显的断开点（隔离开关或熔断器），要求所有互感器安装排列极性方向一致，且便于维护，螺栓连接齐全紧固。

施工前，必须对安装互感器的前、后端进行停电、验电，做好安全防范措施。将进相线接入低压电流互感器一次侧，电流进出方向应与电流互感器极性方向一致；如低压电流互感器为穿心式，则一次侧绕越匝数应一致，极性方向一致。

安装固定电能计量箱（或计量屏），计量箱内电能表安装高度 1.8 ～2.2m，计量屏内电能表安装高度不低于 0.8m，表箱成垂直、四方固定。将电能表固定于计量表箱（或计量屏）内，要求垂直牢固。

从电流互感器施放二次导线至计量箱（或计量屏）内的二次接线端子盒，要求接线正确。从二次接线端子盒施放二次导线至电能表端钮盒（火门），要求接线正确。严禁电压回路短路、接地，电流二次回路开路；相色标示正确、连接可靠，接触良好。配线整齐美观，导线无损伤绝缘良好。（严禁电压回路短路、接地，电流二次回路开路）

检查电能表接线正确无误后，进行通电测量电压及相序，观察电表运转是否正常。

安装接电正常，抄录电能表相关参数，确认无误后，对电能表、互感器二次端子盖及计量箱（或计量屏）实施铅封，确认铅封完好。请客户在工作单上履行确认签字手续。

（五）操作过程

1. 直接接入式三相四线电能计量装置的安装

计量箱在装表接电之前，应检查安装是否牢固、离地高度是否达到 1.8m，箱内设备安装是否符合要求，确认进线电源已断开，出线无倒送电的可能，并做好验电、挂接地线等安全措施。下面介绍具体安装方法。

（1）电源刀开关与电能表间的接线。

1）线长测量与导线选取。在初步确定线路走向、路径和方位后，量取从电源刀开关下桩头与电能表表位之间的导线长度。按 U、V、W、N 三根相线和一根中性线，分别选取黄、绿、红、蓝四色塑料绝缘铜芯导线，按量取的长度并留有一定的裕度后截取。

2）电源刀开关端线头剥削。方法与要求与“单相电能计量装置的安装”有关内容类同。

3）电源刀开关端线头制作。主导线接线铜端子采用液压钳压接，进表中性线弯圆形线头采用尖嘴钳制作。

注意：①液压钳使用时要正确选取钳口压接模规格，其尺寸与铜端子相匹配。线头压接时，第一道先压近导线绝缘层一端，压痕距导线绝缘层 3～5mm；第二道再压近铜端子螺孔一端，两模之间留取一定的距离。②进线中性线只要求制作弯圆形线头。

(2) 电源刀开关端绝缘恢复。绝缘胶带由导线根部距铜接头端两个绝缘胶带宽度处开始起绕，以斜向 45°、1/2 胶带宽交叠，来回缠绕两层即可。

(3) 电源刀开关端线头连接。导线线头接线端子采用螺钉平压式与电源刀开关的下桩头连接；两根蓝色中性线和三根黄、绿、红相线在设备上的布置，按面向计量箱从上到下，从左到右依次排列；其中两根中性线线头接于电源刀开关左下方桩头，三根相线的接线端子分别接于电源刀开关下桩头相应的接线柱上。

注意：考虑到操作方便性，连接前可以对线头端进行适当的处理，然后再进行连接。(电源刀开关左下方的接线桩头需引出两根不同规格的蓝色中性线，其中与相线规格相同的中性线直接送至出线刀开关，$6mm^2$ 的中性线送至电能表尾中性线端)。

(4) 导线走线。导线走线与方位与“单相电能计量装置的安装”有关内容类同。

注意：电能表表尾导线要注意上下叠压的次序，黄、绿、红、蓝四色依次分层布置，不得交错重叠。

(5) 导线捆绑。用 200mm 的尼龙扎带把导线捆绑成型，绑扎时要注意工艺要求。

表尾进线端余线处理。当三根相线和一根进表的中性线送至电能表表尾进线端，另一根中性线送至出线刀开关上桩头后，对多余线头进行处理，分别量取各线头需要剥削的长度并划好线，剪去多余线头。

(6) 表尾进线端线头剥削与连接。表尾导线线头剥去绝缘层后，除去表面氧化层，并绞紧导线线头。导线线头与表尾接线孔连接时，要按相色、分层次接入，即表尾 1、4、7、10 号接线孔，依次插进黄、绿、红三种颜色的导线线头，并用螺钉针压式固定。

注意：导线线头紧固时，应先上后下，从左至右依次进行，并要紧两遍。

(7) 电能表与负荷刀开关间的工艺接线。其操作要点与要求和“电源刀开关与电能表间的接线”对应环节基本类同。

注意：截取导线时，不需截取 $6mm^2$ 中性线；负荷刀开关上端头连接时，导线线头与接线端子采用螺钉平压式与电源刀开关的下桩头连接；一根蓝色中性线和三根黄、绿、红相线在设备上的布置，按面向计量箱从上到下、从左到右依次排列；其中一根中性线线头接于电源刀开关左下方桩头，三根相线的接线端子按黄、绿、红从左向右分别接于负荷刀开关上桩头相应的接线柱上。表尾出线端接线时，导线线头与表尾接线孔连接时，表尾 3、5、9 号接线孔，依次插进黄、绿、红三种颜色的导线线头，并用螺钉针压式固定。

2. 经电流互感器（TA）接入式三相四线电能计量装置的安装

(1) 一次回路的安装接线。与“直接接入式三相四线电能计量装置的安装”对应环节基本类同。

(2) 二次回路的安装接线。二次回路是指电流互感器二次端子到电能表接线端子之间的电流回路。电压、电流分线接法中还包括电能表的电压回路。二次回路接线时，电流回路的导线截面不小于 $4mm^2$，其他回路的不小于 $2.5mm^2$，导线应采用 500V 的绝缘导线。带接线盒的电能计量装置接线时应先接负荷端，后接电源端。

电能表至接线盒之间的接线。电能表至接线盒之间的电压、电流回路导线一般采用不小于 $4mm^2$ 的单股铜芯线，其安装操作按线长测量、线头剥削、导线走向、电能表表尾进出线端子接线以及接线盒电能表侧出线端子接线等步骤进行，其操作要点与要求和“直接接入式三相四线电能计量装置的安装”对应环节类同。

1）导线线头与表尾接线孔连接时，要分清相色，分清电压、电流端子，分清接线端子，按标号依次接入，即表尾1、3、4、6、7、9号接线孔，依次插进黄、绿、红、蓝四种颜色的导线（或对应标号的接线端子）线头，2、5、8号接线孔，依次插进黄、绿、红三种颜色的导线（或对应标号的接线端子）线头，10号接线孔、插进黑色的导线（或对应标号的接线端子）线头，并用螺钉针压式固定。

注意：每根导线线头紧固时应先拧紧上面的一颗螺钉，后拧紧下面的一颗螺钉。

2）接线盒出线端导线线头剥去绝缘层后，用毛巾清净表面氧化层。导线线头与表尾接线孔连接时，要分清相色，分清电压、电流端子（或对应标号的接线端子）依次接入，并用螺钉针压式固定。

注意：每根导线线头紧固时也应先拧紧上面的一颗螺钉，后拧紧下面的一颗螺钉。

电压回路、电流互感器至接线盒之间的电流回路的接线。根据DL/T 825—2002《电能计量装置接线规则》中规定，电流互感器至接线盒之间的电流回路导线应采用单股绝缘铜质线；各相导线应分别采用黄、绿、红色线，中性线采用黑色线或采用专用编号电缆；截面一般不小于$4mm^2$。其安装操作要点与方法和“直接接入式三相四线电能计量装置的安装”对应环节类同。

注意：①剥去每根导线的绝缘层后，导入方向套，并根据接线图上的编号，对每个方向套进行编号。②采用电压、电流分线接法时，电流互感器二次侧必须可靠接地。此时，三只电流互感器二次侧的S2接线端子用相同的导线短接，并接至计量箱上接地端子螺钉上。此种接法时，接线盒的电压应从计量箱（柜）的电源刀开关处连接。采用电压电流共线接法时，电流互感器二次侧不允许接地。③导线线头与接线盒接线孔连接时，要分清相序依次接入接线盒的进线端子上。

（六）竣工检查

（1）检查设备上无遗留工器具和导线、螺钉材料。

（2）检查电能计量装置已至正常工作运行状态。

（3）清点工具，清理工作现场。

（4）检查工作单上记录，严防遗漏项目。

（5）工作负责人在工作记录上详细记录本次工作内容、工作结果和存在的问题等。

（6）终结工作票（派工单）手续。

（7）出具工作传单，请客户在工作单上履行确认签字手续。

直接接入式低压三相电能表新安装标准化作业卡和低压带电流互感器三相电能表新安装标准化作业卡，分别见附录H和附录I。

相关知识

理论知识：DL/T 448—2000《电能计量装置技术管理规程》、DL/T 825—2002《电能计量装置接线规则》，不同环境下三相四线电能计量装置安装的安全要求和技术规定（包括二次回路），防窃电措施等。

实践知识：针对实际客户进行三相四线电能计量装置的安装。

一、安装前准备工作安排

1. 准备工作安排

（1）根据工作任务要求，确定工作内容。组织工作人员学习作业指导书，使全体工作人员熟悉工作内容、进度要求、作业标准、安全注意事项。

（2）了解现场作业环境条件，分析可能遇到的问题，提出有效的预防措施。

（3）测量仪表和安全工机具经过定期检验且合格。

（4）携带的工具和材料能够满足安装作业的需求。

（5）内容清楚、工作任务和工作范围明确。

2. 人员要求

（1）现场作业人员应身体健康、精神状态良好。

（2）现场工作负责人必须具备相关工作经验，且熟悉电气设备安全知识。进入工作现场，穿合格工作服、工作鞋，戴好安全帽。

（3）工作中互相关心施工安全，及时纠正违反安全的行为，明确工作地点、工作任务，明确临近带电部位。

（4）工作班成员要服从工作负责人的安排。

3. 危险点分析

（1）工作人员进入作业现场不戴安全帽，可能会发生人员伤害事故。

（2）工作现场不挂标示牌或不装设遮栏或围栏，工作人员可能会发生走错间隔及操作其他运行设备。

（3）二次电流回路开路或失去接地点，易引起人员伤亡及设备损坏。

（4）电压回路操作，有可能造成交流电压回路短路、接地。

（5）在高处安装计量装置时，可能造成高空坠落或高空坠物，引起人员伤亡及设备损坏。

（6）设备的标示不清楚，易发生误接线，造成运行设备事故。

（7）未使用绝缘工具，易引起人身触电及设备损坏。

（8）使用电钻时，可能碰及带电体。

（9）没有明显的电源断开点，易引起人身触电伤亡事故。

（10）低压搭（拆）头时不按先中性线（相线）后相线（中性线）顺序进行，容易引起人身触电伤亡事故。

4. 电能计量装置现场的安全防护措施

（1）自我防护的一般安全措施。

1）作业人员进入生产现场应戴安全帽。

2）至少有两人才能开展工作，其中一名工作经验丰富的人员担任监护工作。

3）工作监护人员要做好作业全过程的监护，随时纠正工作人员违反安全规程的行为。

（2）防止误触误碰，造成人身触电的安全措施。

1）进入作业现场，不管设备是否带电，都应视为带电设备。

2）进行作业时，人身与带电体间之间应保持安全距离。

3）附近有带电盘和带电部位时，必须设专人监护，严禁在无监护的情况下进行操作和作业。

4）高压场所搬运梯子时，应两人搬运，并纵向行走，防止触碰带电设备和注意安全距离。

5）电流互感器现场检验前，应断开被检互感器所在线路的断路器、隔离开关，在被检互感器两端及可能送电到被检互感器的各方面进行验电，并合上接地开关或装设接地线。

6）接临时电源时要防止低压触电。

5. 接试验接线时的危险点预控

（1）检定接线时应实行两人检查制，一人拆（接）线，一人监护；检定接线先连接校验仪侧，后接电能表侧；拆线时反之，以减少接线错误。

（2）除被测二次回路外的其余二次回路应可靠短路，短路时必须使用短路片或短路线，严禁用导线缠绕。

（3）测试引线应有足够的绝缘强度，防止相间短路和对地短路，接线前应用绝缘电阻表检查测量导线芯间，芯与屏蔽层间的绝缘情况。

（4）测试工作完毕后，应恢复所有接线。

6. 高作业时的危险点预控

（1）梯子与地面的角度为60°左右，工作人员必须蹬在距梯顶不小于1m的梯蹬上工作。

（2）对梯子采取可靠防滑措施，并有人扶持。

（3）人在梯子上时，禁止移动梯子。

（4）登高作业时要严格按照安规要求做好高空防坠落措施。

（5）梯子上的作业人员使用的工具需用绳索传递或使用工具袋，严禁上下抛掷。

7. 作业结束

安装作业结束后，工作人员应对安装设备及电压、电流回路连接情况进行检查，并清理现场。

二、直接接入式三相四线电能表装置的安装接线

1. 用三块单相表代替三相四线电能表的接线

其接线要求同单相电能表。接线原理图如图2-3-1所示。

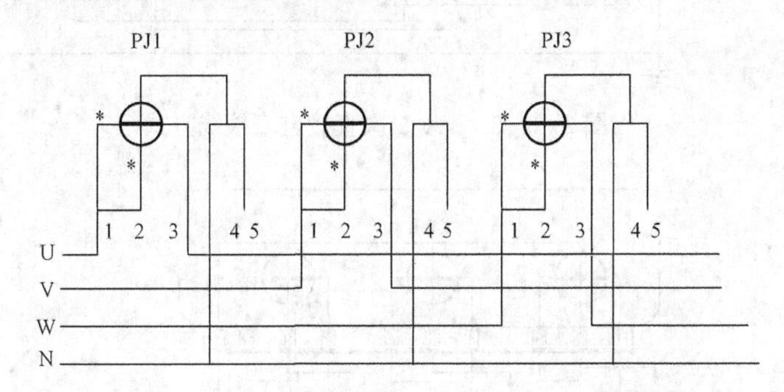

图2-3-1　三块单相表代替三相四线电能表接线原理图

2. 三相四线电能表的接线

这种表共有11个桩头，从左到右按1、2、3、4、5、6、7、8、9、10、11编号；其中1、4、7是电源相线进行桩头，用来连接从开关下桩头引来的三根相线；3、6、9是相线的出线桩头，分别去接总开关的三个进线桩头；10、11是电源中性线的进线桩头和出线桩头；2、5、8三个接线桩头可空着。其接线原理图，如图2-3-2所示。

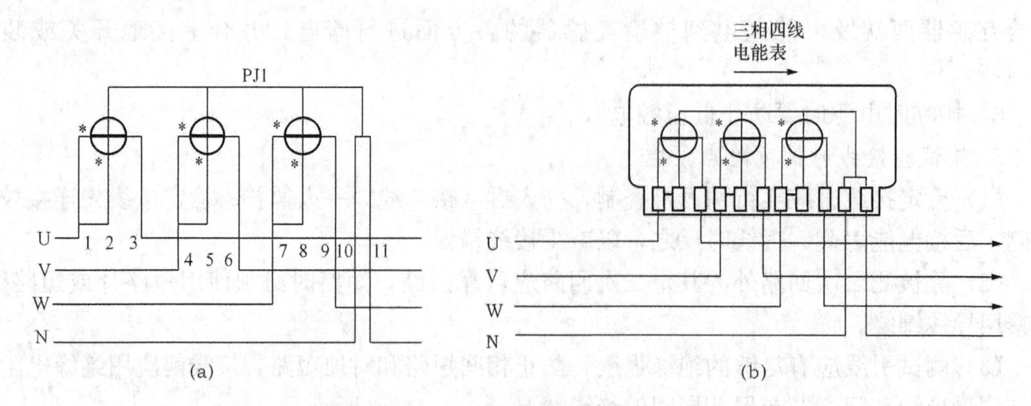

图 2-3-2 三相四线电能表接线原理图

(a) 由三块相同的单相电能表组成的三相四线电能表；(b) 由一块三相三元件的电能表组成的三相四线电能表

三、经电流互感器接入电能表的安装

1. 接线原理图

不经过试验接线盒连接方式，接线原理图如图 2-3-3 所示。经过联合试验接线盒连接方式，接线原理图如图 2-3-4 所示。

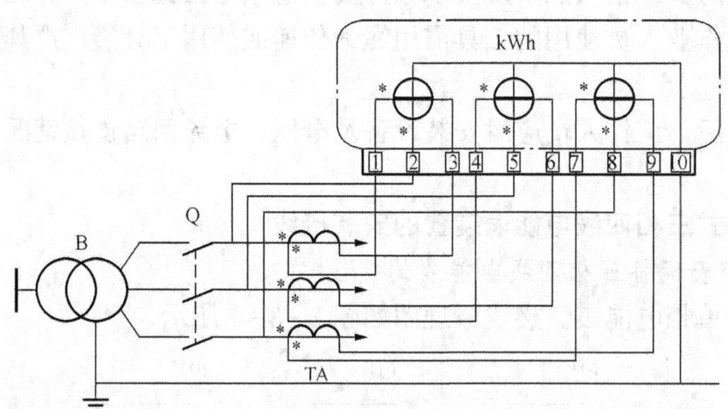

图 2-3-3 TA 二次直接进表接线方式

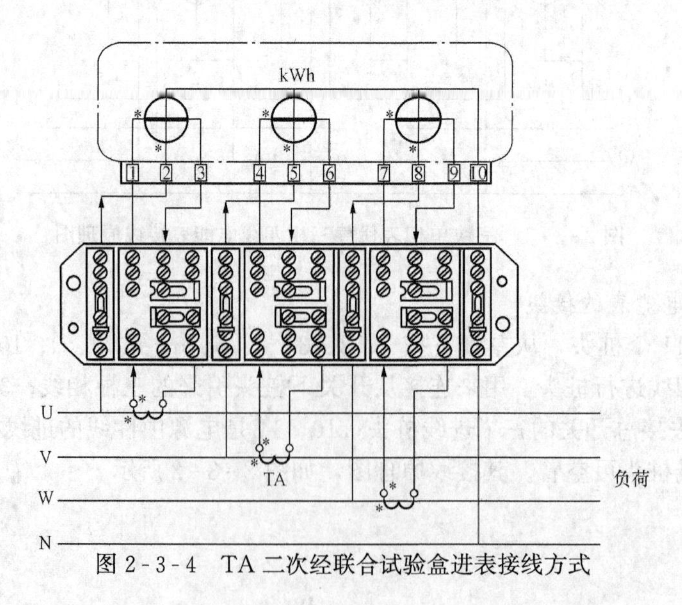

图 2-3-4 TA 二次经联合试验盒进表接线方式

2. 安装要求

（1）本模块所指导线的连接，只包含表前开关（熔断器）到电能表、表后开关到电能表之间的导线安装。

（2）电能表的主中性线不得开断后，进、出电能表。正确的做法是在主中性线上 T 接或经过中性母排接取中性线接入电能表，防止由于主中性线在电能表连接部位断路，引起在三相负载不平衡时发生零点漂移而引发供电事故。

（3）属金属外壳的直接接通式电能表，如装在非金属盘上，外壳必须接地。JB/T 5467—1991《交流有功和无功电能表》规定：对在正常条件下连接到对地电压超过 250V 的供电线路中，外壳是全部或部分用金属制成的电能表，应该提供一个保护端。因此，单相 220V 电能表一般不设接地端，而三相机电式电能表大多采用金属底盘。按此规定，在底盘右侧制作一个外壳保护接地螺钉。对设有接地端钮的三相电能表，应可靠接地。

（4）经电流互感器接入的计量装置，每组互感器二次回路应采用分相接法（六线制），使每相电流二次回路完全独立，以避免简化接线（四线制）带来的附加误差。

（5）配置有无功计量功能的计量装置，二次配线在电能表尾侧应将连接无功电能第一元件的二次电压、电流导线横向延长至三元件，在 180°折回至一元件，分线进入电能表，为接入相序错误改线预留导线（电子式多功能表也应这样配线）。

（6）各相导线应分相色，穿编号管。推荐使用 KVV20 计量专用电缆（$4\times2.5\text{mm}^2+6\times4\text{mm}^2$，$2.5\text{mm}^2$）。

导线绝缘相色：黄、绿、红、黑；4mm^2 导线绝缘相色：黄、黄黑，绿、绿黑，红、红黑，选择不带铠装是因为此类装置大多在计量箱柜内安装，便于以更小的弯曲半径敷设电缆。专用计量电缆以直径和相色区分导线，采用此方案，允许不穿编号管。

（7）低压电流互感器的二次侧应不接地。这是因为低压计量装置使用的导线、电能表及互感器的绝缘等级相同，可能承受的最高电压也基本一样。另外二次绕组接地后，整套装置一次回路对地的绝缘水平将可能下降，易使有绝缘薄弱点的电能表或互感器在高电压作用时（如过电压冲击）击穿损坏。

（8）电压线宜单独接入，不得与电流线共用（等电位法）。电压引入应接在电流互感器一次电源侧，导线不得有接头；不得将电压线压接在互感器与一次回路的连接处，一般是在电源侧母线上另行打孔螺钉连接。允许使用加长螺栓，互感器与母线可靠压接后在多余的螺杆上另加螺帽压接电压连接导线。

（9）经联合试验盒接入的计量装置，试验盒水平安装时，电压连接片螺栓松开，电压连接片应自然掉下；试验盒垂直安装时，电压连接片在断开位置时，电压连接片应处在负荷侧（电能表侧）。试验盒电压回路不得安装熔断器。

电流回路应有一个回路错位连接，所有螺钉和电压连接片应压接可靠，试验盒连接如图 2-3-5 所示。

（10）计量互感器二次回路属于专用，其他仪表、设备不应接入。

（11）当使用散导线连接时，线把应绑扎紧密、均匀、牢固。尼龙绑扎带直线间距 80～100mm，线束弯折处绑扎应对称，转弯对称 30～40mm 处应做绑扎处理。

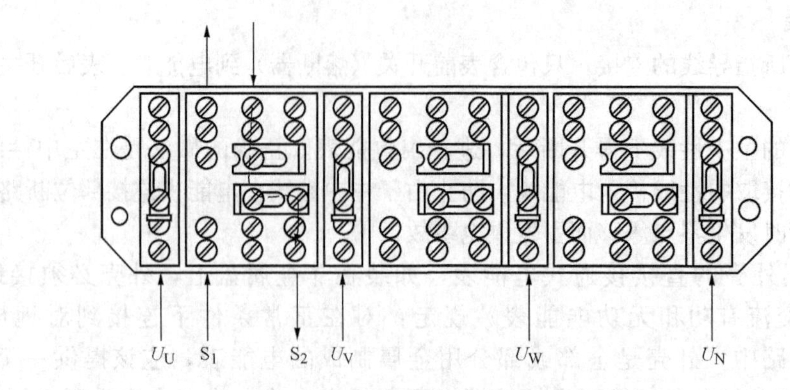

图2-3-5 联合接线盒接线示意图

(12) 如果配置有无功电能表，则遵循电流串联、电压并联且顺相序连接的原则。

(13) 对执行功率因数调整电费考核的计量装置，还应检查电容补偿装置接入系统的位置，防止补偿装置连接在计量装置前侧的错误发生。

四、注意事项

(1) 在进行三相四线电能计量装置安装工作时，应填用第二种工作票。

(2) 严禁电流互感器二次回路开路。应使用绝缘工具，戴手套等措施。

(3) 测试引线必须有足够的绝缘强度，以防止对地短路。且接线前必须事先用绝缘电阻表检查一遍各测量导线每芯间，芯与屏蔽层之间的绝缘情况。

(4) 直接接入式计量装置安装时注意原理上和工艺上的错误与不规范。

(5) 经电流互感器接入的计量装置安装时要核对互感器的极性，注意一、二次电流流入和流出的方向。

(6) 经电流互感器接入的计量装置送电后要检查电能表运行是否正常，检查电流互感器运行的声响、温升是否正常等。

复习思考

(1) 对于经电流互感器接入的计量装置，电能表电压与母线的连接有何技术要求？

(2) 直接接入式三相四线电能计量装置的接线安装操作过程分哪几个步骤？

(3) 直接接入式三相四线电能计量装置的接线安装时常见的错误有哪些？

任务四 低压电能计量装置带电调换

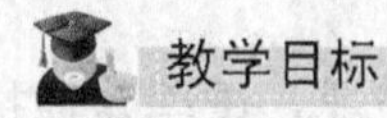

知识目标

(1) 能正确进行低压计量装置调换前参数检查。

(2) 能简要说明低压计量装置带电调换时的准备工作。

(3) 能正确叙述低压计量装置带电调换注意事项。

能力目标

(1) 能对某客户的单相电能表进行带电调换。

(2) 能对某客户的三相四线直接接入式电能表进行带电调换。

(3) 能对某客户的三相四线经电流互感器接入式电能表进行带电调换。

态度目标

(1) 能主动学习相关知识，认真做好实训作业方案；

(2) 在严格遵守安全规范的前提下，小组成员分工协作，密切配合，高标准、高质量地按时完成实训任务。

(3) 在完成任务过程中能主动发现、分析并创造性地解决问题。

任务描述

本任务包含低压电能计量装置调换前准备工作、安全和技术措施、操作项目、工作程序及相关注意事项。通过操作流程介绍，熟练掌握低压电能计量装置带电调换操作步骤、方法和要求。

任务准备

了解《国家电网公司电力安全工作规程》(2009 年版) 有关规定，低压电能计量装置带电调换有何安全要求和技术要求，低压电能计量装置 (包括 DD 型单相电能表、DT 型三相四线直接接入式电能表、三相四线经电流互感器接入式电能表) 参数检查，低压电能计量装置带电调换步骤、方法和要求。

任务实施

分析相关规定的技术要求；危险点分析及控制措施；办理工作票；做好安全措施，正确进行低压电能计量装置带电调换。

一、条件与要求

(1) 设备条件：单相、直接或经 TA 接入三相四线多功能电能表及通电计量柜 (或抄核收培训模拟装置及模拟多功能表)。

(2) 能熟悉低压电能计量装置带电调换的作业内容 (操作步骤、方法和要求)。

二、施工前准备

(1) 分组进行，明确分工及责任，查阅资料，学习相关知识与规范。

(2) 根据工作任务要求，确定工作内容。组织工作人员学习作业指导书，使全体工作人员熟悉工作内容、进度要求、作业标准、安全注意事项。

(3) 了解现场作业环境条件，分析可能遇到的问题，提出有效的预防措施。

(4) 按照规范及给定要求，选配经过定期检验且合格的测量仪表和安全工器具，携带的工具和材料能够满足安装作业的需求。

(5) 填写工作票或派工单，内容清楚、工作任务和工作范围明确。做好危险点分析及预控和监护措施等。

(6) 施工工器具和材料要求。

施工工器具基本要求见表 2-4-1。

表 2-4-1 工器具基本要求

序号	名　称	型号规格	单位	数量	备　注
1	安全带	DT1Y—Ⅱ型	副	1	
2	个人工具包		套	2	
3	低压验电器	0.4kV	台	2	
4	铅封钳		把	1	
5	绝缘手套	YS-101-31-03	双	3	
6	绝缘隔板		块	5	
7	照明器具		套	2	
8	临时电源盘		个	1	
9	万用表		台	1	
10	相序表		个	1	
11	竹（木）梯		个	1	

施工材料要求见表 2-4-2。

表 2-4-2 材料基本要求

序号	名　称	型号规格	单位	数量	备　注
1	铅封		个	4	
2	一次性封锁		个	1	
3	螺栓	ϕ6 及以下	个	3	
4	绝缘胶布		卷	1	
5	绝缘铜线		m	适量	
6	电能表		个	1	

（7）危险点分析与控制。与“任务三　低压三相四线电能计量装置的安装”类同。

三、任务实施参考

（一）开工前准备

（1）根据营销管理系统传送的工作任务打印低压表装拆工作单。（见附录 J-1），按照工作单凭证要求领取电能表。

（2）核对所领用的电能表型号、规格、资产编号与装表凭证所列是否一致。

（3）检查待装电能表的校验封印、接线图及资产标示是否齐全；是否校验合格，校验日期是否在六个月以内；外观是否完好。

（4）必要时，作业负责人组织对作业现场的环境、条件、危险点进行勘察，草拟现场示意图，初步确定作业方式，并记录于《营销部配电线路设备现场勘察单》（见附录 J-2）。根据工作任务（单相、三相表计的安装更换）以及现场条件要求，制定工作中的安全注意事项，填写办理低压工作任务单等（见附录 J-3）。

（5）组织作业人员学习作业指书、作业标准卡（见附录 J-4～7），理解工作任务、作业方式、质量标准、危险点及安全措施。根据当天工作量及作业地点，班组长在作业前将工作任务、人员进行分工，交代作业标准等。工作负责人布置安全措施，宣读低压工作任务单进行安全交底。工作人员在低压工作任务单中“交任务”、“交安全措施”栏签名确认。根据实际情况安排交通工具。

（二）人员分工与要求

人员要求参照“单相电能表的安装”。

人员分工见表2-4-3。

表2-4-3　人员分工表

分工项目	人数
作业负责人（监护人）	1名
电能表装人员（地面配合人员）	1名
高处作业人员	1名

（三）带电更换电能表作业步骤

（1）打开表尾盖，依次撤出表计电源进线，并加装绝缘帽或采取其他绝缘措施。

（2）打开表尾盖，将电能表电源侧相线和中性线撤出，并依次套上绝缘帽或采取其他绝缘措施。

（3）依次撤出电能表出线，并做好表计，拆下旧电能表。

（4）将新电能表用螺栓在表箱内安装牢固。

（5）按表尾盖接线图接线，将固定进出线螺栓拧紧。

（6）安装表尾盖。

（7）新电能表若有读数，记录下读数并与客户确认。

（四）送电前检查

（1）工作负责人检查电能表接线，确认接线正确。

（2）验收电能表安装工艺。

（3）合上表前隔离开关与自动空气开关。

（4）用低压试电表核对相线与中性线。

（5）合上负荷侧开关。

（6）进行送电前试验检查。

（五）送电

工作结束后恢复送电。送电时必须戴手套和护目眼镜，防止眩光伤眼、灼伤。先送主开关，后送分开关再送客户侧开关。

（六）清理工作现场

（1）检查现场是否有遗留物。回收、清点工器具和材料。

（2）全部工作完毕后，工作班应清扫、整理现场。

（3）作业人员撤离工位。

相关知识

一、调换前后运行参数检查

参数检查包含低压电能计量装置调换前后运行参数检查，分析和纠正安装工作中可能出现的错误接线。通过操作技能训练，掌握低压电能计量装置调换前后运行参数检查方法。

当电能表运行到有效周期结束或因其他原因需要对其进行更换时，要对待换电能计量装置的状态进行确认，更换工作完成后，还需要对已换表计在实负荷状态下的运行状况进行确认。

对电能表换表前后进行运行参数的检查，是为了防止在线运行的电能计量装置本身已经处于不正常状态，而在换表时被撤出或者新换表没有恢复到正常运行状态的计量事故发生，是技术管理的必要程序。

对于低压电能计量装置，其装置配置主要包括 DD 型单相电能表、DT 型三相四线直接接入式电能表、三相四线经电流互感器接入式电能表，换表前后对表计的运行参数进行检查的方法主要有常规手段检查和使用专用仪器检查两种。

1. 常规手段检查

（1）单相电能表。常规的检查手段是使用验电笔检查相线与中性线的接入关系，使用钳形万用表测试电能表的运行参数。

换表前后，要在检查电能计量装置外观无异常的条件下，测试接入电能表的电压、电流并观察电能表转动趋势（脉冲闪烁频率）与所接入的负荷量是否正常。

对于复费率电能表要检查时段设置和日历时钟偏差是否正常。

只有在对电能表本身的计量精度产生怀疑时，才需要做进一步测试工作，比如利用单相电能表现场校验仪做现场检验。

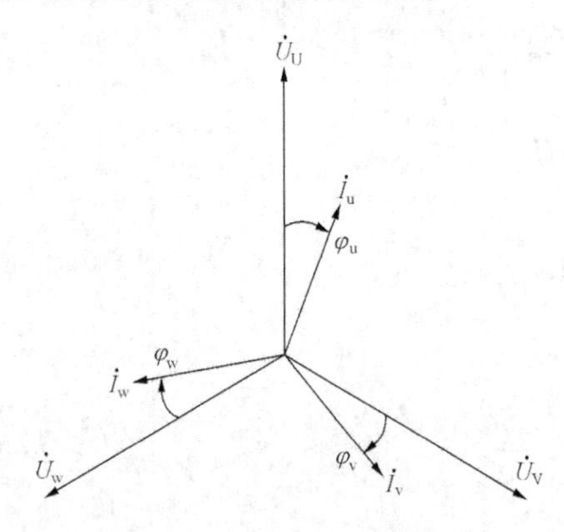

图 2-4-1 低压三相四线电能表正确接线相量图

（2）三相四线电能表。换表前后，应使用钳形万用表检查表计接入相电压、线电压、相电流关系。对于经电流互感器接入的三相电能表，还应检查电压与电流的对应关系，保证每一元件接入同相电压、电流。也可以利用伏安相位仪，测试电能表的运行参数，检查电能表在已知负荷条件下，每一个功率元件电压、电流及之间的相位关系。正确的接线相量图应基本符合图 2-4-1 所示的关系。

（3）电子式多功能电能表。换表前后，应检查确认电能表运行界面的相关信息，主要信息有功率元件接入电压，电流，有功、无功潮流方向，功率因数以及时段设置，日历时钟。

当需要确认电能表基本误差时，一般采用拆表送检，也有采用现场实负荷检验的方法。必要时，还可以采用比对法确认表计误差是否正常。即另用一只经检定合格的相同规格电能表，接入现场存在争议（怀疑）的电能表回路；在相同负荷条件下，运行一段时间，抄读两只表的电量数据，计算差率，判定原电能表的运行状态。如果确实存在允许之外的偏差，为电量退补提供依据。

2. 使用专用仪器检查

单相、三相电能表现场校验仪是电能计量现场开展检验的专用仪器，单相型精度相对低一些，一般为 0.2 级，常作为现场比对仪器，而三相电能表现场校验仪则是按照电能标准器来管理的电测仪器，一般精度等级为 0.1 级。三相电能表现场校验仪属于多功能标准器，它能够测量单相、三相电能表电压、电流、有功功率、无功功率、功率因数、相位角等运行参数。借助此类仪器。可以方便地对在线运行的电能计量装置运行参数进行测试供技术分析。该类型仪器的接入电流一般为5A，标准配置也是5/5A电流采样器。当需要对直接接入式电能表运行参数测量时，需要使用如50/5A或100/5A标准钳形电流互感器进行电流的转换。

二、低压电能计量装置带电调换

低压电能计量装置带电调换是一项具有较大安全风险的工作，特别是更换三相四线电能表，除遵守操作的规范外，还应该严格遵守安全规范的要求。

1. 危险点分析与控制措施

(1) 现场工作人员组织学习作业指导书，并补充完备。

(2) 作业前培训工作要完成，人员培训要到位，当天工作内容要清楚，做到心里有数。

(3) 人员分工明确，工作场地具备作业条件。

(4) 施工作业在高处进行时必须使用安全带和安全绳，并在合格可靠的绝缘梯子或其他登高工器具上工作。

(5) 操作人员着装满足《国家电网公司电力安全工作规程》(2009年版) 要求。一人操作，一人监护。

(6) 换表作业具有可靠的安全操作空间，操作人员不允许直接接触任何带电物体。

(7) 风险辨识及预控措施已落实到位，工作人员签字确认。

2. 作业前准备

装表接电人员接到低压带电调换工单后，应做以下准备工作：

(1) 核对工单所列的电能计量装置是否与客户的供电方式和申请容量相适应，如有疑问应及时向有关部门提出。

(2) 凭工单到表库领用电能表、互感器并核对所领用的电能表、互感器是否与工单一致。

(3) 检查电能表的校验封印、接线图、检定合格证、资产标记（条形码）是否齐全，校验日期是否在6个月以内，外壳是否完好，圆盘是否卡住。

(4) 检查所需的材料及工具、仪表等是否配足带齐。

(5) 电能表在运输途中应注意防震、防摔，应放入专用防震箱内，在路面不平、震动较大时，应采取有效措施减小震动。

(6) 换表前，现场核对工作对象、工作范围、工作内容是否与传票或工作任务单一致，检查换表现场有无违约用电、窃电、隐藏故障、不合理结存电量等异常，如存在异常应停止换表作业，保护好现场，及时报办处理。

(7) 与客户共同做好作业前准备和安全措施后，按传票或工作任务单要求实施换装作业。

3. 现场工作要求

(1) 换表作业具有可靠的安全操作空间，操作人员不允许直接接触任何带电物体。

(2) 与客户共同做好作业前准备和安全措施后，按传票或工作任务单要求实施换装作业。

(3) 对二次回路配置有联合接线盒的电能计量装置，可采用“间断计量”的方式开展带电换表作业。一次系统不停电时应在试验盒上短接电流，断开电压，终止计量，测量短接前客户用电功率和记录短接时间，计算停止计量期间应补电量，记录在工作票指定位置交客户签字确认。对二次回路没有专用接线盒的电能计量装置，换装作业应确保电能计量装置出线侧负荷开关在断开位置。

4. 作业步骤与标准

(1) 现场带电装（换）直接接入式三相电能表作业步骤与标准。

1）工作负责人向工作班成员交代工作内容、工作环境、工作安全要点，并按照工作票（派工单）上所列危险点进行分析并布置预控措施。

2）监护人到位，工作人员查找并核对应装（换）电能表的位置及所对应的表前、表后线（接户线、进户线）。用万用表测试换表前的电压、电流值，同时用秒表测算出换表前的瞬时功率。

3）启动秒表记录换表时间，将应换表的电量止数抄录正确。

4）先断开负荷，用验电笔验证电能表端钮盒处进线和出线的中性线，拆除电能表端钮盒处的进线和出线中性线，用绝缘胶布包好，防止相线、中性线误碰，并保证相互距离不小于5cm；并做好标记。

5）将电能表固定在装（换）表位置。使用电钻时，要防止碰及带电体。

6）按照做好的标记，先接电能表出线，后接进线的顺序分相依次接入电能表接线端钮，连接应牢固、可靠。

7）截止秒表换表时间计数，做好装（换）表的原始记录和时间记录。用万用表测试换表后的电压、电流值，同时用秒表测算出换表后的瞬时功率。

8）完善铅封，履行运行单位、客户签字认可手续。

(2) 现场带电装（换）低压带电流互感器的三相电能表作业步骤与标准。

1）工作负责人向工作班成员交代工作内容、工作环境、工作安全要点，并按照工作票（派工单）上所列危险点进行分析并布置预控措施。

2）在监护人的监护下，工作人员查找并核对应装（换）电能表的位置及所对应的表前、表后线（接户线、进户线）。用万用表测试换表前的电压、电流值，同时用秒表测算出换表前的瞬时功率。

3）在仪表监视下，将电能表的电流回路在端子盒处用短路片（线）短接好，要牢固可靠，防止电流回路开路。

4）启动秒表记录换表时间，将应换表的电量止数抄录正确。

5）将电能表的电压回路在接线端子盒处断开，要有明显的断开点，防止电压短路或接地。

6）将电能表固定在装（换）表位置。使用电钻时，要防止碰及带电体。按照做好的标记，先电流后电压的顺序依次接入电能表的端钮盒，连接应牢固、可靠。

7）在监护人的监护下，恢复电压回路的连接，拆除电流回路的短接片（专用短接线），且均应牢固可靠。

8）截止秒表换表时间计数，做好装（换）表的原始记录和时间记录。用万用表测试换表后的电压、电流值，同时用秒表测算出换表后的瞬时功率。

9）完善铅封，履行运行单位、客户签字认可手续。

5. 注意事项

(1) 在进行低压电能计量装置带电调换工作时，应填用低压换表第二种工作票。

(2) 严禁电流互感器二次回路开路。短路电流互感器二次回路严禁用导线缠绕，必须使用短路片或短路线，短路应妥善可靠。

(3) 应使用绝缘工具、戴绝缘手套等措施。

(4) 测试引线必须有足够的绝缘强度，以防止对地短路。

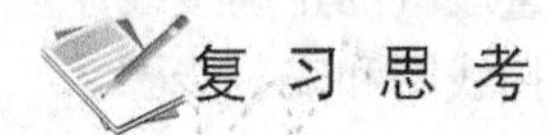

(1) 现场开展换表工作的具体要求有哪些？

(2) 电能计量装置现场拆除有哪些要求？

(3) 低压电能计量装置带电调换应做哪些安全措施？

(4) 调换前后运行参数检查的方法有哪几种？

(5) 现场如何正确使用专用仪器？

注：附录中另附“低压表装拆工作单、营销部配电线路设备现场勘察单、低压工作任务单、低压表箱电表安装、更换现场作业标准卡（停电）、低压表箱电表安装、更换现场作业标准卡（带电）、低压电表安装、更换现场作业标准卡（三相停电）、低压表箱电表更换现场作业标准卡（三相带互感器）”等样式，供大家工作和学习中参考和使用。

任务五　高压计量装置的安装

教学目标

知识目标

(1) 能正确叙述高压电能计量装置安装的作业项目、程序和内容。

(2) 掌握高压电能计量装置安装的安全措施和注意事项。

(3) 掌握高压电能计量装置安装的使用设备、材料选取，一次回路（包括二次回路）的安装接线及安装后的质量检查。

能力目标

(1) 能熟悉高压电能计量装置安装的正确接线。

(2) 能熟悉高压电能计量装置的安装技术要求。

(3) 能对某三相高压客户进行三相三线电能表经TA、TV接入式电能计量装置的安装。

态度目标

(1) 能主动学习，在完成任务过程中发现问题、分析问题和解决问题。

(2) 在严格遵守安全规范的前提下，能与小组成员协作共同完成本学习任务。

(3) 在完成任务过程中能主动发现、分析并创造性地解决问题。

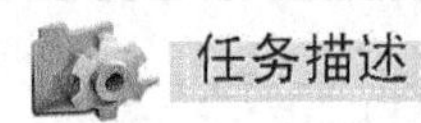

根据用电申请批准方案和现场查勘意见，按照DL/T 448—2000、DL/T 825—2002等

规范的要求，根据客户条件与要求，为高压客户设计制定三相三线电能计量装置的安装。

任务准备

分析 DL/T 448—2000、DL/T 825—2002 中三相四线电能计量装置的安装规定，不同环境三相四线电能计量装置的安装有何安全要求和技术要求，课前预习相关知识部分，并独立回答下列问题：

(1) 画出高压三相三线电能计量装置的正确接线原理图。

(2) 熟悉一、二次回路的安装接线图和安装步骤。

任务实施

一、条件与要求

(1) 设备条件：三相三线多功能电能表及通电计量柜（或抄核收培训模拟装置及模拟多功能表)。

(2) 对给定的多功能电能表显示信息进行判读，正确识读电能表的正向有功峰、平、谷、总电量，反向有功总电量，正、反向无功总电量，以及实时电流、电压、功率、功率因数、核对电能表内部时钟等，并规范填写在电能表识读记录卡上。

(3) 对存在异常的电能表，规范填写“电能计量装置故障、缺陷记录单”。

二、施工前准备

(1) ～ (5) 项与“低压三相四线电能计量装置的安装”施工前准备类同。

(6) 施工工器具需求，见表 2-5-1。

表 2-5-1　　施 工 工 器 具 需 求 表

序号	名称	型号及编号	单位	数量	备　注
1	登高板		副		
2	绝缘梯		把		
3	低压短接线		组		
4	钳形电流表		只		
5	相序表		只		
6	低压验电笔		只		
7	平口螺丝刀		把		螺丝刀金属裸露部分用绝缘胶带缠绕、螺丝刀口带磁
8	十字螺丝刀		把		螺丝刀金属裸露部分用绝缘胶带缠绕、螺丝刀口带磁
9	平口钳		把		
10	尖嘴钳		把		
11	斜口钳		把		
12	电工刀		把		刀把需进行绝缘处理
13	剥线钳		把		
14	安全带		副		
15	安全帽		个		

续表

序号	名称	型号及编号	单位	数量	备　注
16	常用接线工具		套		若干
17	记号笔		支		
18	护目镜		副		
19	10kV 绝缘手套		双		
20	10kV 绝缘鞋		双		
21	10kV 验电笔		只		
22	绝缘梯		架		
23	低压短路环	不小于 $4mm^2$ 硬质塑料铜芯线	个		短接二次电流回路专用

（7）危险点分析与安全措施，见表 2-5-2、表 2-5-3。

表 2-5-2　危险点分析

序号	内　容	后　果
1	工作人员进入作业现场不戴安全帽	可能会发生人员伤害事故
2	工作现场不挂标示牌或不装设遮栏或围栏	工作人员可能会发生走错间隔及操作其他运行设备
3	二次电流回路开路或失去接地点	易引起人员伤亡及设备损坏
4	电压回路安装连接不注意	有可能造成交流电压回路短路、接地
5	在高处安装计量装置时	可能造成高空坠落或高空坠物，引起人员伤亡及设备损坏
6	设备的标示不清楚	易发生误接线，造成运行设备事故
7	未使用绝缘工具	易引起人身触电及设备损坏
8	使用电钻时震动	可能碰及带电体
9	没有明显的电源断开点	易引起人身触电伤亡事故

表 2-5-3　安全措施

序号	内　容
1	进入工作现场，工作人员必须戴安全帽，穿工作服，正确使用劳动保护用品
2	现场作业必须执行派工单制度，工作票制度、工作许可制度、工作监护制度、工作间断、转移和终结制度
3	开工前，工作负责人应对工作人员详细交代在工作区内的安全注意事项，进行危险点分析
4	工作现场应装设遮栏、围栏、标示牌或设置临时工作区等，操作必须有专人监护
5	检查现场与设计图纸、查勘方案是否一致，实际安装位是否与派工内容一致，如发现不一致，应及时进行报告、更正，确认无误后方可进行安装作业
6	在进行停电安装作业前，必须用试电笔验电，应确定表前、表后线是否带电，或者是否有明显的断开点，在确认无电、无误情况下方可进行安装工作
7	使用绝缘工具，做好安全防范措施
8	为防止震动引起保护误动，变电站作业，要采取与信号、控制、保护回路有效的隔离措施，防止误碰、误动。必要时可以暂停保护连接片
9	严禁二次电压回路短路、接地，严禁二次电流回路开路

续表

序号	内容
10	使用梯子或登杆作业时，应采取可靠防滑措施，并注意保持与带电设备的安全距离
11	安装作业结束后，工作人员应对安装设备及电压、电流回路连接情况进行检查，并清理现场

三、任务实施参考（关键步骤及注意事项）

（一）施工前准备

开工前准备工作与“单相电能表的安装”类同。

（二）人员要求

人员要求与“单相电能表的安装”类同。

（三）操作过程

1. 直接接入式三相三线电能计量装置的安装

（1）电源刀开关与电能表间的接线。接线过长的处理包括线长测量、导线选取、电源刀开关端线头剥削、电源刀开关端线头制作、电源刀开关端绝缘恢复、电源刀开关端线头连接、导线走线、导线捆绑、表尾进线端余线处理、表尾进线端线头剥削与连接等步骤，其操作过程与“直接接入式三相四线电能计量装置的安装”对应环节类同。

注意：表尾接线时，表尾 1、4、6 号接线孔，依次插入黄、绿、红三种颜色的导线线头，并用螺钉针压式固定。

（2）电能表与负荷刀开关间的接线。接线过程与“电源刀开关与电能表间的接线”类同。

注意：表尾接线时，表号 3、5、8 号接线孔，依次插入黄、绿、红三种颜色的导线线头，并用螺钉针压式固定。

（3）负荷刀开关与漏电断路器间的接线。此段导线一般由客户电工自行接线。其接线步骤和要求，与前面对应环节类同。

2. 经电流互感器（TA）接入式三相三线电能计量装置的安装

与“经电流互感器（TA）接入式三相四线电能计量装置的安装”类同。区别在于电流互感器采用两相不完全星形接线，回路中没有中性线。

3. 经电流互感器（TA）、电压互感器（TV）接入式三相三线电能计量装置的安装

经 TA、TV 接入式三相三线电能计量装置一般用于高压客户，其安装步骤可参见“经电流互感器（TA）和电压互感器（TV）接入式三相四线电能计量装置的安装”。

（四）竣工检查

（1）检查设备上无遗留工器具和导线、螺钉等材料。

（2）检查电能计量装置已至正常工作运行状态。

（3）清点工具，清理工作现场。

（4）检查工作单上记录，严防遗漏项目。

（5）工作负责人在工作记录上详细记录本次工作内容、工作结果和存在的问题等。

（6）终结工作票（派工单）手续。

（7）出具工作传单，请客户在工作单上履行确认签字手续。

另附“高压三相电能表安装标准化作业卡和现场带电安装高压三相电能表安装标准化作

业卡”，方便在学习和工作中参考，见附录 K－1 和 K－2。

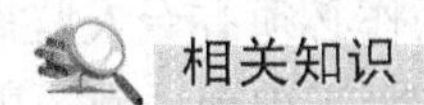

理论知识

DL/T 448—2000《电能计量装置技术管理规程》、DL/T 825—2002《电能计量装置接线规则》，不同环境下三相三线电能计量装置安装的安全要求和技术规定，防窃电措施等。

实践知识

针对实际客户进行三相三线电能计量装置的安装。

一、安装前准备工作安排

1. 准备工作安排

（1）根据工作任务要求，确定工作内容。组织工作人员学习作业指导书，使全体工作人员熟悉工作内容、进度要求、作业标准、安全注意事项。

（2）了解现场作业环境条件，分析可能遇到的问题，提出有效的预防措施。

（3）测量仪表和安全工机具经过定期检验且合格。

（4）携带的工具和材料能够满足安装作业的需求。

2. 人员要求

（1）现场作业人员身体健康、精神状态良好。

（2）进入工作现场，穿合格工作服、工作鞋，戴好安全帽。

（3）工作班成员不得少于 2 人，认真履行本岗位责任制，努力学习本作业指导书，严格遵守、执行安全规程和现场安全措施卡，互相监督现场安全。

（4）工作中互相关心施工安全，及时纠正违反安全的行为，明确工作地点、工作任务，明确临近带电部位。

3. 危险点分析

（1）工作人员进入作业现场不戴安全帽，可能会发生人员伤害事故。

（2）工作现场不挂标示牌或不装设遮栏或围栏，工作人员可能会发生走错间隔及误操作。

（3）二次电流回路开路或失去接地点，易引起人员伤亡及设备损坏。

（4）电压回路安装连接不注意，有可能造成交流电压回路短路、接地。

（5）在高处安装计量装置时，可能造成高空坠落或高空坠物，引起人员伤亡及设备损坏。

（6）设备的标示不清楚，易发生误接线，造成运行设备事故。

（7）未使用绝缘工具，易引起人身触电及设备损坏。

（8）使用电钻时震动，可能碰及带电体或设备元件脱落。

（9）没有明显的电源断开点，易引起人身触电伤亡事故。

4. 安全措施

（1）进入工作现场，工作人员必须戴安全帽，穿工作服，正确使用劳动保护用品。

（2）现场作业必须执行派工单制度，工作票制度，工作许可制度，工作监护制度，工作间断、转移和终结制度。

（3）开工前，工作负责人应对工作人员详细交代在工作区内的安全注意事项，进行危险点分析。

(4) 工作现场应装设遮栏、围栏、标示牌或设置临时工作区等，操作必须有专人监护。

(5) 检查现场与设计图纸、查勘方案是否一致，实际安装位是否与派工内容一致，如发现不一致，应及时进行报告、更正，确认无误后方可进行安装作业。

(6) 在进行停电安装作业前，必须用试电笔验电，应确定表前、表后线是否带电，或者是否有明显的断开点，在确认无电、无误情况下方可进行安装工作。

(7) 使用绝缘工具，做好安全防范措施。

(8) 为防止震动引起保护误动，变电站作业，要采取与信号、控制、保护回路有效的隔离措施，防止误碰、误动。必要时可以暂停保护连接片。

(9) 严禁二次电压回路短路、接地，严禁二次电流回路开路。

(10) 使用梯子或登杆作业时，应采取可靠防滑措施，并注意保持与带电设备的安全距离。

(11) 安装作业结束后，工作人员应对安装设备及电压、电流回路连接情况进行检查，并清理现场。

5. 电能表现场安装注意事项

由于现场电能计量装置安装涉及一次回路，故工作前一定要妥善做好安全措施，在确认安全措施无误后，方可开始工作并应注意以下事项：

(1) 严格遵守《国家电网公司电力安全工作规程》(2009年版)，工作人员与监护人员应职责分明，工作人员应听从监护人员的工作命令。

(2) 对被安装电能计量装置，应做到轻拿、轻放，防止撞击、损坏电能表和互感器。

(3) 互感器二次侧应有可靠接地。

(4) 电流互感器二次不能开路。

(5) 电压互感器二次不能短路。

(6) 运行中的电压互感器的一次绕组连同铁芯，必须可靠接地。

(7) 电流互感器二次侧如接入过多的仪表，或仪表功耗较大，超过二次侧的额定容量，将影响电流互感器的准确度。

(8) 电压互感器二次侧如接入过多的仪表或仪表功耗较大，超过二次侧的额定容量，将影响电压互感器的准确度。

二、安装程序

1. 高压三相三线电能表安装作业步骤及标准

(1) 履行工作许可手续后，工作负责人向工作班成员交代工作内容、工作环境、工作安全要点，并按照工作票（派工单）上所列危险点进行分析并布置预控措施。

(2) 现场核实电流、电压互感器的变比和精度与装表工单内容是否一致。

(3) 根据现场情况，确定电能表及专用端子盒安装位置，将电能表及专用端子盒固定于计量箱内，要求固定牢靠。

(4) 从端子排（端子盒）施放电压、电流二次导线到电能表，按照做好的标记，先电流后电压的顺序依次接入电能表的端钮盒（火门），进出电能表导线垂直，水平方向的相对距离达到安装标准，固定良好，要求固定后外形横平竖直。

(5) 电压互感器应接在电流互感器的电源侧。

（6）电压、电流二次回路导线颜色，相线U、V、W应分别采用黄、绿、红颜色导线，中性线用黑色。电流回路接线端子相位排列顺序从左到右或从上到下为U、V、W、N；电压回路排列顺序为U、V、W。

（7）接线严禁电流二次回路开路，电压二次回路短路。相色标示正确、连接可靠，接触良好，配线整齐美观，导线无损伤绝缘良好，检查电压、电流二次导线外观无松股。

（8）导线应采用单股绝缘铜质线；电压、电流互感器从输出端子直接接至试验接线盒，中间不得有任何辅助接点、接头或其他连接端子。35kV及以上电压互感器可经端子箱接至试验接线盒。导线留有足够长的裕度。110kV及以上电压互感器回路中必须加装快速熔断器。

（9）电流互感器二次回路导线截面选择，不得小于$4mm^2$。

（10）电压互感器二次回路导线截面应根据导线压降不超过允许值进行选择，但其最小截面不得小于$2.5mm^2$。

（11）二次回路接线应注意电压、电流互感器的极性端符号。接线时可先接电流回路，分相接线的电流互感器二次回路宜按相色逐相接入，并核对无误后，再连接各相的接地线。简化接线方式的电流互感器二次回路，可利用公共线，分相接入时公共线只与该相另一端连接，其余步骤同上。

（12）二次回路接好后，应进行接线正确性检查。

（13）电流互感器二次回路每只接线螺钉只允许接入两根导线。

（14）当导线接入的端子是接线螺钉，应根据螺钉的直径将导线的末端弯成一个环，其弯曲方向应与螺钉旋入方向相同，螺钉（或螺帽）与导线间、导线与导线间应加垫圈。

（15）当导线小于端子孔径较多时，应在接入导线上加扎线后再接入。

（16）检查电能表接线正确无误后，进行通电测量电压及相序，观察电能表运转是否正常。

（17）对电能表及计量屏端子盒实施铅封，确认铅封完好。

（18）安装接电正常，确认无误后，抄录电能表相关参数，请客户在工作单上履行确认签字手续。

2. 低压带电流互感器三相电能表新安装作业步骤及标准

（1）工作负责人向工作班成员交代工作内容、工作环境、工作安全要点，并按照工作票（派工单）上所列危险点进行分析并布置预控措施。

（2）排列进户线导线，垂直、水平方向的相对距离达到安装标准，良好固定，要求固定后外形横平竖直。导线加装PVC管（或槽板），进、出线不能同管。

（3）检查导线外观无松股，绝缘无破损，导线连接头、分流线夹无金属面裸露。

（4）安装低压带电流互感器的计量装置，必须在互感器前端有明显的断开点（隔离开关或熔断器），要求所有互感器安装排列极性方向一致，且便于维护，螺栓连接齐全紧固。

（5）施工前，必须对安装互感器的前、后端进行停电、验电，做好安全防范措施。将进相线接入低压电流互感器一次侧，电流进出方向应与电流互感器极性方向一致；如低压电流互感器为穿心式，则一次侧绕线匝数应一致，极性方向一致。

(6) 安装固定电能计量箱（或计量屏），计量箱内电能表安装高度为1.8～2.2m，计量屏内电能表安装高度不低于0.8m，表箱成垂直、四方固定。将电能表固定于计量表箱（或计量屏）内，要求垂直牢固。

(7) 从电流互感器施放二次导线至计量箱（或计量屏）内的二次接线端子盒，要求接线正确。从二次接线端子盒施放二次导线至电能表端钮盒（火门），要求接线正确。严禁电压回路短路、接地，电流二次回路开路；相色标示正确、连接可靠，接触良好，配线整齐美观，导线无损伤绝缘良好。

(8) 检查电能表接线正确无误后，进行通电测量电压及相序，观察电能表运转是否正常。

(9) 安装接电正常，抄录电能表相关参数，确认无误后，对电能表、互感器二次端子盖及计量箱（或计量屏）实施铅封，确认铅封完好。请客户在工作单上履行确认签字手续。

三、注意事项

(1) 在进行电能高压计量装置的安装工作时，应填用第二种工作票。

(2) 严禁电压互感器二次回路短路或接地；严禁电流互感器二次回路开路。应使用绝缘工具，戴手套等措施。

(3) 测试引线必须有足够的绝缘强度，以防止对地短路。且接线前必须事先用绝缘电阻表检查一遍各测量导线每芯间，芯与屏蔽层之间的绝缘情况。

四、接线图

相关接线图如图2-5-1～图2-5-4所示。

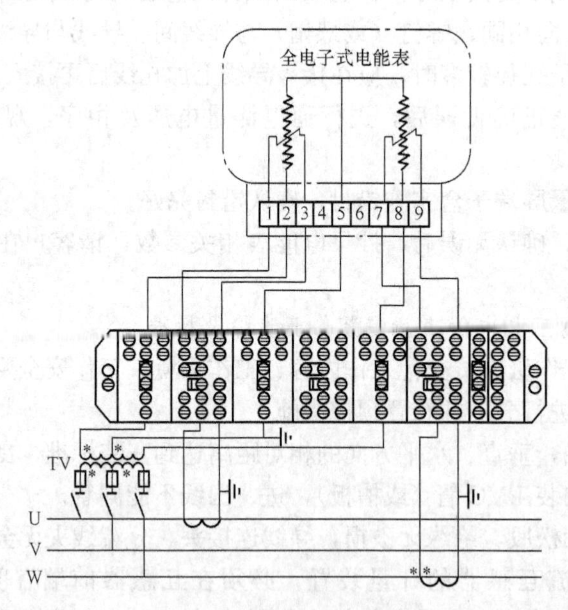

图2-5-1 三相三线多功能全电子式电能表接线图

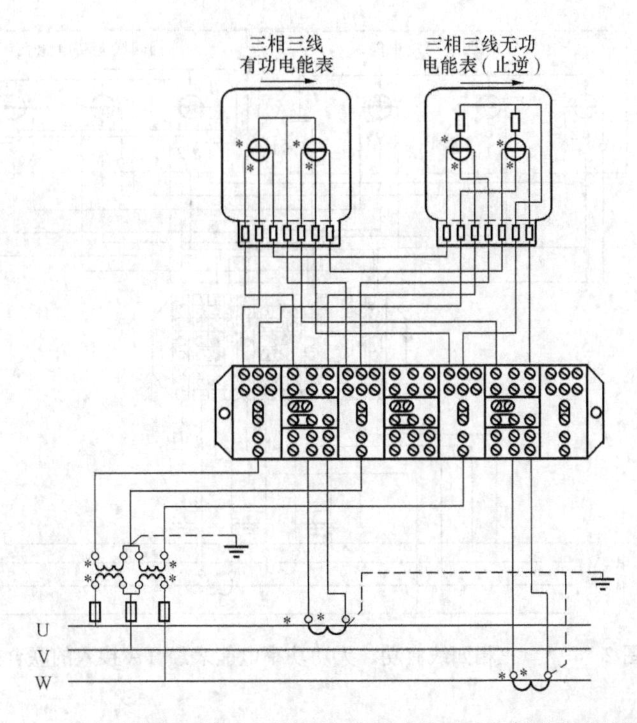

图 2-5-2　非有效接地系统高压计量有功及感性无功电量分相接线图

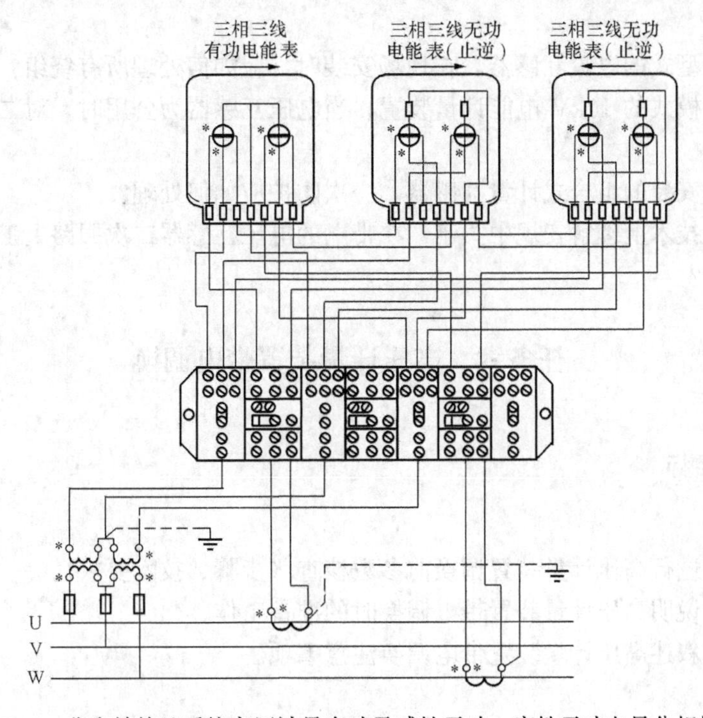

图 2-5-3　非有效接地系统高压计量有功及感性无功、容性无功电量分相接线图

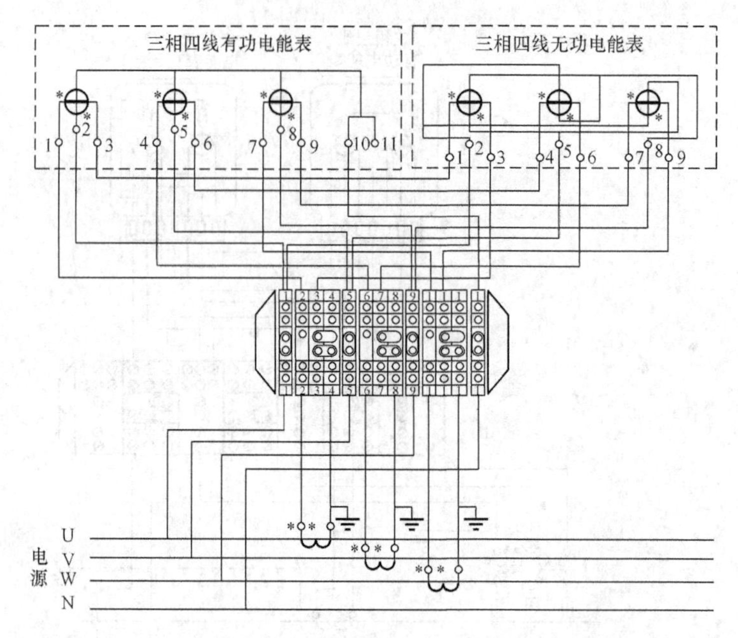

图 2-5-4　三相四线有功、无功功率电能表经 TA 接入的联合接线图

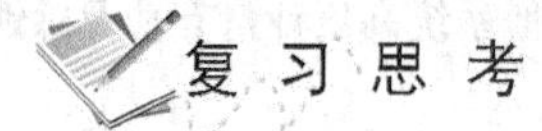

复习思考

（1）多绕组型式的电流互感器，在现场安装时，应如何处理所有绕组？

（2）变电站模式的 10kV 电能计量装置，当电压互感器为公用时，对二次出口有什么技术要求？

（3）对户外安装的组合式计量互感器，一次防护应如何处理？

（4）如何从技术上理解安规中关于“在带电的电压互感器二次回路上工作时，严禁短路或接地”的规定？

任务六　高压计量装置带电调换

教学目标

知识目标

（1）能正确进行高压计量装置调换前参数核查（步骤、技术要求）。

（2）能简要说明高压计量装置带电调换时的准备工作。

（3）能正确叙述高压计量装置带电调换注意事项。

能力目标

（1）能对某客户高压计量装置间断计量方式或不间断计量方式下进行带电调换。

（2）能对某客户高压计量装置进行拆除。

态度目标

(1) 能主动学习相关知识，认真做好实训作业方案。

(2) 在严格遵守安全规范的前提下，小组成员分工协作，密切配合，高标准、高质量地按时完成实训任务。

(3) 在完成任务过程中能主动发现、分析并创造性地解决问题。

任务描述

依据相关技术规程、规则，按照客户条件与要求正确调换高压计量装置。

任务准备

了解《国家电网公司电力安全工作规程》(2009 年版) 有关规定，高压电能计量装置带电调换有何安全要求和技术要求，高压电能计量装置运行参数核查，作业前做何准备，高压电能计量装置带电调换步骤、方法和要求。

任务实施

分析相关规定的技术要求；危险点分析及控制措施；办理工作票；做好安全措施，正确进行高压电能计量装置带电调换。

一、条件与要求

(1) 设备条件：经 TA、TV 接入三相三线多功能电能表及通电计量柜（或抄核收培训模拟装置及模拟多功能表）。

(2) 能熟悉低压电能计量装置带电调换的作业内容（操作步骤、方法和要求）。

二、施工前准备

(1) ～ (5) 项与"低压电能计量装置带电调换"施工前准备类同。

(6) 主要仪器仪表和工具（见表 2-6-1）。

表 2-6-1　主要仪器仪表和工具

序号	名称	型号及编号	单位	数量	备　　注
1	登高板		副	1	
2	绝缘梯		把	1	
3	低压短接线		组	1	
4	钳形电流表		只	1	
5	相序表		只	1	
6	低压验电笔		只	1	
7	平口螺丝刀	一字 8″、4″	把	各 1	螺丝刀金属裸露部分用绝缘胶带缠绕、螺丝刀口带磁
8	十字螺丝刀	十字 8″、4″	把	各 1	螺丝刀金属裸露部分用绝缘胶带缠绕、螺丝刀口带磁
9	平口钳	8″	把	1	

续表

序号	名称	型号及编号	单位	数量	备　注
10	尖嘴钳	4″	把	1	
11	斜口钳	4″	把	1	
12	电工刀		把	1	刀把需进行绝缘处理
13	剥线钳		把	1	
14	安全带		副	1	
15	安全帽		个		
16	常用接线工具		套	若干	
17	记号笔		支	1	
18	护目镜		副	1	
19	10kV 绝缘手套		双	2	
20	10kV 绝缘鞋		双	2	
21	10kV 验电笔		只	1	
22	绝缘梯		架	1	
23	低压短路环	不小于 $4mm^2$ 硬质塑料铜芯线	个		短接二次电流回路专用

（7）危险点分析与控制

1）危险点分析。

a）工作人员进入作业现场不戴安全帽，可能会发生人员伤害事故。

b）工作现场不挂标示牌或不装设遮栏或围栏，工作人员可能会发生走错间隔及操作其他运行。

c）二次电流回路开路或失去接地点，易引起人员伤亡及设备损坏。

d）电压回路安装连接不注意，有可能造成交流电压回路短路、接地。

e）在高处安装计量装置时，可能造成高空坠落或高空坠物，引起人员伤亡及设备损坏。

f）设备的标示不清楚，易发生误接线，造成运行设备事故。

g）未使用绝缘工具，易引起人身触电及设备损坏。

h）使用电钻时震动，可能碰及带电体或设备元件脱落。

i）没有明显的电源断开点，易引起人身触电伤亡事故。

2）安全措施。

a）进入工作现场，工作人员必须戴安全帽，穿工作服，正确使用劳动保护用品。

b）现场作业必须执行派工单制度，工作票制度，工作许可制度，工作监护制度，工作间断、转移和终结制度。

c）开工前，工作负责人应对工作人员详细交代在工作区内的安全注意事项，进行危险点分析。

d）工作现场应装设遮栏、围栏、标示牌或设置临时工作区等，操作必须有专人监护。

e）检查现场与设计图纸、查勘方案是否一致，实际安装位是否与派工内容一致，如发现不一致，应及时进行报告、更正，确认无误后方可进行安装作业。

f）在进行停电安装作业前，必须用试电笔验电，应确定表前、表后线是否带电，或者是否有明显的断开点，在确认无电、无误情况下方可进行安装工作。

g）使用绝缘工具，做好安全防范措施。

h）为防止震动引起保护误动，变电站作业时要采取与信号、控制、保护回路有效的隔离措施，防止误碰、误动。必要时可以暂停保护连接片。

i）严禁二次电压回路短路、接地，严禁二次电流回路开路。

j）使用梯子或登杆作业时，应采取可靠防滑措施，并注意保持与带电设备的安全距离。

k）安装作业结束后，工作人员应对安装设备及电压、电流回路连接情况进行检查，并清理现场。

三、任务实施参考（关键步骤及注意事项）

（一）开工前准备

（1）派工单负责人检查派工单上所列安全措施是否正确完备，经核查无误后，方可安排工作。

（2）工作票负责人会同工作票许可人检查工作票上所列安全措施是否正确完备，经核查无误后，与工作票许可人办理工作票许可手续。

（3）开工前，工作负责人应检查所有工作人员是否携带并正确使用劳动保护用具，并带领所有工作人员进入作业现场，详细交代作业任务、安全措施和安全注意事项、设备状态及人员分工。全体工作人员应明确作业范围、进度要求等内容，并在作业人员签字栏内分别签名。

（二）人员要求

（1）现场作业人员应身体健康、精神状态良好。

（2）进入工作现场，穿合格工作服、工作鞋，戴好安全帽。

（3）工作人员必须具备必要的电气专业（或电工基础）知识，掌握本专业作业技能，必须持有上岗证。

（4）工作班人员必须熟悉《国家电网公司电力安全工作规程》（2009 年版）的相关知识，熟悉现场安全作业要求，并经安规考试合格。

（5）工作中互相关心施工安全，及时纠正违反安全的行为，明确工作地点、工作任务，明确临近带电部位。

（6）工作班成员要服从工作负责人的安排。

（7）工作负责（监护）人职责：办理工作票，并出示安全措施卡，组织并合理分配工作，进行安全教育，督促、监护工作人员遵守安全规程，检查工作票所列安全措施是否正确完备，安全措施是否符合现场实际条件。工作前对工作人员交代安全事项。对电能计量装置安装全过程的安全、技术等负责，电能计量装置安装或拆换工作结束后应认真填写电能计量装置安装或拆换记录，并负责向运行值班人员或用电客户告知可投入运行。工作负责（监护）人不得兼做其他工作。

（三）现场带电装（换）高压三相电能表安装作业步骤及标准

(1) 履行工作许可手续后，工作负责人向工作班成员交代工作内容、工作环境、工作安全要点，并按照工作票（派工单）上所列危险点进行分析并布置预控措施。

(2) 在监护人的监护下，工作人员查找并核对应装（换）电能表的位置及所在的电流、电压端子盒（排）。用万用表测试换表前的电压、电流值，同时用秒表测算出换表前的瞬时功率。

(3) 在仪表监视下，将电能表的电流回路在端子盒（排）处用短路片（线）短接好，要牢固可靠，防止电流回路开路。启动秒表记录换表时间，将应换表的电量止数抄录正确。

(4) 电压回路要有明显的断开点，对有端子盒的，电能表的电压回路在端子盒处断开；对无端子盒的，电能表的电压回路应在电能表端钮盒（火门）处分相断开，并用绝缘胶布包好，防止相线、中性线误碰，并保证相互距离不小于5cm。

(5) 按照先电压后电流的顺序拆除电能表端钮盒（火门）处的进出线，并做好标记。将电能表固定在装（换）表位置。使用电钻时，要防止碰及带电体。

(6) 电压互感器应接在电流互感器的电源侧。

(7) 电压、电流二次回路导线颜色，相线U、V、W应分别采用黄、绿、红颜色导线，中性线用黑色。电流回路接线端子相位排列顺序从左到右或从上到下为U、V、W、N；电压回路排列顺序为U、V、W。

(8) 接线严禁电流二次回路开路，电压二次回路短路。相色标示正确、连接可靠，接触良好，配线整齐美观，导线无损伤绝缘良好，检查电压、电流二次导线外观无松股。

(9) 导线应采用单股绝缘铜质线；电压、电流互感器从输出端子直接接至试验接线盒，中间不得有任何辅助接点、接头或其他连接端子。35kV及以上电压互感器可经端子箱接至试验接线盒。导线留有足够长的裕度。110kV及以上电压互感器回路中必须加装快速熔断器。

(10) 电流互感器二次回路导线截面选择，不得小于$4mm^2$。

(11) 电压互感器二次回路导线截面应根据导线压降不超过允许值进行选择，但其最小截面不得小于$2.5mm^2$。

(12) 二次回路接线应注意电压、电流互感器的极性端符号。接线时可先接电流回路，分相接线的电流互感器二次回路宜按相色逐相接入，并核对无误后，再连接各相的接地线。简化接线方式的电流互感器二次回路，可利用公共线，分相接入时公共线只与该相另一端连接，其余步骤同上。电流回路接好后再按相接入电压回路。

(13) 二次回路接好后，应进行接线正确性检查。

(14) 电流互感器二次回路每只接线螺钉只允许接入两根导线。

(15) 当导线接入的端子是接触螺钉，应根据螺钉的直径将导线的末端弯成一个环，其弯曲方向应与螺钉旋入方向相同，螺钉（或螺帽）与导线间、导线与导线间应加垫圈。

(16) 用万用表核对进表线的正确性。按照做好的标记，先电流后电压的顺序依次接入电能表的端钮盒（火门），连接应牢固、可靠。在监护人的监护下，拆除电流回路的短路片（专用短接线）；恢复电压回路的连接，且均应牢固可靠。

(17) 截止换表时间计数，做好装（换）表的原始记录和时间纪录。用钳形万用表测试换表后的电压、电流值，同时用秒表测算出换表后的瞬时功率。

（18）完善铅封，抄录电能表相关参数，履行运行单位、客户签字认可手续。

（四）注意事项

由于现场电能计量装置安装涉及一次回路，故工作前一定要妥善做好安全措施，在确认安全措施无误后，方可开始工作并应注意以下事项：

（1）严格遵守《国家电网公司电力安全工作规程》，工作人员与监护人员应职责分明，工作人员应听从监护人员的工作命令。

（2）对被安装或拆换电能计量装置，应做到轻拿、轻放，防止撞击、损坏电能表和互感器。

（3）互感器二次侧应有可靠接地。

（4）电流互感器二次侧不能开路。

（5）电压互感器二次侧不能短路或接地。

（6）运行中的电压互感器的一次绕组连同铁芯，必须可靠接地。

（7）电流互感器二次侧如接入过多的仪表，或仪表功耗较大，超过二次侧的额定容量，将影响电流互感器的准确度。

（8）电压互感器二次侧如接入过多的仪表或仪表功耗较大，超过二次侧的额定容量，将影响电压互感器的准确度。

（五）竣工、验收

（1）检查设备上无遗留工器具和导线、螺钉材料。

（2）检查电能计量装置已至正常工作运行状态。

（3）清点工具，清理工作现场。

（4）检查工作单上记录，严防遗漏项目。

（5）工作负责人在工作记录上详细记录本次工作内容、工作结果和存在的问题等。

（6）终结工作票（派工单）手续。

（7）出具工作传单，请客户在工作单上履行确认签字手续 。

（六）清理工作现场

（1）检查现场是否有遗留物。回收、清点工器具和材料。

（2）全部工作完毕后，工作班应清扫、整理现场。

（3）作业人员撤离工位。

相关知识

理论知识　调换前的准备工作、安全和技术措施，操作项目、工作程序和注意事项，带电调换步骤、方法和要求的目的，需描述危险点的分析与控制、现场工作要求，带电检查作业指导书编写等。

实践知识　针对实际客户进行高压电能计量装置带电调换。

高压计量装置带电调换包含高压电能计量装置调换前准备工作、安全和技术措施、操作项目、工作程序及相关注意事项。通过操作流程介绍、例题计算，熟练掌握高压电能计量装置带电调换操作步骤、方法和要求。

高压电能计量装置中配置的电能表存在一个运行周期的管理，当运行到期或因其他原因，需要对电能表进行更换时，要对待换装置的状态进行确认，更换工作完成后，还需要对已换表计在实负荷状态下的运行状况进行确认。这样做可以避免电能计量装置或表计已经处于异常状态，因盲目换表而破坏现场导致电量退补缺乏支撑的实际数据，同时避免因为更换电能表而发生装置异常运行的隐患。对电能表换表前后进行运行参数的检查，是技术管理的必要程序。鉴于各电网公司现场校验仪的配置属于基本配置，直接运用该型仪器，对电能计量装置运行参数进行判定是高压电能计量装置核查的通用方法。

一、调换前后运行参数的检查

1. 核查步骤

(1) 外观检查待换电能计量装置的完好性。

(2) 检查待换电能计量装置的负荷状态能否满足现场测试运行参数的条件。

(3) 使用电能表现场校验仪，接入电能计量装置二次回路，对装置接线完好性进行确认。

(4) 使用电能表现场校验仪功能，对待换电能表进行换表前误差测试。

(5) 将电能表从运行状态退出，撤出原表，安装新表。

(6) 将新表接入计量回路，在实际负荷状态下，确认新表运行参数，同时检验新表的工作误差。

2. 核查技术要求

(1) 接线方式确认主要是运用电能表现场校验仪相关功能，检查电能计量装置相量图应符合接线方式所应有的向量关系，三相三线 Vv 型接线电能计量装置相量图应基本符合图 2-6-1 关系。三相四线 Yy 型接线电能计量装置相量图应基本符合图 2-6-2 关系。相量图 2-6-1 和图 2-6-2 中电能表功率元件的夹角随负荷功率因数变化而变化。当相量图出现明显不对称趋势时或相量关系异常，必须确定原因，防止因校验仪运用不当造成误判断。

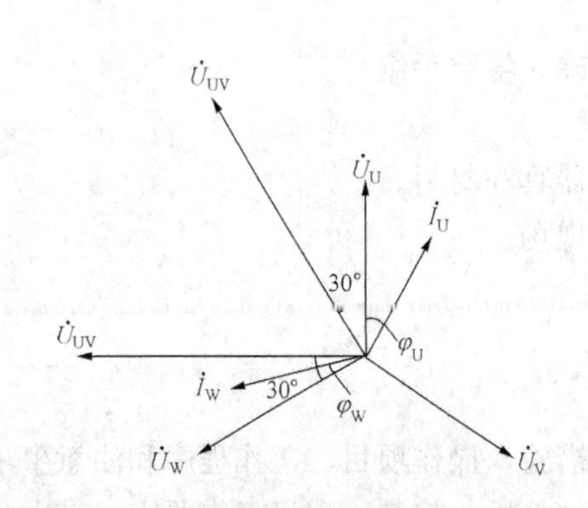

图 2-6-1 Vv 型接线电能计量装置相量图

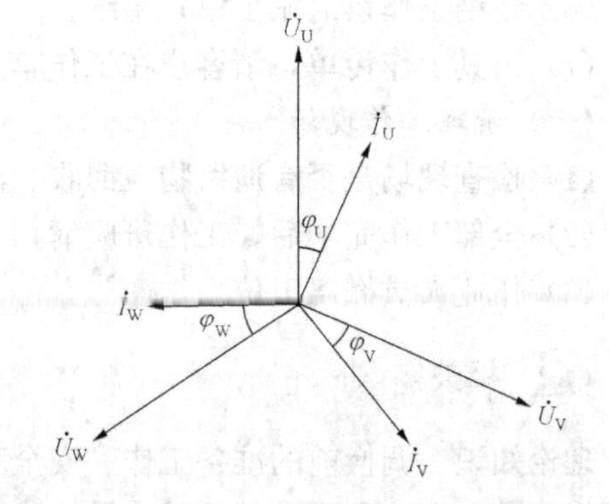

图 2-6-2 Yy 型接线电能计量装置相量图

(2) 电能表实负荷工作误差的判定应依据 SD 109—1983《电能计量装置检验规程》以及 JJE 1055—1997《交流电能表现场校准技术规范》现场校验的相关规定具体处理。

(3) 对于电子式多功能电能表，更换前后，应检查确认电能表运行界面的相关信息，主要检查项有：功率元件接入电压、电流值；有功、无功功率潮流方向；实时功率因数以及时段设置、日历时钟等信息。对于只具有复费率功能的电能表要检查时段设置和日历时钟偏差是否正常。

二、高压电能计量装置带电调换

（一）危险点分析与控制措施

（1）组织现场工作人员学习作业指导书，并补充完备。作业前必须进行培训，人员分工明确做到心中有数。

（2）进入工作现场，必须正确使用劳保用品，必须戴安全帽，上下传递物品，不得抛递，上层作业人员使用工具夹或工具袋，防止工具跌落。

（3）施工电源取用必须由两人进行。首先测量电压等级要求，接线插座是否完整无缺，移动电源盒及导线是否损坏，如从配电箱（柜）内取电源，应先断开电源，然后先接电源中性线后接相线，接线严禁缠绕。

（4）施工作业在高处进行必须使用安全带和安全绳，并在合格可靠的绝缘梯子或其他登高工器具上工作。

（5）按规定穿着国家电网公司标识的工作服，佩戴工号牌。

（6）风险辨识及预控措施落实到位。

（二）作业前准备

（1）电能计量装置带电调换，应通过营销管理系统形成电子工单，按业务流程传递至装表接电工班。工单信息（包括现场工作工单、电子工单）必须完整、规范。除事故抢修外，无工单不得配表、装表。

（2）核对工单所列的电能计量装置是否与客户的供电方式和申请容量相适应，如有疑问，应及时向有关部门提出。

（3）凭工单到表库领用电能表、互感器，并核对所领用的电能表、互感器是否与工单一致，是否满足技术规程的配置要求。

（4）检查计量器具的检定合格证，封印，资产标记是否齐全，校验日期是否在6个月以内，外观是否完好。

（5）检查所需的材料及工具、仪表等是否配足带齐。

（6）电能表在运输途中应注意防震，防摔，必要时放入专用防震箱内；在路面不平，震动较大时，应采取有效措施减少震动。

（7）现场查勘作业场所是否满足安全要求。必要时，查勘工作可以在派工前单独进行。

（8）电能计量装置装表接电作业条件是否符合要求，现场设备、供配电系统是否与工单所列的信息一致。

（9）对先期随一次设备安装的互感器现场检查铭牌、极性标示是否完整、清晰，检定合格证是否齐全有效，变比是否与工单一致，二次回路配置是否满足技术要求，接线螺钉是否完好，对应用在需要封闭的场所，其封闭功能是否满足要求。

（10）对所有发生的不符合项，应提出整改意见或方案，当整改项没有完成时，应停止计量表计的安装，同时向主管部门报告原因以及向客户解释清楚。

（11）装换表现场工作一般不应少于2人，装表接电人员在客户处工作时应出示证件或挂牌。在系统内变电站开展装、换表工作应办理工作票，制定标准化作业指导书。

(12) 装表接电人员在现场应首先按工作传票核对电能计量装置基本信息和工作内容，检查电能计量装置有无其他异常，正常时方可开展工作。发现传票信息与实际不符或现场不具备装换条件时，应终止工作，及时向班组长或相关部门报告，做好停止换表原因记录，必要时向客户解释清楚，待具备条件后再行安排换表作业。

(13) 现场发现电能计量装置有违约用电或窃电嫌疑时应停止工作并保护现场，通知和等候用电检查（稽查）人员处理。

(14) 对运行中的高压电能计量装置做带电调换工作时，应根据现场负荷条件，做换表前、后的电能表实负荷检验。确认待换表的电能计量装置运行状态是否正常，同时确认新换表在实负荷状态下的是否满足技术管理要求。

(15) 对换表工作涉及登高、与带电部位处于最小安全距离等危险工作时，应做好保证安全的组织措施和技术措施，方可开始作业。

（三）现场工作

1. 电能计量装置调换

高压电能计量装置带电换表按对计量的影响可分为间断计量和不间断计量两种方式。当电能计量装置所接入的负荷相对稳定且对称平衡时，可采用间断计量方式；对于负荷状态不稳定的电能计量装置，应采用不间断计量方式换表。

(1) 间断计量方式。

1) 做好作业前准备和安全措施后，按传票或工作任务单要求实施换装作业。

2) 换表前，使用电能表现场校验仪测量电能计量装置的运行参数，包括三相电压、电流、负荷功率因数等。

3) 发现电能计量装置有运行故障、接线错误、倍率差错等异常时，应停止工作保护现场，做好检查记录交客户签字确认并报业务部门后续处理。对涉及电量退补的装置，应向营销管理部门报告，配合相关部门做好电量退补的技术支持工作。

4) 利用电流、电压试验端子（电能计量联合试验盒），短接二次电流，断开二次电压，记录电能计量装置停止计量起始时间。

5) 对退出运行的电能表进行更换，换装新表，恢复计量回路。

6) 检查无误后接通二次电压，打开二次电流短接片（短接线），将新表接入电能计量装置。

7) 记录恢复计量时间。利用公式计算换表期间实际电量，经客户确认后，传递到营销业务部门，进入电费系统一并收取。换表期间电量 ΔW (kWh) 计算式为

$$\Delta W = \sqrt{3}UI\cos\varphi Kt/1000 \tag{2-6-1}$$

式中：K 为倍率；t 为换表间断时间，h。

【例 2-6-1】 一高压电能计量装置，Vv 连接，做间断计量换表，期间运行参数及装置信息如下：倍率 $K=400$，二次电压 $U=98\text{V}$，二次电流 $I=2.5\text{A}$，功率因数 $\cos\varphi=0.92$，换表停止计量时间为 28min，期间为平时段。试计算换表停计电量。

解 换表停止计量时间 28min，折合为 0.47h，代入计算式为

$$\Delta W = \sqrt{3}UI\cos\varphi Kt/1000 = \sqrt{3}\times 98\times 2.5\times 0.92\times 400\times 0.47/1000 = 73.394\ (\text{kWh})$$

即换表期间产生平时段电量 73.394kWh。

无功电量计算，略。

（2）不间断计量方式。将换表期间电量转移到一临时计量电能表上，待换表结束，新表进入运行状态后，将临时计量表计所记录的有功、无功电量抄读出来，经客户确认后，传相关部门一并收取。

1）选择一只与待换表规格相同、经检定合格的多功能电子式电能表作为临时计量表，抄断记录的电量信息作为起始电量。

2）将临时计量表按照电流回路串联、电压回路并联的原则，在试验端子处接入待换电能表的二次回路，在检查接线正确无误的前提下，利用试验端子的电流连接片，使临时计量表接入回路，开始工作。

3）确认临时计量表运行状态无误后，断开待换表电流回路，全部二次电流经临时计量表与电流互感器构成回路。

4）换表工作完成后，再次确认连接的正确性，恢复试验端子电流连接片，将临时计量表退出二次回路，抄断电量止数，撤下临时计量表。

5）换装电能计量装置装拆时间、资产编号、装拆示数等数据信息应以适当方式（如当面签字、发通知单等）及时通知客户检查核对。

6）不间断换表的条件：电能计量装置二次回路必须配置二次电流、电压端子或电能计量联合试验盒。对二次回路没有配置试验端子的高压电能计量装置，不得进行实负荷换表作业。

7）当电能计量装置一次出线侧隔离开关断开，电能表与高压带电部位的安装距离符合安全规定时，允许在电能计量装置二次回路上进行零负荷带电换表作业。

8）电能计量装置如果带有远方抄表或负荷控制管理装置（负控终端），换表后应予恢复。如待换表与新表不是同一厂家、同一款式，则可能需要重新设置相关参数，换表之后，要及时通知负荷管理控制中心，由相关技术人员对换表后的负控终端参数进行重新设置。

9）对于二次回路配置常规电流、电压端子的电能计量装置，临时计量表的接入方式有一定区别，其接线方式如图 2-6-3 所示。

现场操作流程：在待换表电压、电流回路中并接一只临时计量表→首先接入电压回路，抄断临时计量表起始电量，再接入电流回路→两表分流分别计量→断开待换表电压（做绝缘临时包扎）、电流→电量全部转入临时表→撤出待换表→换装新表→恢复二次连接线→检查确认正确性→撤出临时计量表电流回路，抄断电量数据→撤出电压回路，结束换表工作。通常临时计量表的连接导线是采用分相色的成套试验软铜线，该导线两头连接有带锁紧功能的标准插头，与一般的试验端子可做插入连接。操作安全提示：准备三段绝缘胶带，逐相松开待换表电压接入导线，做临时绝缘包扎，松开第一相电流接入导线，应没有开路火花产生，此时如果有开路火花产生，应迅速将导线恢复并压紧，停止撤线换表，待查明原因后，再继续工作。

10）对于使用联合接线盒的电能计量装置，对电流回路的接法有技术要求，这是由联合接线盒的结构决定的。接线盒的设计主要是满足现场检验时，将标准表（现场校验仪）接入电能计量装置二次回路，其接线原理如图 2-6-4 所示。

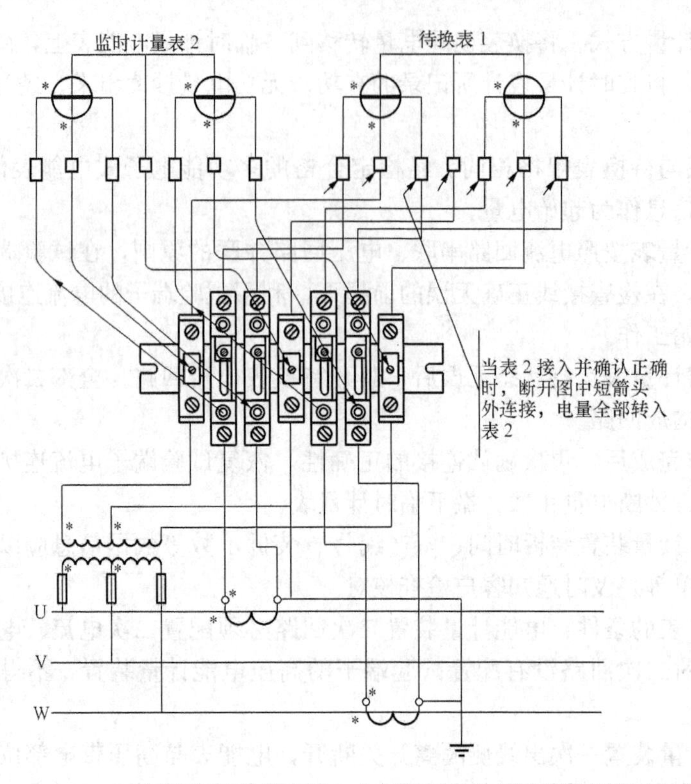

图 2-6-3　二次回路配置常规电流、电压端子的电能计量装置换表接线图

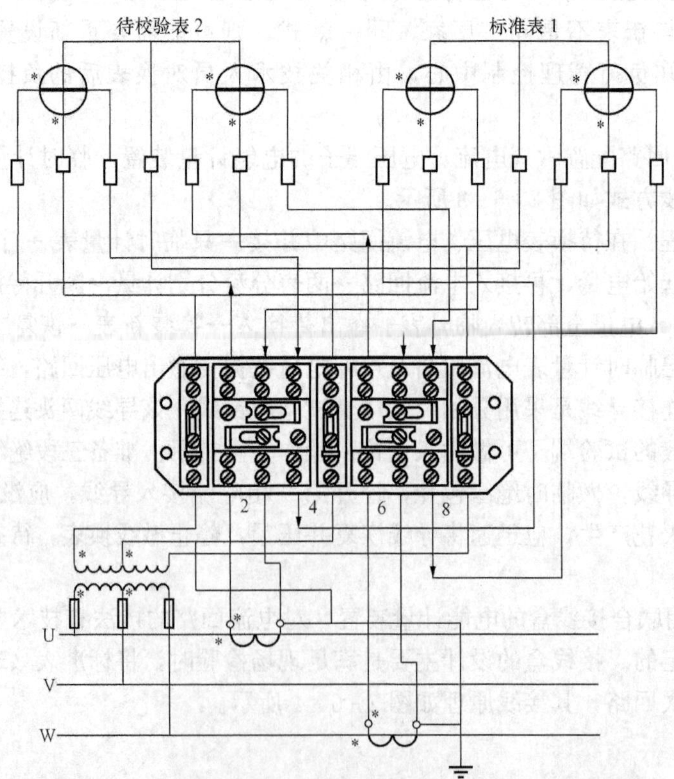

图 2-6-4　配置联合接线盒的电能计量装置现场校表接线图

接线盒电流回路只需要满足流入和流出有一相错开即可。例如TA与接线盒2、4相连接，则电能表与2、3或3、4连接；如果TA与接线盒2、3相连，则电能表只能与2、4相连接方可以满足接入标准表（现场校验仪）的条件。如果要利用联合接线盒完成不间断换表，则必须按照图2-6-5接线，即TA二次回路与接线盒的连接在电流2、4、6、8端，如图2-6-5所示，否则，不能实现不间断换表功能。在利用接线盒换表时，临时计量表的电压是采用带绝缘护套的鱼嘴夹从接线盒电压回路获取。

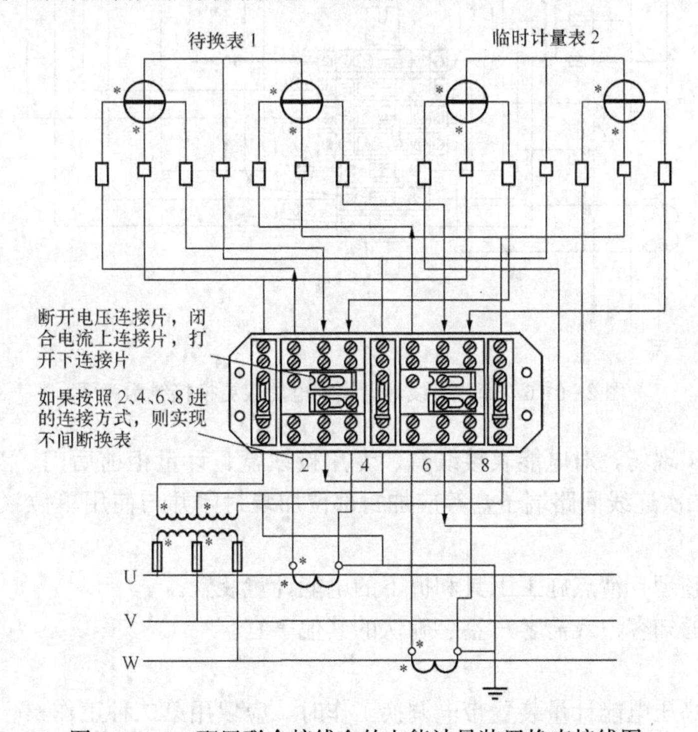

图2-6-5　配置联合接线盒的电能计量装置换表接线图

11）在电能计量装置接线方式中，还存在一种电流回路简化接线计量模式，这种接线方式在非结算电费的计量系统中有比较广泛的运用。简化接线计量模式电能表更换接线示意图如图2-6-6所示。

2. 电能计量装置拆除

（1）现场核对工作对象、工作范围、工作内容是否与传票或工作任务单一致，检查有无违约用电、窃电、隐藏故障、不合理结存电量等异常，如出现异常应及时上报处理。

（2）切除负荷和电源，确认电能计量装置脱离电源后，按传票或工作任务单内容拆除电能计量装置。

（3）拆除电能计量装置时间、电能计量装置基本信息、拆表示数等数据信息应以适当方式（如当面签字、发通知单等）及时通知客户。

（4）对现场需拆除或需处理的空接线路、设备等应通知客户或相关部门与人员做好电气安全防护和相应后续处理。

3. 工作终结

换装工作结束，还应做好以下工作：

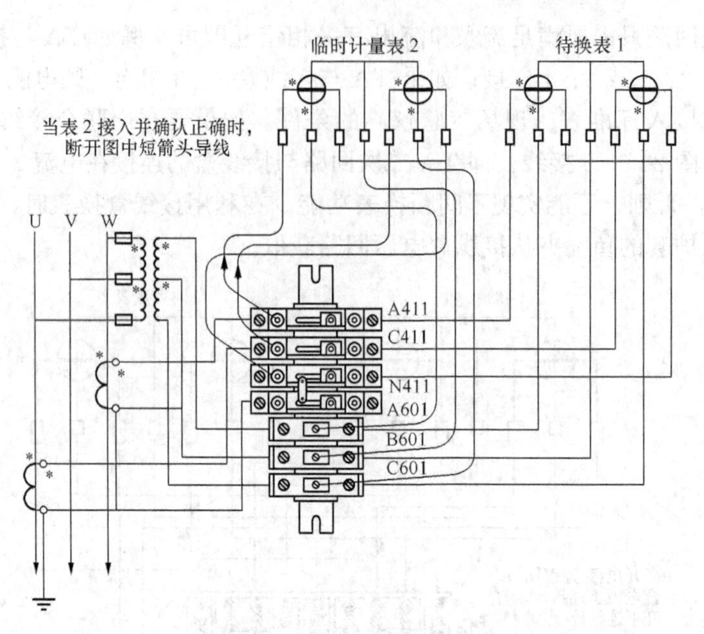

图2-6-6 简化接线计量模式电能表更换接线示意图

(1) 清扫施工现场，对电能表接线盒、专用接线盒、计量柜前后门、互感器箱前后门、TV开关把手、二次连线回路端子盒等应加封部位加装封印并与使用单位（人员）共同确认签字。

(2) 检查、整理、清点施工工具和拆下的电能计量装置。

(3) 做好应通知客户或需客户签字确认的其他事宜。

4. 注意事项

(1) 在进行高压电能计量装置带电调换工作时，应填用第二种工作票。

(2) 严禁电压互感器二次回路短路或接地，严禁电流互感器二次回路开路。换装时应使用绝缘工具，戴绝缘手套等措施。

(3) 测试引线必须有足够的绝缘强度，以防止对地短路。且接线前必须事先用绝缘电阻表检查一遍各测量导线每芯间，芯与屏蔽层之间的绝缘情况。

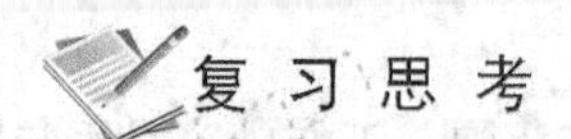

(1) 调换前后运行参数的核查步骤有哪些？

(2) 为什么要进行调换前后运行参数核查？

(3) 如何计算高压电能计量装置采用“间断计量”换表所产生的换表期间电量？

(4) 对于二次回路没有设置电压、电流端子的高压电能计量装置，进行现场换表有什么技术要求？

学习情境三

电能计量装置的检查与处理

【情境描述】

在遵循相关法律法规和标准的前提下，对电能计量装置的接线进行停电检查、带电检查，包括各项检查前的准备工作、检查步骤及方法、危险点分析及控制措施、现场检查注意事项等内容，通过流程介绍、要点归纳、相量图分析、案例分析等方法进行检查，并进行故障处理。

【教学目标】

(1) 能简要说明电能计量装置的接线检查内容、注意事项。

(2) 能简要说明在电能计量装置的接线检查时应使用的设备和采取的安全措施。

(3) 能正确叙述电能计量装置的接线检查作业项目、程序和内容。

(4) 能正确叙述电能计量装置的接线检查分析方法。

(5) 能正确对低压直接接入式单相电能表和直接接入式三相四线电能表出现开路、短路、接错、接线盒烧坏等现象造成的电能表失电压、分电流、极性反接等情况进行检查，并予以处理。

(6) 能正确对低压经互感器接入式三相四线电能表出现三相电压与电流不同相，二次电流回路短路、开路，极性反接，电压开路，互感器变比错误等现象造成的电能表故障情况进行检查，并予以处理。

(7) 能正确对高压三相三线电能表出现断相、相序正反、电流相序正反、电压相序正反、反极性等现象造成的电能表故障情况进行检查，并予以处理。

(8) 能正确对高压三相四线电能表出现断相、相序正反、电流相序正反、电压相序正反、反极性等现象造成的电能表故障情况进行检查，并予以处理。

【教学环境】

电能计量装置错误接线检查实训室、一体化教室，现场用电客户电能计量装置等。

任务一　低压直接接入式电能计量装置的检查与处理

教学目标

知识目标

(1) 了解低压直接接入式电能计量装置的接线检查作业项目、程序和内容。

（2）掌握直接接入单相电能表、三相四线电能表常见故障的检查分析及处理方法。

（3）了解低压直接接入式电能计量装置检查使用的设备、安全检查措施及检查注意的事项。

能力目标

（1）会判别单相电能表和三相四线电能表直接接入的正确接线。

（2）能正确对低压直接接入式单相电能表和直接接入式三相四线电能表出现开路、短路、接错、接线盒烧坏等现象造成的电能表失电压、分电流、极性反接等情况进行检查，并予以处理。

态度目标

（1）能主动学习，在完成任务过程中发现问题、分析问题和解决问题。

（2）在严格遵守安全规范的前提下，能与小组成员协作共同完成本学习任务。

任务描述

低压直接接入式电能计量装置分为直接接入式单相电能表和直接接入式三相四线电能表两种。本任务包含直接接入式低压电能计量装置常见故障（如电能表接线开路、短路、接错、接线盒烧坏等）的现场操作程序、检查内容、分析方法等，通过相量图分析、案例分析，掌握这些低压电能计量装置错误接线的分析、判断方法，并进行故障处理。

任务准备

课前预习相关知识部分。根据单相电能表和三相四线电能表的正确接线方式判断其错误接线的特点。通过测量数据，画出相量图、分析故障原因、查找故障和进行故障处理。并回答：

（1）画出直接接入式单相电能表和直接接入式三相四线电能表的正确接线原理图。

（2）某客户电能表常数为1200r/kWh，测试负荷为100W，电能表转1圈需要的时间是多少？如果测得电能表转一圈的时间为11s，其误差应是多少？

（3）某低压客户安装一只三相四线有功电能表3×380/220，10(40）A，因客户原因，将一相相线进出线接反。期间电能表记录电量1580kWh，供电公司计量维护人员发现此现象后如何进行故障处理和电量更正？

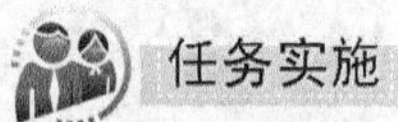

任务实施

一、作业人员、使用设备和安全措施

1. 工作班成员

工作班成员至少2人，其中工作负责人1人，工作班成员1人，客户（或设备运行）相关人员等。

2. 使用设备

秒表、万用表、钳形电流表等。

3. 注意事项

（1）保持与带电部位的安全距离。

（2）使用梯子时，要检查其安全性，应有专人扶护，有防止梯子滑动措施。

（3）使用登高工器具（如脚扣、踏板等）时，检查登高工器具是否完好并应正确使用。

（4）高处作业应戴好安全帽，系好安全带，防止高空坠落。

（5）工作所使用的工具盒仪表表笔等，其金属裸露部分应做好绝缘处理，防止误碰带电体，以保证工作人员的人身安全。

（6）工作人员按规定着装，要穿绝缘鞋，并站在绝缘垫上工作。

二、作业项目、程序

（1）办理工作许可手续。

（2）现场直观检查。

（3）电能表接线盒内检查。

（4）电能表运行状态及功能记录检查。

（5）电能计量装置接线带电检查。

（6）电能计量装置接线故障处理。

（7）工作终结。

（8）电量追补。

三、任务实施

（一）直接接入式单相电能表的检查与处理

1. 现场直观检查与处理

（1）电能表潜动。

（2）电能表过负荷或雷击烧坏。

（3）电子式电能表脉冲输出异常。

（4）复费率电能表时钟偏差。

（5）机电式电能表卡盘。

以上故障均需要更换电能表。

2. 电能表接线盒内的检查与处理

（1）电能表接线盒电压挂钩打开或接触不良。

（2）电能表接线盒或表内有电流短接线。

（3）机电式单相电能表相线反接。

（4）单相电能表相线与中性线互换。

以上故障均需要改正电能表的接线。

3. 带电检查

以实负荷比较法（瓦秒法）为例，具体检查方法是：

（1）测量数据：时间 t（秒，N 转）。

（2）计算功率

$$P_{计算}=\frac{3600\times1000\times N}{C\times t}\ (\mathrm{W}) \tag{3-1-1}$$

式中：N 为在测定时间 t 内电能表圆盘的转数或脉冲数；C 为电能表常数。

（3）结果判断：$P_{计算}\approx P_{实际}$，电能表接线正确，否则，接线错误。

根据实际情况更换电能表或改正错误接线。

(二) 直接接入式三相四线电能表的检查与处理

1. 现场直观检查和电能表接线盒内的检查及处理

三相四线电能表的现场直观检查和电能表接线盒内的检查及处理，以单相电能表的方法为参考。

2. 带电检查

实负荷比较法（瓦秒法）同单相电能表，下面重点介绍逐相检查法和电压电流法。

(1) 逐相检查法。具体步骤如下：

1) 检查U相（第一组件）：断开电能表的V、W相电压连接片，电能表转动趋势明显减慢且正转，则说明U相元件接线正确。若电能表反转，则该组元件接线错误。若电能表不转，又排除了U相负荷为零或非常小的情况，则说明第一组件存在问题。

2) 检查V相时，应断开电能表的U、W相电压连接片；检查W相时，应断开电能表的U、V相电压连接片。判断方法与U相相同。

(2) 电压电流法。

1) 电压的测量。测量相电压 U_{UN} 、U_{VN} 、U_{WN} ，测量线电压 U_{UV} 、U_{UW} 、U_{WV} 。

判断方法：

a) 若 $U_{UN} = U_{VN} = U_{WN} = 220V$ ，$U_{UV} = U_{UW} = U_{WU} = 380V$ ，接线正确。

b) 三相电压有零值时，可能是电压回路断相，回路处于缺相运行状态。

c) 如果电能表内部电压元件故障，则需要考虑对电量的影响量。只有当三相负荷相对平衡时，才存在一个元件影响量为33.33%的关系。现场需要根据具体情况，采取相应手段，确认差错电量，进行电量退补。

2) 电流的测量。测量相电流 I_U 、I_V 、I_W 。

判断方法：

a) 若有电流为零，则电流回路有断线或短路。

b) 如三相电压正常，有一相电流极性接反，当三相负荷相对平衡时，电能表只记录实际用电量的1/3；有两相电流极性接反，电能表反转，故障期间，倒退的电量数为正确用电量计数的1/3。

相关知识

理论知识 直接接入式低压电能计量装置常见故障操作程序、检查内容、分析方法等。

实践知识 常见直接接入式低压电能计量装置错误接线等异常现象分析、判断方法及故障处理等。

一、低压直接接入式电能表的正确接线图

低压直接接入式电能计量装置分为直接接入式单相电能表和直接接入式三相四线电能表两种，其正确接线如图3-1-1和图3-1-2。

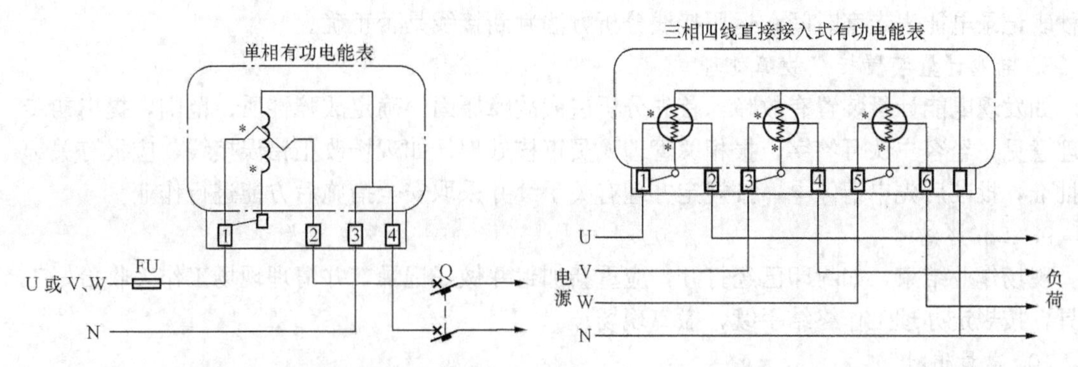

图3-1-1　直接接入式单相电能表接线图　　图3-1-2　直接接入式三相四线电能表接线图

低压直接接入式电能计量装置一般安装在客户端，环境条件相对复杂。在运行中经常会发生一些电能表接线开路、短路、接错、接线盒烧坏等现象，造成电能表因失电压、极性接反、分电流等情况，影响正确计量。因此正确分析和处理低压直接接入式电能计量装置的接线故障是电能计量工作人员的重要任务。

二、作业项目、程序和内容

1. 办理工作许可手续

根据《国家电网公司电力安全工作规程》有关规定办理工作许可手续，做好现场安全措施。按要求规范着装，戴安全帽，着棉质工作服，穿绝缘鞋，戴棉质线手套。

2. 现场直观检查

观察客户进户线是否正常，排除私拉乱接等不规范用电，了解客户实际负荷情况，以便核对电能表运行状况。

3. 电能计量装置箱（柜）外观及铅封检查

检查计量箱（柜）、电能表外观是否完好，封铅数量、封印等是否完好，核对铅封标记与原始记录是否一致，做好现场记录，排除人为破坏和窃电。

4. 电能计量箱（柜）内铅封及接线检查

检查电能表进线排列是否正确、接线有无松动、发热、锈蚀、碳化等现象。检查电能表接线盒封印、电能表封印（有其他功能的电能表还要检查功能设置、编程部分封印）是否完好，并详细记录异常现象及封印数量、印痕质量等。

5. 电能表接线盒内检查

检查电能表电压连接片（挂钩）及解析端子螺钉有无松动等现象，进出线有无短路过热等异常现象。

6. 电能表运行状态及功能记录检查

对于机电式电能表，观察电能表转盘转速，用秒表测定当前负荷下电能表每转所用时间；对于电子式电能表，观察电能表脉冲闪烁频率，用秒表测定10个或更多个脉冲所用时间。用瓦秒法判断电能表运行是否正常。

此外，还应检查有无异常报警信息，失电压、失电流记录，电能表当前运行时段、日历时钟、电量示数等信息。

7. 电能计量装置接线的带电检查

使用万用表、钳形电流表等仪表，在电能表接线端子上测量电能表电压、电流等参数，用秒表记录电能表走字时间，运用接线分析方法判断接线是否正确。

8. 电能计量装置接线故障处理

如发现电能计量装置有故障，首先分析造成故障原因，确定故障性质、范围，提出初步处理意见，经客户认可签字，报相关管理人员审核处理。如现场改正错误接线，应报有关部门批准，批准后先申请停电，按规定办理有关手续并采取安全措施后方能进行作业。

9. 工作终结

现场作业结束，如封印已经打开，应重新加封并做好记录，并清理现场工作，收拾好工器具，按规定办理工作终结手续，撤离现场。

10. 电量追补

如分析电能计量装置接线错误，需进行电量退补，以其实际记录的电量为基数，按正确与错误接线的差额率退补电量，退补时间从上次校验或换装投入之日起至接线错误更正之日止。对于无法获得电量数据的，以客户正常用电时月平均电量为基准进行追补。

三、检查分析方法与处理

（一）检查方法

电能计量装置接线检查一般分为停电检查和带电检查。

停电检查是对新装或更换互感器以及二次回路后的计量装置，投入运行前在停电的情况下进行的接线检查，主要内容包括电流互感器变比和极性检查、二次回路接线通断检查、接线端子标示核对、电能表接线检查等。

带电检查是电能计量装置投入使用后的整组检查，运行中的低压电能计量装置根据需要也可进行带电检查，以保证接线的正确性。带电检查的方法有实负荷比较法、逐相检查法、电流电压法、力矩法、相量图法及综合分析方法等。低压直接接入式电能计量装置接线比较简单，本模块主要介绍负荷比较法、逐相检查法和电压电流法。

1. 实负荷比较法

将电能表反映的功率与电能计量装置实际所承载的功率进行比较，也可根据线路中的实际功率计算电能表转动 N 圈数所需的时间与实际测得的时间进行比较，以判断电能计量装置是否正常，这种方法就是实负荷比较法，一般称为瓦秒法。

具体检查方法是：用一只秒表记录电能表转盘转动 N 转（电子式电能表为 N 个脉冲）所用的时间 t（s），然后根据电能表常数求出电能表计量的功率，将计算的功率与线路中的负荷实际功率值相比较，若二者近似相等，则说明电能表接线正确；若二者相差甚远，超出电能表的准确度等级运行范围，则说明电能计量装置接线有错误。运用实负荷比较法时，要求负荷功率在测试期间相对稳定，波动过大会降低判断的准确性。

负荷功率的计算公式为

$$P=\frac{3600\times1000\times N}{Ct} \text{或} P=\frac{3600\times1000\times N}{C_{m}t}$$

式中：P 为负荷功率，W；C 为电能表常数，有功：r/kWh（imp/kWh）；无功：r/kvarh（imp/kvarh）。

2. 逐相检查法

在电能表三相接入有效负荷的条件下，断开另外两个元件的连接片，让某一元件单独工作，观察电能表转动或脉冲闪烁频率，若正常，说明该相接线正确，这种现场检查方法就是逐相检查法。具体步骤如下：

首先检查U相（第一组件），接线如图3-1-3所示。断开电能表的V、W相电压连接片，使第二、第三元件失电压，此时电能表转动趋势明显减慢且正转，则说明U相元件接线正确。若电能表反转，则该组元件接线错误。若电能表不转，又排除了U相负荷为零或非常小的情况，就说明第一组件存在问题。

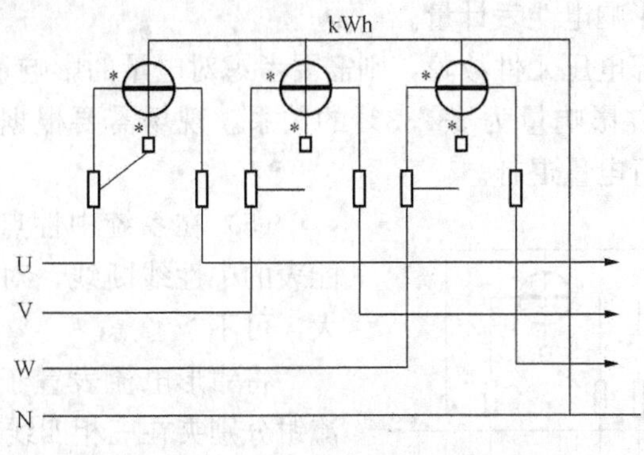

图3-1-3　逐相检查法检查U相

以此类推，检查V相时，应断开电能表的U、W相电压连接片；检查W相时，应断开电能表的U、V相电压连接片。判断方法与U相相同。

上面介绍的方法都属于定性判断，不能确定错误形式对电量的准确影响量，在后面模块"三相四线电能表错误接线检查、分析和故障处理"相量图法中介绍一种定量计算方法。

3. 电压电流法

使用万用表和钳形电流表测量电能表接入的电压、电流，通过与正常运行状态下电压电流值比较，从而判断计量装置是否正常，这种方法就是电压电流法。

下面以三相四线电能表为例进行说明。

先将万用表置于适当的挡位，然后用测试表笔在三相四线有功电能表的电压接线端子（如图3-1-4所示）上分别对一、二、三元件进行采样。因一元件的电压是从三相有功电能表端子①引入，二元件的电压是从端子③引入，三元件的电压是从端子⑤引入，电压线圈的公共端及U_N为⑦，故一元件的电压应在端子①⑦上采样，二元件的电压应在端子③⑦上采样，三元件的电压应在端子⑤⑦上采样。

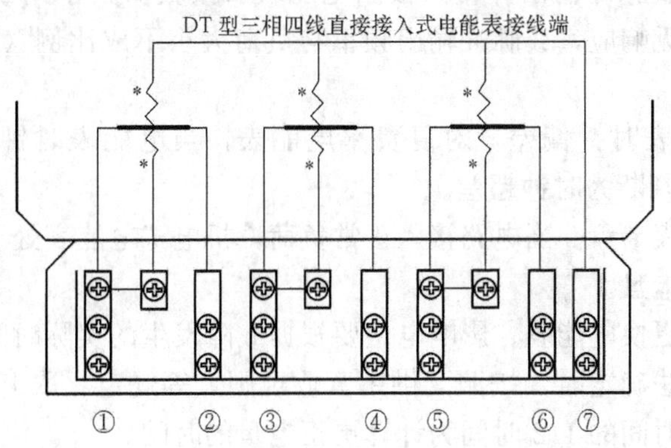

图3-1-4　三相四线有功电能表接线端子图

（1）在正常情况下三个元件相电压采样结果均为220V左右，①—③、①—⑤、⑤—③为线电压，一般在380V左右。如果测得各相电压相差较大，说明电压回路存在断线或回路阻抗异常的情况。

（2）三相电压有零值时，可能是电压回路断相，回路处于缺相运行状态。

（3）当三相负荷基本平衡时，电能表总计量 $P=P_1+P_2+P_3$。如发现断相故障，会影响客户正常用电，不会影响电能表计量。

（4）如果电能表内部电压元件故障，则需要考虑对电量的影响量。只有当三相负荷相对平衡时，才存在一个元件影响量为33.33%的关系。现场需要根据具体情况，采取相应手段，确认差错电量，进行电量退补。

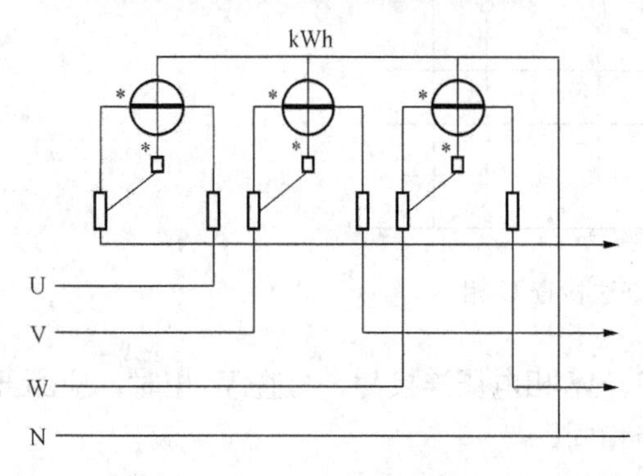

图3-1-5 电流极性接反

（5）在系统中性点连接正常的情况下，电能表的中性线断线，对计量装置准确性影响不大，可不予考虑。

将钳形电流表置于适当的挡位，然后将电流钳分别夹在三相四线有功电能表端子①、③、⑤引线上，此时显示的结果即为一元件、二元件、三元件的电流有效值。此时，并不能判断元件电流方向。

当电流极性反时（某一相或两相进出线接反），接线如图3-1-5所示。如一相接反，当三相负荷相对平衡时，电能表只记录实际用电量的1/3。如两相接反，电能表反转，故障期间，倒退的电量数为正确用电量计数的1/3（不计反转的附加误差）。

（二）常见故障分析与处理

1. 直观检查可能发现的故障与处理

（1）电能表潜动。断开电能表输出电路，使负荷电流为零，电能表仍然转动超过一转或在规定的时间内，电子式电能表仍然有脉冲输出，则判断为电能表潜动，相关规定见JJG 596—1999《电子式电能表检定规程》。

（2）电能表过负荷或雷击烧坏。观察电能表窗口和接线盒，当窗口出现明显雾状或电能表接线端子过热变形、碳化等现象，则判断电能表烧坏。

（3）电子式电能表脉冲输出异常。根据电能表所接负荷大小判断。当电路接入正常负荷，电能表脉冲指示无响应，或脉冲输出频率与负荷大小不成比例（用瓦秒法），则判断电能表脉冲输出异常。

（4）复费率电能表时钟偏差。对复费率电能表，当电能表时钟与北京时间出现超过±5min的偏差时，则判断为时钟超差。

（5）机电式电能表卡盘。当电路接入正常负荷，机电式电能表处于不转动或时转时停状态，则判断为电能表卡盘。

以上故障均需要更换电能表。影响电量要根据故障发生的实际时间和用户正常负荷进行计算。当故障时间无法确定时，按照《供用营业规则》等规定，取上次换表（抄表、检查）正确状况到消除故障时间的1/2时间为计算更正电量的时间。

2. 打开接线盒或检查电能表接线发现的故障与处理

(1) 电能表接线盒电压挂钩打开或接触不良。以单相表为例，如图 3-1-6 所示，可导致电能表不走字，或时走时停。

(2) 电能表接线盒或表内有电流短接线。以单相表为例，如图 3-1-7 所示，短接起到分流作用，可能导致电能表少计电量（对电子式电能表影响较小）。

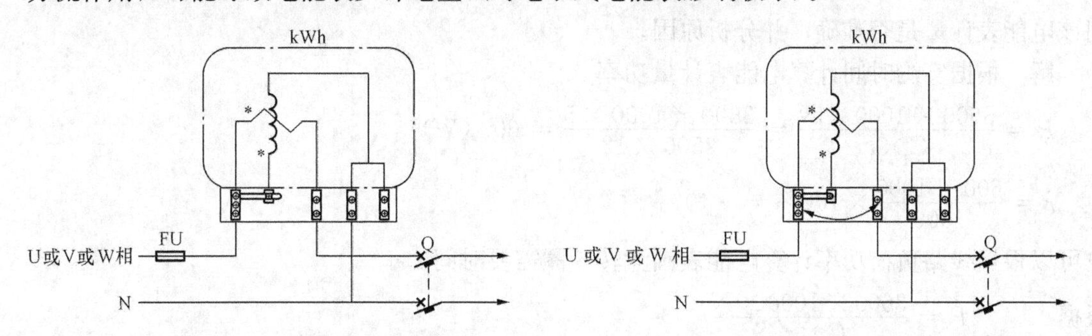

图 3-1-6　接线盒电压挂钩打开或接触不良　　图 3-1-7　接线盒或表内有电流短接线

(3) 机电式单相电能表相线反接。以单相表为例。如图 3-1-8 所示，可导致电能表反转，故障期间电能表倒字，在不考虑反转的附加误差时，倒走的用电量就是实际用电量。如倒走前电量已计收，只需追收倒走的电量；若倒走前电量未计收，则应追收倒走电量的 2 倍。电子式电能表有反走正计的功能，相线反接不影响电子式电能表计量。

(4) 单相电能表相线与中性线互换。如图 3-1-9 所示，电能表电流线圈流进负电流，电压线圈加反向电压，电压、电流同时反相，其相位差仍同正常，理论上不影响正确计量。但此种接线不规范，当在表后相线接入负荷，负荷的另一端直接接地，会造成不计量的故障。

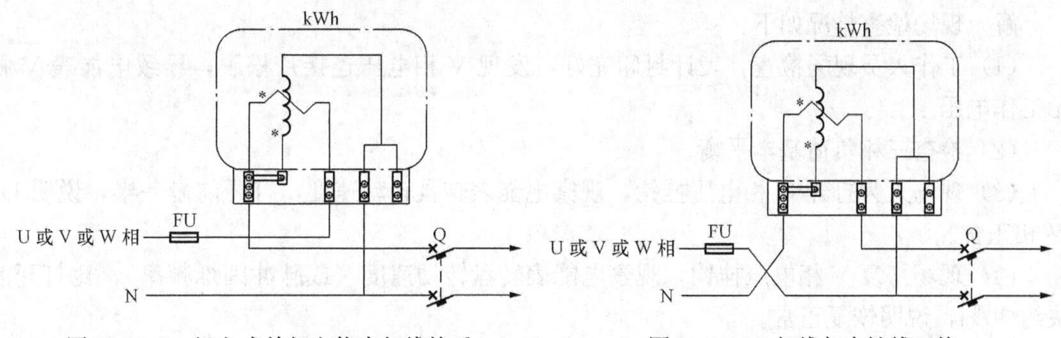

图 3-1-8　机电式单相电能表相线接反　　图 3-1-9　相线与中性线互换

四、注意事项

低压直接接入式电能表是电网中数量最大的电能计量装置，因接线方式相对简单，检查难度较小，现场故障主要是安装质量隐患、负荷过度波动造成接触发热、表计过载受损、雷击等引起故障较多，此类故障大多涉及电量退补，处理时要特别注意：

(1) 现场故障形态的保全和责任确认（客户签字），避免电量流失。

(2) 接线错误类计量故障的检查要确保安全，谨防误碰其他带电体，威胁人身安全。需停电，按程序停电。

（3）依据表计的接线原理，选择适当的方法，确认故障原因，按照营销管理程序，处理故障电量。

五、案例

【例 3-1-1】 有一只 2.0 级机电式电能表，电表常数 2500r/kWh，额定电压 3×380/220V，电流 3×3(6)A，接入负荷 1000W；当电表圆盘转 5 圈时，记录时间为 12s，试问该电能表计量是否准确，并分析原因。

解 根据实测时间计算电能表计量功率

$$P=\frac{3600\times1000\times N}{C\times t}=\frac{3600\times1000\times5}{2500\times12}=600\,(\mathrm{W})$$

$$r=\frac{600-1000}{1000}\times100\%=-40\%$$

也可以根据线路负荷功率计算电能表圆盘转 5 圈需要时间 t'：

根据 $$P=\frac{3600\times1000\times N}{C\times t'}$$

得 $$t'=\frac{3600\times1000\times N}{C\times P}=\frac{3600\times1000\times5}{2500\times1000}=7.2\,(\mathrm{s})$$

$$r=\frac{7.2-12}{12}\times100\%=-40\%$$

可见，该电能计量装置不准确，产生的原因可能有接线错误，可能有短路分流现象或电表内部故障。

【例 3-1-2】 某低压客户安装三相四线有功电能表 3×380/220V，3×5(20)A，一个抄表周期电能表记录电量 200kWh，供电公司工作人员发现电量比该客户正常平均用电量偏低，并了解到该客户用电负荷无减少，要求计量维护人员进行现场检查和故障处理。

解 现场检查情况如下：

（1）工作人员现场检查，表计封印完好，发现 V 相电压连接片松脱，导致电能表 V 相无工作电压。

（2）检查三相负荷基本平衡。

（3）现场人为打开 U 相电压挂钩，观察电能表转盘转动速度，打开前慢一半，说明 U、W 相正常。

（4）现场恢复 V 相电压挂钩，观察电能表转盘转动速度（或脉冲闪烁频率），比打开前快约 30%，说明恢复正常。

现场处理程序如下：

（1）抄读电量示数，现场恢复 V 电压连接片，按规定对电能计量装置或电能计量箱等进行加封。

（2）根据三相四线有功电能表计量原理，故障期间，电能表少计 1/3 电量；因为电能表实际记录电量为 200kWh，因此，推算该期间客户实际用电量为 300kWh，故应向该客户追收 100kWh 的电量。

（3）完成相应工作记录，客户确认签字。

复 习 思 考

（1）直接接入式三相四线电能计量装置常见错误接线形式有哪些？检查要点是什么？

（2）直接接入式三相四线电能表该如何进行检查与处理？

任务二　经互感器接入式低压三相四线电能计量装置的检查与处理

【教学目标】

知识目标

（1）了解经互感器接入式低压三相四线电能计量装置的接线检查作业项目、程序和内容。

（2）掌握经互感器接入式低压三相四线电能表的正确接线原则。

（3）掌握经互感器接入式低压三相四线电能计量装置相量图法并运用该方法对其常见故障进行检查分析及处理。

（4）了解经互感器接入式低压三相四线电能计量装置检查使用设备及安全措施和检查注意事项。

能力目标

（1）能判别三相四线电能表经互感器接入的正确接线。

（2）能用相量图法分析和判别三相四线电能表经互感器接入的各种错误接线及进行相应处理。

（3）能描述经互感器接入式低压三相四线电能计量装置检查作业项目和内容。

态度目标

（1）能主动学习，在完成任务过程中发现问题、分析问题和解决问题。

（2）在严格遵守安全规范的前提下，能与小组成员协作共同完成本学习任务。

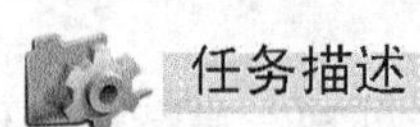

任务描述

本任务主要是针对经互感器接入式低压三相四线电能计量装置常见故障的现场操作程序、检查内容、分析方法等，通过要点讲解、相量图分析、案例分析，掌握常见低压三相四线电能计量装置错误接线的分析、判断方法，并进行故障处理。

任务准备

课前预习相关知识部分。根据三相电路的电压、电流关系及电压互感器的故障分析，掌握其特点。通过测量数据，画出相量图分析故障原因、查找故障和进行故障处理，并回答：

（1）画出经电流互感器接入式低压三相四线电能计量装置的正确接线原理图。

（2）介绍相量图分析的方法和步骤。

（3）某低压三相四线客户，私自将计量电流互感器更换，但互感器铭牌仍标为正确时的200/5，后经计量人员检测发现电流互感器变比为：U相200/5，V相300/5，W相200/5。

故障期间，有功电能表走了 125 个字，试计算退补的电量。

（4）一只经低压电流互感器接入的三相四线有功电能表，U 相电流互感器极性接反达一年之久，累计电量 3500kWh，该客户三相负荷对称，计算该客户错误接线期间应追补的电量。

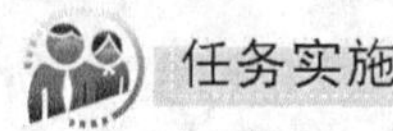

任务实施

一、作业人员、使用设备和安全措施

1. 作业人员

工作班组成员至少 2 人（其中工作负责人 1 人，工作班成员 1 人），客户（或设备运行）相关人员等。

2. 使用设备

相位伏安表、相序表、秒表、万用表、钳形电流表、电能表错接线仿真柜等。

3. 安全措施

本工作属于带电作业，进行低压电能计量装置接线检查时，应根据《国家电网公司电力安全工作规程》（2009 年版）要求做好安全措施，要特别注意：

（1）现场勘查电能计量装置安装位置及工作环境，保持与带电部位的安全距离。谨防误碰其他带电体，威胁人身安全。如果 TA 安装在变压器出线侧（桩头），则必须将变压器停电，做好安全措施，再进行检查工作。

（2）使用梯子时，要检查其安全性，应有专人扶护，有防止梯子滑动措施。

（3）使用登高工器具（如脚扣、踏板等）时，检查登高工器具是否完好并应正确使用。

（4）高处作业应戴好安全帽，系好安全带，防止高空坠落。

（5）工作所使用的工具盒仪表表笔等，其金属裸露部分应做好绝缘处理，防止误碰带电体，以保证工作人员的人身安全。

（6）工作人员按规定着装，要穿绝缘鞋，并站在绝缘垫上工作。

（7）当电能计量装置过热或回路上有过热、绝缘碳化痕迹时，要小心谨慎，防止因检查动作引起碳化点发生接地、短路事故。

二、作业项目、程序

除参照本学习情境“任务一　低压直接接入式电能计量装置检查与处理”进行现场作业外，还应检查以下项目：

（1）TA 变比。

（2）TA 接线端子。

（3）TA 与电能表电压线连接方式。

（4）TA 与电能表元件对应关系。

（5）TA 与电能表电流极性对应关系。

（6）联合接线盒（电压、电流二次试验端子）。

（7）电能表各元件电压与电流同相接入。

（8）电能表各元件电压与电流相位关系。

（9）电能表接入电压相序。

（10）电能计量装置故障处理。

对于无联合接线盒的电能计量装置，发现故障后处理原则与直接接入式电能计量装置相同，可参考模块“低压直接接入式电能计量装置检查、分析和故障处理”的任务实施进行处理。

对于经联合接线盒接入电能计量装置，如需现场改正错误接线，可采用不停电方式进行，具体操作参照模块“低压电能计量装置带电调换”的任务实施。

三、任务实施

本任务的实施采用相量图法比较电压、电流相量关系，分析判断故障范围，从而判定电能表的接线方式。正确接线中 $\dot{U}_U$、$\dot{U}_V$、$\dot{U}_W$ 为正相序，相电流滞后相应相电压。

相量图法包括测量、确定、绘图、分析和技术五个步骤，具体如下：

(1) 测量各元件电压、电流、相位。

(2) 测定接入电能表的电压相序和确定实际接入电能表的电压相序。

(3) 绘制电压、电流相量图。

(4) 分析实际接线情况和更正接线。

(5) 计算更正系数和退补电量。

相关知识

理论知识　经互感器的低压电能计量装置常见故障操作程序、检查内容、分析方法等。

实践知识　常见经互感器的低压电能计量装置错误接线等异常现象分析、判断方法及故障处理等。

一、经电流互感器接入的低压三相四线电能计量装置的正确接线图

经电流互感器（TA）接入的低压三相四线电能计量装置分为经联合接线盒和不经联合接线盒接入两种，其正确接线如图 3-2-1、图 3-2-2 所示。

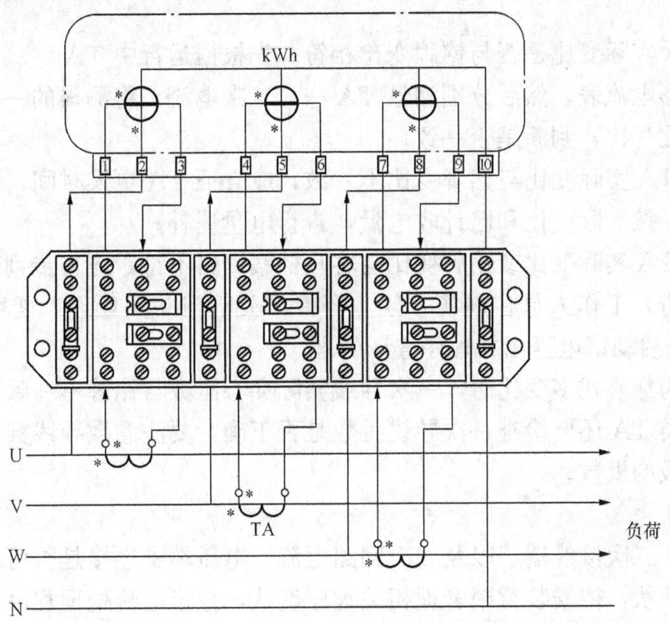

图 3-2-1　经 TA 及联合接线盒接入三相四线电能表接线图

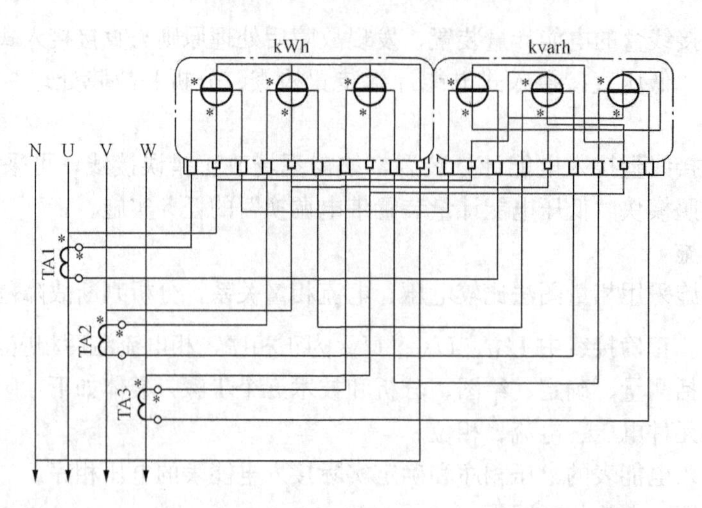

图 3-2-2 经 TA 接入三相四线有功、无功电能表联合接线图

经 TA 接入的低压三相四线电能计量装置一般安装在客户端，由于安装环境的多样化，此类计量装置的运行环境条件复杂，在安装和运行中会发生一些常见的故障，如电能计量装置三相电压与电流不同相，二次侧电流回路开路、短路、极性反接，电压开路；互感器变比错误等现象，由此造成电能表故障，影响正确计量。

二、作业项目、程序和内容

除参照模块“任务一 低压直接接入式电能计量装置检查与处理”进行现场作业外，还应检查的项目和处理的内容包括以下几方面：

1. TA 变比

(1) 检查三只 TA 铭牌变比是否一致，若不一致，应根据 TA 实际变比分别计算三相计费倍率。

(2) 检查 TA 实际变比是否与铭牌变比相符。先根据运行中 TA 一、二次电流大小，选择两只合适的钳形电流表，然后分别测量 TA 一、二次电流，将测得的一、二次电流数值之比与 TA 铭牌变比相比，判断是否一致。

(3) 如发现 TA 实际变比与铭牌变比不一致，应查证 TA 更换时间，确认故障时间和故障期间客户情况，按实际变比和已计收电量，进行电量退补。

(4) 如发现 TA 实际变比或铭牌变比与客户档案资料不符，应初步判断不符原因，并立即向主管部门报告，工作人员在现场守候，等待相关部门共同处理。现场如果有人为更换 TA 变比痕迹，应启动窃电等相关程序查证处理。

(5) 当 TA 为穿心式多变比时，一次导线实际穿心匝数与铭牌不一致，会导致计量倍率差错，因此对此类 TA 还要检查一次导线匝数是否正确，要注意数导线穿过 TA 圆心的根数而不是 TA 外导线的根数。

2. TA 接线端子

检查 TA 一、二次接线端子以及二次回路电流、电压端子连接是否可靠，如果发现明显缺陷点，应保持现状，待安装营销管理相关程序确认，差错电流处理程序完成后，再开展计量故障处理。

3. TA与电能表电压线连接方式

检查电能表电压是否接在TA的一元件侧，接触是否良好。如接在TA的二元件侧，由于TA一次绕组两侧存在电位差（理论上二元件侧电位低于一元件侧电位），因此有可能增大电能表电压附加误差。

4. TA与电能表元件对应关系

将钳形电流表置于适当的电流挡位，电流钳夹在三相四线有功电能表某一相电流输入端子引入线上，同时使用专用短接线，可靠短接TA二次侧输出端子S1、S2，当短接某一相TA二次端时，钳形电流表指示值发生明显变化（比如趋于零），说明该相TA接入该元件电流，做好标记后用同样的方法确定另外两相的对应关系。有条件时，也可采用相量图法进行检查。

5. TA与电能表电流极性对应关系

对应互感器本体极性判断，可参照互感器极性判断。这里只需要检查TA与电能表电流端子极性是否一致。在电压接入正确、三相电流对称平衡前提下，若三相电流相量和为零，则说明三相二次电流方向一致。因此，在电能表侧将TA二次侧三根电流进线同时卡入钳形电流表，测量三相电流相量相加后的值。在三相电流相量和为零的前提下，若电能表正转，说明电流无反接情况；若电能表反转，说明TA二次三相都反相接入电能表或TA一次潮流方向为“P2流进，P1流出”。若出现其他情况，可用相量图法进行检查。

6. 联合接线盒（电压、电流二次试验端子）

检查联合接线盒到电能表接线端连接导线是否规范（如按黄、绿、红排列）和正确。电流极性是否正确，三相工作电压和电流是否相同，接线盒螺钉是否紧固，电流回路连接片（试验连接片、旋钮）位置是否可靠。联合接线盒规范接线图如图3-2-3所示。

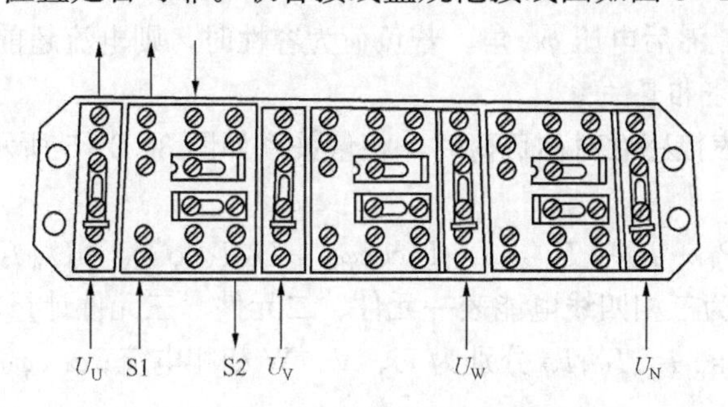

图3-2-3　联合接线盒规范接线图

7. 电能表各元件电压与电流同相接入

将万用表置于交流500V挡位，表笔一端接在某相TA的一次电源侧，另一只表笔，分别连接三相四线有功电能表三个电压输入端子，万用表示数应是两个380V左右，一个0V，示值为0的相，表笔两侧为同相。再结合电流回路的判定，确认电能表元件是否接入同一相电压、电流。

8. 电能表各元件电压与电流相位关系

用相位伏安表在电能表接线端子处测量电能表电压、电流计相位，运用接线分析方法判断接线是否正确。

9. 电能表接入电压相序

将相序表的三个表笔按固定次序，分别接到电能表表尾电压端，相序表正转或显示“正”，表明为正相序，反之，为逆相序。

若为逆相序，则不同电能表有不同的处理方法。对于三相四线有功电能表，能够准确计量，不属于故障。对于机电式无功电能表，会引起表计反转，由于机电式无功电能表装有止逆器，表计将停转，导致失去感性无功电量数据而无法计算正确的功率因数调整的电费，应采取合适方法改正。对于电子式多功能表，则会引起感性无功和容性无功象限记录错误，需要根据该表的设置进行具体分析。

10. 电能计量装置故障处理

对于无联合接线盒的电能计量装置，发现故障后处理原则与直接接入式电能计量装置相同，可参考学习情境三中“任务一　低压直接接入式电能计量装置检查与处理”进行处理。

对于经联合接线盒接入电能计量装置，如需现场改正错误接线，可采用不停电方式进行接线更正，具体操作参照学习情境二中的“任务四　低压电能计量装置带电调换”实施。

三、分析方法——相量图法

相量图法是指根据现场采集的电能计量装置有关参数绘制相量图，有关参数固有相量关系分析电能计量装置实际接线情况的一种方法。先回顾一下单相电能表和三相四线电能表有关参数之间存在的相量关系。

1. 单相电能表相量关系

当单相电能表接入电路，负荷为电感性时，其测量元件中接入的电压与电流的关系可以表示为图 3-2-4 所示关系。单相电能表计量功率表达式为

$$P = U_U I_U \cos\varphi_U \qquad (3-2-1)$$

式中：U_U 为 U 相相电压；I_U 为 U 相相电流；φ_U 为 U 相功率因数，表示 U_U 和 I_U 之间相位差。

感性负荷时，电流滞后电压 φ_U 角。若负荷为容性时，则电流超前电压 φ_U 角。

2. 三相四线电能表相量关系

当三相四线电能表接感性对称负荷时，相量关系如图 3-2-5 所示。三相四线电能表计量功率表达式为

$$P = P_1 + P_2 + P_3 = U_U I_U \cos\varphi_U + U_V I_V \cos\varphi_V + U_W I_W \cos\varphi_W \qquad (3-2-2)$$

式中：P_1、P_2、P_3 分别为三相四线电能表一元件、二元件、三元件计量功率；U_U、U_V、U_W 分别为 U、V、W 相相电压；I_U、I_V、I_W 分别为 U、V、W 相相电流；φ_U、φ_V、φ_W 分别为 U、V、W 相功率因数角。

设三相对称平衡，$U_U = U_V = U_W = U$，$I_U = I_V = I_W = I$，$\varphi_U = \varphi_V = \varphi_W = \varphi$ 则 $P = 3UI\cos\varphi$。

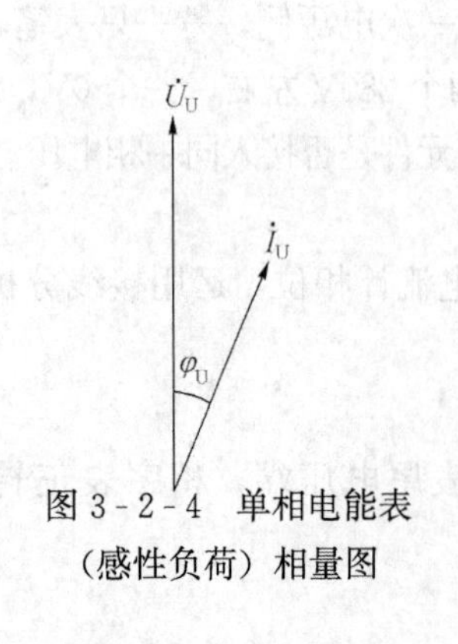

图 3-2-4　单相电能表（感性负荷）相量图

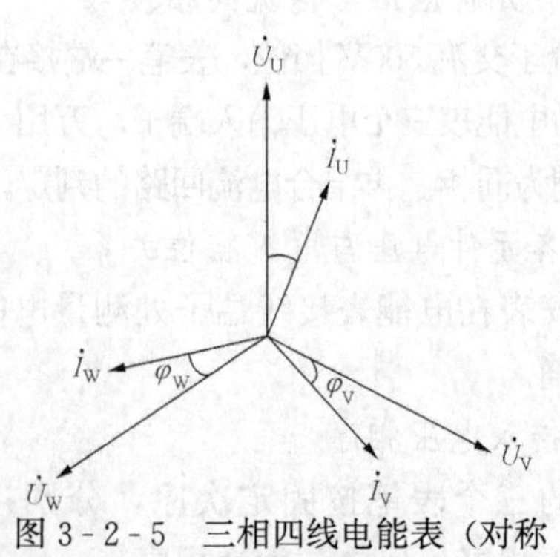

图 3-2-5　三相四线电能表（对称感性负荷）相量图

3. 相量图法

相量图法就是通过测量与功率相关量值来比较电压、电流相量关系，从而判定电能表的接线方式。它适应的条件是：

(1) 三相电压相量已知，且基本对称。

(2) 电压、电流比较稳定。

(3) 已知负荷性质（感性或容性），功率因数波动较小，且三相负荷基本平衡。

相量图法包括测量、确定、绘图、分析和计算五个步骤。

(1) 测量各元件电压、电流、相位。

1) 测量相电压：相位伏安表置于 500V 电压挡，分别在电能表表尾接线盒处三个元件电压接入端对 N 端子进行测量，即测量 U_{10}、U_{20}、U_{30}。

测量线电压：相位伏安表置于 500V 电压挡，分别在电能表表尾接线盒处三个元件电压接入端对电能表仿真台上为了定 U 相引出的 U 相电压孔的电压进行测量，即测量 U_{1U}、U_{2U}、U_{3U}。

2) 测量相电流：相位伏安表置于 10A 电流挡，将电流钳分别夹在电能表表尾接线盒处三个元件的电流进线上进行测量，即测量 I_1、I_2、I_3。

3) 测量相位：相位伏安表置于相位角测量挡位，分别测量一元件、二元件、三元件电压与电流间的相位角，即测量 $\dot{U}_{10} \wedge \dot{I}_1$，$\dot{U}_{20} \wedge \dot{I}_2 \dot{U}_{30} \wedge \dot{I}_3$。

注意：测量时应确认电压表笔和电流钳的极性端符合要求，即电压红色表笔应接在电能表电压接入端，应使电流流入电流钳规定的一次侧极性端（注意，不同厂家电流钳的极性标示可能有不同定义，以使用说明书为准），否则，相位测量结果会有差错，导致分析出现原则性错误。

(2) 测定接入电能表的电压相序和确定实际接入电能表的电压相序。

(ⅰ) 方法一：相序表测试。

1) 测定接入电能表的电压相序。将相序表测试笔按照排列顺序分别接入电能表三个电压端，相序表显示评定结果指 $\dot{U}_{10}$、$\dot{U}_{20}$、$\dot{U}_{30}$ 的相序，可能是正相序也可能是负相序，相量图见图 3-2-6。

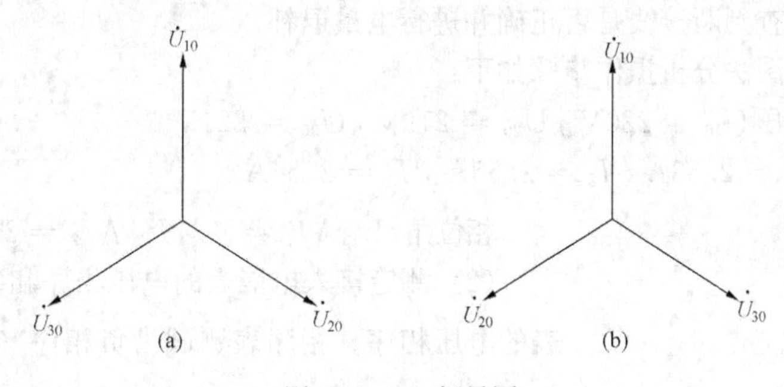

图 3-2-6　相量图

(a) 正相序；(b) 负相序

2) 确定实际接入电能表的电压相序。假定一元件电压 $\dot{U}_{10}$ 为 U 相（或 $U_{1U}=0$，则 U_{10} 为 U 相），则超前 U 相 120°的为 W 相，滞后 U 相 120°的为 V 相（即电压相序 $\dot{U}_U$、$\dot{U}_V$、$\dot{U}_W$ 任何时候都遵从标准接线的正相序），如果 $\dot{U}_{10}$、$\dot{U}_{20}$、$\dot{U}_{30}$ 与 $\dot{U}_U$、$\dot{U}_V$、$\dot{U}_W$ 不是一一对应关系，则实际接入电能表的电压相序有错。如若 $\dot{U}_{10}$、$\dot{U}_{20}$、$\dot{U}_{30}$ 为与 $\dot{U}_U$、$\dot{U}_V$、$\dot{U}_W$ 是一一对应关系，则

正相序相量图标注 $\dot{U}_{10}$（$\dot{U}_{U}$）、$\dot{U}_{20}$（$\dot{U}_{V}$）、$\dot{U}_{30}$（$\dot{U}_{W}$），其他根据分析情况标注。

（ⅱ）方法二：相位伏安表测试。

1）测定接入电能表的电压相序。增加测试数据：测量 $\dot{U}_{20} \wedge \dot{I}_{1}$，$\dot{U}_{30} \wedge \dot{I}_{1}$，根据 $\dot{U}_{10}$、$\dot{U}_{20}$、$\dot{U}_{30}$ 与 $\dot{I}$ 的夹角判断 $\dot{U}_{10}$、$\dot{U}_{20}$、$\dot{U}_{30}$ 的相序，如 $\dot{U}_{10}$ 超前 $\dot{U}_{20}$ 120°的为正相序，$\dot{U}_{10}$ 滞后 $\dot{U}_{20}$ 120°的为负相序。

2）确定实际接入电能表的电压相序。如果 $U_{1U}=0$，则 U_{10} 为 U 相，那么超前 U 相 120°的为 W 相，滞后 U 相 120°的为 V 相。

（3）绘制电压、电流相量图。

（4）分析实际接线情况和更正接线。根据负荷的性质确定三元件中所通入的实际电流。根据所画三元件中电流相量 $\dot{I}_{10}$、$\dot{I}_{20}$、$\dot{I}_{30}$ 进行分析，若出现 60°夹角说明其中有一相或两相电流极性接反；若出现 120°夹角说明接线正确或三相电流极性全反。

（5）计算更正系数和退补电量。

四、注意事项

经电流互感器接入的低压三相四线电能计量装置一般安装在客户端，安装环境多样化，因此，计量装置的运行环境复杂，处理时要特别注意：

（1）弄清客户电源接线，采取适当安全措施，防止误碰其他带电体，威胁人身安全。需停电时，应按程序停电。

（2）注意现场故障形态的保全和责任确认（客户签字），避免电量流失。

（3）依据表计的接线原理，选择适当的方法，确认故障原因，按照营销管理程序，处理故障电量。

五、案例

【例 3-2-1】 一低压电能计量装置，三相四线电能表经 TA 接入，已知电能表起数 000015，至数 000030，TA 变比 100/5，负荷功率因数 0.966，三相电压、电流基本对称平衡，试进行现场检查判断接线是否正确并进行电量退补。

解 采用相量图法分析操作步骤如下：

（1）测量相电压 $U_{10}=220\text{V}$，$U_{20}=219\text{V}$，$U_{30}=221\text{V}$

测量相电流 $I_{1}=2.53\text{A}$，$I_{2}=2.55\text{A}$，$I_{3}=2.54\text{A}$

相位角：$\dot{U}_{10} \wedge \dot{I}_{1}=15°$，$\dot{U}_{20} \wedge \dot{I}_{2}=255°$，$\dot{U}_{30} \wedge \dot{I}_{3}=315°$

（2）测定接入电能表的电压相序和确定实际接入电能表的电压相序。相序表测试为负相序（即 $\dot{U}_{10}$、$\dot{U}_{20}$、$\dot{U}_{30}$ 为负相序，见相量图 3-2-6），假定一元件电压 $\dot{U}_{10}$ 为 U 相（或 $U_{1U}=0$，则 U_{10} 为 U 相），则超前 U 相 120°的为 W 相，滞后 U 相 120°的为 V 相，故相量图标注电压 $\dot{U}_{10}$（$\dot{U}_{U}$）、$\dot{U}_{20}$（$\dot{U}_{W}$）、$\dot{U}_{30}$（$\dot{U}_{V}$）。

（3）绘制电压、电流相量图。根据电压、电流的相位关系绘制相量图如图 3-2-7 所示。

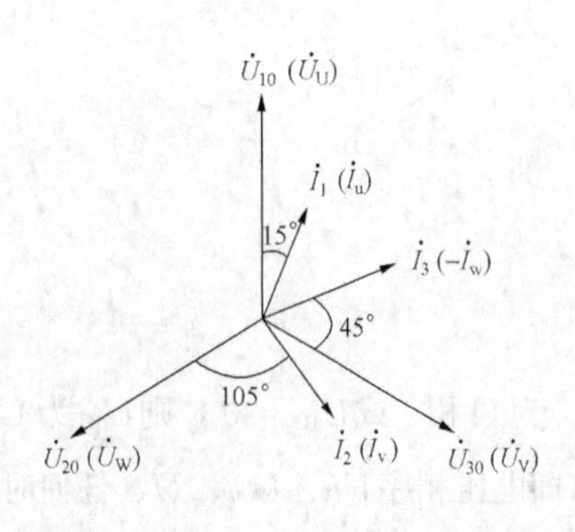

图 3-2-7 电压、电流相量图

$\dot{U}_{10}\wedge\dot{I}_1=15°$，说明 $\dot{I}_1$ 滞后 $\dot{U}_{10}$ 15°；$\dot{U}_{20}\wedge\dot{I}_2=255°$，说明 $\dot{I}_2$ 超前 $\dot{U}_{20}$ 105°；$\dot{U}_{30}\wedge\dot{I}_3=315°$，说明 $\dot{I}_3$ 超前 $\dot{U}_{30}$ 45°。

从相量图 3-2-7 可知实际接入电能表的相序为：U、W、V，即 W、V 相电压相序接反；电压 U、V、W 确定后，实际电流滞后相应电压（感性负荷），正常接线情况下 $\dot{I}_{10}$、$\dot{I}_{20}$、$\dot{I}_{30}$ 与 $\dot{I}_u$、$\dot{I}_v$、$\dot{I}_W$ 是一一对应关系，如果不是一一对应关系，则实际接入电能表的电流相序有错，由以上相量图分析可知 W 相电流极性接反。

(4) 分析实际接线情况及更正接线。由以上相量图分析可知各元件接入实际电压电流分别为一元件（$\dot{U}_U$，$\dot{I}_u$），二元件（$\dot{U}_W$，$\dot{I}_v$），三元件（$\dot{U}_V$，$-\dot{I}_w$），实际接线电路图如图 3-2-8所示。

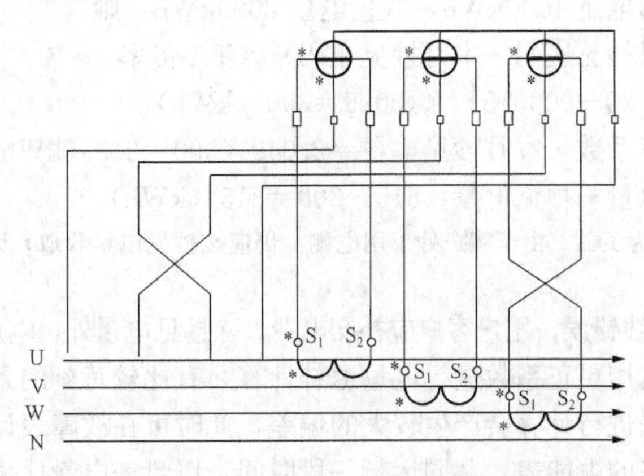

图 3-2-8　［例 3-2-1］实际接线电路图

电能表联合接线盒（某改线区域）电压、电流应更正的接线对应关系如图 3-2-9 所示（直线箭头表示改线位置及方向，如 U 相电压不变，V、W 相电压互换；W 相电流极性 S_1、S_2 端子互换，其他两相电流不变）。

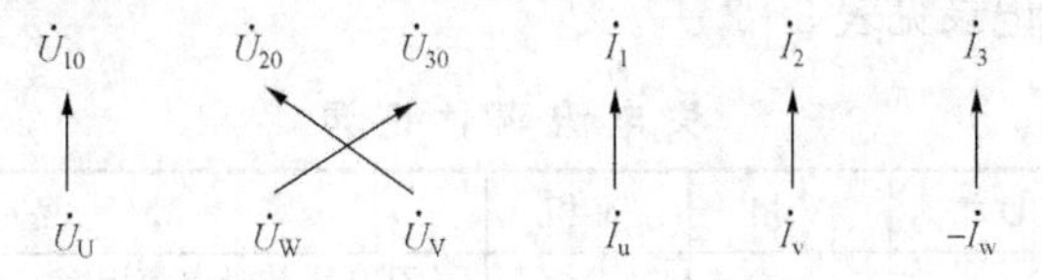

图 3-2-9　电压、电流更正接线的对应关系

(5) 计算更正系数和退补电量。

先写出错误接线下的功率表达式。各元件计量功率分别为

$P_1=U_UI_u\cos(\dot{U}_U\wedge\dot{I}_u)$，　　$P_2=U_WI_v\cos(\dot{U}_W\wedge\dot{I}_v)$，

$P_3=U_VI_w\cos[\dot{U}_V\wedge(-\dot{I}_w)]$

电能表计量功率

$P=P_1+P_2+P_3=U_UI_u\cos15°+U_WI_v\cos255°+U_VI_w\cos315°$

更正系数

$$K=\frac{\text{实际用电功率}}{\text{电能表计量功率}}$$

式中，当电能表计量功率 P 大于客户实际用电功率 P_0 时，电能表转得快，多计，应退补电量；反之，电能表转得慢，应补交电量；当 P 为负值时，电能表反转或记录在电子式多功能表反向位置；当 P 为零时，电能表停转。

由于三相电压基本对称、三相电流基本平衡，即 $U_U = U_V = U_W = U_P$；$I_u = I_v = I_w = I_P$。

实际用电功率为 $P_0 = 3U_P I_P \cos\varphi$。实际工作中，取用户平均功率因数角，本例中，$\varphi = 15°$，则更正系数

$$K = \frac{3U_P I_P \cos\varphi}{U_U I_u \cos15° + U_W I_v \cos255° + U_V I_w \cos315°}$$

$$= \frac{3 \times 0.966}{\cos15° + \cos255° + \cos315°} = 2.049$$

已知出错期间起始电量 1000kWh，截止电量 2000kWh，则

抄见电量＝（上月抄见底码－本月抄见止码）×TA 倍率

＝（000030－000015）×100/5＝300（kWh）

实际用电量＝更正系数×本月抄见电量＝2.049×300＝615（kWh）（注：电量取整数）

差错电量＝实际电量－抄见电量＝615－300＝315（kWh）

注意：即使抄见电量为负数，由于客户处于用电侧，仍应按抄见电量收取，因此在计算差错电量时无需考虑抄见电量的符号。

处理结果：因为接线错误，用户客户应补交电费，除抄见电量外，电量按 315kWh 补收。

需要说明的是，运用更正系数进行电量退补计算，有比较苛刻的条件。如果现场条件不能满足，采用上述方法进行计算会产生较大的偏差，此时可在故障表计回路中串入一只经检定合格的同型号、规格的电能表，共同运行一段时间，以量表电量比值确定电量退补系数。

【例 3-2-2】 一低压电能计量装置，接三相动力负荷，经 TA 接入（K=40），配置电子式多功能表。投运后一年零六个月，电量异常波动，计量班接到异常传单，根据现场情况进行处理。

解 经现场检查，发现装置 TA 二次 V 相电流断流。经查，电能表接线盒中 V 相电流接线螺钉未接紧，后因负荷较重（电量明显上升），接点发热断开。借助多功能表事件记录功能，调出失电流事件记录见表 3-2-1。

表 3-2-1 **失电流事件记录**

项目	U相	V相	W相	备注
失电流次数	278	371	278	存在无数失电流记录，从 U、W 相失电流次数对应的失电流电量加以印证
失电流时间（min）	165	49018	165	扣除 165min 无效记录，失电流时间约为 33.9 天
失电流期间记录电量（度）	0.05	54.45	0.04	满足 V 相断流关系

故障点发热至烧断所耗电能不可计算，V 相断开后，电能表记录电量 54.45 是两个元件的抄见电量，因此，应追补电量为 $54.45/2 \times 40 = 1089$(kWh)。

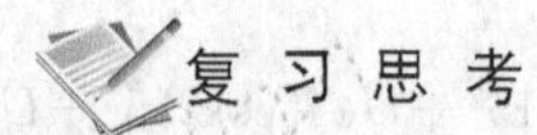

复习思考

（1）作图说明经电流互感器接入式三相四线电能计量装置正确接线计量原理。

（2）经电流互感器接入式三相四线电能计量装置常见错误接线形式有哪些？其常见错误

接线检查方法有哪些？

（3）某三相低压用户，安装三相四线电能计量装置一套，TA 的变比为 500/5A，装表时误将 A 相 TA 极性接反；试画出错误接线时的接线图，分析计量结果，并简要说明故障检查方法。

任务三　高压三相三线电能计量装置的检查与处理

教学目标

知识目标

（1）掌握电压互感器的 V 形接线及其断线、极性接反的分析方法和判断。

（2）掌握电流互感器的 V 形接线及其短路、断线、极性接反的分析方法和判断。

（3）掌握高压三相三线电能计量装置相量图法并运用该方法对其常见故障进行检查分析及处理。

（4）了解高压三相三线电能计量装置检查使用设备及安全措施和检查注意事项。

能力目标

（1）能简要说明高压三相三线电能计量装置检查的目的、作业项目和内容。

（2）能正确使用相位伏安表、万用表、钳形电流表等工具进行相关数据的测量。

（3）能正确掌握高压三相三线电能计量装置相量图法并运用该方法对其常见故障进行检查分析和处理。

（4）能在带电的情况下正确使用螺丝刀进行改接线，完成改线后停电并恢复接线。

（5）能正确进行危险点分析及控制措施。

态度目标

（1）能主动学习，在完成任务过程中发现问题、分析问题和解决问题。

（2）在严格遵守安全规范的前提下，能与小组成员协作共同完成本学习任务。

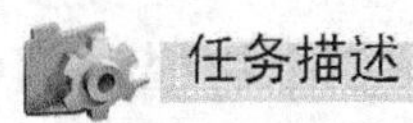

任务描述

本任务主要是高压三相三线电能计量装置中断相、电流相序正反、电压相序正反、反极性等错误接线检查和处理的现场操作程序、检查内容、分析方法等。通过相量图分析、案例分析等，掌握这些高压电能计量装置错误接线的分析、判断方法，并进行故障处理。

高压三相三线电能计量装置中电能表不计电能、少计电能或多计电能，各小组在电能表错接线仿真柜中，认真分析电能计量运行规程，领取工作任务单、填写第二种工作票、安全控制卡、工序质量控制卡后，正确完成电能表错接线分析和处理，追退电量。

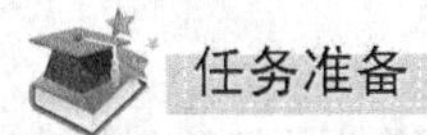

任务准备

课前预习相关知识部分。根据三相电路负载电压电流关系及电压互感器的故障分析，掌握其特点，通过测量数据，画出相量图分析故障原因、查找故障和故障处理。并完成：

（1）电压互感器 Vv 接线一、二次断线时各电压如何变化，画出 U 相 TV 一、二次断线时的接线图和相量图。

(2) 电压互感器 Vv 接线，线电压为 100V，当 V 相极性接反时，电能表接线盒电压端子测得的线电压是多少？

(3) 已知三相三线电能表（经 TV、TA 接线）的测量数据 $U_{10}=100\text{V}$，$U_{20}=0\text{V}$，$U_{30}=100\text{V}$，$I_1=I_2=2.45\text{A}$；$U_{12}=U_{32}=U_{31}=100\text{ V}$，$\dot{U}_{12}\wedge\dot{I}_1=349°$；$\dot{U}_{32}\wedge\dot{I}_1=289°$。试用相量图法分析三相三线电能计量装置的错误接线。

(4) 已知三相三线电能表（经 TV、TA 接线）的测量数据 $U_{10}=0\text{V}$，$U_{20}=56\text{V}$，$U_{30}=100\text{ V}$，$I_1=I_2=2.97\text{ A}$；$U_{12}=58\text{ V}$，$U_{32}=40\text{ V}$，$U_{31}=100\text{ V}$，$\dot{U}_{31}\wedge\dot{I}_1=179°$，$\dot{U}_{31}\wedge\dot{I}_2=300°$。试用相量图法分析三相三线电能计量装置的错误接线。

(5) 已知三相三线电能表（经 TV、TA 接线）的测量数据 $U_{10}=0\text{V}$，$U_{20}=100\text{V}$，$U_{30}=100\text{V}$，$I_1=I_2=1.47\text{A}$；$U_{12}=100\text{ V}$，$U_{32}=173\text{ V}$，$U_{31}=100\text{ V}$，$\dot{U}_{12}\wedge\dot{I}_1=178°$，$\dot{U}_{12}\wedge\dot{I}_2=329°$，$\dot{U}_{31}\wedge\dot{I}_1=148°$，$\dot{U}_{32}\wedge\dot{I}_2=298°$。试用相量图法分析三相三线电能计量装置的错误接线。

 任务实施

一、作业人员、使用设备和安全措施

1. 人员组成

工作班组成员至少 2 人（其中工作负责人 1 人，工作班成员 1 人），客户（或设备运行）相关人员等。

2. 使用设备

万用表、通灯、相序表、相位伏安表、钳形电流表、电能表现场校验仪或专用电能计量装置接线检查仪、电能表错接线仿真柜等。

3. 安全措施

进行高压电能计量装置接线检查时，应根据《国家电网公司电力安全工作规程》(2009 年版）要求做好安全措施。

(1) 根据现场需要办理第一种或第二种工作票。

(2) 现场查勘电能计量装置安装位置及工作环境。高压电能计量装置接线检查危险点分析与控制措施，见表 3-3-1。

表 3-3-1 高压电能计量装置接线检查危险点分析与控制措施

序号	危险点	控制措施
1	登高及安全工器具运用	按照通用登高要求操作
2	安全监护	全程专人监护
3	安全措施	(1) 在电能计量装置二次回路上工作，严禁电流互感器二次回路开路，电压互感器二次回路短路 (2) 防止工作人员走错间隔 (3) 工作所用的工具和仪表表笔，其金属裸露部分应做好绝缘处理，防止误碰带电体 (4) 防止工器具坠落
4	安全防护	(1) 作业范围设置安全围栏、悬挂标示牌 (2) 全部作业人员按工作要求着装、戴安全帽、穿绝缘鞋、戴手套、系好安全带
5	天气情况	雷雨天气，应停止户外作业

二、作业项目、程序

(1) 办理工作票。

(2) 直观检查。

1) 环境检查。

2) 计量箱（柜）外观及铅封检查。

3) 计量箱（柜）内检查。

4) 互感器二次端子和“二次回路端子排”接线端子是否正常。

(3) 检查电能表。

(4) 电能计量装置接线检查。

(5) 二次回路参数测试。

(6) TV出现接线错误的检查与处理。

1) 运行参数的测量。

2) 判断接线情况。

3) 更正系数和电量计算。

三、任务实施

(一) 停电检查

1. 核对二次回路接线端子标示

(1) 核对相别。

(2) 核对标号。

2. 二次回路导线导通与绝缘检查

(1) 二次回路导线导通检查。

(2) 二次回路导线绝缘检查。

(二) 带电检查

1. 力矩法

(1) 断开V相电压法。

(2) U、W相电压交叉法。

2. 相量图法

(1) 高压三相三线电能表简单错误接线检查与处理。

1) 测量各元件电压、电流、相位。

2) 测定接入电能表的电压相序和确定实际接入电能表的电压相序。

3) 绘制电压、电流相量图。

4) 分析实际接线情况和更正接线。

5) 计算更正系数和退补电量。

(2) 高压三相三线电能表断线故障检查与处理。

1) 测量各元件电压、电流、相位。

2) 确定V相和断线相。

3) 绘制电压、电流相量图。

4) 分析实际接线情况和更正接线。

5) 计算更正系数和退补电量。

(3) 高压三相三线电能表TV极性接反故障检查与处理。

1) 测量各元件电压、电流、相位。

2) 确定TV极性接反。

3) 确定V相和电压相序。

4) 绘制电压、电流相量图。

5) 分析实际接线情况和更正接线。

6) 计算更正系数和退补电量。

相关知识

理论知识 高压三相三线电能计量装置常见故障（断相、相序正反、电压相序正反、反极性等）操作程序、检查内容、分析方法等。

实践知识 常见高压三相三线电能计量装置错误接线等异常现象分析、判断方法及故障处理等。

一、高压三相三线电能计量装置的正确接线

高压三相三线电能计量装置主要应用在中性点不接地系统。35kV及以下电力系统的高供高计计量装置，多采用三相三线方式。在实际运用中可采用高压组合计量装置或分体式计量互感器组成电能计量装置。其三相有功电能表的正确接线图和相量图如3-3-1所示，三相有功电能表与无功电能表的联合接线图如图3-3-2所示。

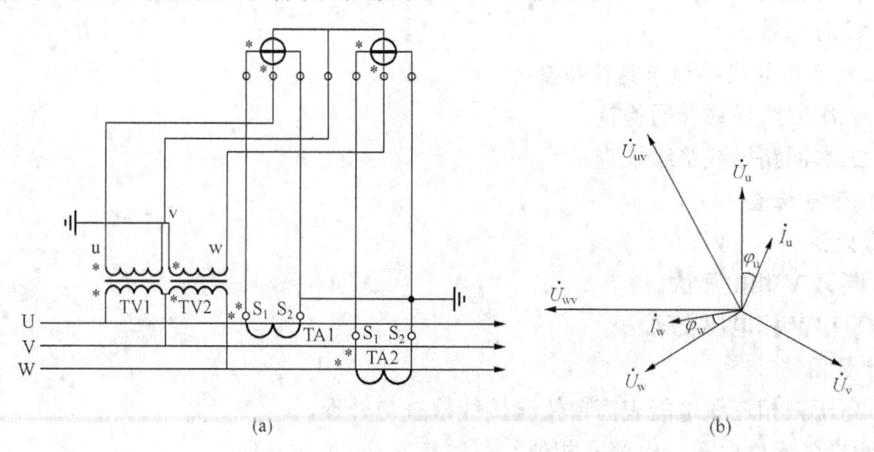

图3-3-1 高压三相三线有功电能表的正确接线图

(a) 电路图；(b) 相量图

电能计量装置在运行中可能出现电压、电流缺相，电流反接，电压相序接错，电压电流不对应（移相）、电压互感器极性接反、电压互感器断线等故障，影响电能计量的准确度，给电力供应双方造成损失。因此，对运行中的电能计量装置进行接线检查十分重要。

对于变电站电能计量装置的计量异常（故障）的处理需要经过查勘，制定安全技术措施，办理工作票（种类需根据异常类型确定）、许可工作等管理程序。参加故障人员，应具备变电站图纸识读技能，熟悉计量回路的走向以及电缆导线的编排规则，在采取安全措施、监护到位的条件下开展检查工作。

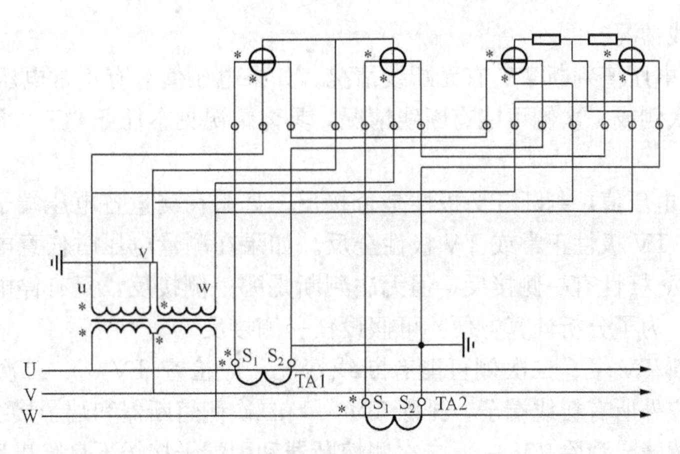

图 3-3-2　高压三相三线有功、无功电能表的联合接线图

二、作业项目、程序和内容

1. 办理工作票

带电检查应办理第二种工作票。如需进行停电检查，应办理第一种工作票。

2. 直观检查

(1) 环境检查：主要检查电能计量装置的安装环境位置是否满足安全、可靠的管理要求。

(2) 计量箱（柜）外观及铅封检查：检查计量箱（柜）、电能表、互感器外观是否完好，封铅数量、封印等是否完好，核对铅封标记与原始记录是否一致，做好现场记录，排除人为破坏和窃电。

(3) 计量箱（柜）内检查：检查“接线盒”与电能表之间的接线是否正确，接线有无松动等现象。检查接线盒的封印、电能表表尾及表耳封印（有其他功能的电能表还要检查功能设置、编程部分封印）是否完好，并详细记录异常现象及封印数量、印痕质量等。

(4) 端子检查：检查互感器二次端子和“二次回路端子排”接线端子是否正常。

3. 电能表的检查

对于机电式电能表，观察转盘转动方向，判断是否与线路负荷潮流一致。观察转盘转动速度，是否与用电负荷一致。

对于电子式电能表，观察电能表显示的参数等相关信息，检查电能表失电压次数、时间和失电压时的负荷、需量、编程次数和时间等事件记录，检查多功能电能表时钟、电池、费率时段、电量冻结日等信息有无异常，抄读电能表当前电量读数。

4. 电能计量装置接线检查

使用万用表、通灯、绝缘电阻表、相序表、相位伏安表、钳形电流表、电能表现场校验仪或专用电能计量装置接线检查仪等仪表，现场测量有关电压、电流、相位、相序等参数及导线通断情况，运用接线分析方法判断接线是否正确。

5. 二次回路参数测试

此项目主要在投运后进行，通过测量电压二次回路压降、电流二次回路的实际负荷等方式检查电能计量装置是否满足有关技术要求。

6. TV 出现接线错误的检查与处理

(1) 运行参数的测量。测量包括电压、电流、相序、相位等运行参数。

（2）判断接线情况。

1）根据测得电压值判断 TV 有无断线情况。如果电压值只有正常电压情况的 50%甚至更低，则 TV 一次侧或二次侧可能有断线情况，具体情况见本任务“三、常见故障分析”中 TV 断线分析。

2）根据测定电压值，判断 TV 极性是否接反。如果在测量各电压端子之间电压时，没有出现 173V，则 TV 极性正常或 TV 极性全反。如果在测量电压时任意电压端子之间电压出现 173V，则 TV 极性有一侧接反，但无法判断是哪一侧接反，只有停电检查 TV 极性方能做出准确判断。为了分析计算方便，可假设任一侧接反。

（3）如果判断 TV 一、二次侧可能有断线情况，应检查 TV 一、二次侧熔断器是否完好，检查户内、户外所有接线端子，排除 TV 一、二次侧熔断器和端子接线不良，造成电能计量装置失电压故障。消除 TV 一、二次侧熔断器和因端子接线不良隐患后，如二次电压仍不正常，则需要停电进行认真检查。

（4）如果判断 TV 二次侧有极性接反情况，应停电进行检查，确定 TV 极性。

具体极性判断方法是：用“点合”（刚合上，立即断开）的方式操作开关。合上开关的瞬间，仪表指针正向摆动，断开开关的瞬间，仪表指针反向摆动，则电压互感器为减极性，电压互感器一次绕组预判的“A”端和二次绕组“a”端与实际极性相同，为同名端。若偏向方向与上述方向相反，则电压互感器为加极性，电压互感器一次绕组预判的“A”端和二次绕组“x”端为同名端。

7. 更正系数和电量计算

方法见“任务二　经互感器的低压三相四线电能计量装置检查与处理”。

三、常见故障分析

1. TV 一次侧断线

当一次侧断线时，二次侧各线间的电压值与互感器的接线方式有关，以下介绍 Vv 接线时的情况。

（1）分别测量二次线电压。正常情况下，三个线电压都是 100V。

（2）当一次侧 U 相断线时，接线如图 3-3-3 所示。UV 间无电压，二次侧 uv 间也没有感应电动势，即 $U_{uv}=0V$，一次侧 VW 间电压正常，即 $U_{VW}=100V$，二次侧 $U_{wu}=U_{vw}=100V$。

（3）同理，当一次侧 W 相断线时，二次侧 $U_{uv}=100V$，$U_{vw}=0V$，$U_{wu}=100V$。

（4）当一次侧 V 相断线时，接线图如图 3-3-4 所示。若两个单相 TV 励磁阻抗相等，则二次侧 $U_{wu}=100\ V$，$U_{uv}=U_{vw}=50\ V$。

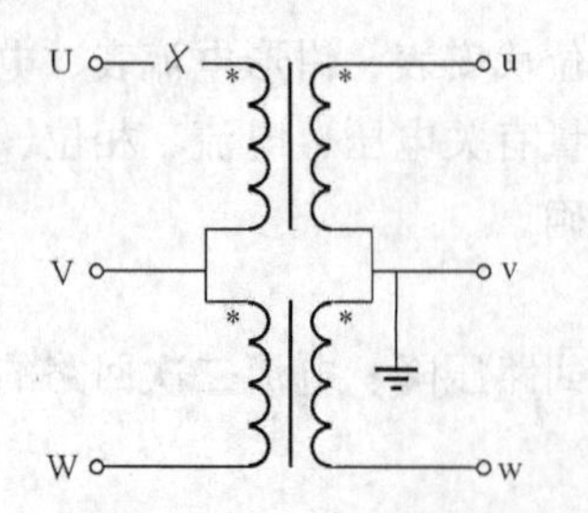

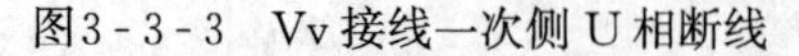

图3-3-3　Vv 接线一次侧 U 相断线

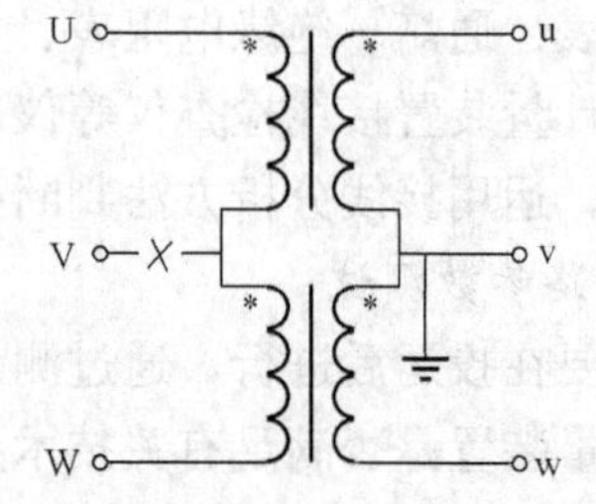

图3-3-4　Vv 接线一次侧 V 相断线

（5）特别说明：在实际工作中，如果 TV 一次侧熔断器熔断，在二次侧测量的电压与前面分析的结论有较大差异，既不会出现 0V，也不会出现 50V。这是因为一次侧熔断器熔断后，其熔断电弧的游离物在高压作用下，本应出现的无穷大阻抗存在不确定性，可能存在即使熔断也不会呈现绝对断开的状态，但不论哪种情况，如果电压测量值为几十伏，有很大可能是 TV 一次侧断线。

（6）如要判断 TV 一、二次侧是否有断线情况，一是检查 TV 一、二次侧熔断器，二是检查户内、户外所有接线端子，排除 TV 一、二次侧熔断器和端子接线不良，造成电能计量装置失电压故障。消除 TV 一、二次侧熔断器和因端子接线不良隐患后，如二次电压仍不正常，则需要停电进行认真检查。

2. TV 二次侧断线

（1）Vv 接线空载时，TV 二次侧 u 相断线，如图 3-3-5所示。因 u 相断线，uv、uw 间构不成通路，故 $U_{uv}=U_{uw}=0V$，而 vw 间为正常电压回路，故 $U_{vw}=100$ V。同理，TV 二次侧 v 相断线，$U_{uv}=U_{vw}=0$ V，$U_{uw}=100$ V。TV 二次侧 w 相断线，$U_{uw}=U_{vw}=0$ V，$U_{uv}=100$ V。

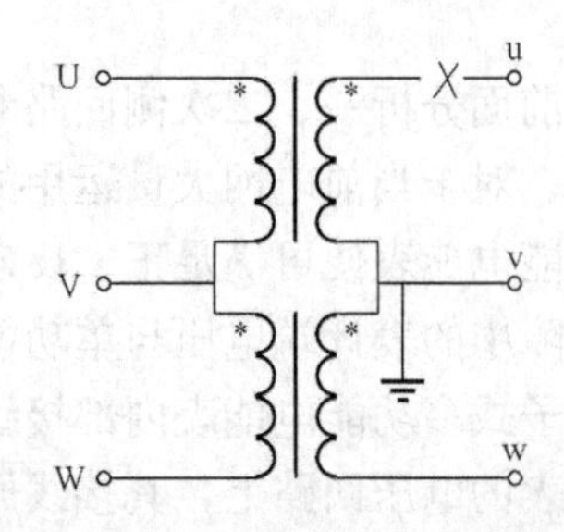

图 3-3-5　Vv 接线 U 相二次侧断线

（2）Vv 接线带负荷时，TV 二次侧断线时所测得二次电压与负荷的接线方式有关。若所接负荷为一只三相三线有功电能表和一只 60°型三相三线无功电能表，假设各电压线圈的阻抗相等，断线时各相电压变化如下：

1）u 相二次侧断线　$U_{uv}=U_{uw}=50$ V，$U_{vw}=100$ V，如图 3-3-6 所示。

2）v 相二次侧断线　$U_{uv}=66.7$ V，$U_{vw}=33.3$ V，$U_{uw}=100$ V，如图 3-3-7 所示。

3）w 相二次侧断线　$U_{uv}=100$ V，$U_{vw}=33.3$ V，$U_{uw}=66.7$ V，如图 3-3-8 所示。

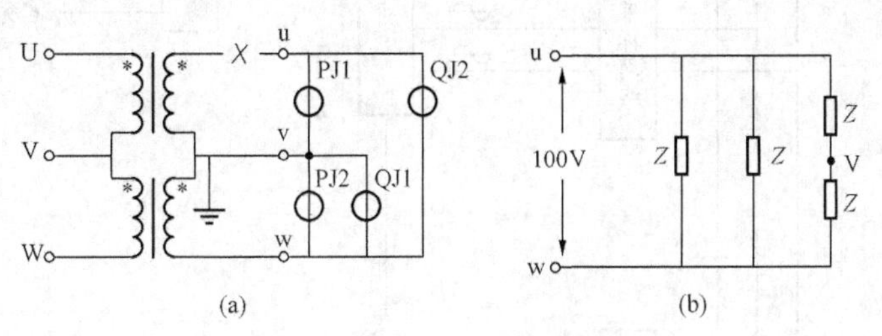

图 3-3-6　带负荷时 u 相断线

（a）接线图；（b）等效电路图

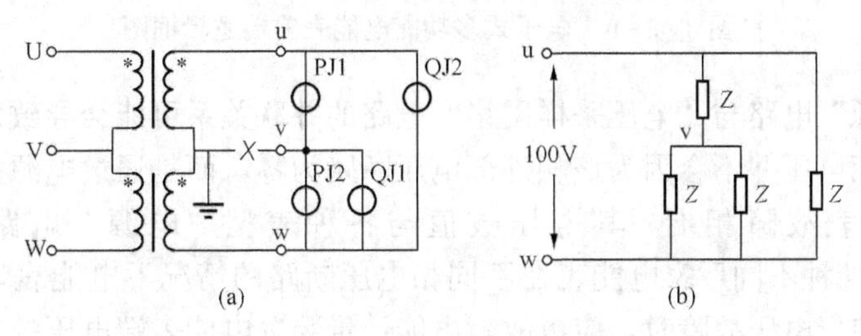

图 3-3-7　带负荷时 v 相断线

（a）接线图；（b）等效电路图

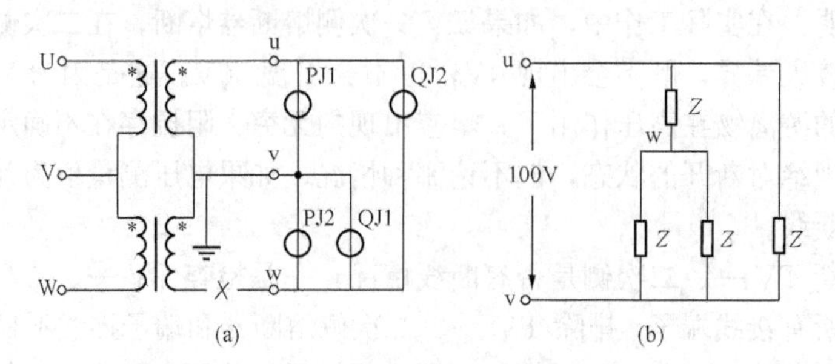

图 3-3-8 带负荷时 w 相断线

(a) 接线图；(b) 等效电路图

前面分析一、二次侧回路断线故障，均为机电式有功、无功电能表联合接线的理想回路分析。对于当前电网大量运用的电子式多功能电能表，电能计量装置只需要配置一只电子式多功能电能表便可满足正、反向，有功、无功电能计量。该配置在电压互感器一、二次侧断线故障中的表计端电压与单功能有功、无功电能表联合接线的也存在显著不同，其原因是因为电子式多功能电能表内部接线除了电压采样电路外，还有一套电能表工作电源电路并联在电能表的电压回路上，其接线原理如图 3-3-9 所示。

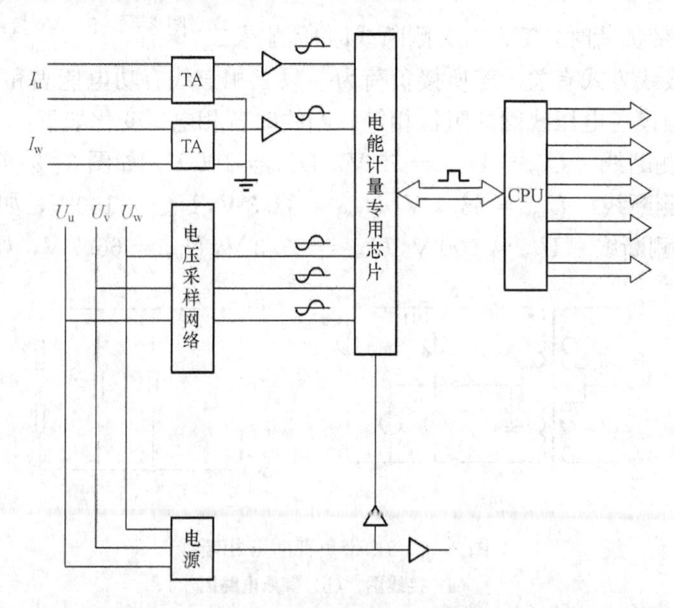

图 3-3-9 电子式多功能电能表前端逻辑框图

图中的“电源”电路与“电压采样网络”电路的并联关系可能会导致发生电压断线故障后，电能表端该相电压并不会因为该相外部电压断路为零，而是通过电源并联回路，将正常相电压串到电能表故障相端，其电压数值与各种表型“电源”电路设计方式有关。表 3-3-2中列出四种不同厂家电能表在不同相电压断路的情况下电能表端电压的数值。现场处理电能计量装置电压故障时，应以故障电能计量装置电能表端电压的实测值，来计算表计在故障条件下功率元件的实际功率值。

表 3-3-2　　电子式多功能电能表断压实测数据表

被测表铭牌参数	(1) DSSD71 3×100V 3×1.5 (6) A		(2) DSSD71 3×100V 3×1.5 (6) A		ABB 3×100V 3×1.5 (6) A		DSSD719 3×100V 3×1.5 (6) A		DSSD5 3×100V 3×1.5 (6) A	
电压回路正常电压值	U_{UV}= 99.94V	U_{WV}= 100.10V	U_{UV}= 99.94V	U_{WV}= 100.10V	U_{UV}= 99.94V	U_{WV}= 100.10V	U_{UV}= 99.94V	U_{WV}= 100.10V	U_{UV}= 99.94V	U_{WV}= 100.10V
断 u 相	47.09V	100.08V	41.19V	100.59V	2.65V	100.06V	1.44V	100.51V	38.68V	100.06V
断 v 相	50.71V	50.67V	51.91V	49.44V	44.57V	59.39V	48.36V	52.22V	48.16V	52.02V
断 w 相	99.89V	40.28V	99.88V	45.76V	99.89V	2.72V	100.34V	1.40V	99.89V	36.78V

3. TV 二次侧极性反

当 TV 二次侧极性接反，电压相量图和二次电压值有不同的表现，表 3-3-3 列出了用两只单相电压互感器 Vv 接线时，极性接反的相量图和线电压。

表 3-3-3　　Vv 接线极性接反的相量图和线电压

序号	极性接反相别	接线图	相量图	二次线电压 (V)
1	U 相极性接反	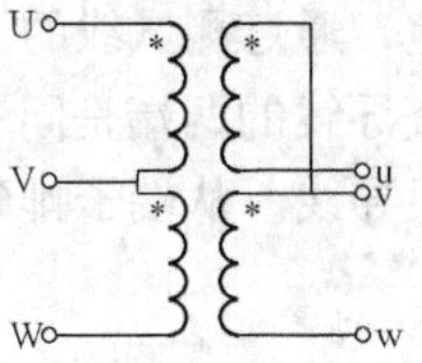	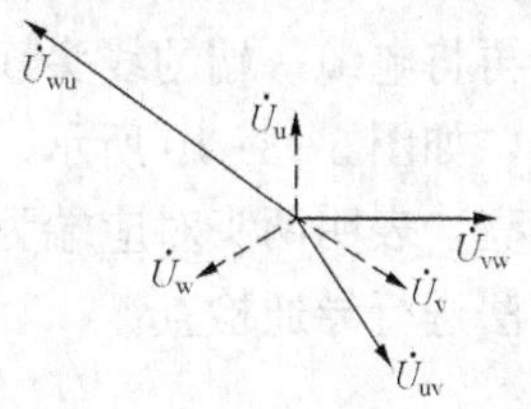	$U_{uv}=100V$ $U_{vw}=100V$ $U_{wu}=173V$
2	W 相极性接反	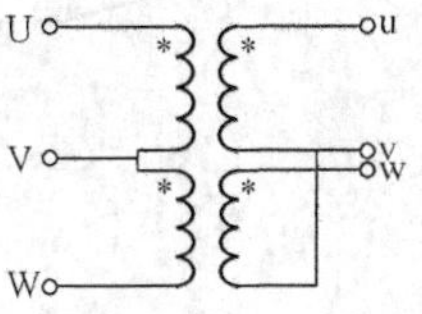	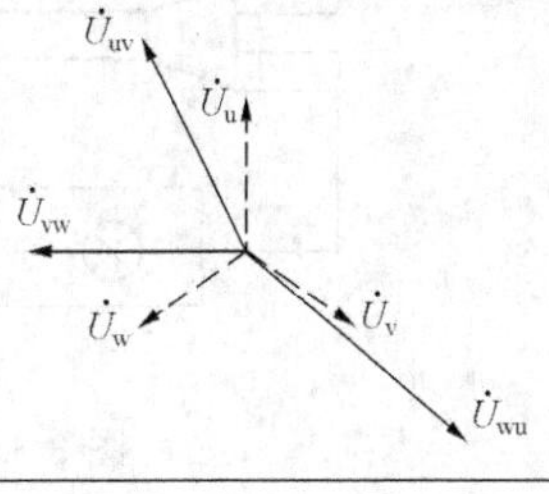	$U_{uv}=100V$ $U_{vw}=100V$ $U_{wu}=173V$
3	U、W 相极性均接反	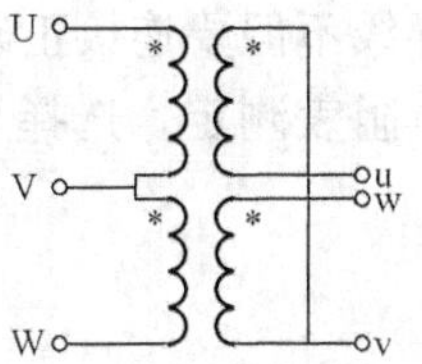	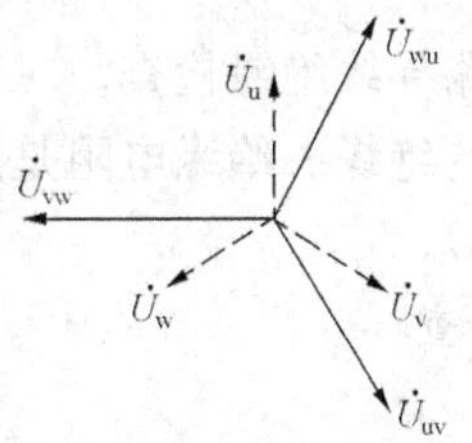	$U_{uv}=100V$ $U_{vw}=100V$ $U_{wu}=100V$

四、检查分析方法

(一) 停电检查

停电检查是在一次侧停电时，对电压、电流互感器，二次回路接线，电能表接线等电能计量装置组成部分，比照接线图进行的检查。对新装或更换互感器后的电能计量装置，都必须在不带电的情况下进行接线检查。对运行中的电能计量装置，当带电检查不能判断接线的正确性或需要进一步核对带电检查结果时，也需进行停电检查。

停电检查内容包括电能表接线正确与否，互感器的变比、极性、二次回路导通和接线端子标示的核对等。

1. 核对二次回路接线端子标示

(1) 核对相别。为减少错误接线，在施工阶段就应将从电压、电流互感器到电能表的二次回路接线采用不同颜色的导线进行区分，通常采用黄、绿、红、黑分别代表u、v、w、n相进行电能表接线。查找时先核对电压、电流互感器一次绕组相别是否与系统相符；再根据电压、电流互感器一次侧接线端子的电源线、负荷线及极性标示，确定由电压、电流互感器到电能表接线端子间连接导线的相别及对应的标号。

(2) 核对标号。从电压、电流互感器二次端子到户外端子箱，电能表屏的端子排，再到电能表接线盒之间的所有接线端子，都有专门的标示符号，同时标记在二次回路的接线中，以供施工接线和检查接线时核对。测量回路中端子标号以百位数字为一组，如TA1的u相用标号“u411～u419”标志；TV1的u相用标号“u611～u619”标志。

2. 二次回路导线导通与绝缘检查

(1) 二次回路导线导通检查。常用的工具是万用表和通灯。所谓通灯是由电池、小灯泡及测试线组成，如图3-3-10点画线框内所示。在使用通灯进行导线导通检查时，先将电缆两端全部拆开，再将电缆一端的线头逐根接地，通灯测试线的一端也接地，另一端与待查导线的另一端相连，如图3-3-10所示。若待查导线的两端是同一根导线，则通灯通过接地点构成回路，灯泡亮，表明两头对应端为同一根导线。从端子排到电能表端子间的每一根导线都可以用这个方法进行导通检查。

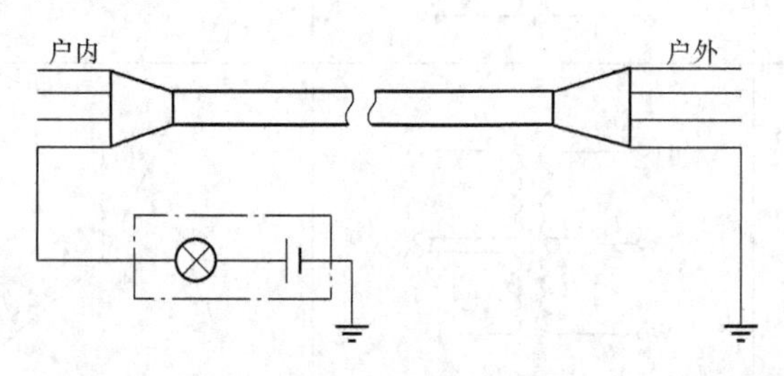

图3-3-10　通灯使用接线图

(2) 二次回路导线绝缘检查。二次回路导线不但要连接正确，每根导线之间及导线对地之间都要有良好的绝缘。绝缘电阻是用绝缘电阻表测定，选择500V绝缘电阻表。绝缘电阻一般不低于10MΩ。

(二) 带电检查

1. 力矩法

力矩法就是有意将电能表原来接线改动后，观察电能表转盘转动速度或转向（电子式电能表观察脉冲闪烁的频率和潮流方向），以判断接线是否正确，是高压三相三线电能表接线常用的检查方法。

(1) 断开v相电压法。图3-3-11为三相三线有功电能表断开v相电压进线的接线图和相量图，此时电能表第一元件接入$\frac{1}{2}\dot{U}_{uw}$、$\dot{I}_u$，第二元件接入$\frac{1}{2}\dot{U}_{wu}$、$\dot{I}_w$。

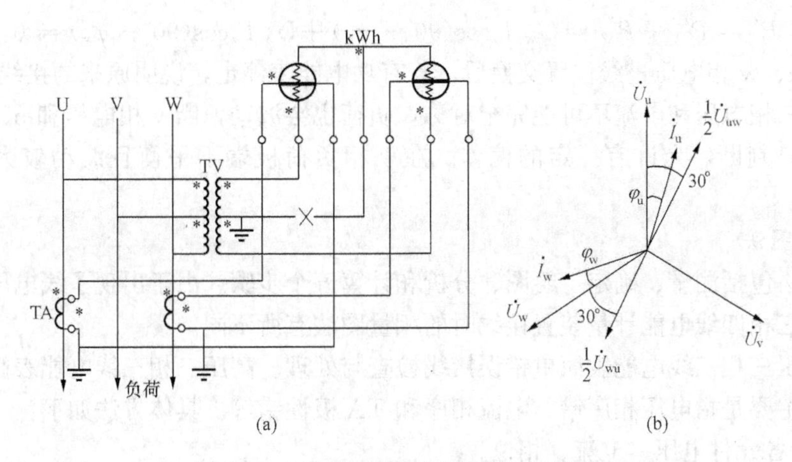

图 3-3-11　Vv 接线电能表断 v 相电压
(a) 接线图；(b) 相量图

三相电能表反应的功率为

$$P' = P'_1 + P'_2 = \frac{1}{2}U_{uw}I_u\cos(30° - \varphi_u) + \frac{1}{2}U_{wu}I_w\cos(30° + \varphi_w)$$

$$= \frac{1}{2}\sqrt{3}U_L I_L\cos\varphi = \frac{1}{2}P$$

由式可知，断开 v 相电压后，电能表的转速若为原来转速的一半，说明原理电能表的接线是正确的。

实际运用中，当三相电压、电流相对对称平衡时，先测定电能表转 N 转所需要的时间 T_0；然后再断开 v 相电压，测定电能表转 N 转所需要的时间 T，只要 T 约等于 2 倍的 T_0，则表明电能表接线正确。

(2) u、w 相电压交叉法。将电能表的电压进线 u、w 相位置交换，如图 3-3-12 所示。此时电能表第一元件接入 $\frac{1}{2}\dot{U}_{wv}$、$\dot{I}_u$，第二元件接入 $\frac{1}{2}\dot{U}_{uv}$、$\dot{I}_w$。

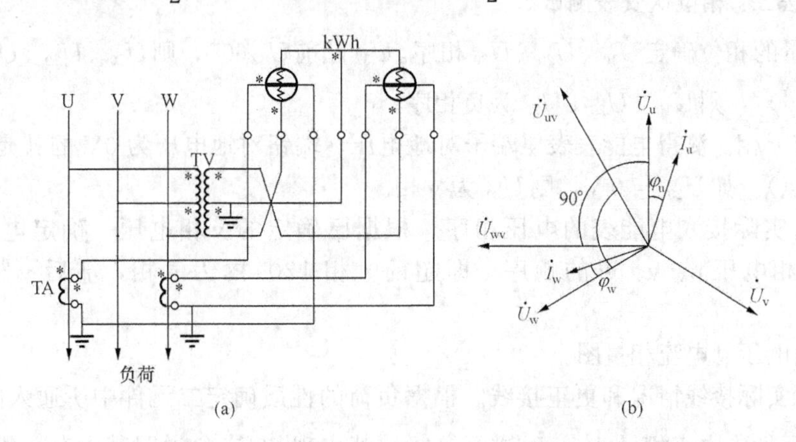

图 3-3-12　Vv 接线电能表 u、w 相电压交换
(a) 接线图；(b) 相量图

三相电能表反应的功率为

$$P' = P'_1 + P'_2 = U_{wv} I_u \cos(90° + \varphi_u) + U_{uv} I_w \cos(90° - \varphi_w) = 0$$

可见，u、w 相电压进线位置交换后，若有功电能表停走，说明原来的接线正确。

考虑到三相电压和电流不可能完全对称，负荷也会波动，断 v 相电压和 u、w 相电压交换，属于趋势判断，允许有一定的偏差。在三相负荷极端不平衡且波动较大时，此法不准确。

2. 相量图法

相量图法包括测量、确定、绘图、分析和计算五个步骤。由于出现了线电压相量，具体方法与低压三相四线电能计量装置接线时的相量图法有所不同。

(1) 高压三相三线电能表简单错误接线检查与处理。高压三相三线电能表简单错误接线检查与处理主要是指电压相序错、电流相序和 TA 极性错等。具体方法如下：

1) 测量各元件电压、电流、相位。

a) 测量相电压：相位伏安表置于 500V 电压挡，分别在电能表表尾接线盒处三个元件电压接入端对 n 端子进行测量，即测量 U_{10} 、U_{20} 、U_{30} 。

b) 测量线电压：相位伏安表置于 500V 电压挡，分别在电能表表尾接线盒处三个元件电压端子间两两进行测量，即测量 U_{12} 、U_{32} 、U_{31} 。

c) 测量相电流：相位伏安表置于 10A 电流挡，将电流钳分别夹在电能表表尾接线盒处 u、w 相两个元件的电流进线上进行测量，即测量 I_1 、I_2 。

d) 测量相位：相位伏安表置于相位角测量挡位，分别测量线电压与电流间的相位角，即测量 $\dot{U}_{12} \wedge \dot{I}_1$ ，$\dot{U}_{32} \wedge \dot{I}_1$ ，$\dot{U}_{32} \wedge \dot{I}_2$ 。

2) 测定接入电能表的电压相序和确定实际接入电能表的电压相序。

a) 测定接入电能表的电压相序。

ⅰ) 方法一：相序表测试。

将相序表测试笔按照排列顺序分别接入电能表三个电压端，相序表显示评定结果（指 $\dot{U}_{10}$ 、$\dot{U}_{20}$ 、$\dot{U}_{30}$ 的相序，可能是正相序也可能是负相序）。

ⅱ) 方法二：相位伏安表测试。

根据测量的相位确定 $\dot{U}_{10}$ 、$\dot{U}_{20}$ 、$\dot{U}_{30}$ 相序。$\dot{U}_{32}$ 超前 $\dot{U}_{12}$ 60°，则 $\dot{U}_{10}$ 、$\dot{U}_{20}$ 、$\dot{U}_{30}$ 为正相序；$\dot{U}_{32}$ 滞后 $\dot{U}_{12}$ 60°，则 $\dot{U}_{10}$ 、$\dot{U}_{20}$ 、$\dot{U}_{30}$ 为负相序。

b) 确定 v 相。测得电能表表尾端子对地电压，端钮对地电压为 0V 的就是实际 v 相电压（即接地点）。如 $U_{20} = 0$ V，则 U_{20} 为 v 相。

c) 确定实际接入电能表的电压相序。根据已确定的 v 相电压，确定电能表表尾实际接入的三相电压 u、v、w 的顺序，即超前 v 相 120° 的为 u 相，滞后 v 相 120° 的为 w 相。

3) 绘制电压、电流相量图。

4) 分析实际接线情况和更正接线。根据负荷的性质确定二元件中所通入的实际电流。根据所画二元件中电流相量 $\dot{I}_1$ 、$\dot{I}_2$ 进行分析，若出现 60°夹角说明其中有一相电流极性接反；若出现 120°夹角说明接线正确或两相电流极性全反。

5) 计算更正系数和退补电量。

(2) 高压三相三线电能表断线故障检查与处理。

1）测量各元件电压、电流、相位。

a）测量相电压：相位伏安表置于500V电压挡，分别在电能表表尾接线盒处三个元件电压接入端对n端子进行测量，即测量U_{10}、U_{20}、U_{30}。

b）测量线电压：相位伏安表置于500V电压挡，分别在电能表表尾接线盒处三个元件电压端子间两两进行测量，即测量U_{12}、U_{32}、U_{31}。

c）测量相电流：相位伏安表置于10A电流挡，将电流钳分别夹在电能表表尾接线盒处u、w相两个元件的电流进线上进行测量，即测量I_1、I_2。

d）测量相位：相位伏安表置于相位角测量挡位，分别测量线电压与电流间的相位角，即测量$\dot{U}_{12} \wedge \dot{I}_1$，$\dot{U}_{12} \wedge \dot{I}_2$，$\dot{U}_{32} \wedge \dot{I}_1$，$\dot{U}_{32} \wedge \dot{I}_2$，$\dot{U}_{31} \wedge \dot{I}_1$，$\dot{U}_{31} \wedge \dot{I}_2$。也可只测全压相线电压与电流间的相位角，如$U_{12} = 100$ V，则测量$\dot{U}_{12} \wedge \dot{I}_1$，$\dot{U}_{12} \wedge \dot{I}_2$。

2）确定v相和断线相。

a）确定v相。测得电能表表尾端子对地电压，端钮对地电压为0V的就是实际v相电压（即接地点）。如$U_{20} = 0$ V，则U_{20}为v相。

b）确定断线相。根据所测的线电压U_{12}、U_{32}、U_{31}的值来分析断线相，全压相（即100V）下标中不含有者为断线相。如$U_{12} = 26$ V，$U_{32} = 100$ V，$U_{31} = 73$ V，可知1电压孔为断线。

3）绘制电压、电流相量图。画全压相正相序、负相序的电压和电流相量图，观察$\dot{I}_1$、$\dot{I}_2$在哪个相量图上的位置更合理，以不出现v相电流为合理，淘汰不合理相量图。

4）分析实际接线情况和更正接线。根据合理的相量图确定实际接入电能表的电压相序和确定电能表两元件所通入的实际电流。

5）计算更正系数和退补电量。

（3）高压三相三线电能表TV极性接反故障检查与处理。

1）测量各元件电压、电流、相位，方法同上。

2）确定TV极性接反。根据所测的线电压U_{12}、U_{32}、U_{31}的值来分析TV是否有极性接反，若出现约等于173V线电压说明有TV极性接反。

3）确定v相、确定相序。

a）确定v相。测得电能表表尾端子对地电压，端钮对地电压为0V的就是实际v相电压（即接地点）。

b）确定相序。根据相序表的指示或根据同一电流$\dot{I}_1$为基准，根据所测相位$\dot{U}_{12} \wedge \dot{I}_1$和$\dot{U}_{32} \wedge \dot{I}_1$来判断相序。若测试结果为负相序，说明是极性反接引起的；若测试结果为正相序，则说明除了极性反接因素存在外，还有两根电压二次线交叉现象。

4）绘制电压、电流相量图。若测试结果为负相序，分析时按正相序画相量$\dot{U}_{10}$、$\dot{U}_{20}$、$\dot{U}_{30}$；若测试结果为正相序，分析时按负相序画相量$\dot{U}_{10}$、$\dot{U}_{20}$、$\dot{U}_{30}$。假定第一只TV极性接反，则反向画其电压相量，而另一只TV电压按正常画出，并标示出电压的相序。如$\dot{U}_{12}$极性接反，则反向画出$\dot{U}_{12}$相量，$\dot{U}_{31}$按正常画出。

5）分析实际接线情况和更正接线。

6）计算更正系数和退补电量。

（三）分析处理TV失电压需注意的问题

1. 利用多功能电能表事件记录处理电能表失电压问题

一般情况，多功能电能表事件记录信息中通常有多个失电压记录，需要了解该客户所在线路的实际运行状况，排除正常停电引起的失电压记录。

另外，目前使用的大部分多功能电能表失电压记录只有最后10次，如发现用电量异常，电能表接线正常，失电压记录中的记录均很短，不致引起电量丢失，则可能有人为造成失电压现象，导致真实失电压记录被覆盖。应怀疑有窃电可能，需通知用电检查等人员做进一步检查处理。

2. 根据设备运行记录证实电能表失电压时间

对变电站的电能表，一般可根据变电站运行记录和调度操作命令，判断母线TV的运行状况，分析判断电能表失电压时间。特别是双母线和双母线分段的变电站，有TV二次电压自动切换装置的变电站，更要重视运行方式的分析。

3. 根据变电站运行记录获取电能表失电压时期的负荷电流

有些功能较强的电能表，能记录失电压时的电流值，但那只代表当时的状态，有些电能表不能记录失电压时的电流值。对负荷有波动的馈路，需要了解平均负荷电流。因此，查阅变电站运行记录，获取相关信息（负荷电流和负荷功率因数）是处理计量故障必不可少的工作。

4. 计算和证实故障电量的计算结果

根据已获取失电压时间、负荷电流和负荷功率因数等相关信息，计算电能表故障电量

故障电量＝电压×负荷电流×负荷功率因数×失电压时间×倍率

(1) 计算变电站一段时间的“母线电量平衡率”，证明故障电量计算结果是否正确。

(2) 以正常月份用电量作为基准，计算更正系数和故障电量，以核对上述结果是否正确。

(3) 以线路对侧电能表记录电量，或馈路线损率，佐证故障电量计算办法是否正确。

五、注意事项

(1) 无论是系统变电站还是客户端组合式电量计量装置，在工作前，都必须了解清楚工作环境和接线状况。准确判断工作位置，在监控人员的监控下，防止误碰与电能计量无关的回路。

(2) 利用多功能电能表事件记录分析处理故障时，必须了解清楚多功能电能表事件记录设置状况，才能正确利用多功能电能表事件记录，达到分析目的。

(3) 对计量回路接有数据采集装置的，在做断开回路的工作前，应通知监控机构，并得到同意后方可开展工作。

六、案例

【例3-3-1】 已知三相三线电能表（经TV、TA接线）的测量数据$U_{10}=100V$,$U_{20}=0V$,$U_{30}=100V$,$I_1=I_2=2.97A$,$U_{12}=U_{32}=U_{31}=100V$,$\dot{U}_{12}\wedge\dot{I}_1=60°$,$\dot{U}_{32}\wedge\dot{I}_1=120°$,$\dot{U}_{32}\wedge\dot{I}_2=174°$。试用相量图法分析三相三线电能计量装置的错误接线。

解 (1) 确定相序。$\dot{U}_{32}$超前$\dot{U}_{12}$60°，则$\dot{U}_{10}$、$\dot{U}_{20}$、$\dot{U}_{30}$为正相序。

(2) 确定v相。$U_{20}=0V$，则U_{20}为v相。

(3) 确定实际接入电能表的电压相序。v相确定后，则超前v相120°的为u相，滞后v相120°的为w相，即$\dot{U}_{10}$（$\dot{U}_u$）、$\dot{U}_{20}$（$\dot{U}_v$）、$\dot{U}_{30}$（$\dot{U}_w$）。

(4) 绘制电压、电流相量图。根据电压、电流的相位关系绘制相量图如图3-3-13所示。

（5）分析实际接线情况和更正接线。由以上相量图分析可知各元件接入的实际电压、电流分别为一元件（$\dot{U}_{uv}$，$\dot{I}_{u}$），二元件（$\dot{U}_{wv}$，$-\dot{I}_{w}$），实际接线电路图如图 3-3-14 所示。

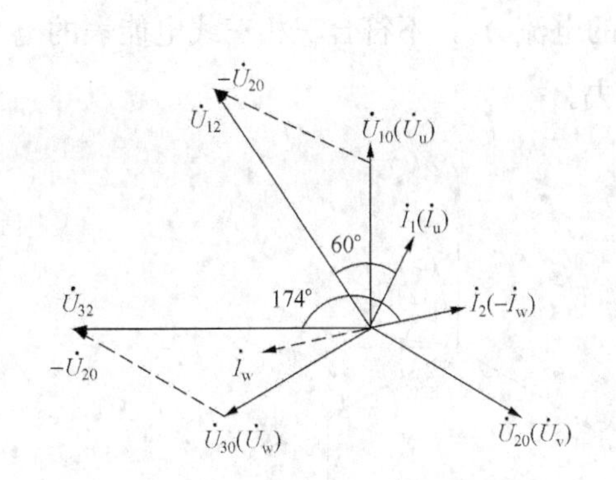

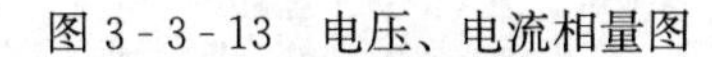
图 3-3-13　电压、电流相量图

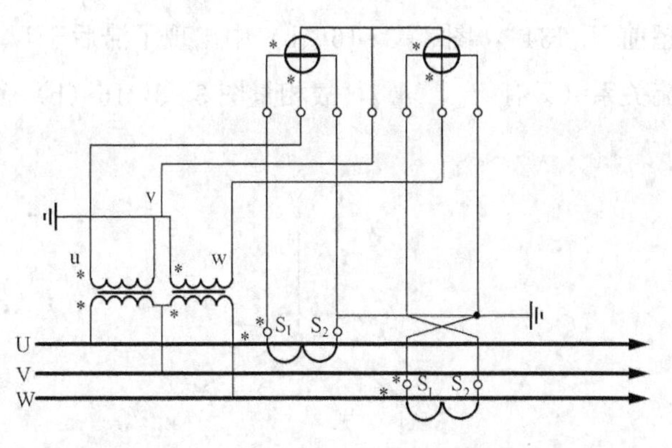

图 3-3-14　［例 3-3-1］实际接线电路图

电能表联合接线盒的电压、电流应更正的接线对应关系如图 3-3-15 所示（u、v、w 三相电压不变，w 相电流极性 S_1、S_2 端子互换，u 相电流不变）。

$\dot{U}_{10}$　$\dot{U}_{20}$　$\dot{U}_{30}$　$\dot{I}_{1}$　$\dot{I}_{2}$

↑　↑　↑　↑　↑

$\dot{U}_{u}$　$\dot{U}_{v}$　$\dot{U}_{w}$　$\dot{I}_{u}$　$-\dot{I}_{w}$

图 3-3-15　电压、电流更正接线的对应关系

（6）写出电能表计量功率表达式，计算更正系数和退补电量。

电能表计量功率：

第一元件测量的功率　$P_1 = U_{uv} I_u \cos(\dot{U}_{uv} \wedge \dot{I}_u)$

第二元件测量的功率　$P_2 = U_{wv} I_w \cos(\dot{U}_{wv} \wedge -\dot{I}_w)$

在三相对称平衡的前提下　$U_{uv} = U_{wv} = U$，$I_u = I_w = I$

客户实际用电功率　$P_0 = \sqrt{3} UI\cos\varphi$

实际工作中，取客户平均功率因数角，本例中，$\varphi = 27°$。

更正系数　$K = \dfrac{\sqrt{3}UI\cos27°}{U_{uv}I_u\cos60° + U_{wv}I_w\cos174°} = \dfrac{\sqrt{3}\times0.89}{\cos60° + \cos174°} = -3.15$

计算退补电量的方法与低压三相四线电表计量装置接线计算方法基本相同，只是计算倍率时增加了 TV 的变比，即，倍率 = TA 倍率 × TV 倍率。其他内容参见模块学习情境三“任务二　经互感器接入式低压三相四线电能计量装置检查与处理”。

【例 3-3-2】　已知三相三线电能表（经 TV、TA 接线）的测量数据 $U_{10} = 0V$，$U_{20} = 100V$，$U_{30} = 100V$，$I_1 = I_2 = 2.4A$，$U_{12} = 58V$，$U_{32} = 40V$，$U_{31} = 100V$，$\dot{U}_{31} \wedge \dot{I}_1 = 286°$，$\dot{U}_{31} \wedge \dot{I}_2 = 226°$。试用相量图法分析三相三线电能计量装置的错误接线。

解（1）确定 v 相。$U_{10} = 0V$，则 U_{10} 为 v 相。

（2）确定断线相。$U_{31} = 100V$，可知电压孔 2 为断线。

(3) 绘制电压、电流相量图。根据电压、电流的相位关系绘制相量图如图 3-3-16 (a)、(b) 所示。各图中 $\dot{U}_{31} \wedge \dot{I}_1 = 286°$，说明 $\dot{I}_1$ 超前 $\dot{U}_{31}$ 74°；$\dot{U}_{31} \wedge \dot{I}_2 = 226°$，说明 $\dot{I}_2$ 超前 $\dot{U}_{31}$ 134°，图 3-3-16 (b) 中出现了滞后于 $\dot{U}_v$ 的电流 $\dot{I}_2$，不符合三相三线电能表的电流关系（只有 $\dot{I}_u$，$\dot{I}_w$），故相量图 3-3-16 (b) 舍去。

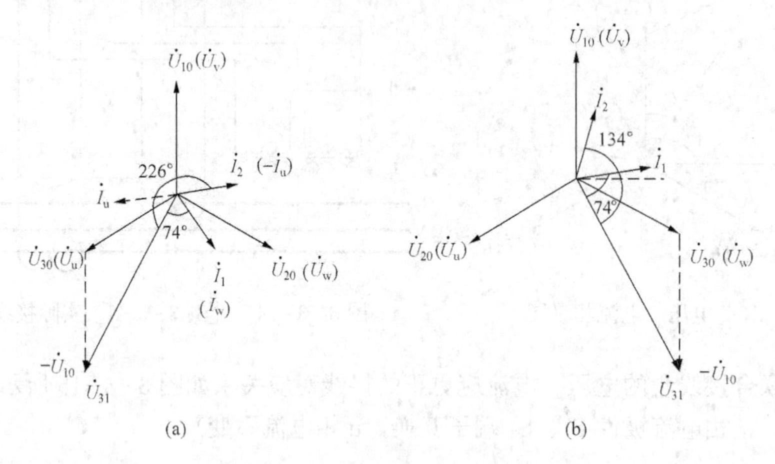

图 3-3-16 电压、电流相量图
(a) 正相序；(b) 负相序

(4) 分析实际接线情况和更正接线。由相量图 3-3-16 (a) 可知实际接入电能表的相序为：v、w、u，即 $\dot{U}_{10}$ ($\dot{U}_v$)、$\dot{U}_{20}$ ($\dot{U}_w$)、$\dot{U}_{30}$ ($\dot{U}_u$)；实际电流滞后相应电压（感性负荷），正常接线情况下 $\dot{I}_1$、$\dot{I}_2$ 与 $\dot{I}_u$、$\dot{I}_w$ 是一一对应关系，如果不是一一对应关系，则实际接入电能表的电流相序有错，由以上相量图可知它们的相序有错且 u 相电流极性接反。

由相量图 3-3-16 (a) 分析可知各元件接入的实际电压电流分别为一元件（$\dot{U}_{vw}$，$\dot{I}_w$），二元件（$\dot{U}_{uw}$，$-\dot{I}_u$），以上分析电压孔 2 为断线相，由于 $\dot{U}_{20}$ 对应 $\dot{U}_w$，则 w 相为断线相。

实际接线电路图如图 3-3-17 所示。

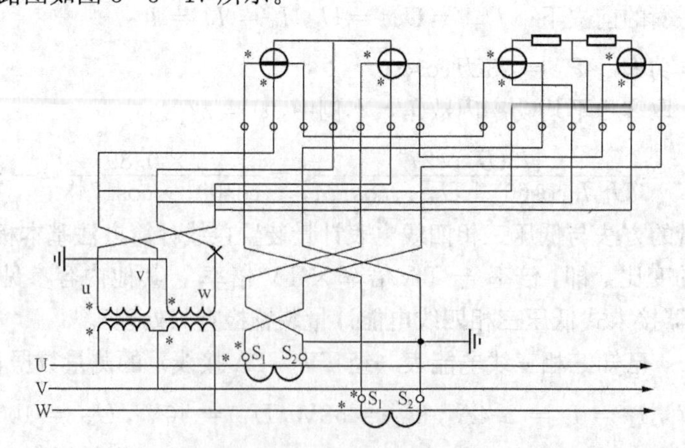

图 3-3-17 [例 3-2-2] 实际接线电路图

电能表联合接线盒的电压、电流应更正的接线对应关系如图 3-3-18 所示（直线箭头表示改线位置及方向)。

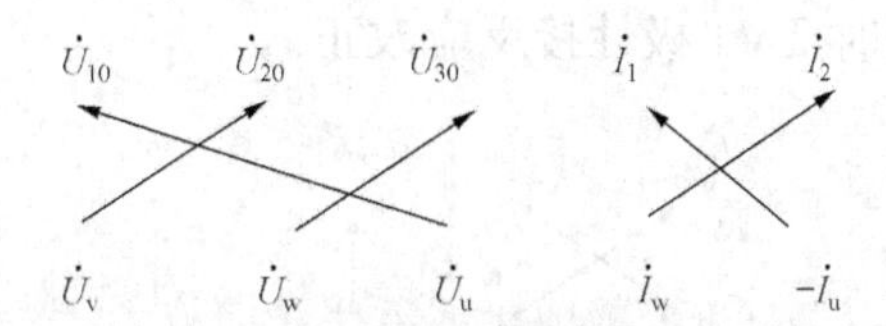

图 3-3-18　电压、电流更正接线的对应关系

【例 3-3-3】　已知三相三线电能表(经 TV、TA 接线)的测量数据 $U_{10}=0\text{V}, U_{20}=100\text{V}, U_{30}=100\text{V}, I_1=I_2=1.47\text{A}, U_{12}=100\text{V}, U_{32}=172.5\text{V}, U_{31}=99\text{V}, \dot{U}_{12}\wedge\dot{I}_1=60°, \dot{U}_{12}\wedge\dot{I}_2=300°, \dot{U}_{32}\wedge\dot{I}_1=90°, \dot{U}_{32}\wedge\dot{I}_2=330°, \dot{U}_{31}\wedge\dot{I}_1=119°, \dot{U}_{31}\wedge\dot{I}_2=0°$。试用相量图法分析三相三线电能计量装置的错误接线。

解　(1) 确定 TV 极性接反。$U_{32}=172.5\text{ V}$,说明 $\dot{U}_{12}$ 或 $\dot{U}_{31}$ 极性接反。

(2) 确定 v 相和确定相序。$U_{10}=0\text{ V}$,说明电能表电压孔 1 为实际接线中的 v 相。$\dot{U}_{12}\wedge\dot{I}_1=60°, \dot{U}_{32}\wedge\dot{I}_1=90°$,因 $\dot{U}_{32}\wedge\dot{I}_1$ 超前 $\dot{U}_{12}\wedge\dot{I}_1$,可判断相序为正相序,说明除了极性反接因素存在外,还有两根电压二次线交叉现象。

(3) 绘制电压、电流相量图。测试结果为正相序,按负相序画 $\dot{U}_{10}$、$\dot{U}_{20}$、$\dot{U}_{30}$ 相量。假定 $\dot{U}_{12}$ 极性接反,则反向画出 $\dot{U}_{12}$ 相量,$\dot{U}_{31}$ 按正常画出。相量图如图 3-3-19 所示。

(4) 分析实际接线情况及更正接线。从相量图可知实际接入电能表的相序为:v、u、w,即 $\dot{U}_{10}$($\dot{U}_v$)、$\dot{U}_{20}$($\dot{U}_u$)、$\dot{U}_{30}$($\dot{U}_w$);实际电流滞后相应电压(感性负荷),$\dot{I}_1$、$\dot{I}_2$ 与 $\dot{I}_u$、$\dot{I}_w$ 是一一对应关系,电流没有错误;$\dot{U}_{12}$ 极性接反,由于 $\dot{U}_{12}=\dot{U}_{uv}$,故 TV1 极性接反。

由相量图 3-3-19 分析可知各元件接入的实际电压、电流分别为一元件($\dot{U}_{uv}$,$\dot{I}_u$),二元件($\dot{U}_{uv}+\dot{U}_{wv}$,$\dot{I}_w$),实际接线电路图如图 3-3-20 所示。

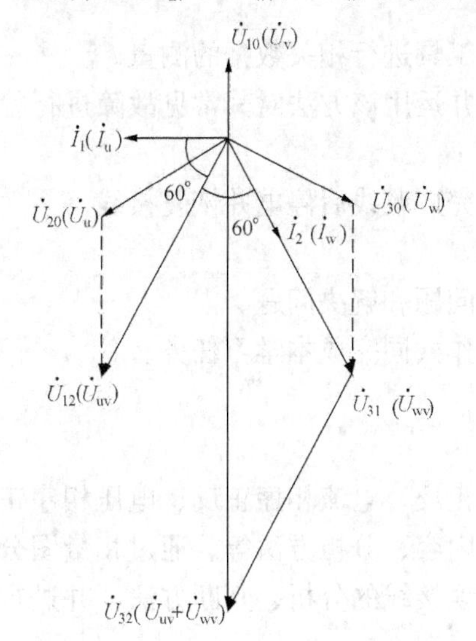

图 3-3-19　电压、电流相量图

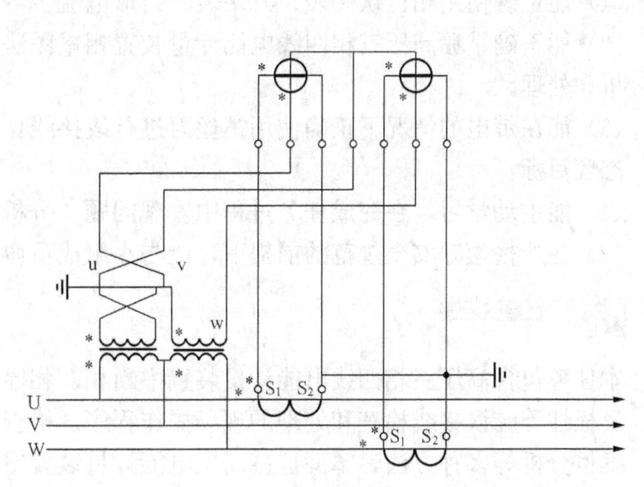

图 3-3-20　[例 3-3-3] 实际接线电路图

电能表联合接线盒的电压、电流应更正的接线对应关系如图 3-3-21 所示（直线箭头表示改线位置及方向），同时 TV1 极性接反应改正。

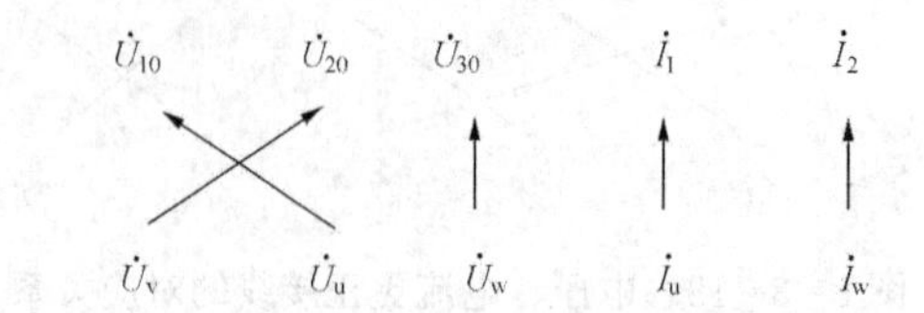

图 3-3-21 电压、电流更正接线的对应关系

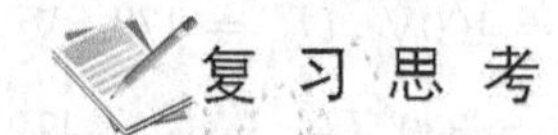

复习思考

(1) 三相三线电能计量装置安装的危险点有哪些？如何控制？

(2) 三相三线电能计量装置安装时常见的错误形式有哪几种？

(3) 三相三线电能计量装置检查的重点有哪些？

任务四 高压三相四线电能计量装置的检查与处理

教学目标

知识目标

(1) 掌握电压互感器的 Y 接线及其断线、极性接反的分析方法和判断。

(2) 掌握电流互感器的 Y 接线及其短路、断线、极性接反的分析方法和判断。

(3) 掌握高压三相四线有功电能表正确接线原则及其错接线分析方法。

(4) 掌握高压三相四线有功、无功电能表联合接线原则及其错接线分析方法。

能力目标

(1) 能正确使用相位伏安表、万用表、钳形电流表等工具进行相关数据的测量。

(2) 能正确掌握高压三相四线电能计量装置相量图法并运用该方法对其常见故障进行检查分析和处理。

(3) 能在带电的情况下正确使用螺丝刀进行改接线，完成改线后停电并恢复接线。

态度目标

(1) 能主动学习，在完成任务过程中发现问题、分析问题和解决问题。

(2) 在严格遵守安全规范的前提下，能与小组成员协作共同完成本学习任务。

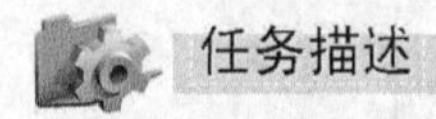

任务描述

本任务包含高压三相四线电能计量装置中断相、相序正反、电流相序正反、电压相序正反、反极性等错误接线检查和处理的现场操作程序、检查内容、分析方法等。通过相量图分析、案例分析等多种方法，掌握这些高压电能计量装置错误接线的分析、判断方法，并进行故障处理。

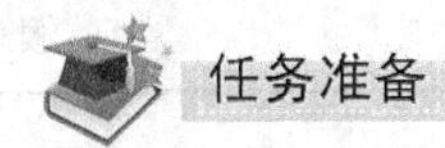

任务准备

课前预习相关知识部分。根据三相电路的电压、电流关系及电压互感器的故障分析，掌握其特点，通过测量数据，画出相量图分析故障原因、查找故障和故障处理。并回答：

(1) 电压互感器 Yy0 接线一、二次侧断线时各电压如何变化？

(2) 电压互感器 Yy0 接线，相电压为 57.7V，当 v 相极性接反时，电能表接线盒电压端子测得的线电压是多少？

(3) 应用“更正系数”计算更正电量应注意哪些问题？

(4) 已知三相四线电能表（经 TV、TA 接线）的测量数据 $I_1=I_2=I_3=1.46\text{A}$，$U_{10}=U_{20}=U_{30}=57\text{V}$，$U_{1u}=100\text{V}$，$U_{2u}=0\text{V}$，$U_{3u}=100\text{V}$；$\dot{U}_{10}\wedge\dot{I}_1=258°$，$\dot{U}_{20}\wedge\dot{I}_2=258°$，$\dot{U}_{30}\wedge\dot{I}_3=258°$，$\dot{U}_{20}\wedge\dot{I}_1=19°$。试用相量图法分析三相四线电能计量装置的错误接线。

任务实施

一、作业人员、使用设备和安全措施

1. 作业人员组成

工作班组成员至少 2 人（其中工作负责人 1 人，工作班成员 1 人），客户（或设备运行）相关人员等。

2. 使用设备

万用表、通灯、相序表、相位伏安表、钳形电流表、电能表现场校验仪或专用电能计量装置接线检查仪、电能表错接线仿真柜等。

3. 安全措施

进行高压电能计量装置接线检查时，应根据《国家电网公司电力安全工作规程》（2009 年版）要求做好安全措施。

(1) 根据现场需要办理第一种或第二种工作票。

(2) 现场查勘电能计量装置安装位置及工作环境。高压电能计量装置接线检查危险点分析与控制措施见表 3-4-1。

表 3-4-1 高压电能计量装置接线检查危险点分析与控制措施

序号	危险点	控制措施
1	登高及安全工器具运用	按照通用登高要求操作
2	安全监护	全程专人监护
3	安全措施	(1) 在电能计量装置二次回路上工作，防止电流互感器二次回路开路，电压互感器二次回路短路 (2) 防止工作人员走错间隔 (3) 工作所用的工具和仪表表笔，其金属裸露部分应做好绝缘处理，防止误碰带电体 (4) 防止工器具坠落

续表

序号	危险点	控 制 措 施
4	安全防护	(1) 作业范围设置安全围栏、悬挂标示牌 (2) 全部作业人员按工作要求着装、戴安全帽、穿绝缘鞋、戴手套、系好安全带
5	天气情况	雷雨天气，应停止户外作业

二、作业项目和程序

除参照前面介绍的内容进行现场作业外，还有以下要求：

(1) 检查电能计量装置是否与监控、数据采集系统相连接。

(2) 有主副电能表时，检查核对主表和副表的一致性。有双向潮流并分别安装电能表的装置，检查两套表计的连接极性关系是否正确。

(3) 检查多功能电能表电量信息采集通信电缆连接是否正确。

(4) 检查电能表与各段母线 TA、TV 相一致。

(5) 检查母联电能计量装置的计量方向是否与设计方案一致。

(6) 检查二次回路连接情况。

三、任务实施

(一) 停电检查

1. 核对二次回路接线端子标示

(1) 核对相别。

(2) 核对标号。

2. 二次回路导线导通与绝缘检查

(1) 二次回路导线导通检查。

(2) 二次回路导线绝缘检查。

(二) 带电检查

通常采用相量图法，主要步骤如下：

(1) 测量各元件电压、电流、相位。

(2) 测定接入电能表的电压相序和确定实际接入电能表的电压相序。

(3) 绘制电压、电流相量图。

(4) 分析实际接线情况和更正接线。

(5) 计算更正系数和退补电量。

相关知识

理论知识 高压三相四线电能计量装置常见故障（断相、相序正反、电压相序正反、反极性等）操作程序、检查内容、分析方法等。

实践知识 常见高压三相四线电能计量装置错误接线等异常现象分析、判断方法及故障处理等。

一、高压三相四线电能计量装置的正确接线图

高压三相四线电能计量装置主要运行在 110kV 及以上系统，采用高供高计方式，Yy0

接线，一般情况下高压互感器都是安装在变电设备区，电能表安装在控制室，互感器和电能表之间通过电缆连接。其三相有功电能表的正确接线如图 3-4-1 所示，三相有功电能表与无功电能表的联合接线如图 3-4-2 所示。

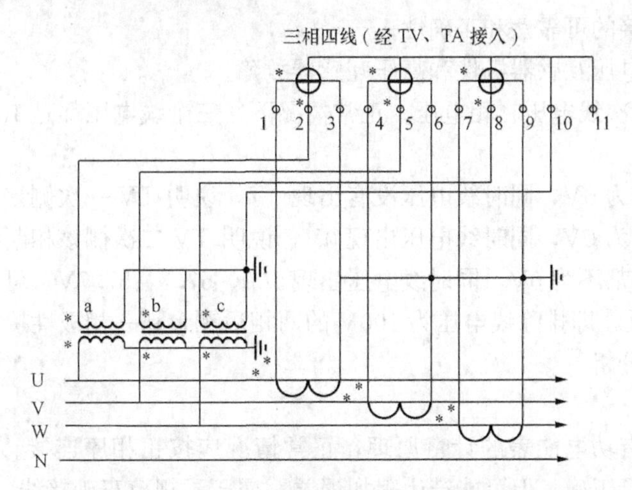

图 3-4-1　高压三相四线有功电能表的正确接线

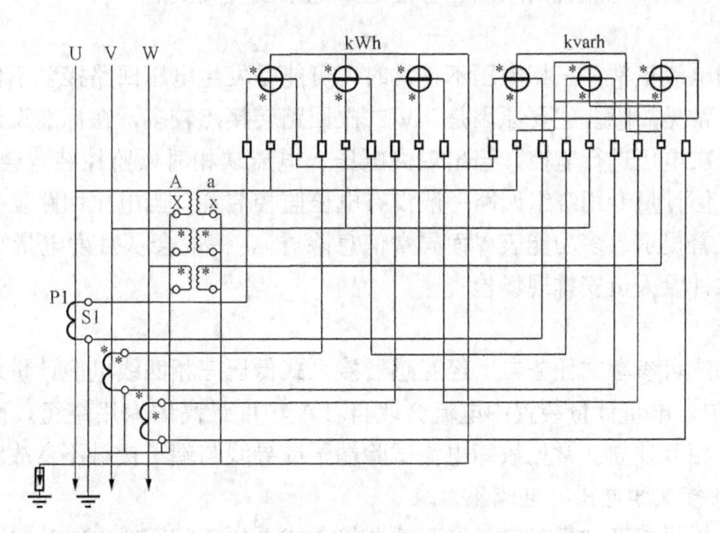

图 3-4-2　高压三相四线有功、无功电能表的联合接线

二、作业项目、程序和内容

除参照任务三介绍的内容进行现场作业外，还有以下要求及可能需要办理第一种工作票，采取相应安全措施，以保证工作顺利开展。

（1）检查电能计量装置是否与监控、数据采集系统相连接。

（2）有主副电能表时，检查核对主表和副表的一致性。有双向潮流并分别安装电能表的装置，检查两套表计的连接极性关系是否正确。

（3）检查多功能电能表电量信息采集通信电缆连接是否正确。

（4）检查电能表与各段母线 TA、TV 相一致。

（5）检查母联电能计量装置的计量方向是否与设计方案一致。

(6) 检查二次回路连接情况。110kV 及以上电压等级电能计量装置二次回路存在多处连接点、转接点，应对其设置的合理性、正确性进行检查。现场要对照设计图纸，逐相检查导线的配置、熔断器、隔离开关设置、连接的可靠性、转接端子的使用；当存在数据采集装置时，也应检查连接的可靠性和正确性。

(7) 检查高压电压互感器极性和高压互感器故障。

1) 分别测量二次线电压、相电压。正常情况下，三个线电压都是 100V，三个相电压都是 57.7V。

2) 若某相电压为 0V，同时线电压没有出现 0V，说明 TV 一次侧该相断线。

3) 若某相电压为 0V，同时线电压出现 0V，说明 TV 二次侧该相断线。

4) 若某相电压都不为 0V，同时线电压出现 100、57.7、57.7V（可以任意组合），说明 TV 二次侧极性接反，即排除线电压为 100V 的两相后剩余那一相极性接反。

三、常见故障分析

1. 反相序影响

根据三相四线有功电能表的计量原理，正常情况应按正相序连接。当安装反相序连接时，有功电能表计量正确，但可能产生附加误差，属于不规范正确接线，但是无功电能表会反转（而电子式多功能电能表则感性、容性电量记录位置交换）。

2. 电压异常

当测得三相电流正常，三相电压不正常时，可能是发生电压回路接触不良或断相。这在实际运行中属于常见故障。主要原因是 TV 二次回路转接点较多，在标准设计中，监控装置会随时对 TV 二次电压进行监控。当出现失电压、电压缺相时，监控装置会发出报警提示，进行故障检修。但计量专用绕组回路一般没有电压监控装置，当电压回路发生故障时，可能不会及时获得报警提示（多功能表界面异常信息除外），一般会从月度电量平衡数据中暴露出故障信息，供计量人员安排现场检查。

3. 电流缺相

技术分析方法可参考“任务二　经互感器接入式低压三相四线电能计量装置的检查与处理”。实际接线中，电量计量装置中电流会取自 TA 精度最高的专用绕组，而用于保护的绕组也是专用的，相互独立。常见故障电流试验端子或导线与端子接触不良故障居多。

4. 电流极性接反和电压、电流不对应

类似故障分析可参考“任务二　经互感器接入式低压三相四线电能计量装置的检查与处理”。检查故障的主要方法还是分析电能表元件相位关系。此类故障主要二次回路接线错误居多，一般在新投运后的带电检查中即可发现并处理。

5. 电压互感器常见异常（故障）分析

(1) TV 一次侧断线。

1) Yy0 接线当一次侧 U 相断线时，接线如图 3-4-3 所示。一、二次侧都少了一相电压，二次 u 相绕组无感应电动势，此时 u 点和 n 点等电位，即 $U_n=0$，与 u 相相关的两个线电压均降为 57.7V（相电压），U_{vw}不变。即一次侧 U 相断线时，$U_{UV}=U_{WU}=57.7V$，$U_{VW}=100V$。

2) 一次侧 V 相断线时，$U_{UV}=U_{VW}=57.7V$，$U_{WU}=100V$。

3) 一次侧 W 相断线时，$U_{WU}=U_{VW}=57.7V$，$U_{UV}=100V$。

(2) TV 二次侧断线。

1）Yy0 接线二次侧空载时，当二次侧 u 相断线时，接线如图 3-4-4 所示。

a）二次侧 u 相断线时，因 u 相断线，uv、uw 构不成通路，故 $U_{uv}=U_{wu}=0V$，$U_{vw}=100V$。

b）二次侧 v 相断线时，$U_{uv}=U_{vw}=0V$，$U_{wu}=100V$。

c）二次侧 w 相断线时，$U_{vw}=U_{wu}=0V$，$U_{uv}=100V$。

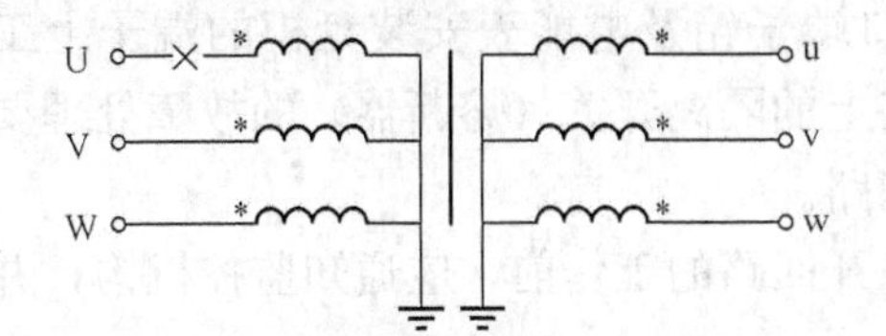

图 3-4-3　Yy0 接线一次侧 U 相断线接线图

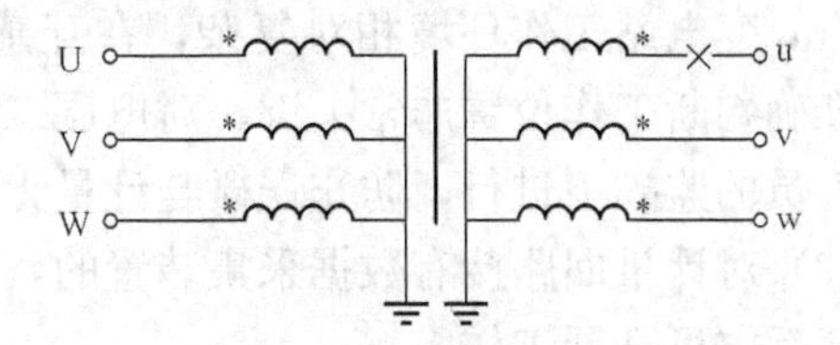

图 3-4-4　Yy0 接线空载二次侧 u 相断线接线图

2）Yy_0 接线二次侧接一块有功电能表和一块 90°无功电能表时，当二次侧 u 相断线时，接线如图 3-4-5 所示。

a）二次侧 u 相断线时，$U_{uv}=U_{wu}=50V$，$U_{vw}=100V$。

b）二次侧 v 相断线时，$U_{uv}=U_{vw}=50V$，$U_{wu}=100V$。

c）二次侧 w 相断线时，$U_{vw}=U_{wu}=50V$，$U_{uv}=100V$。

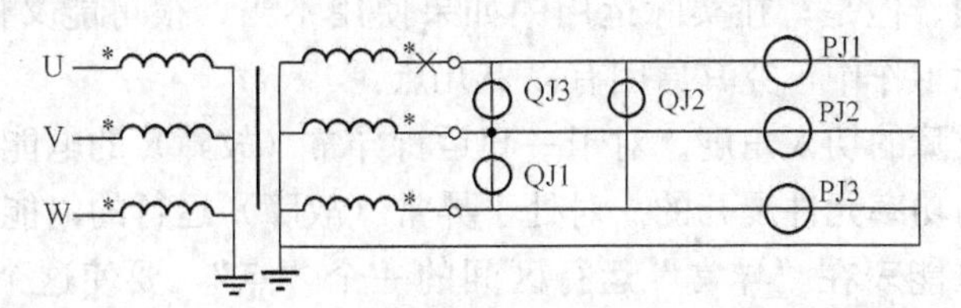

图 3-4-5　Yy0 接线带负荷二次侧 u 相断线接线图

（3）TV 二次侧极性接反。Yy0 接线当 TV 的二次侧 u 相极性接反时，接线如图 3-4-6 所示，相量图如图 3-4-7 所示。

根据相量图可知，Yy0 接线时：

1）当 TV 二次侧 u 相极性接反，$U_{vw}=100V$，$U_{uv}=U_{wu}=100/\sqrt{3}=57.7V$。

2）当 TV 二次侧 v 相极性接反，$U_{wu}=100V$，$U_{uv}=U_{vw}=100/\sqrt{3}=57.7V$。

3）当 TV 二次侧 w 相极性接反，$U_{uv}=100V$，$U_{vw}=U_{wu}=100/\sqrt{3}=57.7V$。

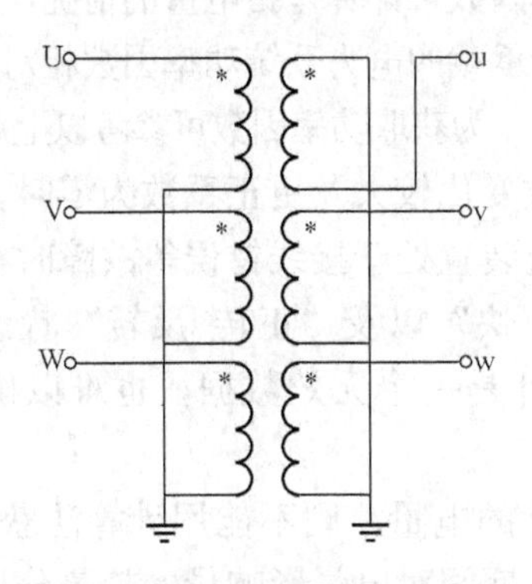

图 3-4-6　Yy0 接线二次侧 u 相极性接反接线图

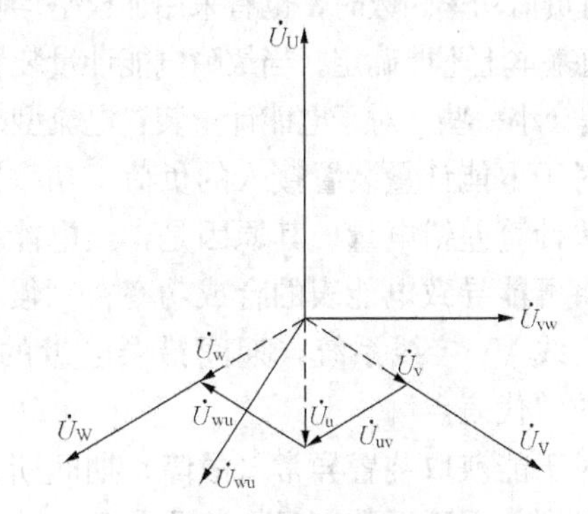

图 3-4-7　Yy0 接线二次侧 u 相极性接反相量图

四、分析方法——相量图法

当三相四线电能表接感性对称负荷时，相量图的分析方法同“任务二 经互感器接入式低压三相四线电能计量装置的检查与处理”。

五、注意事项

(1) 变电站工作环境相对复杂，在互感器出口端子箱及电能表安装盘柜的端子上工作时，准确判断工作位置非常关键，对电压二次回路上的隔离开关（熔断器）的故障处理要在监控人员的监护下进行，防止误碰与计量无关的回路。

(2) 对计量回路接有数据采集装置的，在做断开回路的工作前，应通知监控机构，并得到同意后方可开展工作。

六、运用更正系数法应注意的问题

因电量计量装置接线错误，通过计算更正系数对差错电量进行退补计算，这种方法称为更正系数法。《供电营业规则》第八十一条第一款规定：“计费计量装置接线错误的，以其实际记录的电量为基数，按正确与错误接线的差额率退补电量，退补时间从上次校验或换装投入之日起至接线错误更正之日止。”由此可见，利用更正系数法计算差错电量是有依据的。因此，在电能计量装置技术分析中广泛运用更正系数法，在多种专业书籍中可以找到从各种角度分析的大量例题。但是，在实际运用中如果使用不当，很可能又停留在理论分析层面上，无法运用到实际工作中，究其原因有以下几点：

(1) 处理计量故障的切入角度。对于一套运行异常（故障）的电能计量装置，所有的检查都是围绕电能表的功率元件展开的。对处于异常（故障）运行的电能表做采样测试时，所获取的参数，只是电能表在“异常”运行区间的一个“点”，要使这个“点”具有代表性，需要在电能计量装置所承载的负荷运行状态具有代表性时获取参数，方能使获取的参数具有代表性（相对代表性）。

(2) 如何获取“点”上的功率因数，实际运用中具有一定的难度。对于电脑记录装置电压故障型，提出两个方案供参考：方法一，若电能计量装置相邻位置配置有 TV 柜（保护、测量专用 TV），可在计量柜中进行采样时，将现场校验仪的电压采样线接入相邻 TV 柜二次电压回路，获取当时的负荷功率因数值。方法二，从现场校验仪中读取当前负荷全部运行参数→停电处理计量异常故障→恢复用电→待全部负荷恢复到先前状态，运行参数基本复原→读取负荷功率因数。采用月平均功率因数计算不符合采用更正系数法的物理对应关系。在实际工作中，当不能获取实时负荷功率因数时，也有采用加权平均功率因数来计算差错电量的情况，但由此发生的计算偏差值基本上不能确定。当故障电能计量装置所承载的电力系统功率因数相对稳定时，由此带来的偏差会小一些。对于电能计量装置电流型故障，为获取功率因数可参考以上思路。

(3) 对于电能计量装置接入的负荷、功率因数变化较大及更正系数为零时，则不能使用更正系数法计算差错电量。其原因是，当电能计量装置处于接线错误等故障时，功率因数的大幅波动将可能导致电能表的合成功率在“慢-停-快”以及“正转-反转”状态中变化，特别是三相三线 Vv 接线系统，期间错误电量的累计是一个无效数据，也难以确定异常（故障）区间的“代表点”。

(4) 对于能获取装置异常（故障）期间所累计的电量，则不能用计算法获得差错电量。此状态下得到的更正系数，只供装置异常（故障）期间对电量影响量的趋势分析。

(5) 在掌握计量故障变化分析机理的前提下，简化运用技术。实际工作中，无论故障如何变化，最终的着眼点是功率元件上的电压、电流夹角值，与它们在坐标的第几象限无关。

综上所述，运用更正系数进行退补电量计算，有比较苛刻的条件，不仅要求三相负荷相对平衡，还要求现场参数采样时一次负荷具有代表性，客户生产性质所对应的负荷功率因数相对稳定等，否则，通过计算的方法获取各种系数在计算差错电量会产生较大偏差。

在用电负荷、功率因数不稳定，三相负荷也不平衡时，尽可能在现场创造条件采用现场比对法以确定更正系数。即保持原表计接线方式不变，另行按正确接线接入一只相同型号规格的合格电能表，经一段时间运行后，根据两表计量电量的比值，得到实际更正系数。

七、案例

【例 3-4-1】 某高供高计电能计量装置，电流互感器变比 100/5A，电压互感器变比 110/0.1kV，故障期间电能表起始示数 1000，截止示数 1200。功率因数为 $\cos\varphi = 0.966$ 。试计算退补电量。

解 经实测其电压、电流、相位数据为 $U_{10} = U_{20} = U_{30} = 57.8\text{V}$，$I_1 = 4.2\text{A}$，$I_2 = 4.3\text{A}$，$I_3 = 4.2\text{A}$；$U_{12} = U_{23} = U_{31} = 100\text{V}$；$\dot{U}_{10} \wedge \dot{I}_1 = 15°$，$\dot{U}_{20} \wedge \dot{I}_2 = 135°$，$\dot{U}_{30} \wedge \dot{I}_3 = 75°$，$\dot{U}_{20} \wedge \dot{I}_1 = 255°$。

分析判断：

（1）根据测量的相电压和线电压数据，判断三相电压平衡且电压正常。

（2）根据三相电流基本平衡，说明电流回路正常。

（3）绘制电压、电流相量图。

$\dot{U}_{10} \wedge \dot{I}_1 = 15°$，$\dot{U}_{20} \wedge \dot{I}_1 = 255°$，说明 $\dot{U}_{10} \wedge \dot{U}_{20} = -240° = 120°$，电压相序为正相序（因 $\dot{U}_{10}$ 超前 $\dot{U}_{20}$ 120°）。假设 $\dot{U}_{10}$ 为 u 相，根据电压与电流的相位关系相量图如图 3-4-8 所示。

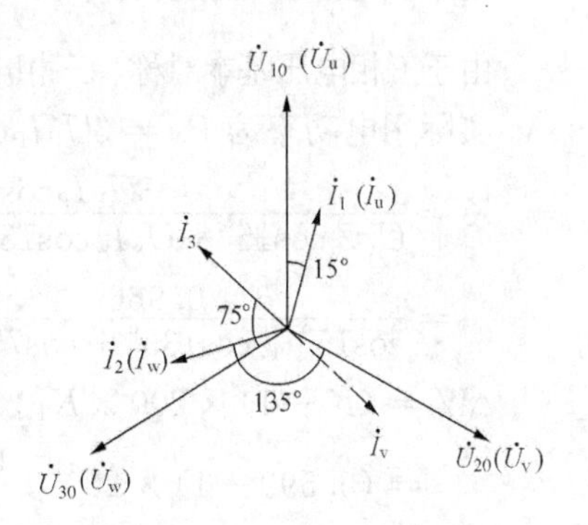

图 3-4-8　电压、电流相量图

（4）分析实际接线情况和更正接线。由以上相量图分析可知各元件接入的实际电压电流分别为一元件（$\dot{U}_u$，$\dot{I}_u$），二元件（$\dot{U}_v$，$\dot{I}_w$），三元件（$\dot{U}_w$，$-\dot{I}_v$），实际接线电路图如图 3-4-9 所示。

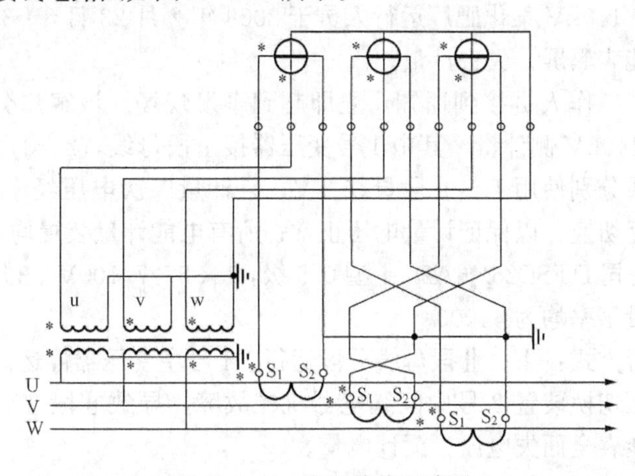

图 3-4-9　实际接线电路图

电能表联合接线盒的电压、电流应更正的接线对应关系如图 3-4-10 所示（直线箭头表示改线位置及方向，u、v、w 三相电压不变，w、v 相电流互换后，v 相电流 TA 极性 S_1、S_2 端子互换，u 电流不变）。

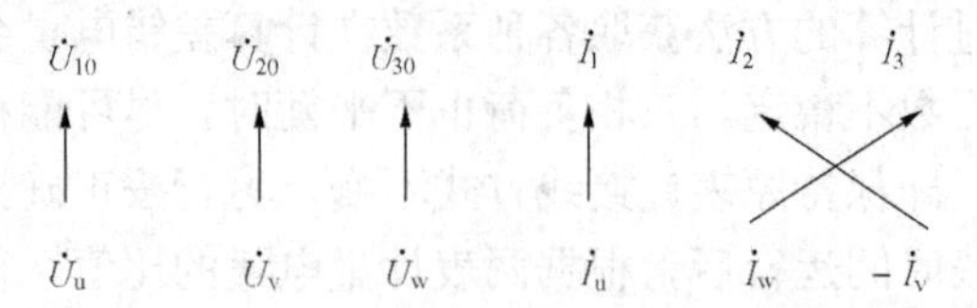

图 3-4-10 电压、电流更正接线的对应关系

(5) 计算更正系数和退补电量。

各元件计量功率分别为

$P_1=U_uI_u\cos(\dot{U}_u \wedge \dot{I}_u)$，$P_2=U_vI_w\cos(\dot{U}_v \wedge \dot{I}_w)$，$P_3=U_wI_v\cos[\dot{U}w \wedge (-\dot{I}_v)]$

有错误功率表达式为

$P=P_1+P_2+P_3=U_uI_u\cos15°+U_vI_w\cos135°+U_wI_v\cos75°$

设三相电压、电流对称平衡，则更正系数 $K=\dfrac{W_0}{W}=\dfrac{\text{正确计量功率表达式}}{\text{计量错误功率表达式}}$

由于三相电压基本对称、三相电流基本平衡，即 $U_u=U_v=U_w=U_P$；$I_u=I_v=I_w=I_P$。

实际用电功率为 $P_0=3U_PI_P\cos\varphi$

$$K=\frac{3U_PI_P\cos\varphi}{U_uI_u\cos15°+U_vI_w\cos135°+U_wI_v\cos75°}$$

$$=\frac{3\times0.966}{\cos15°+\cos135°+\cos75°}=\frac{2.898}{0.5176}=5.599$$

$$\Delta W=(K-1)\times200\times K_I\times K_U$$

$$=(5.599-1)\times200\times\frac{100}{5}\times\frac{110000}{100}=2023.56\ (\text{万 kWh})$$

因为出错期间，表慢，正转，故除电能表上记录的电量外，因为接线错误还应追补 2023.56 万 kWh 电量的电费（实际工作中应以用户的平均功率因数计算更正系数）。

【例 3-4-2】 110kV 某化肥厂计量二次回路故障。

(1) 故障现象。110kV 某化肥厂运行人员于 2009 年 2 月 23 日 8：30 发现该厂计量电能表全面失电压，电能表黑屏，失去计量。

(2) 现场勘查。工作人员接到通知，立即赶到事发现场。该客户分别在其 1、2、3 号 110kV 主变压器的 110kV 侧计量，其中 1 号变压器接Ⅰ段母线，2、3 号主变压器共用Ⅱ段母线，Ⅰ、Ⅱ段母线分别使用Ⅰ、Ⅱ段母线 TV，且计量二次电压经 1、2 号中间继电器在Ⅰ、Ⅱ段 TV 间相互切换，以保证计量电压正常；所有电能计量装置均采用三相四线高压计量，电能表采用某公司 DTSD25-6A2-Ⅰ型 0.5 级，3×57.7/100V、3×1.5(6) A 的多功能电能表；各馈路计量倍率均为 44000。

故障发生前运行方式：Ⅰ、Ⅱ段母线分段运行，1 号主变压器停运。

经检查发现电压切换装置 2 号中间继电器机械故障，导致Ⅱ段 TV 二次熔断器 v 相熔断，而引起计量电能表全面失电压，漏计电量。

故障消除时间为 2009 年 2 月 23 日 11：15。试计算应追补的电量。

（3）故障电量计算。故障期间负荷平稳，时间较短，因此，可根据故障期间的平均功率和时间计算故障电量。

故障电量计算公式为

$$W_P = P \times t \times 44000\ ,\ W_Q = Q \times t \times 44000$$

上两式中：P 为二次有功功率，W；Q 为二次无功功率，var；t 为故障时间，2.75 h。

各馈路功率及影响电量计算结果见表 3-4-2。

表 3-4-2　各馈路功率计影响电量

馈路名	有功功率 P（kW）	无功功率 Q（kvar）	有功电量 W_P（kWh）	无功电量 W_Q（kvarh）
1号主变压器	0	0	0	0
2号主变压器	201	100	24321	12100
3号主变压器	520	120	62920	14520

由于故障时间均处于峰时段，各馈路故障电量应向峰电量追加，同时对应总电量做相应等值追加。

故应向化肥厂 2 号主变压器追加正向有功峰电量 24321kWh、正向无功峰电量12100 kvarh；向 3 号主变压器追加正向有功峰电量 62920kWh、正向无功峰电量 14520kvarh。

（4）完成“计量故障调查报告”和出具相应电量追加凭证。

【例 3-4-3】　某变电站 330V 母线电量不平衡故障及电量处理。

接相关部门通知，某变电站 2、3 月份 330kV 母线电量不平衡，4 月 14 日计量维护人员前去处理。

（1）现场情况调查。了解变电站运行情况及故障现象。

1）该变电站一次网络如图 3-4-11 所示。“进线 1”和“进线 2”均为双向功率传输。

输入电量＝“进线 1”3318（正）＋“进线 2”3317（正）

输出电量＝“进线 1”3318（反）＋“进线 2”3317（反）＋3301＋3302

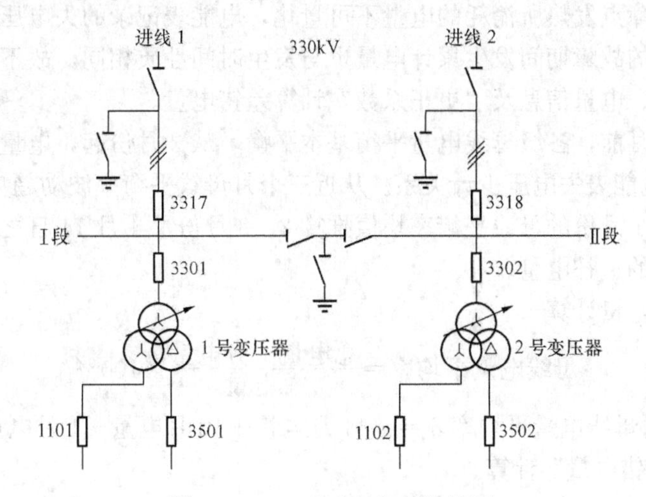

图 3-4-11　变电站局部接线图

2）经现场巡视检查发现 3302 隔离开关电能表显示缺少 L2 相电压符号（电能表型号为

DTSD高压三相四线电能表，电能表显示界面L1、L2、L3依次代表电压u、v、w三相电压)，测量电能表接入电压分别为$U_{un}=58V$，$U_{vn}=0.11V$，$U_{wn}=58.2V$。电能表侧二次回路端子连接良好。

3）进一步检查3302隔离开关侧二次回路，发现330Ⅱ段母线电压互感器（以下简称CTV）场地端子箱内，测量绕组v相电压端子接触不良。该故障导致v相电压输出趋于零（该站330母线电压互感器测量绕组输出未接入监控装置)。

4）v相电压端子恢复完好后，电能表显示电压正常，接入电压分别为$U_{un}=58.1V$，$U_{vn}=58.2V$，$U_{wn}=58.1V$，计量恢复正常。

5）故障原因确定为330Ⅱ段母线CTV端子箱测量绕组v相电压端子接触不良，导致v相电压断相。

6）调取电能表事件记录，累计失电压时间为7685min，失电压期间共发生电量为18.70度。

7）3302隔离开关电流互感器变比为200/5A。抄表结算时间为每月26日0时0分。

8）变电站330kV近期电量平衡数据见表3-4-3。

表3-4-3　变电站330kV母线平衡及总、分电量表

月份	11月	12月	1月	2月	3月	4月1～14日
总电量（万kWh)			10756.35	10474.20	12577.95	4167.90
分电量（万kWh)			10758.83	10446.98	12436.88	4067.33
母线平衡率（%)	+0.03	+0.04	−0.02	+0.26	+1.12	+2.0

（2）故障技术分析。据现场故障现象，本次故障的发生是母线TA V端子箱测量绕组v相电压端子出线侧压线螺钉安装时没有压紧。经一段时间运行，该压接点发热氧化，导致产生间歇性接触不良弧光，直至完全断开形成失电压故障。

电能表事件记录分析：由于故障性质是由接触不良至彻底断开，有一个过程，该过程并不完全连续，且故障点发热所消耗的电量不可量化，电能表记录的失电压时间也不是一个连续时段，事件记录的故障期间发生累计电量也与发生时间性质相同，故不宜采用电能表事件记录的失电压时间、电量信息及“更正系数”计算差错电量。

经查阅该站一月前，各级母线电量平衡基本平衡，从2月份起，电量平衡开始变化，满足3302隔离开关电能表失电压少计关系。从近三个月母线平衡率波动趋势也印证此点。

采用11、12、1月份的母线平衡率均值推算2、3月份及4月14日之前输出的“差错电量”作为本次故障的追补电量。

（3）故障差错电量计算

$$\text{母线电量平均率}=\frac{\text{总电量}-\text{分电量}}{\text{总电量}}\times 100\%$$

1）装置正常时母线电量平均率$\delta=$（11月电量+12月电量+1月电量)/3=0.01%

2）2月份“差错电量”计算

$$W_{2\text{月分电量}}=2\text{月总电量}-\delta\times 2\text{月总电量}=10474.20-\frac{0.01}{100}\times 10474.20=10473.15(\text{万kWh})$$

$$W_{2\text{月差错电量}}=\text{应计分电量}-\text{实计分电量}=10473.15-10446.98=26.17(\text{万kWh})$$

3）同样的方法计算 3、4 月份“差错电量”

$W_{3月分电量}$ = 3 月总电量 $-\delta\times$ 3 月总电量 $= 12577.95-\frac{0.01}{100}\times 12577.95 = 12576.69$(万 kWh)

$W_{3月差错电量}$ = 应计分电量 − 实计分电量 $= 12576.69-12436.875=139.81$（万 kWh）

$W_{4月分电量}$ = 4 月总电量 $-\delta\times$ 4 月总电量 $=4167.90-\frac{0.01}{100}\times 4167.90=4167.49$（万 kWh）

$W_{4月差错电量}$ = 应计分电量 − 实计分电量 $=4167.49-4076.325=91.16$ 万 kWh

4）故障期间发生“差错电量”为 2、3、4 月份之和

$W_{差错电量} = W_{2月差错电量}+W_{3月差错电量}+W_{4月差错电量} = 26.17+139.81+91.16=257.14$(万 kWh)

因渭关变电站 3302 隔离开关电能表电压故障，影响 3302 隔离开关有功电量 257.14kWh。

(4) 报告编写。按照规定格式内容要求，完成“计量故障处理报告”，向相关部门出具故障电量退补凭证。

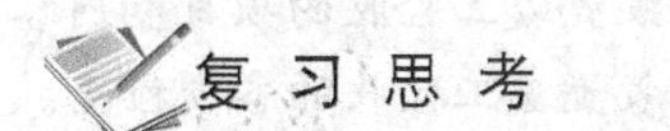

复习思考

(1) 画出经电流互感器接入式三相四线带接线盒电能计量装置的原理接线图。

(2) 经电流互感器接入式三相四线电能计量装置常见错误接线形式有哪些？其常见错误接线检查方法有哪些？

(3) 哪些场合应装设三相四线电能计量装置？

学习情境四

电能计量装置的竣工验收

【情境描述】

在遵循相关法律法规和标准的前提下，对电能计量装置投运前进行全面验收。

【教学目标】

（1）能简要说明电能计量装置竣工验收的依据和内容。

（2）能简要说明电能计量装置竣工验收的项目和内容，验收结果的处理。

（3）能正确进行电能计量装置竣工验收的各项检查。

（4）能正确叙述验收结果的处理原则并对电能计量装置进行验收评价。

【教学环境】

一体化教室，现场用电客户电能计量装置等。

任务　电能计量装置竣工验收

教学目标

知识目标

（1）了解竣工验收的依据（DL/T 448—2000《电能计量装置技术管理规程》）。

（2）熟知通电前检查、通电检查要点及验收结果处理。

（3）熟知验收技术资料。

（4）熟知成套电能计量装置验收时重点检查项目。

（5）了解电能计量装置验收评价表。

能力目标

（1）能通过查阅相关验收规范，对电能计量装置进行竣工验收。

（2）能对验收结果进行处理。

（3）能明确电能计量装置验收的技术资料。

态度目标

（1）能主动学习相关知识，认真做好计量装置竣工验收实训作业方案。

（2）在严格遵守安全规范的前提下，小组成员分工协作，密切配合，高标准、高质量地按时完成实训任务。

(3) 在完成任务过程中能主动发现、分析并创造性地解决问题。

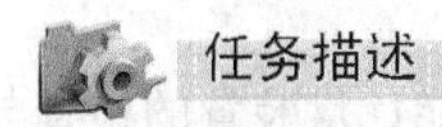

任务描述

在熟悉电能计量装置竣工验收的工作程序、步骤及相关注意事项，能依据 DL/T 448—2000《电能计量装置技术管理规程》，对电能计量装置进行竣工验收。

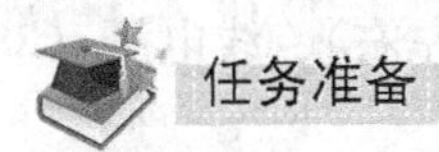

任务准备

课前查阅 DL/T 448—2000《电能计量装置技术管理规程》等相关规范。了解并熟知或掌握电能计量装置竣工验收的技术资料、检查项目和内容，同时能对验收结果进行处理，对电能计量装置进行验收评价。

任务实施

一、条件与要求

对已经安装好的各种电能计量装置（包括单相、三相四线、三相三线电能计量装置）进行初步的竣工验收。

二、施工前准备

(1) 分组进行，明确分工及责任，查阅资料，学习相关知识与规范。

(2) 熟知电能计量装置验收的项目及内容（包括技术资料、现场核查、验收试验、验收结果的处理）。

(3) 测试所用仪器仪表，应合格、有效。

(4) 对送电正常的电能计量装置二次回路测试，应满足《国家电网公司电力安全工作规程》(2009 年版）要求；测试操作时，应有专人监护。

(5) 制定竣工验收实训方案。

1) 验收前的资料收集。

2) 进行资料审查。

3) 验收依据标准的确定。

4) 进行工程验收。

5) 对验收结果进行汇总与答复。

6) 危险点分析与控制（自行分析）。

三、任务实施参考

(一) 低压电能计量装置的竣工验收

1. 直接接入式低压电能表的竣工验收

(1) 通电前，应断开电能表出线侧隔离开关。首先检查表前隔离开关（熔断器）电源侧电源是否正常，使用电压表或万用表测量电源相线对电能表中性线电压为 220V 左右。

(2) 通电后，对于单相电能表，利用验电笔检查相线是否进电能表电流回路，使用量程适当的钳形万用表，测量负荷电流、电能表的接入电压；有条件时，合上负荷开关，带负荷观察电能表转盘转速（或脉冲闪烁频率）与负荷大小对应的关系，以此判断电能表工作状态。

(3) 对于直接接入式的三相四线电能表，送电至电能表，使用量程适当的钳形多用表，测量电能表的接入电压；有条件时，合上负荷开关，带负荷观察电能表转盘转速（或脉冲闪烁频率）与负荷大小对应的关系，以此判断电能表工作状态。

（4）其他检查方法参见学习情境三“任务一　低压直接接入式电能计量装置的检查与处理”有关内容。

2. 经互感器接入式低压电能表的竣工验收

（1）在不带负荷的条件下，在电能表接线端测量相电压（220V左右）、线电压（380V左右）是否正常。

（2）使用相序表，检查电能表接入相序是否满足相序要求。如果此时接入方式为逆相序，则需要断开电源，视现场布线情况将一次侧电源线任意两相导线交换或者将电能表任意两个元件的二次电流、电压导线同时交换。

（3）有条件时，合上负荷开关，带负荷观察电能表转盘转速（或脉冲闪烁频率）与负荷大小对应的关系，以此判断电能表工作状态。

（4）必要时，还应在接入负荷的条件下，使用具有相位检测功能的仪表检查电能表同一功率元件是否接入同相电压、电流。

（5）对于电能计量装置接入极性、断流、分流、断压等错误检查，参见学习情境三“任务二　经互感器接入式低压三相四线电能计量装置的检查与处理”有关内容。

（二）高压电能计量装置的竣工验收

1. 验收项目

（1）测试接入电能计量装置的二次电压。

（2）检查电能表电压接入相序。

（3）带负荷测试电能计量装置接线相量图（现场条件具备时）。

（4）测试电能表在实际负荷条件下的基本误差。

（5）检查电能表的运转是否正常。

（6）检查投运后的各项记录是否满足营销管理的要求。

2. 验收内容及方法

（1）将检查无误的电能计量装置接入供电系统。电能计量装置带电后，暂停后续操作，利用电压表，测量电能表功率元件的接入电压。

对于三相三线Vv接线系统，三个电压接入端应保持$U_{uv}=U_{wv}=U_{uw}=100V$左右；

对于三相四线Yy0接线除测量相电压外，还应检测线电压，标准值为57.7/100V。

实际量值随系统电压波动，如果任何一组电压距100V（57.7V）出现较大偏差时，计量装置可能存在缺相或其中一组电压互感器极性接反的故障，应停电检查，直至排除故障再行送电。

（2）利用相序表，检查电能表电压是否为正相序接入。当接入相序为逆相序时，应断开电能计量装置电源（也可以断开二次试验端子电压），将接入电能表的导线接入关系更正为正相序。更正相序的原则是将两个功率元件的电压、电流二次连接导线同时交换（对三相四线制，将任意两个元件电压、电流二次导线同时交换）。

（3）用电能表现场校验仪检查电能计量装置接线的正确性。此项试验受条件限制，如果仅仅是通过相量关系确认接线的正确性，负荷电流只要接近二次标定电流的0.2%，现场校验仪就可分辨电能计量装置的接线相量关系，但前提是接入的负荷功率因数应高于0.5。其原因是：目前电力系统广泛使用的现场校验仪在相量关系运算时，只有在负荷性质确定，且功率角小于±60°时，得出唯一结论；当接入负荷功率角大于±60°时，不同相别电流位置会出现区域交集，从而导致逻辑分析会出现不确定结论，在现场校验仪显示界面上会出现相量关系误判断，导致相量分析错误。

（4）对新接入的电能表做负荷现场检验。新投运的电能计量装置有可能不能及时接入有效负荷，致使投运后的验收缺项，对此类电能计量装置，测量电能计量装置元件电压和相序非常重要，按照DL/T 448—2000《电能计量装置技术管理规程》的要求，新投运或改造后的Ⅰ、Ⅱ、Ⅲ、Ⅳ类高压电能计量装置应在一个月内进行首次现场检验。应结合现场首检，完善电能计量装置送电后的验收项目。

相关知识

电能计量装置投运前应由相关管理部门组织专业人员进行全面验收。电能计量装置竣工验收的依据是DL/T 448－2000《电能计量装置技术管理规程》。其目的是：及时发现和纠正安装工作过程中可能出现的差错，检查各种设备的安装质量及布线工艺是否符合要求；核准有关的技术管理参数，为建立客户档案提供准确的技术资料。

验收的项目及内容是：技术资料、现场核查、验收试验、验收结果的处理。

电网经营企业之间贸易结算用电能计量装置和省级电网经营企业与其供电企业的供电关口电能计量装置的验收由当地省级电网经营企业负责组织，以省级电网经营企业的电能计量技术机构为主，当地供电企业配合，涉及发电企业的还应有发电企业电能计量管理人员配合。其他投运后由供电企业管理的电能计量装置应由供电企业电能计量技术机构负责验收；发电企业管理的用于内部考核的电能计量装置由发电企业的计量管理机构负责组织验收。

一、验收的技术资料

（1）电能计量装置计量方式原理接线图，一、二次接线图，施工设计图、施工竣工图和施工变更资料。

（2）主要电气设备（如电压、电流互感器）安装使用说明书、出厂检验报告、法定计量检定机构的检定证书、产品合格证等。

（3）计量柜（箱）的出厂检验报告、说明书及计量装置校验合格证书。

（4）二次回路导线或电缆的型号、规格及长度。

（5）电压互感器二次回路中的熔断器、接线端子的说明书等。

（6）高压电能计量装置等及其附属设备的接地、接地电阻测试记录及绝缘试验报告。

（7）电气设备相关调试记录、电缆实验报告、隐蔽工程施工及试验记录。

（8）施工单位的资质、运行值班人员名单及“电工进网作业许可证”资格证书。

（9）施工过程中需要说明的其他资料。

二、资料审查

1. 施工单位资质审查

客户受电工程施工单位必须具有由建设部门颁发的施工企业资质和安全施工许可证，且取得承装（修、试）电力设施许可证，所有证件都必须对照审查原件后复印存档。

2. 客户提供的竣工图审查

客户提供的竣工图应齐全，竣工图明细应与设计单位提供的设计图纸明细相符。

3. 电气设备试验报告审查

根据GB 50150—2006《电气装置安装工程电气设备交接试验标准》规定，凡应试验的电气设备均应提供试验报告，500kV及以下电压等级安装的，按照国家相关出厂试验标准试验合格后的电气设备必须进行交接试验。

三、竣工验收项目和内容

1. 现场检查主要内容（也即通电前检查）

(1) 核对客户的电能计量方式是否符合供电部门既定方案。

(2) 计量器具（电能表、电流互感器、电压互感器）型号、规格、计量法定标示、出厂编号等是否与计量检定证书和技术资料的内容相符。

(3) 产品外观质量应无明显瑕疵和受损。

(4) 安装工艺质量应符合有关标准要求，检查电能表、互感器安装是否牢固，位置是否适当，外壳是否根据要求正确接地或接零等。

(5) 电能表、互感器及其二次回路接线情况应和竣工图一致。检查电能表、互感器一、二次界限及专用接线盒，接线是否正确，接线盒内连接片位置是否正确，连接是否可靠，有无碰线的可能，安装距离是否足够，各接点是否坚固、牢靠等。

(6) 检查进户装置是否按设计要求安装，进户熔断器熔体选用是否符合要求；检查有无工具等物件遗留在设备上。

(7) 测量仪、二次回路的绝缘电阻，应不低于10MΩ。

(8) 安装装表接电工单要求抄录电能表、互感器的铭牌参数，记录电能表的起止码及进户装置材料等并告知客户核对。

2. 安装质量检查

(1) 电能表。

1) 电能表的安装场所应符合规定。周围环境应干净明亮，不易受损、受震，无磁场及烟灰影响，无腐蚀性气体、易蒸发液体的侵蚀。运行安全可靠，抄表读数、校验、检查、轮换方便。电能表原则上应安装于室外的走廊、过道内及公共的楼梯间，或安装于专用的配电间内。高层住宅一户一表，宜集中安装于二楼及以下的公共楼梯间内。装表点的气温不超过电能表标准规定的工作温度范围，即，对P、S组别为0～+40℃，对A、B组别为−20～+50℃。

2) 电能表的一般安装规范要求。

a) 高供低计用户，计量点到变压器低压侧的电气距离不宜超过20m；电能表的安装高度，对计量屏，应使电能表水平中心线距地面在0.8～1.8m范围内；对安装于墙壁的计量箱，宜为1.6～2.0m。

b) 装在计量屏（箱）内及电能表板上的开关、熔断器等设备应垂直安装，上端接电源，下端接负载。相序应一致，从左侧起排列相序为U、V、W或U、V、W、N（或A、B、C与A、B、C、N）。电能表的空间距离和表与表之间的距离：单相表不小于30mm，三相表不小于80mm。

c) 电能表安装必须牢固垂直，每只表除挂表螺钉外，至少还应有一只固定螺钉，且应使表中心线向各方向的倾斜度不大于1°。

d) 在装表接线时，必须遵循以下原则：①单相电能表必须将相线接入电流线圈。②三相电能表必须按正相序接线，三相四线表必须接中性线，电能表的中性线必须与电源中性线直接连通，进出有序，不允许相互串联，不允许采用接地、接金属外壳等方式代替。③进表导线与电能表接线端钮应为同种金属导体。

e）进表线导体裸露部分必须全部插入接线盒内，并将端钮螺钉逐个拧紧。线小孔大时，应采取有效的补救措施。带电压连接片的电能表，安装时应检查其接触是否良好。

f）零散居民客户和单相供电的经营性照明客户电能表安装要求：①电能表一般安装在户外临街的墙壁上，装表点应尽量靠近沿墙敷设的接户线，并便于抄表和巡视。②电能表的安装高度应使电能表水平中心线距地面在 0.8～2.0m 范围内。电能表采用专用电能表箱的方式。③电能表的电源侧应采用电缆（或护套线）从接户线的支持点直接引入表箱，电源侧不装设熔断器，也不应有破口、接头的地方。④电能表的负荷侧，应在表箱外的表板上安装熔断器和总开关，熔体的熔断电流宜为电能表最大额定电流的 1.5 倍左右。⑤电能表及电能表箱均应分别加封，客户不得自行启封。

（2）进户装置。

1）接户线。

a）从低压配电线路到客户室外第一支持点的一段线路，或由一个客户接到另一个客户的线路，称为接户线。每一路接户线，支持接户点不多于 10 个，线长应不超过 60m，否则，应按低压配电线路架设。

b）接户线的档距不应大于 25m，超过时应装设接户杆，超过 40m 时应按低压配电线路架设。沿墙敷设的接户线，档距不应大于 6m。同杆架设的接户线横担与架空线横担的最小距离为 0.3m，接户线对地的距离不应小于 2.5m。

c）接户线与建筑物有关部分的距离：①与接户线下方窗户的垂直距离不应小于 0.3m。②与接户线上方阳台或窗户的垂直距离不应小于 0.8m。③与窗户或阳台的水平距离不应小于 0.75m。④与墙壁构架的距离不应小于 0.05m。

d）接户线与通信或广播线等弱电线路交叉时：接户线在上方时与弱电线路的距离不小于 60cm，接户线在下方时不小于 30cm。

e）接户线的线间距离应符合相关要求。接户线应采用绝缘导线，三相四线的中性线的截面不宜小于相线截面；单相制中性线的截面与相线截面相同。当接户线的材料与低压配电线路的材料不一致时，应采用铜、铝过渡措施。在人口密集的城市或有特殊要求的场所，接户线可采用电缆方式。

f）装置在接户线上的绝缘子，其工作电压不应低于 500V。瓷釉表面应光滑，无裂纹、破损现象。自电杆上引下的接户线，两端均应绑扎在绝缘子上。

g）装置在建筑物上的接户线支架必须固定在建筑物的主体上，不应固定在建筑物的抹灰层或木结构房屋的墙壁上。接户线支架应端正牢固，支架两端水平差不应大于 5mm。

h）在低压配电线路上接入单相负荷时，应考虑配电线路电流的平衡支配。

2）进户线。

a）由接户线引到电能计量装置的一段导线称为进户线。进户线应采用护导线或硬管布置，其长度一般不宜超过 6～10m。进户线应是绝缘良好的铜芯导线，其截面的选择应满足导线的安全载流量。

b）进户点的选择应符合下列条件：①进户点处的建筑物应牢固，并无漏水情况。②便于进行施工、维修或检修。③靠近供电线路或负荷中心。④尽可能与附近房屋的进户点取得一致。

c）进户线穿管引至电能计量装置，应符合下列条件：①管口与接户线第一支持点的垂直距离应在0.5m以内。②金属管或塑料管在室外进线口应做防水弯头，弯头或管口应朝下。③穿墙硬管的安装应内高外低，以免雨水灌入，硬管露出墙部分不应小于30mm。④用钢管穿线时，同一交流回路的所有导线必须穿在同一根钢管内，且钢管的两端应套护圈。⑤管径选择，应使导线截面之和占管子总截面的40%。⑥导线在管内不允许有接头。⑦进户线与通信线、广播线进户点必须分开。

d）进户线引入到用电计量装置前，相线应装进户熔断器（或自动开关），中性线不装熔断器。进户熔断器应装在封闭式的进户保险（开关）箱内或计量箱（屏）内，安装位置应便于维护操作。进户熔断器的选择应略大于熔体的容量，一般熔断电流可按电能表最大额定电流的1.5～2倍选用。

（3）电流互感器。低压电流互感器一般遵循以下安装规范：

1）电流互感器安装必须牢固，互感器外壳的金属外露部分应可靠接地。同一组电流互感器应按同一方向安装，以保证该组电流互感器一、二次回路的电流的正方向一致，并尽可能易于观察铭牌。

2）电流互感器二次侧不允许开路，对双二次侧只用一次二次回路时，另一个未用的二次侧应可靠短接。低压电流互感器二次侧可不接地。

（4）二次回路。

1）电能计量装置的一、二次接线，必须根据批准的图纸施工进行。二次回路应有明显的标示，最好采用不同颜色的导线。二次回路走向要合理、整齐、美观、清楚。对于成套计量装置，导线与端钮连接处，应有字迹清楚、与图纸相符合的端子排编号。

2）二次回路的导线绝缘不得有损伤，不得有接头，导线与端钮的链接必须拧紧，接触良好。

3）低压计量装置的二次回路连接方式：根据DL/T 825—2002《电能计量装置接线规则》4.2.1款规定，应采用分相接线；每组电流互感器二次回路接线应采用分相接法。电压线宜单独接入，不与电流线共用，取电压处和电流互感器一次间不得有任何断口，且应在母线上另行打孔连接，禁止在两段母线连接螺钉上引出。当需要在一组电流互感器的二次回路中安装多块电能表（包括有功电能表、无功电能表、最大需量表、多费率电能表等）时，必须遵循以下接线原则：①每块电能表仍按本身的接线方式连接。②各电能表所有的同相电压线圈并联，所有的电流线圈串联，接入相应的电流、电压回路。③保证二次电流回路的总阻抗不超过电流互感器的二次额定阻抗值。④电压回路从母线到每块电能表端钮盒之间的电压降，应符合DL/T 448—2000《电能计量装置技术管理规程》中的要求。

（5）计量屏（箱）。低压非照明电能计量装置的安装要求如下：

1）由专用变压器供电的低压计费客户，其计量装置可选用下列两种方案：

a）将变压器低压侧套管封闭，在低压配电间内装设低压计量屏的计量方式。低压计量屏应为变压器过来的第一块屏；变压器与计量屏之间的电气距离不得超过20m，应采用电力电缆或绝缘导线连接，中间不允许装设隔离开关等开断设备，电力电缆或绝缘导线不允许采用地埋方式。

b）对于严重窃电，屡查屡犯的农村客户，可采用将变压器低压侧套管封闭，在变压器低压封闭套管侧装设计量箱的计量方式。

2）由公用变压器供电的电力客户，宜在产权分界处装设低压计量箱计量。

3. 验收试验（也即通电检查）

（1）检查二次回路中间触点、熔断器、试验接线盒的接触情况；对电能计量装置通以工作电压，观察其工作是否正常；用万用表（或电压表）在电能表端钮盒内测量电压是否正常（相对地、相对相），用试电笔核对相线和中性线，观察其接触是否良好。

（2）电流、电压互感器实际二次负载及电压互感器二次回路压降的测量；通过对某高压客户的计量装置的测试实例可以发现：当TA带额定二次负荷时，测得其比差和角差均能满足规程要求，但当TA带实际二次负荷时，尽管此时二次负荷值在额定范围内，但其角差超出标准值。由此可见，高压互感器必须经现场实际负荷下误差试验合格。

（3）接线正确性检查；用相序表核对相序，引入电源相序应与电能计量装置相序标示一致。带上负荷之后观察电能表运行情况；用相量图法核对接线的正确性及对电能表进行现场检验（对低压电能计量装置该工作需在专用端子盒上进行）。

（4）对计量电流、电压互感器按规程进行现场二次负荷和二次压降测试。

（5）对最大需量表应进行需量清零，对多费率电能表应核对时钟是否准确和各个时段是否整定正确。

（6）安装工作完毕后的通电检查，有时因电力负荷很小，使有些项目（如六角图法分析等）不能进行，或者是多费率表、需量表、多功能表等比较复杂的电能计量装置，均需在竣工后三天内至现场进行一次核对检查。

4. 验收结果处理

（1）经验收的电能计量装置应由验收人员及时实施封印。封印的位置为互感器二次回路的各接线端子、电能表端钮盒、封闭式接线盒、计量柜（箱）门等；实施铅封后应由运行人员或客户对铅封的完好签字认可。

（2）检查工作凭证记录内容是否正确、齐全，有无遗漏；施工人、封表人、客户是否已签字盖章。以上全部齐整后将工作凭证转交营业部门归档立户。转交前应将有关内容登记在电能计量装置台账上，填写电能计量装置账、册、卡。

（3）经验收的电能计量装置应由验收人员填写验收报告，注明“电能计量装置验收合格”或“电能计量装置验收不合格”及整改意见，整改后再进行验收。验收不合格的电能计量装置禁止投入使用。

（4）在进行竣工检查的同时，应按《高、低压电能计量装置评级标准》对计量装置进行等级评定工作，达不到Ⅰ级装置标准，不能投入使用。电能计量装置评级是计量技术管理的一项基层工作，通过评级既可以掌握设备的技术状况，又可加强对设备的维修和改进。所有验收报告及验收资料应归档。

5. 重点验收项目

对成套电能计量装置，验收时应重点检查的项目有：

（1）计量装置的设计应符合DL/T 448—2000的要求。

（2）计量装置所使用的设备、器材均应符合国家标准和电力行业标准，并附有合格证件，各种铭牌标志清晰。

（3）电能表、互感器的安装位置应便于抄表、检查及更换，操作空间距离、安全距离应足够。

(4) 计量屏（箱）可开启门应能加封。

(5) 一、二次接线的相序、极性标示应正确一致，固定支持间距、导线截面应符合要求，引入电源相序应与计量装置相序标示一致。

(6) 核对二次回路导通情况及二次接线端子标示是否正确一致，计量二次回路是否专用。

(7) 检查接地及接零系统。

(8) 测量一、二次回路绝缘电阻，检查绝缘耐压试验记录。

(9) 各种资料、图纸齐全。

四、竣工验收结果的汇总与答复

受电工程进行验收之后，应对专家组提出的建议和整改措施进行一次性汇总，确认无误后，与客户、施工单位进行答疑，将答疑后的结果填写在“客户受电工程竣工验收单”上，经专家组会签，以书面形式告知客户，再与客户通知施工单位进行整改。

施工单位和客户应依据专家组的建议逐项进行整改，再报供电企业进行复验，直至合格。

五、电能计量装置验收评价

电能计量装置验收评价表见附录L。

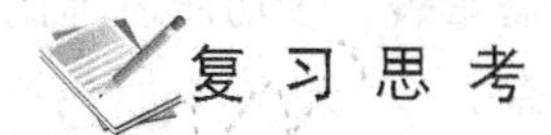

复 习 思 考

(1) 验收低压受电工程时一般由供电企业哪些部门参加？

(2) 低压受电工程验收时客户应提供哪些资料？竣工验收的主要内容有哪些？

(3) 10kV受电工程中间检查的目的是什么？10kV受电工程竣工验收的主要内容有哪些？

(4) 35kV及以上受电工程电气设备验收一般分为哪几个阶段？并简述其竣工验收的主要内容。

学习情境五

低压接户线、进户线及配套设备安装

【情境描述】

该情境介绍低压架空接户线、进户线及配套器件的安装和低压电缆进户线、接户线及配套设备的安装。

【教学环境】

装表接电实训基地、现场用电客户电能计量装置等。

任务一　低压架空接户线及计量箱的安装

教学目标

知识目标

(1) 了解低压接户线相关的标准及规范。

(2) 掌握低压接户的方式并合理选用。

(3) 掌握低压架空接户线辅助装置的类别及合理选用。

(4) 掌握低压架空接户线的一般技术规范和安装敷设方式方法。

能力目标

(1) 能依据配电线路和用户地理结构合理选择低压电源接入点和进户点。

(2) 能根据用户情况合理设计低压接户线方案，并选配合适的器具与材料。

(3) 能描述低压架空接户线的安装敷设方式方法。

态度目标

(1) 能主动学习相关知识，认真做好实训作业方案。

(2) 在严格遵守安全规范的前提下，小组成员分工协作，密切配合，高标准、高质量地按时完成实训任务。

(3) 在完成任务过程中能主动发现、分析并创造性地解决问题。

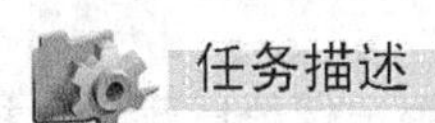

任务描述

根据用电申请批准方案和现场查勘意见，按照 DL/T 5220—2005《10kV 及以下架空配电线路设计技术规程》及 DL/T 601—1996《架空绝缘配电线路设计技术规程》等规范的要求为低压客户设计制定单相（或三相）架空接户线、进户线方案，选择工程器材。

依据 GB 50173—2014《电气装置安装工程 66kV 以下架空电力线路施工及验收规范》、DL/T 602—1996《架空绝缘配电线路施工及验收规程》、《国家电网公司电力安全工作规程（线路部分）》（2009 版）等有关规范的要求，编写现场标准化作业指导书，并安装低压架空接户线及配套装置。

任务准备

课前预习相关知识部分，学习有关技术与管理规范，复习学习情境一、二中的相关知识，并独立回答下列问题。

（1）何谓接户线、进户线？

（2）低压客户什么情况下使用单相电源？什么情况下使用三相四线电源？

（3）如何合理选配低压计量装置？

（4）低压计量装置安装必须遵循的一般原则。

任务实施

一、条件与要求

（一）接户线工程方案制定

1. 接户工程现场平面图

接户工程现场平面图如图 5-1-1 所示。

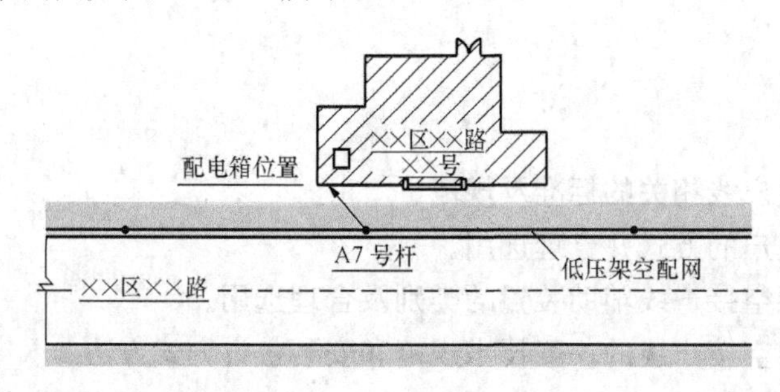

图 5-1-1 接户工程现场平面图

2. 接户线方案设计条件

（1）接户杆技术参数：__________m 电杆（杆体参数）；低压接户横担距地平面高度：__________m（最下一层线路）。

（2）接户线客户侧技术参数：建筑物墙面安装接户装置，穿孔进入户内。

（3）客户负荷条件：________________

主要负荷：________________________共__________kW。

（4）模拟场地环境________________________________。

（二）接户线及附件安装

（1）低压线路已停电，安全措施已完备；第一支持物及计量箱金具固定螺栓已预埋，接户熔断器已安装防雨措施已做好；户外经熔断器进户。户内 PVC 导线管配线。客户室内安装壁挂式配电箱一台，配置表前熔断器一组，表后塑壳空气断路器一台。进户前做重复接地。

（2）接户线工具、材料配置完备。

二、施工前准备

(1) 分组进行，明确分工及职责，查阅资料，学习相关知识与规范。

(2) 按照规范要求制定接户作业方案，画出作业现场定置图，填写规范的接户工程材料于表5-1-1中，制定详细的作业步骤及施工规范要求，做好危险点分析及预控和监护措施等。

表5-1-1　　接户工程材料表

班级：______组别：______制表时间：______年______月______日

工程名称：______低压户表接户线工程					
序号	器材名称	型号规格	单位	数量	备注
编制：			审核：		

(3) 学习掌握施工器具的正确使用方法和注意事项。施工器具需求表见表5-1-2。

表5-1-2　　施工器具需求表

序号	名称	规格	单位	数量	确认	备　注
1	个人工器具		套	1	√	
2	登高及安全器具		套	1	√	
3	梯子	4/2.5m	把	1	√	
4	安全围栏		副	1	√	

三、任务实施参考（关键步骤及注意事项）

1. 开工前准备

(1) 穿工作服，戴好安全帽及线手套。

(2) 开工会：工作任务清楚、分工明确、危险点告知。

(3) 认知并检查实训现场提供的材料是否完好齐备，明确其用途及安装方法。

(4) 工具、安全用具检查。

2. 安装杆上横担

(1) 地面组装：横担、悬式绝缘子擦拭、组装，绝缘子安装方向及螺栓穿向正确，连板固定牢固。

(2) 登杆前的安全检查：检查杆根、埋深及拉线，脚扣（登高板）、安全带、传递绳外观检查和人体荷载冲击试验。

(3) 上、下电杆：登杆过程系好安全带扣，登杆动作熟练、规范、流畅，注意工具掉落、滑脱。保护绳、传递绳应系绑在电杆或横担上。

(4) 横担安装：横担、金具的提升过程安全规范，不能碰杆身，根据接户线走向安装横担，横担、金具的安装位置间距及固定方式符合规范要求，U形抱箍螺栓紧固。

3. 安装墙上接户横担

位置适当、安装牢固。遵守梯上作业安全规程，梯子靠放牢固，并有人扶牢。注意：梯子滑倒伤人。

4. 接户线敷设

展放正确、速度均匀、导线无损伤，检查导线是否有伤痕，紧线操作方法正确，导线弧垂观测各相松弛度相等，且符合规范。对弱电线路的交叉跨越及线间距离符合规定。导线穿瓶并回折圆滑，绑扎位置方法正确，绑扎紧固、平衡、均匀、收尾拧小辫。

5. 计量箱与防护管安装固定

计量箱安装应安全、平稳、牢固、美观，固定螺栓应加垫。管线敷设面平坦、牢固，管内导线不得有接头。

6. 接户线与表前隔离开关或熔断器的连接

压接铜铝过渡接线鼻连接牢固。

7. 接户线与低压配网的搭接

采用“T”接或并沟线夹连接。引线敷设符合工艺要求；弯曲处半径为8倍的导线半径，不出现硬折；弯曲位置距离紧固位置50mm（±5mm）；接户线线头、线夹要用0＃砂皮打磨、清除氧化层，涂电力复合脂。

8. 检查验收

认真检查杆（塔）上、工地中有无遗留物，工作负责人全面检查工作完成情况，无误后，请老师检查评分。

相关知识

一、低压接户的基本概念

1. 0.4kV及以下（低压）用户电源的接入方式

（1）通过10kV配电站、箱式变的低压出线断路器的，采用电缆接入。

（2）通过低压电缆分支箱出线断路器或熔断器的，采用电缆接入。

（3）通过低压架空线的，采用架空或电缆方式接入。

对于接入公用配电网的用户一般采用电缆线路或架空线路的方式。

常见的典型单相架空线路接入方式及各部分的名称如图5-1-2所示。

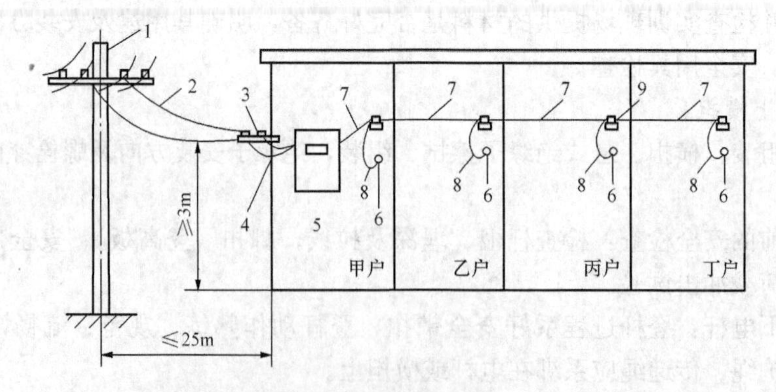

图5-1-2 低压架空接户线、套户线、进户线示意图

1—接户杆；2—接户线；3—室外第一支持物；4—进表线；5—集中式电能计量箱；6—进户点；7—套户线；8—进户线；9—接户点

2. 接户线、进户线的确定

客户计量装置在室内时，从低压电力线路到客户室外第一支持物的一段线路为接户线；从客户室外第一支持物至客户室内计量装置的一段线路为进户线。

接户线和进户线装设的原则：①有利于电网的运行；②保证客户安全；③便于维护和检修。

3. 电源接入点的选择

(1) 应就近接入低压配电网。根据城市地形、地貌和城市道路规划要求，就近选择电源点。路径应短捷顺直，减少与道路交叉，避免近电远供、迂回供电。

(2) 低压客户选择电源点时，220V 单相或 380V 两相用电设备接入 220V/380V 三相系统时，宜使三相负荷平衡，降低电源系统负荷的不对称度。

(3) 电源点应具备足够的供电能力，能提供合格的电能质量，满足客户的用电需求，保证接电后电网安全运行和客户用电安全。

4. 进户点的选择

(1) 同一建筑物内部相互连通的房屋、多层住宅的每个单元、同一围墙内一个单位的电力和照明用电，只允许设置一个进户点。

(2) 应尽可能接近供电线路和用电负荷中心。

(3) 进户点要在接户点下方且距离不大于 0.5m，该处的建筑应牢固且不漏雨雪。

(4) 要便于进行安装与维修，保证施工安全。

(5) 与邻近房屋等建筑物的进户点尽可能取得一致。

(6) 进户点的绝缘子及导线，应尽量避开雨水冲刷和房顶杂物掉落区。

二、接户线（进户线）与金具材料的选配

（一）导线的选配

导线选配涉及两个方面，即导线型号、规格。

1. 导线选型

(1) 低压接户线应采用绝缘导线，导线截面根据负荷计算电流和机械强度确定，同时要考虑今后负荷发展的可能性。当负荷电流小于 30A（各地规定有差异）且无三相用电设备时，宜采用单相接户方式；大于 30A 时，宜采用三相四线接户方式。

(2) 低压接户线一般采用 JKYJ、JKLYJ 或 BV、BLV 等型号聚乙烯、交联聚乙烯或聚氯乙烯绝缘电缆、电线，实际运用中以铝芯线居多。由于架空主线均采用铝质导线，使用铜线接户，必须进行铜铝转换（如铜铝转换并沟线夹）；使用铝导线接户，线路侧可采用并沟线夹或直接绑扎连接；负荷侧一般与隔离开关或熔断器相连接，需使用铜铝过渡接线鼻转接，严禁铜铝直接搭接或压接。

(3) 进户线采用铜芯绝缘线者居多。如果采用铝导线进户，则必须使用铜铝过渡接线鼻。不得直接将铝质导线制作羊眼圈供隔离开关螺钉压接，也不允许将铝质导线直接进入电能表。

(4) 接户线直径要求：DL/T 601—1996《架空绝缘配电线路设计技术规范》规定，铜绞线，不小于 $10mm^2$；铝绞线，不小于 $16mm^2$；在其他的规程、规范中也有各放大一个规格的规定。

(5) 常用的低压电力电缆有 YJV、YJLV，YJV22、YJLV22 等型号聚氯乙烯，交联聚

乙烯绝缘电缆。

聚氯乙烯绝缘电缆具有电气性能较高，化学性能稳定，机械加工性能好，不延燃，价格便宜的特点。对运行温度要求不高于65℃。此类绝缘一般只用在6kV及以下的电力电缆绝缘层或作为电缆的外护层。

交联聚乙烯绝缘电力电缆适用于固定敷设在交流50Hz，额定电压35kV及以下的电力输配电线路上作输送电能用。与聚氯乙烯电力电缆相比，具有优异的电气性能、机械性能、耐热老化性能、耐环境应力和耐化学腐蚀性能的能力，而且结构简单、质量轻、不受敷设落差限制、长期工作温度高（90℃）等特点。

随着生产技术和工艺的不断提高，交联聚乙烯电缆的应用最为广泛。电缆选型时，有带钢铠和不带钢铠两种，应根据使用的不同环境和条件，结合本地的具体情况进行选择。

2. 导线规格的选择

（1）接户线导线的选择，主要兼顾电压损失、额定载流量、机械强度、允许最小截面四方面。

（2）鉴于接户线、进户线用途的确定性，不需要进行较复杂的计算。一般情况下，为保证供用电系统安全、可靠、经济、合理的运行，进户线、接户线截面的选择可根据经济电流密度来确定。

导线传输的最大负荷电流 I_{max} 计算式为

$$I_{max}=\frac{P_{max}}{\sqrt{3}U_N\cos\varphi}$$

式中：P_{max} 为最大传输有功功率，W；U_N 为线路额定电压，V；$\cos\varphi$ 为负荷功率因数。

负荷的最大负荷利用小时数 T_{max} 是由用电负荷的性质确定的。确定经济电流密度 J，可由表5-1-3查得。

表5-1-3　确定导线的经济电流密度（A/mm²）

导线材质	年最大负荷利用小时数（h）		
	<3000	3000～3500	>5000
铜	3.00	2.25	1.75
铝	1.65	1.15	0.90

计算导线截面 S（mm²）的计算式为

$$S=\frac{I_{max}}{J}$$

根据计算所得的导线截面，选择最接近的标称截面。当计算所得截面介于两个标称截面之间时，一般应选取较大的标称截面。

导线截面选定后，应用最大允许载流量来校核。如果负荷电流超过了允许载流量，则应增大截面。必要时，还应进行机械强度试验，在任何恶劣的环境条件下，应保证线路在电气安装和正常运行过程中导线不被拉断。

【例5-1-1】 一商业用电负荷，10kW，供电直径30m，采用三相四线方式供电，按照导线选配原则，确定导线型号、规格。

解　确定负荷电流。功率因数按 0.8 计算，则负荷电流 I 为

$$I=\frac{P}{\sqrt{3}U_{\mathrm{N}}\cos\varphi}=\frac{10\ 000}{\sqrt{3}\times380\times0.8}=18.99\ (\mathrm{A})$$

确定导线的经济电流密度 J（A/mm²）。按照商业用电性质，负荷的最大负荷利用小时数 $T_{\max}\approx3000\sim5000\mathrm{h}$，按照铝质导线选择，则 $J=1.15\mathrm{A/mm^2}$。

导线截面 S 为

$$S=\frac{I_{\max}}{J}=\frac{18.99}{1.15}=16.5\ (\mathrm{mm^2})$$

考虑负荷的变化因数，选择聚氯乙烯绝缘铝导线 BLV-25 型，满足长期连续负荷允许载流量和架空导线的最小截面。

（3）当接户线线路过长时，还应按电压损失校验导线截面，保证线路的电压损失不超过允许值（10kV 及以下三相供电的客户受电端供电电压允许偏差为额定电压的±7%：对于 380V 则为 407～354V；220V 单相供电，为额定电压的＋5%，－10%，即 231～198V）。

（4）接户线用绝缘电线长期连续负荷允许载流量见附录 M-1～3。

（5）电缆截面积的选择，需要兼顾工程投资、线路的损耗和电压质量、电缆的使用寿命等因素。选择合适的截面积，使电力电缆满足最大工作电流下的缆芯温度要求和压降要求以及最大短路电流作用下的热稳定要求。必要时。还应考虑负荷增长的剩余系数。接户电缆的规格系列及载流量参见附录 M-4、M-5。

选择电缆截面积时，还要满足 DL/T 599—2005《城市中低压配电网改造技术导则》和 Q/GDW 156—2006《城市电力网规划导则》及 DL/T 5220—2005《10kV 及以下架空配电线路设计技术规程》的要求。

（二）绝缘子的选择

低压户外绝缘子选型有蝶式、针式、轴式瓷绝缘子三种，如图 5-1-3～图 5-1-6 所示。

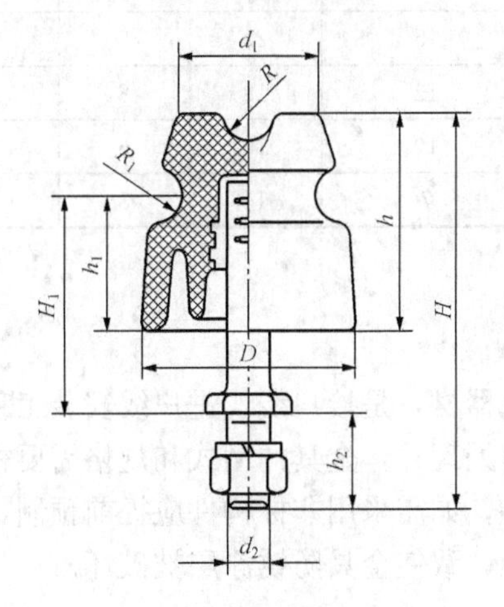

图 5-1-3　低压针式绝缘子 PT-1T、2T 、1M 、2M

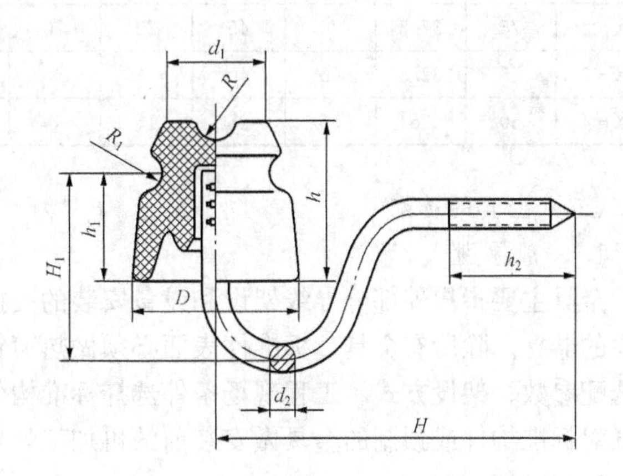

图 5-1-4　低压针式绝缘子（PD-2W）

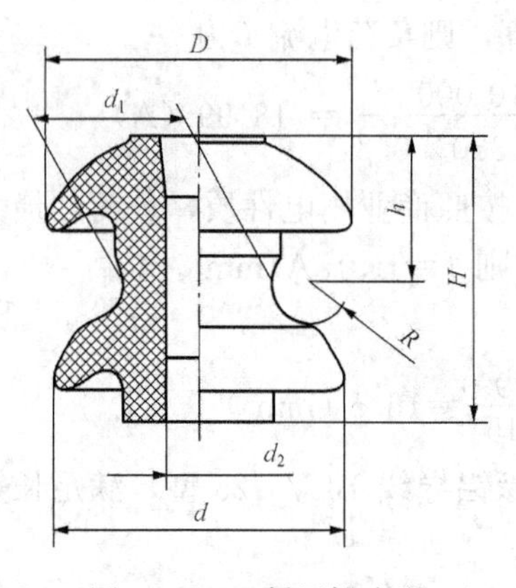

图 5-1-5　低压蝶式绝缘子（ED-1、2、3、4）

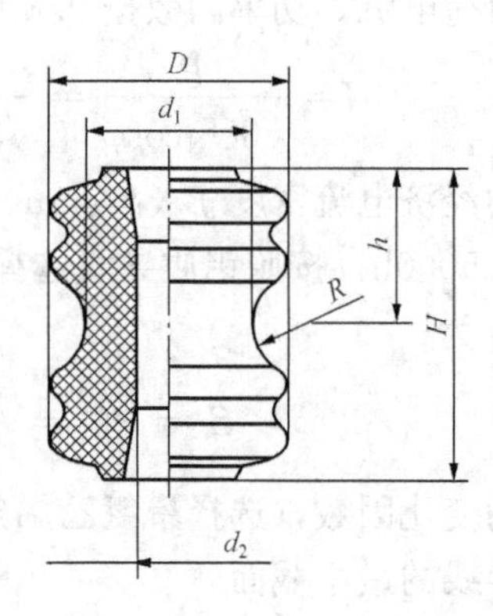

图 5-1-6　低压轴式绝缘子（EX-1、2、3、4）

（1）针式瓷绝缘子使用在 1kV 以下架空电力线路中作绝缘和固定导线用。蝶式、轴式瓷绝缘子供配电线路终端、耐张及转角杆上作为绝缘和固定导线用。

（2）低压针式绝缘子型号有 PD-1T、PD-2T，为铁横担直脚；PD-1M、PD-2M，为木横担直脚；PD-2W，为弯脚形式。型号中后缀数字“1”为尺寸最大一种。

（3）低压蝶式绝缘子型号有 ED-1、ED-2、ED-3、ED-4。型号中后缀数字“1”为尺寸最大一种。

（4）低压线轴式绝缘子型号有 EX-1、EX-2、XD-3、EX-4，其技术参数见表 5-1-4。绝缘子规格选型可根据导线的截面而定，截面积大的导线，选择大规格绝缘子。

表 5-1-4　　低压线轴式绝缘子技术参数表

产品型号	主要尺寸（mm）						瓷件机械破坏强度（不小于 kN）	工频电压（不小于 kV）		质量 kg
	H	h	D	d_1	d_2	R		干闪	湿闪	
EX-1	90	45	85	55	22	12	15	22	9	
EX-2	75	37.5	70	45	20	10	12	18	8	
EX-3	65	32.5	65	40	16	8	10	16	6	
EX-4	50	25	55	35	16	8	7	14	3	

（三）金具的选配

1. 一般原则

金具主要指户外部分导线架设和设备安装的支撑器材，是接户线、进户线安装工程必不可少的器材。除所有金具、标准件表面必须做热镀锌处理外，金具的型式和规格需要根据导线选配参数、架设方式、工程现场条件选择标准构件，如需采用非标构件应提前预制，避免现场对标准构件或预制的金具做安装前的再加工处理，致使金具防锈涂层被破坏。

2. 杆上部分

杆上部分主要是配置四线或两线横担、隔离开关安装横担以及横担固定用抱箍、M 垫铁等金具，根据接户横担等金具安装高度的杆径，选配横担、抱箍、M 垫铁开档尺寸。常见金具的名称及用途如图 5-1-7 所示。

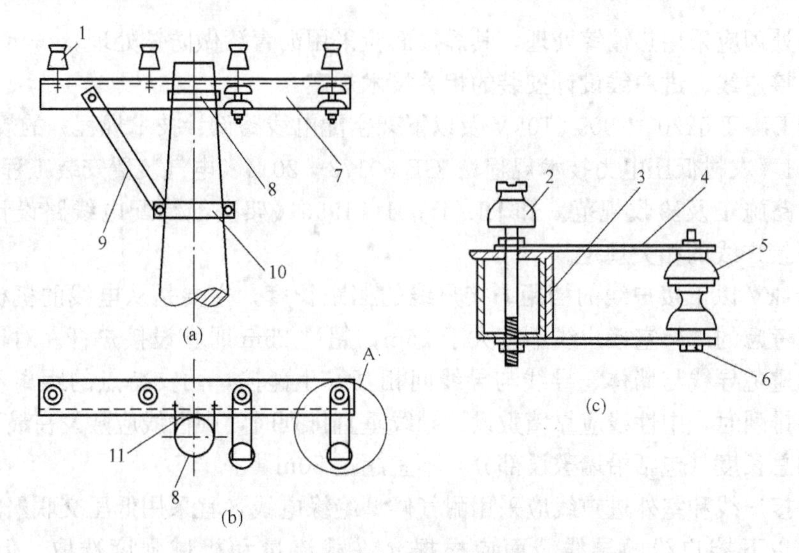

图 5-1-7　典型 4Y 横担组装图

(a) 正视图；(b) 俯视图；(c) 图 (b) 中 A 部分放大图

1、2—低压针式绝缘子；3—低压门形垫铁；4—三眼拉板；5—低压蝶式绝缘子；6—单帽螺栓；7—角铁四路横担；8—U 形抱箍；9—角铁斜撑；10—圆箍；11—M 形垫铁（圆杆托架）

3. 建筑物侧配置的金具

建筑物侧配置的金具需要根据进线位置和方式确定，常用有门形、一字形、L 形横担等。金具的固定也需要根据建筑物墙面形状、材质和接户线跨度、张力等因素采取膨胀螺栓或穿墙螺栓、预埋等方式。所有制作横担金具的角钢不小于 50×50×5（mm），由专业工厂预制。不推荐现场制作。

4. 电缆接户、进户的金具

电缆接户、进户的金具还需要根据电缆的敷设和固定方式制作适当的金具和防护装置，以保证电缆的安全运行。

（四）熔断器或隔离开关的选择

接户线与进户线之间通常安装一组熔断器或隔离开关，主要作用是便于进户线侧开展检修工作，也可以解决导线材质的转换。

(1) 熔断器或隔离开关的选择主要是依据所接入负荷的大小，小容量接户装置选择熔断器，相对较大容量的接户装置选择隔离开关。

(2) 熔断器可选择瓷插式、螺旋式以及管式，容量在 60A 以下。

(3) 隔离开关可选择低压隔离开关，容量在 100～200A。小容量接户装置也使用隔离开关，以保证线路断开时具备明显的断开点。

(4) 户外安装时，熔断器或隔离开关必须做防雨措施。

(5) 进户中性线不得经过任何熔断器。

（五）进户端重复接地器材的选择

进户端重复接地器材选择圆钢或角钢制作的接地极，根据地形、地质条件和接地电阻值决定接地极的位置和接地极根数。一般接地极的规格为：$\geqslant\phi20\times2000$mm 镀锌圆钢或∠40×40×4×2500 镀锌角钢。接地极的连接和引出采用 40×4 镀锌扁钢。接地极和接地扁钢的表面处理应采用热镀锌处理，其焊接面应采用沥青漆做防锈处理。

三、接户线、进户线设计安装的相关技术规定

根据DL/T 5220—2005《10kV及以下架空配电线路设计技术规程》的规定，结合DL/T 499—2001《农村低压电力技术规程》、GB 50173—2014《电气装置安装工程及66kV以下架空电力线路施工及验收规范》和DL/T 601—1996《架空绝缘配电线路设计技术规范》的1kV以下接户线的相关规定。

(1) 1kV以下接户线的档距。接户线的档距长度，主要是从电线的机械强度和避免碰线、混线考虑的。架空接户线不宜大于25m，超过25m时宜设接户杆。对于沿墙敷设的接户线，为避免导线与墙体、导线与导线间相互发生碰撞，两支持点的距离不应大于6.0m。导线水平排列时，中性线应靠墙敷设，导线垂直排列时，中性线应敷设在最下方；接户线及套户线的总长度（包括沿墙敷设部分）不宜超过50m。

(2) 接户线和室外进户线应采用耐气候型绝缘电线，宜采用低压交联聚乙烯铜芯绝缘导线。1kV以下接户线的导线截面应根据允许载流量和机械强度选取，但铜芯不应小于$10mm^2$，铝芯线不应小于$16mm^2$。

农村用户DL/T 499—2001《农村低压电力技术规程》规定接户线和室外进户线最小允许截面见表5-1-5。

表5-1-5 DL/T 499—2001《农村低压电力技术规程》规定的接户线和室外进户线最小允许截面

DL/T 499—2001《农村低压电力技术规程》规定的接户线和室外进户线最小允许截面（mm^2）			
架设方式	档距	铜线	铝线
自电杆引下	10m及以下	2.5	6.0
	10～25m	4	10.0
沿墙敷设	6m及以下	2.5	6.0

三相四线制中性线不小于相线截面积的50%（施工中一般中性线与相线选相同截面的导线）；单相接户线相线与中性线截面相同。

(3) 1kV以下接户线的线间距离，不应小于表5-1-6所列数值。1kV以下接户线的中性线和相线交叉处，应保持一定的距离或采取加强绝缘措施。

表5-1-6 1kV及以下接户线允许的最小线间距离

架设方式	档距（m）	线间距离（m）
自电杆上引下	25及以下	0.15
	25及以上	0.20
沿墙敷设	6及以下	0.10
	6以上	0.15

(4) 接户线受电端（进户端）的对地面垂直距离，1kV以下不应小于为2.5m。一般第一支持物离地面高度不高于4m，不低于3m，在主要街道不应低于3.5m，在特殊情况下最低不应低于2.5m，否则应采取加高措施。

(5) 跨越与交叉距离的规定。接户线安装施工时，常会遇到必须跨越街道、弄巷及建筑物，以及与其他线路发生交叉等情况。为保证安全可靠地供电，必须符合表 5-1-7 中所列的有关规定。

表 5-1-7 1kV 以下接户线跨越与交叉的最小距离

接户线跨越与交叉的对象	最小距离（m）	
跨越街道：至路面中心的垂直距离	有汽车通过的街道	6
	汽车通过困难的街道、人行道	3.5
	胡同（里、弄、巷）	3
	沿墙敷设对地面垂直距离	2.5
与建筑物有关部分的距离	下方窗户	0.3
	上方阳台或窗户	0.8
	与窗户或阳台的水平距离	0.75
	与墙壁、构架的距离	0.05
与弱电线路的交叉距离	在弱电线路的上方	0.6
	在弱电线路的下方	0.3

如不能满足表 5-1-7 所列要求，应采取隔离措施。

（6）接户线的相线和中性线必须从同一基电杆引下，不得从档距间任意点引接。来自不同的电源引入的接户线不宜同杆架设。接户线横担安装在电杆所有电力线路的最底层，距上层低压线路的距离不小于 0.6m。

（7）1kV 以下接户线不应从高压引下线间穿过，严禁跨越铁路。接户线档距中间不能有接头。

（8）架空导线的弧垂值，允许偏差为设计弧垂直的 5%，水平排列的同档导线间弧垂直偏差为±50mm。

（9）每一接线户所带户数不得超过 5 户，且所有用户必须由接户配电箱（计量箱）内的配电装置所控制。各栋门之前的接户线若采用沿墙敷设时，应有保护措施。

（10）接户线两端均应绑扎在绝缘子上，绝缘子和接户线支架按下列规定选用：

1）电线截面在 16mm² 及以下时，可采用针式绝缘子，支架宜采用不小于 50mm×5mm 的扁钢或 40mm×40mm×4mm 角钢，也可采用 50mm×50mm 的方木；

2）电线截面在 16mm² 以上时，应采用蝶式绝缘子，支架宜采用 50mm×50mm×5mm 的角钢或 60mm×60mm 的方木。

（11）引流线与主干线之间的连接。不同金属导线的连接应有可靠的过渡金具。同金属导线采用绑扎连接时，截面积 35mm² 及以下的导线，绑扎长度应不小于 150mm。绑扎用的绑线，应选用与导线同金属的单股线，其直径不应少于 2mm。绑扎连接时应接触紧密、均匀、无硬弯。接户引流线应呈平滑弧度。不同截面导线连接时，绑扎长度以小截面导线为准。采用并沟线夹连接时，线夹数量一般不少于 2 个。

（12）1kV 以下配电线路每相过渡引流线、引下线与邻相的过渡引流线、引下线或导线之间的净空距离，不应小于 150mm。

（13）1kV 以下配电线路的导线与拉线、电杆或构架之间的净空距离，不应小于 50mm。具体规定见表 5-1-8。

表 5-1-8 导线间、电杆（或构架）间距规定 m

类别 \ 电压	高压	低压
导线与拉线、电杆（或构架）间净空距离	0.2	0.1
每相导线引下线与相邻导线净空距离	0.3	0.15
靠近电杆低压两线间水平距离	0.5	

（14）当采用中性线断线故障保护时，还应满足下列相应要求：

1）防雷接地装置和中性线断线故障保护的接地装置之间应通过低压避雷器连在一起。

2）电源为架空引入时，应在入户处的各相和中性线上装设低压避雷器，并将铁横担、绝缘子铁脚及避雷器的接地共同接到中性线断线故障保护的接地装置上。

3）当采用上述措施时，中性线断线故障保护的接地电阻不宜大于 10Ω。

4）低压架空线路接户线的绝缘子铁脚宜接地，接地电阻不宜超过 30Ω。当土壤电阻率在 200Ω·m 及以下时，铁横担钢筋混凝土杆线路由于连续多杆自然接地作用，可不另设接地装置。

四、接户工程器材方案制定案例

某客户，提出用电申请，经用电业务部门受理并现场查勘，批准方案见表 5-1-9。

表 5-1-9 用电申请批准方案

户号	户名	用电地址
051111111	×××	××区××路××号
用电容量	供电电压	负荷等级
12kW	380V	Ⅲ级
贵单位的用电申请已收悉。经研究确定，供电方案为： （1）供电电源从 10kV××区××路公用变压器 A7 号杆搭接。 （2）你户新装 3×10（40）A 三相四线复费率电能表一只；用电性质：商业。 （3）应急自备发电机作为用电负荷的应急电源，并到××供电局营业厅完善审批手续。		

经装表接电部现场查勘（见图 5-1-1），接户点位于××路公用变压器 A7 号杆，A7 号电杆为变径 12m 杆，接户横担安装位置距地面 8m，距客户接户点直线距离 25m，采用架空直接接户，户外经熔断器进户。户内 PVC 电线管配线。客户室内安装壁挂式配电箱一台，配置表前熔断器一组，表后塑壳空气断路器一台。进户前做重复接地。

1. 材料计划表封面

材料计划表封面需列出以下主要信息：

（1）工程名称、编号；

（2）计划编制人、编制时间；

（3）计划审核人、审核时间；

（4）计划审批人、审批时间。

2. 材料计划表样表

材料计划表样表见表 5-1-10。

表 5-1-10　**材料计划表样表**

填报单位：__________局装表接电部　　　　制表时间：______年___月___日

工程名称：________低压户表接户、进户工程

序号	材料名称	型号规格	单位	数量	备　注
1	三相壁挂式配电箱	500×600×180	个	1	户内喷塑，带中性（线）排
2	熔断器	RT16-00	套	3	100A
3	熔断器式隔离开关	HR17Y-160	个	3	（80A）表箱内配置
4	塑壳空气断路器	DZ20Y-63A	台	1	
5	四线横担	L50×5×1800	片	1	开档：××m
6	U形栓	ϕ220	套	1	开档：××m
7	四线一字铁横担	L50×5×1200	片	1	安装在侧墙头
8	蝶式绝缘子	ED-2	个	8	
9	绝缘子丝杆	M16×120	套	8	
10	户外熔断器箱	350×300×200	个	1	不锈钢带防雨遮沿（下端进出线）
11	镀锌圆钢接地极	ϕ20×2500	根	2	视接地电阻值增减
12	镀锌扁钢	40×4	m	5	视接地极位置确定
13	绝缘铝芯线	BLV-25mm^2	m	200	
14	铜铝过渡线鼻	25mm^2	个	12	
15	绝缘铜芯线	BV-16mm^2	m	10	电能表进出配线
16	PVC电线管	ϕ50	根	1	进户线使用
17	PVC90°弯头	ϕ50	个	4	进户线使用
18	镀锌铁管卡	ϕ50	个	10	进户线使用
19	铁膨胀螺栓	M12×150	根	5	
20	铁膨胀螺栓	M8×10	根	4	户外保险箱固定
21	穿心螺栓	M12×300	根	1	一字铁横担固定
22	塑料膨胀	M8	包	1	
23	木螺钉	M3×40	盒	1	
24	镀锌螺钉	M10×35	套	1	重复接地线连接
25	电工绝缘粘胶带		圈	5	
26	其他耗材				

注　1. 其他耗材主要包含搭接扎线、尼龙扎带等；

2. 电能表不在材料计划表内。

五、接户线及金具的安装方法

（一）杆上作业

1. 危险点分析与控制措施

接户杆安装危险点分析与控制措施见表5-1-11。接户线架设危险点分析与控制措施见表5-1-12。

表5-1-11 接户杆安装危险点分析与控制措施

序号	危险点	控制措施
1	登杆及安全工器具运用	按照通用登高模块要求操作
2	安全监护	全程专人监护
3	搭接杆上线路情况	当上层线路带电时，严禁穿越
4	金具吊装	（1）人工提吊：施工者杆上安全措施完备可靠，戴手套，利用合格吊绳，将金具提起 （2）利用滑轮提吊：选取尺寸合适的滑轮，将其可靠固定在杆上，穿入吊绳，由地面人员拉动吊绳，将金具提起 （3）吊绳与金具绑扎必须可靠 （4）起吊过程下方不得站人 （5）安装过程防止器具坠落
5	作业工作面的安全防护	作业范围内的地面部分设置安全围栏；全部作业人员着工装、戴安全帽
6	天气情况	阴冷及雷雨天气，应停止开展登高作业

表5-1-12 接户线架设危险点分析与控制措施

序号	危险点	控制措施
1	导线施放环境	建立接户杆与建筑物受电点的专用施工通道
2	金具、导线吊装上杆	金具、导线由地面吊装至两侧支撑绝缘子需确保规范、可靠，通道无障碍
3	一端绑扎后的紧线	紧线过程中接户线两侧施工人员的安全措施可靠，紧线过程确保导线舞动范围内无障碍
4	作业工作面的安全防护	接户杆与建筑物受电点的专用施工通道设立安全围栏；全部作业人员着工装、戴安全帽；杆上作业的安全规范；专人监护
5	天气情况	阴冷及雨雪天气，应停止开展作业

2. 金具的安装

金具是接户线在线路侧固定的支撑，不同的接户形式会设计不同的金具形式，如四线、两线横担。线路所有金具必须经热镀锌处理。

常见的方式为在直线杆上接户、转角杆上接户，接户金具的安装方式相同。

（1）横担安装在接户线下线的反方向，U形栓固定，使用双螺帽可防止松脱，安装如图5-1-8所示。

（2）接户线横担安装在电杆所有电力线路的最底层，距上层低压线路的距离不小

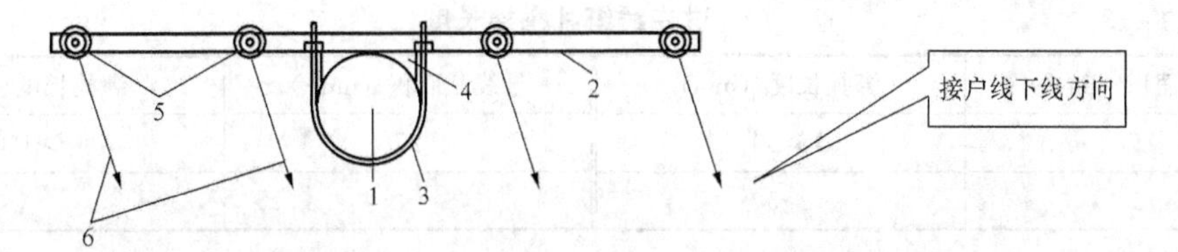

图 5-1-8　接户线横担安装示意图

1—接户杆；2—四线横担；3—U形螺栓；4—M形垫铁；5—蝶式绝缘子；6—接户线

于 0.6m。

(3) 现场施工一般是在地面组装，使用传递绳将其吊至杆上施工位置，再将横担固定在电杆上。

3. 绝缘子的安装

接户线使用的绝缘子主要为蝶式或针式低压绝缘子。

蝶式绝缘子常见安装方式为穿心螺杆固定或曲形拉板固定。螺杆或曲形拉板的尺寸规格与绝缘子的型号有关，安装如图 5-1-9 所示。

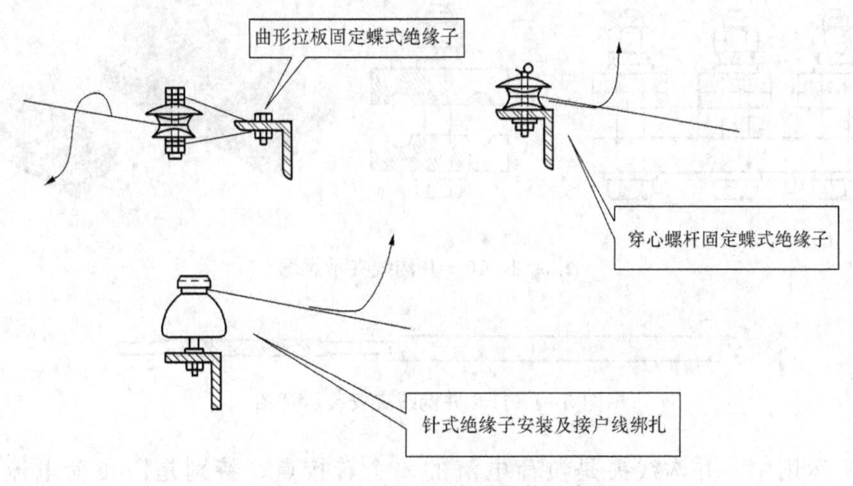

图 5-1-9　低压绝缘子安装示意图

4. 施放导线

使用 BLV 型塑料铝芯导线作接户线的施放导线，应从整盘导线外圈开始施放。施工人员将双臂对插入整圈导线中心，双臂做环状滚动时，将导线头顺势牵引出来，保证导线不产生死结，也可以利用放线盘放线。

5. 导线的绑扎与连接

导线的绑扎分为接户线搭接的绑扎与绝缘子的绑扎。

将 LJ-25（35）架空裸铝绞线剪断约 1～1.2m/段，退成单股，将其卷成直径约 100mm 的线卷，用作绝缘子扎线和接户线搭接绑扎用扎线。

(1) 直接搭接。25mm² 及以下截面的导线连接可直接进行绑扎搭接。35mm² 及以上截面的导线搭接宜采用并沟线夹。绑扎搭接的长度按表 5-1-13 中数据处理。

表 5-1-13 进户线绑扎搭接长度

导线截面积（mm^2）	绑扎长度（mm）	导线截面积（mm^2）	绑扎长度（mm）
10 及以下	＞50	25	＞150
16	＞50		

（2）并沟线夹搭接。JB系列铝并沟线夹适用于架空电力线路铝导线的非承力接线。该型式还有铜铝并沟线夹供不同材质导线转接用（如 JB-TL/0）。

低压接户线常用并沟线夹规格型号为 JB-0（10～25mm^2），JB-1（35～50mm^2），还有如 BTL-10 型、BJL-16-70A 异型铝质并沟线夹，当主线与接户线截面不等时选用，如图 5-1-10所示。

操作人员在杆上选择一个合适的位置，在做好安全措施后，将接户线与主线之间的过渡线头造型，剥除适当的长度的绝缘，并整理为与主线平行。选择适当型号的并沟线夹，使用铝包带将线夹将要压接导线部位缠紧如图 5-1-11 所示，将处理好的导线安装在并沟线夹夹口内，使用扳手将线夹螺栓压紧即可。

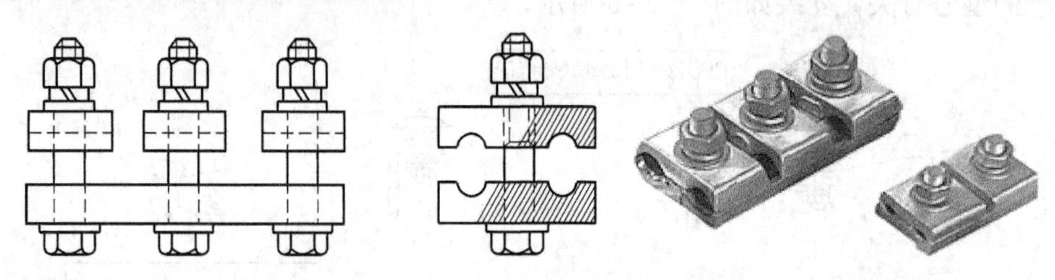

图 5-1-10 并沟线夹示意图

图 5-1-11 并沟线夹安装示意图

在实际运用中，并沟线夹是负荷电流的一个转接点，特别是因负荷电流大小的变化，线夹热胀冷缩的因素，可能导致线夹发生接触电阻变化而引起故障。施工中，按照 JGJ/T 16—2008《民用建筑电气设计规范》规定，应采用双线夹搭接，以加强接触的可靠性。

（3）缠绕法搭接。操作人员在杆上定位并完成人体绝缘安全处置，将接户线与主线之间的过渡线头做造型后，裁断多余导线，剥除需要搭接导线的外绝缘，将事先已经卷成直径约为 100mm 铝扎线头拉出一段，在接户线头靠绝缘处扎两圈，如图 5-1-12、图 5-1-13 所示；扎线短头与导线平行延长约 3～5cm，将接户线与配电网主线靠接在一起，左手稳住导线（或使用钢丝钳），右手将扎线顺势紧密缠绕两根导线，当缠绕 2～3 匝后，使用钢丝钳刀口根部，以刚好夹住扎线顺势用力，将扎线缠绕更紧，不断重复一直缠绕；当双线被缠绕绑扎长度满足技术要求时，使用钢丝钳将扎线两端提起绞紧，在其绞合部位至根部 20～40mm 处剪断，使用钢丝钳头的平面部位，将其拍至与导线平行即可。

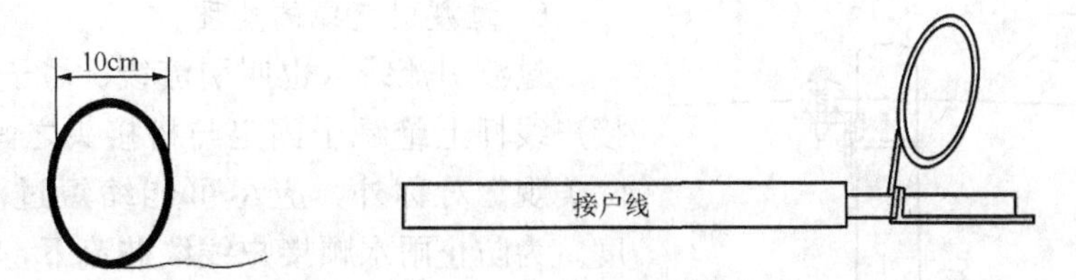

图 5-1-12　绑扎导线扎线使用示意图

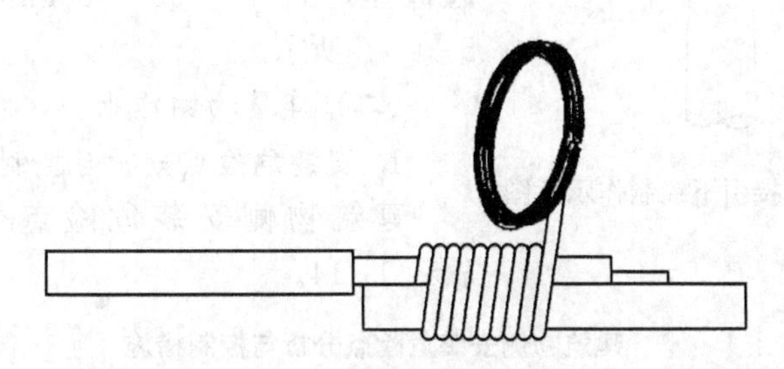

图 5-1-13　绑扎导线搭接示意图

（4）绝缘子的绑扎。绝缘子的绑扎分蝶式绝缘子绑扎和针式绝缘子绑扎。

1）蝶式绝缘子采用边槽绑扎法。扎线使用事先准备的裸铝线，将扎线一头顺导线预留150～250mm，另一头的扎线圈顺绝缘子绕一圈与导线交叉回头至绝缘子两根导线平行处的根部缠绕，缠绕长度视接户线跨距，当跨距大时（接户线导线张力大），扎接的缠绕长度应适当长一些。当双线被缠绕绑扎长度满足要求时，可将引流线分开，继续将接户线与扎线的另一平行线头紧紧缠绕5～10圈，使用钢丝钳将扎线两端提起绞紧，在其绞合部位至根部2～4cm处剪断，使用钢丝钳头的平面部位，将其拍至与导线平行即可，安装如图5-1-14所示。

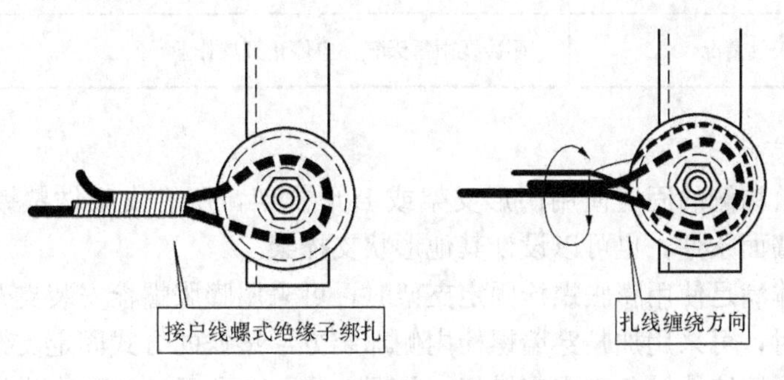

图 5-1-14　低压蝶式绝缘子绑扎示意图

实际施工中，有使用大于 $2.5mm^2$ 的绝缘铜线作为扎线的施工方法，比较使用裸铝线作绑扎线，裸铝线扎接效果更好。

2）针式绝缘子可以采用顶槽或边槽绑扎。对于接户线施工，采用边槽绑扎。其方法与蝶式绝缘子的绑扎相同。

注意：如果主线为架空绝缘线，则要使用电工绝缘带将搭接部分做绝缘处理，绝缘带应交叉重叠不少于4层，缠绕长度应超出绑扎部位达导线绝缘层30～50mm。

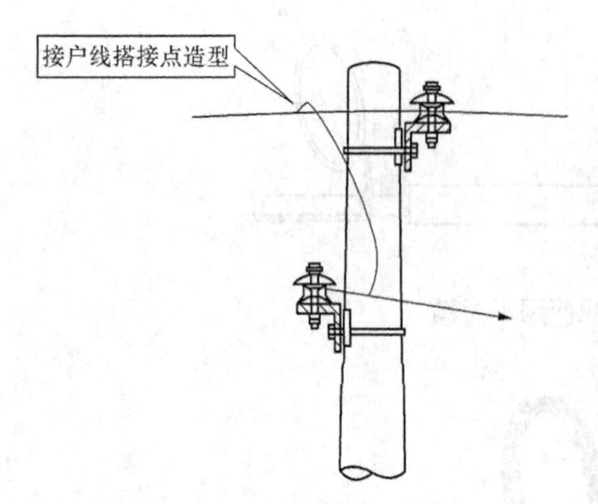

图 5-1-15　接户线搭接引下线制作示意图

6. 过渡引流线的处理

过渡引流线（也叫引流线、弓子线）主要是指接户线杆上绝缘子固定与搭接头之间的一段导线。除美观、对称外，应尽可能缩短过渡引流线的长度。为防止雨水顺接户线线芯流下，影响进户线侧电器的绝缘安全，在主线搭接处，将接户线向上翘起造型，做一个50～100mm半圆弧引下，如图5-1-15所示。

（二）建筑物侧作业

1. 安装危险点分析与控制

建筑物侧安装危险点分析与控制措施见表5-1-14。

表 5-1-14　　建筑物侧安装危险点分析与控制措施

序号	危险点	控制措施
1	登高及安全工器具运用	按照通用登高模块要求操作；使用登高梯应遵照《国家电网公司电力安全工作规程》的相关规定
2	电动工具运用	电动工具的使用遵照 JGJ 46—2005《施工现场临时用电安全技术规范》第 9 章第 9.6 节的规定
3	金具安装	可靠传递，定位并安装
4	安全监护	全程专人监护
5	作业工作面的安全防护	作业范围内的地面部分设置安全围栏；全部作业人员着工装、戴安全帽
6	天气情况	阴冷及雨雪天气，应停止开展作业

2. 支撑物固定

接户线在建筑物侧的固定使用门形支架或L形支架，所有支架做熟镀锌表面处理。根据建筑物墙体、墙面条件，也可以设计其他形状支撑架。

在建筑物墙体满足使用膨胀螺栓固定支架时，可采用膨胀螺栓安装支架。当墙体不能满足膨胀螺栓胀力时，可采用加长穿墙螺栓内侧加装方形垫铁的方式固定支架。

另外，还可利用墙体转角固定直横担，如图5-1-16所示。或将直横担的一端预埋进墙体固定横担。预埋端要制作成燕尾状，做防锈处理。埋入深度要根据受力程度，至少要大于120mm，使用高强度水泥砂浆并经过养护期固化。

支架的安装与杆上金具的安装可同时进行，此项工程完成后，方可进行放线、紧线、调整弧垂、绑扎绝缘子等工作。

3. 绝缘子安装

与接户线线路侧一样，绝缘子主要采用针式或蝶式绝缘子。其固定方法与杆上相同。

进户线在建筑物侧装置的制作安装使用门形支架或L形支架安装。

门形支架安装尺寸见表5-1-15，安装示意图如图5-1-17所示。L形支架安装示意图如图

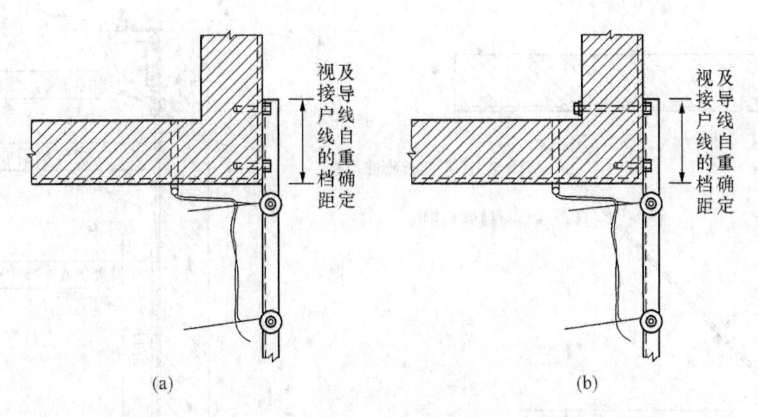

图 5-1-16　利用墙体转角固定直横担示意图

(a) 示意图 1；(b) 示意图 2

5-1-18所示。

表 5-1-15　　**门形支架安装尺寸**　　mm

类　型 \ 导线根数	两根	四根
L	600	800
L1	400	300
角钢	50×50×5	

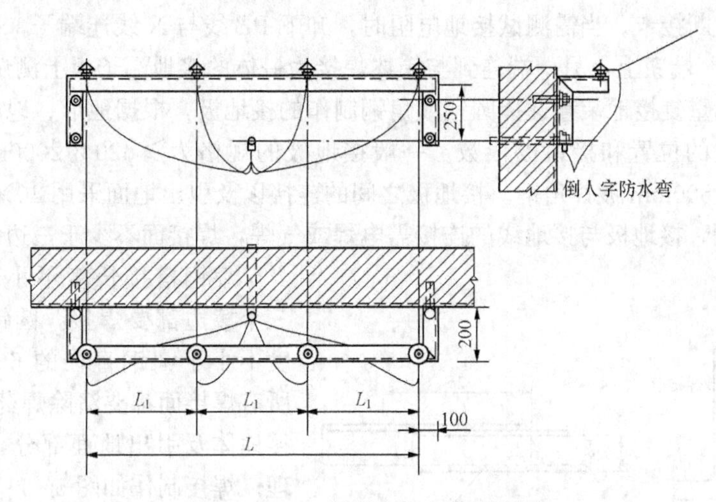

图 5-1-17　门形支架安装示意图

4. 重复接地的安装

在三相四线制进户线安装工程中，常采用在进户点制作重复接地装置的方式来满足客户侧接地保护的要求和防止因接户中性线断路时发生中性点漂移的供电事故。重复接地安装示意图 5-1-19 所示。

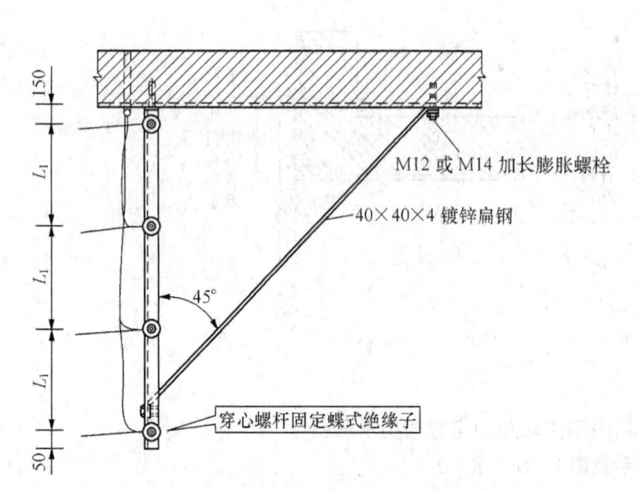

图 5-1-18　L 形支架示安装示意图

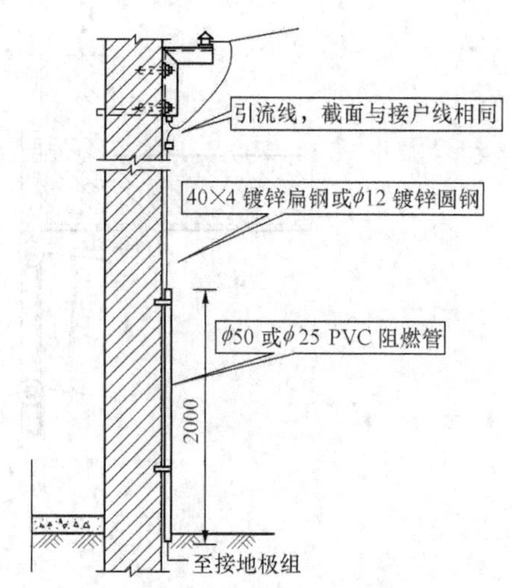

图 5-1-19　重复接地安装示意图

(1) 根据 DL/T 601—1996《架空绝缘配电线路设计技术规程》规定，在低压 TN 系统中，架空线路干线和分支线的终端，其 PEN 线或 PE 线应做重复接地，接地电阻符合技术规程要求。架空线路在每个建筑物的进线外均需做重复接地（如无特殊要求，对小型单层建筑，距接地点不超过 50m 可除外），本工种接户线、进户线施工在此规定中。

(2) 低压架空进户线重复接地可在建筑物的进线处做引下线。N 线与 PE 线的连接可在重复接地节点处连接。需测试接地电阻时，打开接点处的连接板。架空线路除在建筑物外做重复接地外，还可利用总配电屏（箱）的接地装置做 PEN 线或 PE 线的重复接地。

(3) 电缆进户时，利用总配电箱进行 N 线与 PE 线的连接，重复接地线后再与箱体连接。中间可不设断接卡。当需测试接地电阻时，卸下 PE 线与 N 线连端子，接地阻表测试线连接到仪表“E”端钮上，另一端连到与箱体焊接为一体的接地端子板上测试。

(4) 接户线重复接地装置选择圆钢或角钢制作的接地极，根据地形、地质条件和接地电阻值决定接地极的位置和接地极根数。一般接地极的规格为≥ϕ20×2000mm 镀锌圆钢或∠40×40×4×2500mm 镀锌角钢。接地极之间的连接以及引出地面采用 40×4mm 镀锌扁钢或 ϕ16 镀锌圆钢，接地极与接地线的连接需电焊或气焊，焊接面不少于三边。

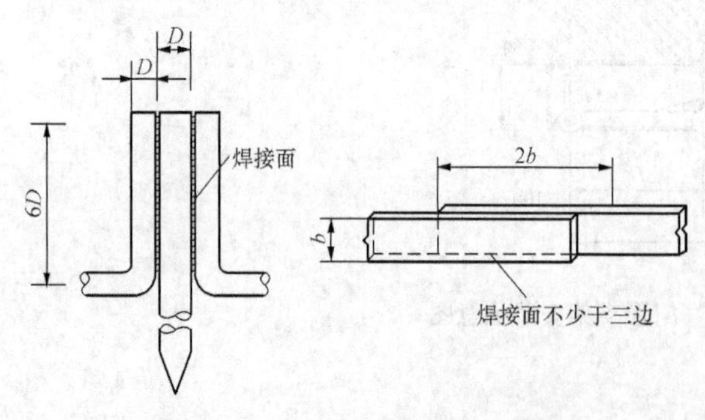

图 5-1-20　接地极焊接示意图

扁钢搭接长度不小于宽度的 2 倍，三个棱边都要焊接。圆钢引下线搭接长度不小于圆钢直径的 6 倍，两面焊接。所有焊接面都要清除焊药，做防腐处理。接地体及引出地面部分，应做热镀锌处理。焊接制作如图 5-1-20 所示。

接地电阻的规定：根据 GB 50150—2006《电气安装交接试验标准》第 26 章规定，1kV 以下电力设备，当总容量小于 100kVA 时，接地阻抗允许大于 4Ω 但不得大于 10Ω。

5. 计量箱或配电箱的安装

DL/T 448—2000《电能计量装置技术管理规程》规定，安装在客户处的结算用电能计量装置，10kV及以下电压供电的客户，应配置全国统一标准的电能计量柜或电能计量箱。

低压电能计量装置应符合相应的计量方式，容量较大和使用配电柜时，应用计量柜；容量小于100kW时，应用计量箱。

居民和农户生活用电应实行一户一表，其电能表箱宜安装于户外墙上。应避免装设在易燃、高温、潮湿、受震或多尘的场所。动力配电箱则应装在室内，而对于条件较好的郊区来说，动力和生活照明配电箱，一般应装在室内。不论室内、室外配电箱均应满足计量箱技术条件须符合GB/T 16934—2013《电能计量柜》、DL/T 825—2002《电能计量装置安装接线规则》和GB 7251.1—2013《低压成套开关设备和控制设备》的要求。

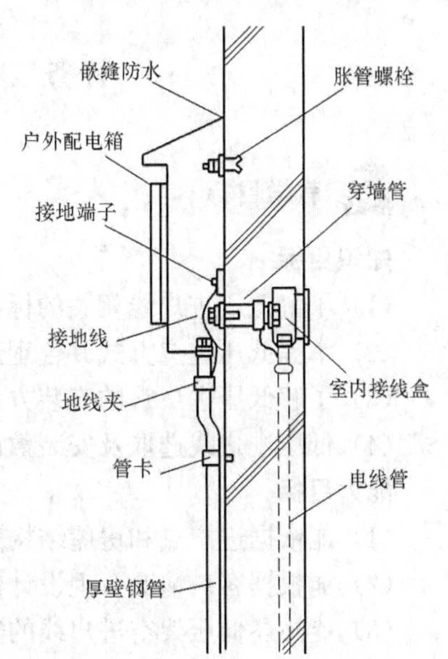

图5-1-21　户外墙上电能计量箱安装固定工艺

进、出箱体的绝缘电线，均应在箱壳处加套管保护，室外的应从箱的底部引入，以免雨水沿电线流入。对于进户后直接进表箱型式，只需要考虑穿越建筑物部分导线的防护，对于表箱与进户点有一段距离的型式，则需要选择导线保护措施，常见的有加装穿钢管、PVC阻燃硬管、PVC阻燃方线槽等方式。无论采用何种方式，管内（槽内）的导线应不大于管内径（槽内面积）的40%。

户外墙上电能计量箱安装工艺如图5-1-21所示。

电能计量箱安装的一般规定：

（1）电能表及其附件应装在专用的表箱内。

（2）表板的厚度不小于20mm，牢固地安装在可靠及干燥的墙上。

（3）通常安装在楼下，沿线长度一般不超过6m，其环境应干净、明亮，便于装拆、维修和抄表。

（4）表箱下沿离地高度为1.6～2m，暗式表箱下沿离地应1.5m左右。

（5）表箱的门上应装有8cm宽的玻璃，便于抄表，并应加锁加封。

（6）在任何情况下中性线不允许装熔断器。

（7）电流互感器二次线必须用绝缘良好的铜芯线，中间不得有接头，不得用铝芯线和软线，最小截面为4mm^2。

（8）电能表后应装设有明显断开点的控制电器、过电流保护装置。

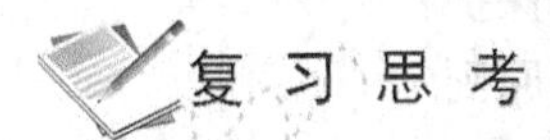

复习思考

（1）何谓接户线、进户线？

(2) 低压用户什么情况下使用单相电源？什么情况下使用三相四线电源？

(3) 接户线和进户线装设的原则？

(4) 接户线（进户线）与金具材料如何选配？

(5) 什么是引流线？如何安装？

任务二 低压进户线及其附件安装

教学目标

知识目标

(1) 了解低压进户线相关的标准及规范。

(2) 掌握低压进户方式并合理选用。

(3) 了解低压进户管的安装方法。

(4) 低压进户线选取及安装敷设方式和技术要求。

能力目标

(1) 能依据进户点和房屋结构安装室外支撑物及穿墙防护。

(2) 能根据客户情况合理设计低压进户方案，并选配合适的器具与材料。

(3) 能描述低压架空进户线的安装敷设方式方法。

态度目标

(1) 能主动学习相关知识，认真做好实训作业方案。

(2) 在严格遵守安全规范的前提下，小组成员分工协作，密切配合，高标准、高质量地按时完成实训任务。

(3) 在完成任务过程中能主动发现、分析并创造性地解决问题。

任务描述

依据 GB 50173—1992《电气装置安装工程 35kV 以下架空电力线路施工及验收规范》、DL/T 499—2001《农村低压电力技术规程》、《国家电网公司业扩工程技术导则》、GB 50303—2002《建筑电气工程施工质量验收规范》等有关规范的要求，设计安装低压进户线及配套装置。

任务准备

课前预习相关知识部分，学习有关技术与管理规范，复习任务一中接户线、进户线相同部分的技术要求，并独立回答下列问题：

(1) 低压进户杆的种类及安装方法？

(2) 低压客户漏电保护器的分类及原理？

(3) 如何选配低压配电装置的保护？

(4) 低压自动空气开关的选用原则？

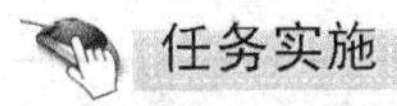

一、条件与要求

为某容量的照明客户安装计量装置、室内总配电盘和进户线。配置接线图如图 5-2-1 所示。户外计量箱（总熔断器与接户线已连接好）、接户熔断器及第一支撑物已固定，接户管已做好，室内配电板固定螺栓已预埋，接户线工具、材料配置完备。

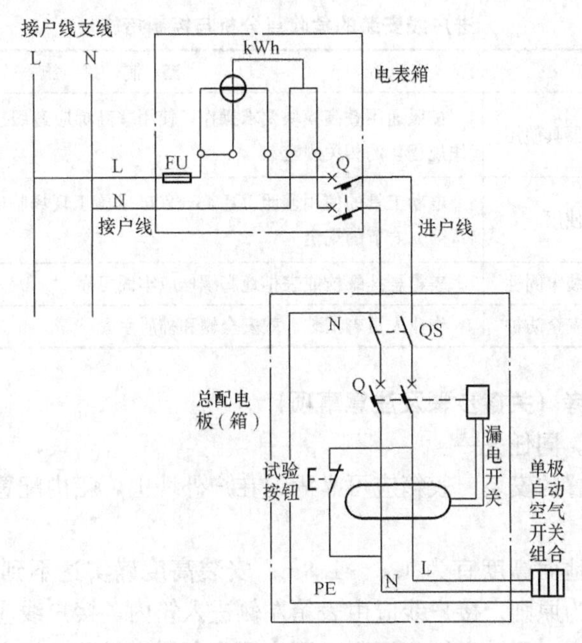

图 5-2-1　照明客户典型配置接线图

注：该图采用 TN-C-S 系统。

二、施工前准备

（1）分组进行，明确分工及责任，查阅资料，学习相关知识与规范。

（2）按照规范及给定要求，选配计量装置及附件，画出作业现场布局图，填写规范的接户工程器材于表 5-2-1 中，制定详细的作业步骤及施工规范要求，做好危险点分析及预控和监护措施等。

表 5-2-1　　**进户工程材料表**

班级：________组别：________　　制表时间：________年____月____日

工程名称：________________低压户进户工程					
序号	器材名称	型号规格	单位	数量	备注
1	单相电能表		个	1	
2	表前保险	RT14-60A	个	1	
…					
编制：			审核：		

（3）施工器具需求见表 5-2-2。

表 5-2-2 施 工 器 具 表

序号	名　称	规格	单位	数量	确认	备　注
1	个人工器具		套	2	√	
2	梯子	4/2.5m	把	2	√	

（4）危险点分析与控制措施。进户线安装的危险点分析与控制措施见表 5-2-3。

表 5-2-3 进户线安装的危险点分析与控制措施

序号	危险点	控 制 措 施
1	登高及安全工器具使用	按照通用登高模块要求操作；使用登高梯应遵照《国家电网公司电力安全工作规程》的相关规定
2	电动工具使用	电动工具的使用遵照 JGJ 46—2005《施工现场临时用电安全技术规范》第 9 章第 9.6 节的规定
3	电能表箱柜安装牢固性	表箱悬挂螺栓或表柜地脚螺栓应牢固可靠
4	作业工作面的安全防护	作业人员着工装、戴安全帽和棉质手套

三、任务实施参考（关键步骤及注意事项）

（1）开工前准备。同任务一。

（2）户外计量装置的安装。表箱应可靠固定在户外墙上，箱内配置及安装接线参照学习情境二中的任务一。

电能表箱底部距地面高度宜为 1.6～1.8m。安装高度确实达不到的房屋可适当降低高度，但以不影响安全为原则。接户线应由表箱左侧进入箱内，接户线应先进开关后进电能表（方便更换、检查表计），压线螺钉应压紧，不应压皮和露出线芯，接入开关时应左中性线右相线且导线相色应分明。表出线应由表箱右侧翻出。非金属箱内 PE 端子或金属箱体与接地体可靠连接。

（3）安装户内总配电盘。配电盘应牢固地安装在支架或基础墙上，主要元件有隔离开关（或熔断器）、家用漏电保护器和分路自动空气开关等。各开关器件应垂直安装，上端接电源、下端接负荷。各元件之间距离应能满足电气间隙、爬电距离以及操作所需的间隔，并便于拆卸更换。而且要求导线分色，接线正确，电气连接可靠，接触良好，配线整齐美观，导线无损伤、绝缘良好。

（4）敷设进户线。

1）进户线穿管前应做滴水弯头（半圆弧，R 不小于 100mm），防止雨水进入管内。滴水弯直线长度不应大于 150mm。

2）保护管横向敷设时宜在管子底部穿孔，便于散热、排水。

3）按前述的安装方式方法完成进户线的敷设与固定。

（5）模拟负荷安装。例如，安装一个由开关控制的白炽灯。

（6）通电前检查。表计安装是否牢固，导线连线是否正确、可靠，电能表前后隔离开关配置及功能是否完好。端钮盒电压连接片压接是否可靠。

（7）接电试验。参照学习情境二中的任务二，计量装置接电检查项目进行。

通电带负荷，检查电能表能否正常运行，上电指示及转动趋势、脉冲闪烁频率是否与负荷大小对应。

（8）检查验收。检查、整理、清点施工工具和装表接电现场材料，并请老师验收。

（9）接户线、进户线拆卸及结束整理。

相关知识

理论知识　低压进户线的规范和标准，低压进户方式及合理选择，进户管的安装、进户线选取及安装敷设方式和技术要求等。

实践知识　室外支撑物及穿墙防护，根据客户情况合理设计低压进户线方案选配合适的器具与材料，进户线的安装敷设等。

一、低压进户方式

（1）直接进户。

（2）经低压隔离开关进户。

（3）经进户熔断器进户。

（4）熔断器、隔离开关转接后以电缆的方式进户。经隔离开关或熔断器进户，方便进户线之后的维护检修。

三相四线制进户线的中性线不得接开关或熔断器。

对于单相小负荷接户线，可选用隔离开关。三相接户线根据用电容量可选取三相低压隔离开关或熔断器。单相负荷开关容量应大于负荷电流的 2 倍，三相负荷开关容量应大于负荷电流的 3 倍。隔离开关内的熔断器安装位置应直接用铜丝替代。

户外接户线连接处隔离开关、熔断器的安装：

（1）隔离开关、熔断器可安装在金属箱内或金属安装板上，金属部位应接地。

（2）户外安装方式必须具备防雨、防锈蚀措施。

二、进户杆

凡因进户点高度不足 2.7m，或接户线因安全需要而放高等原因，需加装进户杆来支持接户线和进户线。进户杆有长杆与短杆之分，如图 5-2-2 所示。

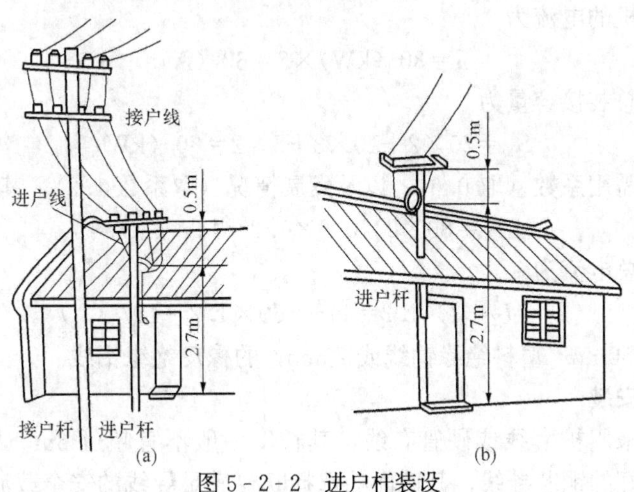

图 5-2-2　进户杆装设

（a）长进户杆；（b）短进户杆

进户杆有木杆、混凝土秆。在安装进户杆时，为了保证安全，电杆的机械强度、埋深、加固、防腐及其他要求在 DL/T 499—2001《农村低压电力技术规程》中有明确规定。

三、进户线选配

进户线可采用橡胶、塑料绝缘线或塑料护套线，导线的品种应视不同的进户方式而定。

1. 规格

导线的绝缘必须良好，橡皮和塑料层应有足够的韧性，不得有老化等现象。如用绝缘电阻表测量时，导线与导线间或导线与钢管间（导线穿在钢管内时）的绝缘电阻每一伏工作电压不得小于 10000Ω，即相对地为 0.22MΩ，相对相为 0.38MΩ。

进户线不应用软线，因为软线在现场施工中没有条件进行焊锡处理。在总熔断器盒内用螺钉固定时，软线显然不可靠。进户导线不得有接头，但从修旧利废角度考虑，对客户原有进户铅包线或护套线仅在户外口子处损坏，可允许连接一段，但仅指进户线户外端，不能在护套线的中段处。

2. 截面

进户线的截面应按照导线安全载流量选择。最小截面符合本地供电企业的规定。

进户线截面的选择方法如下：

(1) 照明及电热负荷。导线的安全载流量≥（0.8～1.0）×所有电器的额定电流之和。

(2) 动力负荷。

1) 一台电动机：导线的安全载流量≥（1.2～1.5）×电动机的额定电流。

2) 多台电动机：导线的安全截流量≥（1.2～1.5）×容量最大一台电动机的额定电流＋其余电动机的计算负荷电流。

【例 5-2-1】 某工厂有 8 台电动机：30kW 一台、20kW 两台、10kW 三台、5kW 两台。问电力进户线截面应为多大？

解 最大一台电动机额定电流为

$$I=\frac{S}{\sqrt{3}U\cos\varphi}=\frac{30000}{\sqrt{3}\times380\times0.8}=57\ (\mathrm{A})$$

上式中取 $\cos\varphi=0.8$，一般电动机的功率因数在 0.75～0.8 之间变化，故可以按经验公式近似地估算电动机的电流为

$$I=30\ (\mathrm{kW})\times2=60\ (\mathrm{A})$$

其他电动机的总装接容量为

$$S_{\mathrm{Y}}=20\times2+10\times3+5\times2=80\ (\mathrm{kW})$$

考虑电动机的需用系数（取 0.6），以及发展情况（取系数 1.2），其计算负荷电流为

$$I_{\mathrm{Y}}=80\times2\times0.6\times1.2=115\ (\mathrm{A})$$

多台电动机的总电流为

$$I_{\Sigma}=I_{\mathrm{Y}}+I\times1.2=115+60\times1.2=187\ (\mathrm{A})$$

所以，可选用 $50\mathrm{mm}^2$ 塑料绝缘铜线或 $70\mathrm{mm}^2$ 的橡皮绝缘铝线。

四、进户线的安装

(1) 进户线应采用护套线或硬管布线，其长度一般不宜超过 6m，最长不得超过 10m。进户线应是绝缘良好的铜芯导线，其截面的选择既要满足导线的安全载流量，也不小于装表容量。

(2) 进户线穿墙时的要求：

1) 进户线穿墙时应套保护套管，其管径根据进户线的根数和截面来定，但不应小于

3mm；材质可用瓷管、硬塑料管（壁厚不小于 2mm）、钢管。采用瓷管时，应每线一根，以防相间短路或对地短路，如图 5-2-3 所示。采用钢管时，应把进户线都穿入同一管内，以免单线穿管产生涡流发热。为防止进户线在穿套管处磨破，应先套上软塑料管或包绝缘胶布后再穿入套管，也可在钢管两端加护圈，如图 5-2-4 所示。

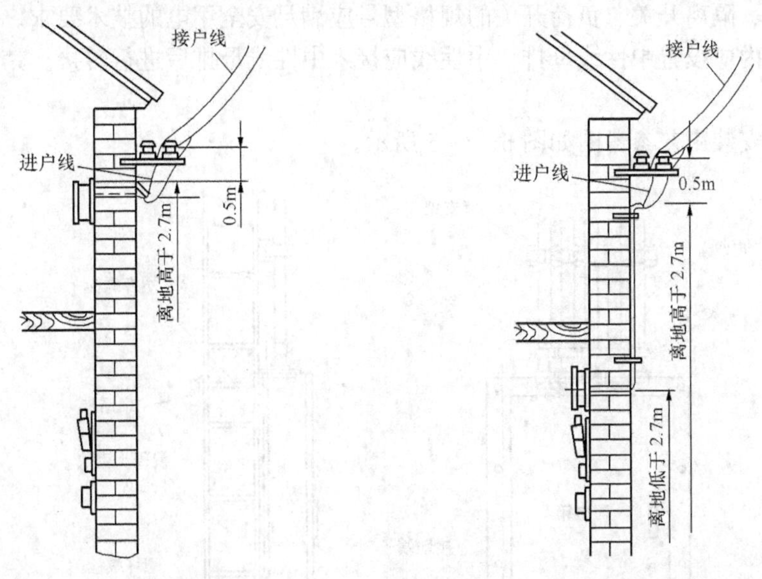

图 5-2-3　绝缘线穿瓷管进户　　　图 5-2-4　绝缘线穿钢管或硬塑料管支持进户

2）钢管或硬塑料管伸出墙外一般为 150mm，瓷管伸出墙外一般为 50mm。户外一端应略低些，在端头做成滴水弯，并使弯头朝下以防雨水流入管内和墙内。对地距离小于 2m 时应加装绝缘护套。

3）进户线穿管时的要求：

a）穿墙保护管应设在第一支持物接户线固定点的下方 150～200mm 处。

b）用钢管穿线时，同一交流回路的所有导线必须穿在同一根钢管内，且管的两端应套护圈。

c）管径选择，宜使导线截面之和占管子总截面的 40%。

d）导线在管内不准有接头。

e）进户线与通信线、广播线必须分开进户。

（3）进户线户外部分应留 0.8m 长的裕度，以便连接接户线或户外熔断器。

（4）户内线路安装。

1）户内安装进户线可采用 PVC 圆管或方形线槽、金属电线管，要求导线的截面积不大于管、槽内径的 40%。两根绝缘导线同穿一根导管时，导管内径不应小于两根导线外径之和的 1.35 倍。

2）金属电线管配线，所选线管应有防锈蚀处理。线管的连接应采用螺纹接头，穿入电线后不得对线管施以电焊，管体必须可靠接地。

3）电线管、槽的固定应牢靠、美观。

4）导线的走向应避开热力管道。

五、户内、外总配电装置的安装

1. 动力户户内、外配电装置

(1) 进户线管应进入箱（柜）后引出导线，箱（柜）内电能计量装置的前端应安装熔断器或隔离开关，后端应安装负荷开关。

(2) 熔断器、隔离开关、负荷开关的规格型号应满足安全用电的技术要求。

(3) 配电箱内应设置中性线母排，中性线应接入中性线母排后进行转接。禁止将中性线经电能表转接。

明装配电箱安装工艺参考图如图 5-2-5 所示。

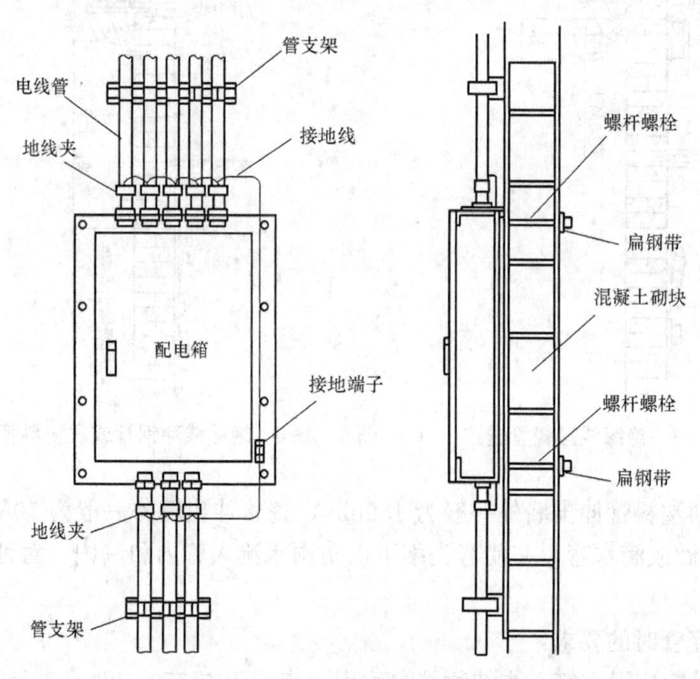

图 5-2-5　明装配电箱安装工艺参考图

2. 照明配电箱（盘）安装规定

(1) 箱（盘）内配线整齐，无绞接现象。导线连接紧密，不伤芯线，不断股。垫圈下螺钉两侧压的导线截面积相同，同一端子上导线连接不多于 2 根，防松垫圈等零件齐全。

(2) 箱（盘）内开关动作灵活可靠，带有漏电保护的回路，漏电保护装置动作电流不大于 30mA，动作时间不大于 0.1s。

(3) 照明箱（盘）内，分别设置中性线（N）和保护地线（PE 线）汇流排，中性线和保护地线经汇流排配出。

(4) 漏电保护装置的设置和选型由设计确定。本条强调对漏电保护装置的检测，数据要符合要求，本规范所述是指对民用建筑电气工程而言，与 JGJ/T 16—2008《民用建筑电气工程设计规范》相一致。

六、进户线绝缘子和支架的选用安装工艺

(1) 导线截面在 $16mm^2$ 以下时，宜采用蝶式绝缘子，支架宜采用不小于 50mm×5mm 的扁钢。进户线及绝缘子安装图如图 5-2-6、图 5-2-7 所示。

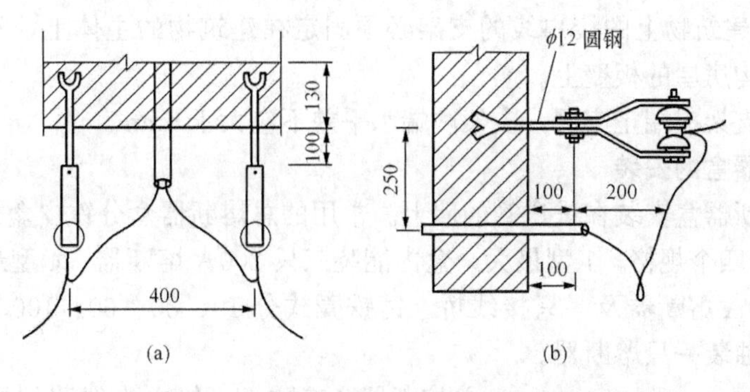

图 5-2-6　蝶式绝缘子支持二线进户安装图

（a）平面；（b）侧面

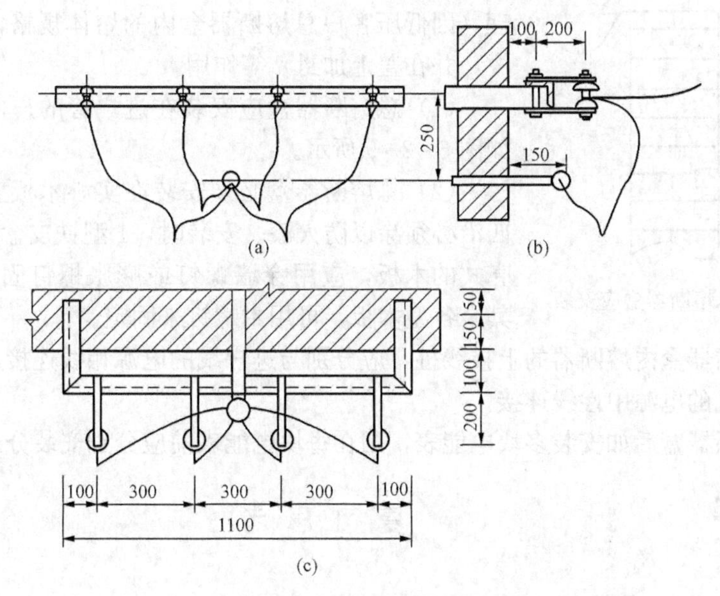

图 5-2-7　蝶式绝缘子、角钢支持四线进户安装图

（a）立面；（b）侧面；（c）平面

（2）导线截面在 16mm² 及以上时，宜采用针式绝缘子，支架宜采用不小于 50mm×50mm×5mm 的角钢。针式绝缘子固定安装图如图 5-2-8 所示。

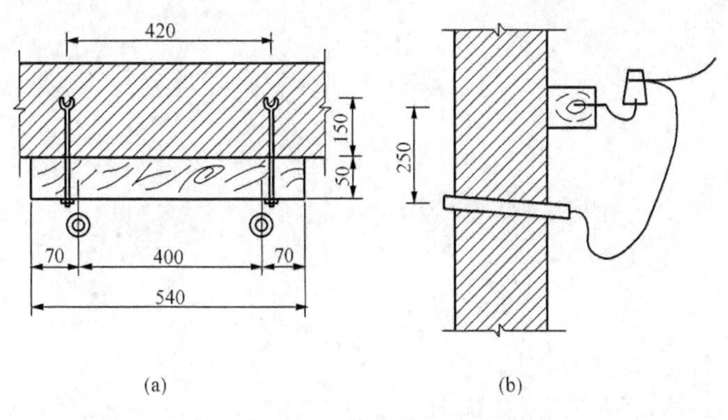

图 5-2-8　针式绝缘子固定安装图

（a）平面；（b）侧面

（3）装设在建筑物上的接户线的支架必须固定在建筑物的主体上，不应固定在建筑物的抹灰层或木结构房屋的板壁上。

（4）接户线支架应端正牢固，支架两端水平差不应大于5mm。

七、总熔断器盒的安装

一般将总熔断器盒安装在进户管的墙上。常用的总熔断器盒分铁皮盒式和铸铁壳式。铁皮盒式分1～4型四个规格，1型最大，盒内能装三只200A熔断器；4型最小，盒内能装一只10A或一只30A熔断器及一只接线桥。铸铁壳式分10、30、60、100、200A五个规格，每只内均只能单独装一只熔断器。

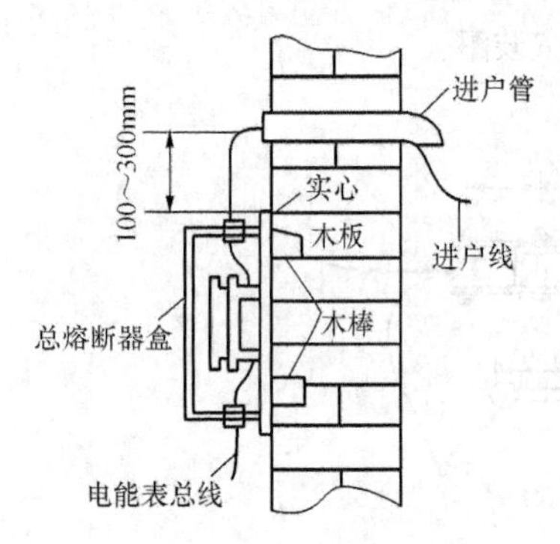

图5-2-9　总熔断器盒应安装

总熔断器盒有防止下级电力线路的故障蔓延到前级配电干线上而造成更大区域的停电，及能加强计划用电的管理（因低压客户总熔断器盒内的熔体规格，由供电企业置放，并在盖上加封）等作用。

（1）总熔断器盒应安装在进户管的户内侧。安装方法如图5-2-9所示。

（2）总熔断器盒必须安装在实心木板上，木板表面及四沿必须涂以防火漆。安装时，1型铁皮盒式和200A铸铁壳式的木板，应用穿墙螺钉或膨胀螺钉固定在建筑面上，其余各型木板，可用木螺钉来固定。

（3）总熔断器盒内熔断器的上接线桩，应分别与进户线的电源相线连接，接线桥的上接线桩应与进户线的电源中性线连接。

（4）总熔断器盒后如安装多块电能表，则在每块电能表前应分别安装分总熔断器盒。

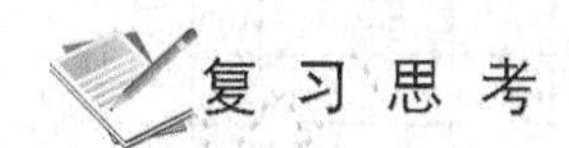

复习思考

（1）低压进户杆的种类及安装方法是什么？

（2）低压客户漏电保护器的分类及原理分别如何？

（3）如何选配低压配电装置的保护？

（4）简述自动空气开关的选用原则。

学习情境六

防（反）窃电基本技能

【情境描述】

在遵循相关法律法规的前提下，介绍防窃电的基本技术手段及窃电行为的取证与处理。

【教学目标】

(1) 能够掌握窃电的基本原理。
(2) 能够熟悉窃电的基本手法。
(3) 能够正确叙述防止窃电的管理措施和技术措施。
(4) 能够掌握违约用电与窃电的区别及相应的处理方法。
(5) 能够掌握窃电基本侦查方法及如何获取窃电证据。
(6) 能够掌握查电程序及其注意的问题。

【教学环境】

电能计量装置错误接线检查实训室、一体化教室，现场用电客户电能计量装置等。

任务一　防窃电技术手段

教学目标

知识目标

(1) 能简要说明常见电力客户窃电行为和方法。
(2) 熟悉反窃电工作程序和工作要求。
(3) 能简要说明电能计量装置防窃电的技术措施和组织措施。
(4) 掌握窃电、违约用电的检查方法及查处过程中注意的事项。
(5) 掌握窃电、违约用电的处理方法及有关法律法规内容。

能力目标

(1) 能熟悉窃电的基本手段。
(2) 能熟悉反窃电工作中的方法。
(3) 能根据实际窃电现象对窃电行为正确分析。
(4) 能根据规定对窃电案例进行处理。

态度目标

(1) 能主动学习相关知识，认真做好实训作业方案。

(2) 在严格遵守安全规范的前提下，小组成员分工协作，密切配合，高标准、高质量地按时完成实训任务。

(3) 在完成任务过程中能主动发现、分析并创造性地解决问题。

任务描述

本任务包含查处窃电、违约用电的方法；防窃电、违约用电的技术措施和组织措施；窃电、违约用电的检查方法及查处过程中注意的事项；窃电、违约用电的处理方法及有关法律法规等内容。通过概念描述、原理说明、条文解释、要点归纳、案例分析，掌握查处窃电、违约用电的方法，在遵循相关法律法规的前提下合理对窃电和违约用电案例进行处理。

任务准备

课前预习相关知识部分，学习有关法律法规条文，复习学习情境三“电能计量装置的检查与处理”中的相关知识，并独立回答下列问题：

(1) 窃电行为和违约用电行为如何界定？

(2) 电力客户的常见窃电行为有哪些？

(3) 防窃电的技术措施和组织措施分别是什么？

(4) 对违约用电与窃电行为如何处理？

任务实施

一、条件与要求

(1) 设备条件：单相或三相电能表及通电计量柜（或电能表接线模拟装置）。

(2) 能熟悉防（反）窃电工作程序及法律法规等要求。

(3) 能初步判断电能表是否正常，对存在异常的电能表，规范填写用电检查单、违约用电、窃电处理工作单等。

二、施工前准备

(1) 分组进行，明确分工及责任，查阅资料，学习相关知识与规范。

(2) 按照规范及给定要求，结合电能计量装置的实际接线情况，制定详细的作业步骤及用电检查规范要求，做好危险点分析及预控和监护措施等。

(3) 使用设备。

1) 钳子、螺丝刀、铅封钳、铅封等常规工器具。

2) 万用表、钳形电流表、相序表、电能表现场校验仪、多功能电能测试仪、用电检查仪等。因为现在的电能表现场校验仪功能都比较强大，它不但能校验电能表，而且可以测量几乎所有的三相电参数，测量相序，绘制相量图，判断接线错误，谐波分析，测量低压互感器变比，是目前比较理想的查窃电工具。如果有电能表现场校验仪，则其他仪器就不必携带。

3) 高低压 TA 变比测试仪，可用来测量高低压 TA 变比、比差、角差、核相。

4) 反遥控窃电检测仪，可用来检测是否有遥控窃电装置进行高科技窃电。

5）数码相机、数码摄像机、望远镜、对讲机等。数码相机和摄像机可以对查处现场进行取证存档，还可以对一些重点目标进行放大以利于辨别。望远镜可以对一些杆上计量箱等比较远的目标进行观测，对讲机可以用来及时沟通。

三、任务实施参考（关键步骤及注意事项）

（一）开工前准备

参考学习情境二“任务二　单相电能表的安装”对应内容。

（二）人员要求

参考学习情境二“任务二　单相电能表的安装”对应内容。

（三）现场工作步骤

(1) 外观检查。仔细检查计量箱、柜的门锁、铅封有无撬动痕迹，这一步非常关键，因为如果通过改动计量装置进行偷电的方式，必须得动门锁和铅封。这一步必须仔细认真，不能放过任何蛛丝马迹。如果用肉眼看不出，则用相机、摄像机或是望远镜。如果确认了门锁、铅封没有异常，那就可以基本排除改动计量装置进行偷电。如果发现了异常现象，一定用相机或摄像机拍下来。但是根据现场检查人员的普遍反映，几年来铅封造假事件已经逐步的专业化，很多地方已经从铅封上不能够辨别真假。所以接下来的步骤必须完成，才能彻底防范。

(2) 打开计量箱检查。打开计量箱后，先不要动里边的线路，这时需要的是观察，看有无异常现象：电能表有无倾斜，电能表铅封和接线盒铅封有无动过的痕迹，线路上有无胶布、套管、线号管、油污、泥巴等东西（因为它们有可能会成为一些电阻、二极管之类的遮羞布），有无多余的接线进行分流，跨表接线，有无不明小装置（倒表仪、遥控继电器）、不明液体，电流互感器铭牌有无更换痕迹等。如果发现有异常现象，就可当即取证。如果没有异常，则进行第三步。

(3) 电流互感器变比测量。测量互感器实际变比与铭牌上是否一致，互感器穿心匝数是否正确，这一步可以发现通过更换互感器铭牌的方式进行偷电行为。

(4) 利用电能表现场校验仪检查。如果前三步都正常，则可以接上电能表现场校验仪检查（注意在接线过程中，可能会发现一些压线螺钉松动的情况，即虚接电压，这实际上也是一种偷电方式），查看电压、电流、功率、相序、相量图、接线是否正常。在查看电参数过程中，最好用绝缘的工具轻轻拨动几下线路，看电参数有无异常，因为可能会有一种电压线内部铜线似接非接的状态，也是属于虚接电压的偷电方式，外部根本看不出来，非常隐蔽。这一步往往还能发现一些诸如失电压，失电流，缺相，分电流，TA 二次短路，极性反，TV 二次开路、极性反，电压电流相别不对应，断中性线等一些错误接线的偷电方式。这一步无论有无异常现象，下面第五步必须进行。

(5) 校验电能表。如果第四步有异常，请暂时不要更正，先对异常状态下的电能表进行一次校验，记录下异常状态下的电能表误差。然后再作调整，在正常状态下对电能表再进行一次校验，记录下正常状态下的电能表误差。电能表误差只是一个方面，对于电能表还必须进行走字试验。这一招主要是针对那些改动电能表计数器比率进行偷电的方式。所有以上这些记录将会作为计算追补电量的基本数据。

(6) 外围检查。如果进行完以上五步，还未发现异常，那么建议重点进行外围调查。检查有无绕越计量装置直接搭火窃电的，有无私自安装变压器的，有无装遥控开关的。这类窃电一般都比较隐蔽，需要仔细查找。

(7) 重查计量装置。如果进行完以上六步，仍未发现异常，则应重新检查计量装置。这次检查的重点是电流互感器内部、接线盒内部、电能表内部是否安装有遥控继电器进行高科技遥控窃电，这类窃电手法非常隐蔽，必须用反遥控窃电检测仪进行检测才能拿到证据。这种窃电一般都是由专业的窃电人员所为，属于利用高科技窃电。

如果以上七步都进行完了，仍未发现异常，则可能是使用了电能表倒转仪进行偷电。电能表倒转仪是近几年出现的偷电专用仪器，用这种倒表仪无需动电能表，只需一个小时就可以让电能表计数器减少近百度电。由于使用时间很短，这种偷电方法很难取证。也属于利用高科技窃电的案例，这几年呈增长趋势。目前的检查方法仍然是用反遥控窃电检测仪进行检测。

关于不动硬件进行高科技窃电的高频高压电源干扰窃电以及高科技大功率无线干扰窃电的，现在解决较好的方式是安装能够抗大功率无线干扰和抗高频冲击的硬件设备，如加装反高频和无线干扰的专用玻璃。在进行防范的同时还可减少对无线抄表的影响。

 相关知识

理论知识 窃电行为方法和特点分析，实际客户的窃电查处。

实践知识 对客户的电能计量装置的实际接线分析。

一、反窃电工作程序和工作要求

依据《中华人民共和国电力法》及其配套法规的规定以及《供用电合同》的约定，供电企业依法对客户的电力使用进行检查。开展用电检查是供电企业为维护供用电双方合法利益，保证安全供用电的一项基本管理工作，其内容和范围涉及安全、节能、合同履行等诸多方面。而反窃电工作是用电检查的一项重要组成内容，其重要性和紧迫性随着窃电形势的日趋严峻而凸显出来。反窃电工作在人员资格要求、工作程序、纪律等方面与用电检查人员是基本一致的。

（一）用电检查人员资格

各单位必须健全一支业务素质高，责任心强，精明干练的专业队伍从事用电检查工作，用电检查人员应具备以下条件和相应的资格：

(1) 作风正派、办事公道、廉洁奉公。

(2) 取得电气专业工程师、技师资格；或具有大专及以上学历，并在用电检查岗位工作5年以上者。

(3) 经过法律知识培训，熟悉与供用电业务有关的法律、法规、政策、技术标准以及供用电管理规章制度。

(4) 已取得相应的用电检查资格，聘为一级用电检查人员者，应具有一级用电检查资格；聘为二级用电检查人员者，应具有二级及以上用电检查资格；聘为三级用电检查人员者，应具有三级及以上用电检查资格。

(5) 三级用电检查员仅能担任0.4kV及以下电压受电的客户的用电检查工作。二级用电检查员能担任10kV及以下电压供电客户的用电检查工作。一级用电检查员能担任220kV及以下电压供电客户的用电检查工作。

（二）制定用电检查工作计划的原则

各单位开展用电检查工作，应做到程序化、规范化和常态化，营业普查工作应做到制度化，需按照用电检查管理标准预先制定用电检查年度、月（季）工作计划。

（1）用电检查工作年度计划：根据本地区电力客户的基本情况以年度工作为目标，进行计划编制，年度计划要突出全年工作重点，需要解决的突出问题，以及分阶段开展检查工作的内容。

（2）用电检查工作的月（季）计划：在用电检查工作年度计划的基础上，制定月（季）具体的检查工作内容，其内容包括检查对象、检查的重点、具体应完成的检查数量。

（3）检查周期：

1）变压器容量在2000kVA及以上客户，原则上每季度至少检查一次。

2）变压器容量在315～2000kVA客户，原则上至少每半年检查一次。

3）315kVA以下专变客户，原则上至少每年检查一次。

4）0.4kV及以下非居民客户，原则上每年至少检查一次。

5）居民照明客户检查周期原则上定为每两年至少检查一次。

（三）检查工作程序

（1）供电企业用电检查人员实施现场检查时，用电检查员的人数不得少于两人。

（2）执行用电检查任务前，用电检查人员应按规定填写“用电检查工作单”，经审核批准后，方能赴客户处执行查电任务，查电工作终结后，用电检查人员应将“用电检查工作单”交回存档。

（3）用电检查人员在执行查电任务时，应向被检查的客户出示“用电检查证”，客户不得拒绝检查，并应派员随同配合检查；在没有客户人员随同配合时，用电检查人员不得单方进入配电室进行检查工作。

（4）经现场检查确认客户的设备状况、电工作业行为、运行管理等方面有不符合安全规定的，用电检查人员应开具“用电检查结果通知书”一式两份，由客户代表签字后，一份送达客户，一份存档备查。

（5）现场检查确认客户在电力使用上有明显违反国家有关规定的违约用电行为的，用电检查人员应现场予以制止，并现场开具“××供电公司违约用电通知书”一式两份，由客户代表签字后，一份送达客户，一份存档备查。

（6）现场检查确认有窃电行为的，用电检查人员应当场制止其侵害行为，并现场开具“××供电公司窃电通知书”一式两份，由客户代表签字后，一份送达客户，一份存档备查，根据现场实际情况决定采取中止供电的措施。

（7）用电检查人员现场检查确认客户有窃电、违约用电行为的，应依法收集相关证据。

（8）用电检查人员一般不得在查获窃电、违约用电的同时，在现场向客户开具、发出“窃电处理结果通知书”、“违约用电处理结果通知书”，而应在查获窃电、违约用电后，严格按照《××供电公司查处窃电或违约用电管理办法》规定的处理权限，尽快实行上报、审批，根据审批的意见向客户出具“窃电处理结果通知书”、“违约用电处理结果通知书”（一式三份，由客户代表签字后，一份送达客户，一份存档备查，一份交财务作收费依据），再向客户追收电费和收取违约使用电费。

（9）拒绝接受供电企业按规定处理的，可按国家规定的程序停止供电，并请求电力管理部门依法处理，或向司法机关起诉，依法追究其法律责任。有下列情形之一者，用电检查人员可立即向当地公安机关报案：

1）在查处过程中强行阻挠检查人员查处工作的。

2）拒不接受供电企业按规定处理，采取聚众闹事、围攻的。

3）公然强行毁灭证据的。

4）公开侮辱、谩骂检查人员，甚至实施暴力相威胁的。

检查人员应保护好现场和证据，待公安人员到达现场后，会同公安人员、客户代表一起对窃电现场进行确认，配合公安人员做好现场取证工作，并对全过程中进行拍照、摄像。

（10）客户窃电行为被查获后，对窃电量（经现场初步估算）在10 000kWh及以上、窃电情节严重的，用电检查人员应及时将查获窃电的情况和被窃电量和相应的损失电费金额以书面形式向当地公安机关申请立案，请求依法打击，同时将相关材料留底备查。书面文字报案材料应包括以下内容：

1）现场检查的基本情况，主要内容包括检查时间、地点、被检查对象、检查经过和发现的问题以及检查的结论。

2）根据现场检查的情况和窃电客户如实提供的窃电时间（若窃电时间不能查明，在调查取证后确认窃电时间），对被窃电量损失进行初步确认，内容包括被窃电量和相应的损失电费金额。

3）书面报案材料要表明供电企业的立场，即要求窃电者赔偿损失并承担相应的法律责任。

4）书面报案材料必须加盖“××供电公司”的印章，及时送达当地公安机关。

5）在向公安机关送达书面报案文字材料的同时，应随同附上《盗窃电能违法犯罪案件窃电方式及窃电金额认定书》，检查人员应按表格规定的形式和要求填写。

（四）内部工作程序

1. 举报、检举信息管理工作程序

（1）对于来自内部和社会各个渠道的举报信息，应有专人负责分类登记、受理，相关负责人应对登记、受理的举报信息进行工作批示。

（2）用电检查人员应根据工作批示开具“用电检查工作单”，方可赴客户处检查。

（3）对举报人的奖励，应在举报信息查证属实，补交电费和违约使用电费收取到账后，按照《××供电公司关于检举、查获窃电或违约用电行为奖励实施办法（试行）》的规定进行奖励。

（4）对于来自上级部门、领导的举报信息，在查处工作完毕后，应以书面形式予以回复。

2. 用电检查、窃电处理工作流程

由于用电检查和反窃电工作具有较强的政策性、时效性，因此供电企业在开展此项工作时，不仅要求要有严谨的检查程序和工作纪律，还应在内部健全相应的工作流程，规范手续传递、审批、管理权限等工作环节，以保证用电检查和反窃电工作有序、顺畅地开展。

（五）反窃电工作纪律

（1）用电检查人员应认真履行用电检查职责，赴客户执行用电检查任务时，应随身携带“用电检查证”，并按“用电检查工作单”规定项目和内容进行检查。

（2）用电检查人员在执行用电检查任务时，应遵守客户的保卫保密规定，不得在检查现场替代客户进行电工作业。

（3）用电检查人员必须遵纪守法，依法检查，廉洁奉公，不徇私舞弊，不以电谋私。违反本条规定者，依据有关规定给予经济的、行政的处分；构成犯罪的依法追究其刑事责任。

（4）对来自各渠道的举报窃电的信息，应严格保密，不得向无关人员透露信息来源、检查方案、检查时间以及举报人资料等相关信息，违反本条规定者，依据有关规定给予严肃处理。

（5）对来自各渠道的举报窃电的信息，应严格保密，不得向无关人员透露信息来源、检查方案、检查时间以及举报人资料等相关信息，违反本条规定者，依据有关规定给予严肃处理。

二、反窃电工作中的方法与策略

（一）常见的窃电手法剖析

常见的窃电手法大致分为欠电压法、欠电流法、扩差法、移相法、无表法和智能窃电六种类型，而具体的表现手法却有多种多样，分别说明如下：

窃电者为了达到不交或少交电费的目的，往往是千方百计使窃电的手法更加隐蔽和更加巧妙，并随着科技知识的普及，窃电手段、方法五花八门，尽管如此，但万变不离其宗，最常见的是从电能计量的基本原理入手。一个电能表计量电量的多少，主要决定于电压、电流、功率因数三要素和时间的乘积，因此，只要想办法改变三要素中的任何一个要素都可以使电表慢转、停转、反转，从而达到窃电的目的；另外，通过采用改变电能表本身的结构性能的手法，使电能表慢转，从而达到窃电的目的；各种直接勾线、无表用电的行为则属于更加明目张胆的窃电行为。尽管各种窃电的手法很多，归纳起来有以下六类。

1. 欠电压法窃电

窃电者采用各种手法故意改变电能计量电压回路的正常接线或故意造成计量电压回路故障，使电能表的电压线圈失电压或所受电压减少，从而导致电量少计，这种窃电方法就叫欠电压法窃电。

（1）欠电压法窃电的常见手段。

1）使电压回路开路。常见的主要手段有：①松开电压回路的接线端子；②弄断电压回路导线的线芯；③松开电能表的电压连接片等。

2）造成电压回路接触不良故障。常见的手段主要有：①拧松 TV 的低压熔断器或人为制造接触面的氧化层；②拧松电压回路的接线端子或人为制造接触面的氧化层；③拧松电能表的电压连接片或人为制造接触面的氧化层等。

3）串入电阻降压。常见的主要手段有：①在 TV 的二次回路串入电阻降压；②弄断单相电能表进线侧的中性线而在出线至地（或另一个客户的中性线）之间串入电阻降压等。

4）改变电路接法。常见的主要手段有：①将三个单相 TV 组成 Yy 接线的 B 相二次侧反接；②将三相四线三元件电能表或用三只单相表计量三相四线负载时的中性线取消，同时在某相再并入一只单相电能表；③将三相四线三元件电能表的表尾中性线接到某相相线上等。

（2）欠电压法窃电举例。

【例 6-1-1】　某单相客户电表为直接接入式，窃电时断开进表中性线而将出表中性线串入一个高阻值的电阻，然后接到邻居的中性线上。其接法如图 6-1-1 所示。设电能表安装处的电压为U_1，通过电能表电流线圈的电流为I，中性线串入电阻后电能表电压线圈所受电压为U_2，则电能表的实测功率P_2和更正系数K的表达式为

$$P_2 \approx U_2 I \cos\varphi \text{（忽略串联电阻} R \text{对} U_2 \text{造成角差的影响）}$$

$$K=\frac{P_1}{P_2}\approx\frac{U_1 I\cos\varphi}{(U_2 I\cos\varphi)}=\frac{U_1}{U_2}$$

这时电能表将慢转，实际电量约等于记录电量乘以$\frac{U_1}{U_2}$。

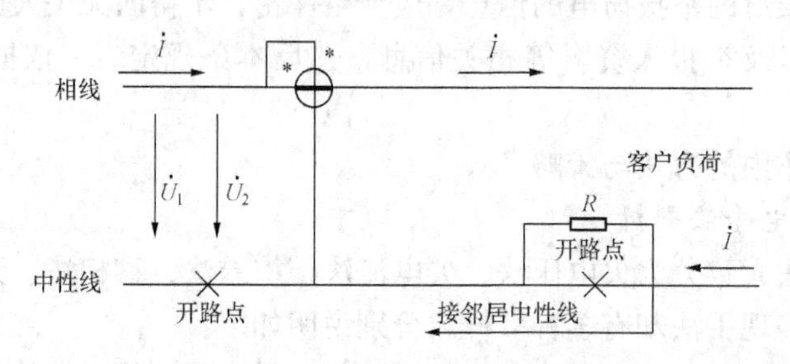

图 6-1-1 ［例 6-1-1］图

结论：断开进表中性线而将出现串联一个电阻R后与负荷的出线一起，接向邻户中性线，电阻R与电压线圈串联分压，使电能表电压线圈降低，从而使电能表慢走。

【例 6-1-2】 三相四线客户采用三只单相电能表计量，后来又在 U 相并接一个单相客户表，且共用接中性点，接入电能表的中性线也被拆除，达到窃电目的。

单相电能表的更正系数为

$$K=\frac{U_{ph}I_{ph}}{\frac{3}{4}U_{ph}I_{ph}} \tag{6-1-1}$$

结论：如图 6-1-2 所示，这种接线的关键问题就在于接入电能表的中性线，因为断开接入电能表的中性线将造成电能表电压回路的中性点发生位移，其结果可能不会影响三相四线负荷电能的正确计量，然而并入 U 相的单相电能表却因该表电压线圈所受电压降低 1/4 而导致电量少计。

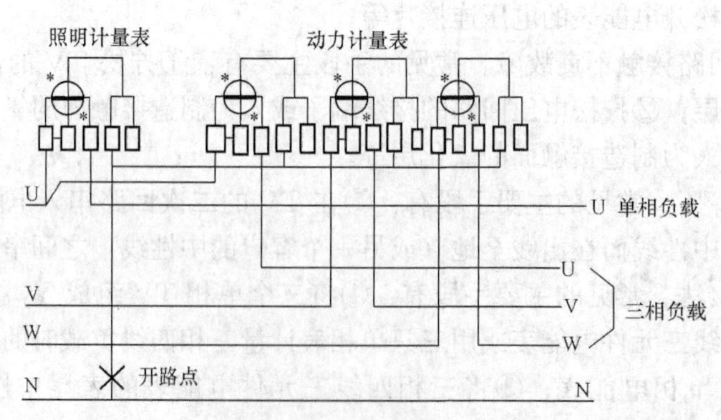

图 6-1-2 ［例 6-1-2］图

2. 欠电流法窃电

窃电者采用各种手法故意改变计量电流回路的正常接线或故意造成计量电流回路故障，使电能表的电流线圈无电流通过或只通过部分电流，从而导致电量少计，这种窃电方法就叫欠电流法窃电。

（1）欠电流法窃电的常见手法。

1）使电流回路开路。主要通过：①松开 TA 二次出线端子、电能表电流端子或中性线端子排的接线端子；②弄断电流回路导线的线芯；③人为造成 TA 二次回路中接线端子的接触不良故障，使之形成虚接而近乎开路等手段。

2）短接电流回路。主要通过：①短接电能表的电流端子；②短接 TA 一次侧或二次侧；③短接电流回路中的端子排等手段。

3）改变 TA 的变比。其手段主要有：①更换不同变比的 TA；②改变抽头式 TA 的二次抽头；③改变穿心式 TA 一次侧串、并联组合的接线方式改变。

4）改变电路接法。主要通过：①单相表相线和中性线互换，同时利用地线作中性线或接邻户线；②加接旁路线使部分负荷电流绕越电能表；③在低压三相三线两元件电表计量的 V 相接入单相负荷等手段。

（2）欠电流法窃电举例。

【例 6-1-3】　将单相电能表进表线的相线和中性线对调，而将中性线接地。其接线图如图 6-1-3 所示。设装表处电压为U，相线电流为I，中性线电流为I_0，流入地线电流为I_d，中性线阻抗为R_0（忽略电抗），接地电阻为R_d（忽略电抗），则有对接线图进行分析得

$$I = I_0 + I_d$$

$$I_0 = I - I_d = \frac{IR_d}{R_d + R_0}$$

$$P_0 = UI_0\cos\varphi\text{，}P = UI\cos\varphi\text{，}K = \frac{P_0}{P} = \frac{R_d + R_0}{R_d}$$

式中：P_0、P 为进表线的相线和中性线对调前、后电能表的功率（或电能）大小。

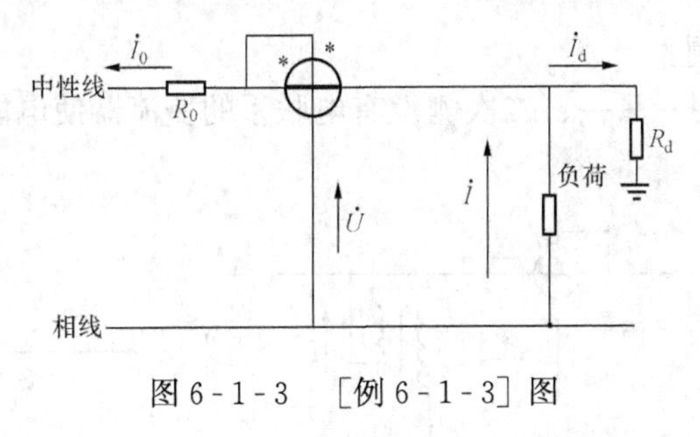

图 6-1-3　［例 6-1-3］图

由于中性线接地分流，电能表比正常接线时少计电量，实际电量等于记录电量乘以$(R_d + R_0)/R_d$。

【例 6-1-4】　三相三线动力客户采用一块三相两元件有功电能表计量，而又在 V 相接入一单相负荷。假设三相动力负荷电流分别为I_{UL}、I_{VL}、I_{WL}，V 相接入单相负荷电流为I_{DL}，三相总电流为I_U、I_V、I_W，如图 6-1-4 所示。

这时电能表记录的仍是三相动力负荷的电能，而在 V 相接入的单相负荷电能漏计了。

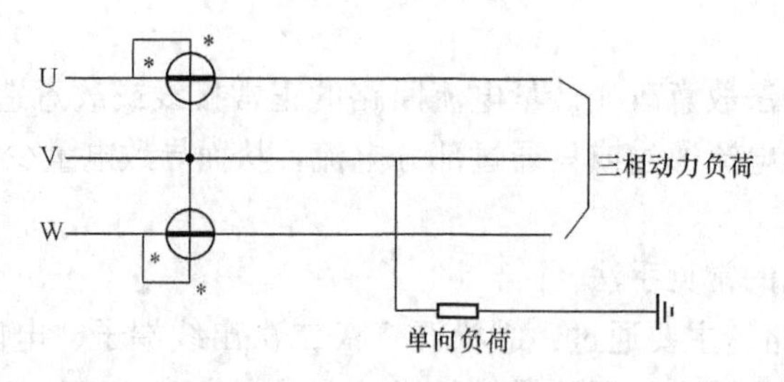

图 6-1-4 ［例 6-1-4］图

3. 移相法窃电

窃电者采用各种手法故意改变电能表的正常接线，或接入与电能表线圈无电联系的电压、电流，还有的利用电感或电容特定接法，从而改变电能表线圈中电压、电流间的正常相位关系，致使电能表慢转甚至倒转。这种窃电手法称为移相法窃电。

（1）移相法窃电的常见手法。

1）改变电流回路的接法。主要通过：①调换 TA 一次侧的进出线；②调换 TA 二次侧的同名端；③调换电能表电流端子的进出线；④调换 TA 至电能表连线的相别等。

2）改变电压回路的接线。主要手段有：①调换单相 TV 一、二次侧的极性；②调换 TV 至电能表连线的相别等。

3）用变流器或变压器附加电流。主要是用一台一、二次侧没有电联系的变流器或二次侧线圈匝数较少的电焊变压器的二次侧倒接入电能表的电流线圈等。

4）用外部电源使电能表倒转。主要手段有：①用一台具有电压输出和电流输出的手摇发电机接入电能表；②用一台类似蓄电池电鱼机改装具有电压输出和电流输出的逆变电源接入电能表。

5）用一台一、二次侧没有电联系的升压变压器将某相电压升高后反加入表尾中性线。

6）用电感或电容移相。如，在三相三线两元件电能表负荷侧 U 相接入电感或 W 相接入电容。

（2）移相法窃电举例。

【例 6-1-5】 利用一只一、二次侧没有电联系的变流器使电能表慢转或倒转。其接线如图 6-1-5 所示。

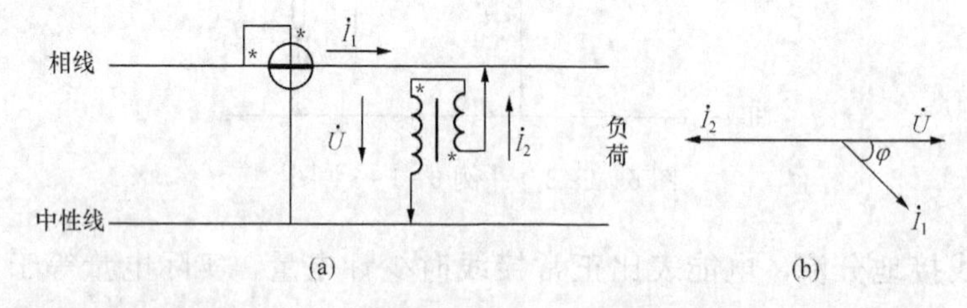

图 6-1-5 ［例 6-1-5］接线图及其相量图

假设电能表安装处电压为 U，负荷电流为 I_1，变压器二次侧的附加电流为 I_2，则有

$$P = UI_1\cos\varphi - UI_2 = U(I_1\cos\varphi - I_2)$$

$$P_0 = UI_1\cos\varphi$$

更正系数

$$K=\frac{P_0}{P}=\frac{UI_1\cos\varphi}{U(I_1\cos\varphi-I_2)}=\frac{I_1\cos\varphi}{(I_1\cos\varphi-I_2)}$$

从电能表的功率表达式可知，当 $I_1\cos\varphi$ 大于 I_2 时，电能表慢转；当 $I_1\cos\varphi$ 等于 I_2 时，电能表停转；当 $I_1\cos\varphi$ 小于 I_2 时，电能表反转；实际上变流器二次侧的电流 I_2 比负载电流 I_1 往往大很多倍，因而接入变流器可能使电能表快速倒转；同时，采用这种窃电手法的实施时间往往是短时性的，所引起的计量误差也就无法用更正系数来表征。

【例 6-1-6】　利用一块具有电压和大电流输出的手摇发电机快速倒表。

大致过程是：倒表时先把电能表的电源开关拉开或用其他办法使电能表脱离供电电源，然后把手摇发电机的电压输出端和电流输出端分别接入电能表的电压回路和电流回路，同时断开客户负荷，在手摇发电机的输出电压、电流作用下使电能表快速倒转。还有的就是采用同时具有电压输出和大电流输出的逆变电源，两者原理上类同。

还有，在现实中的低压三相三线客户，供电部门习惯上采用一只三相二元件电能表计量。从原理上讲，无论三相负荷是否对称，这种计量方式都可正确计量，但是，这种计量方式却存在着不足。

（1）在三相二元件电能表中，u 相元件的测量功率为 $P_u=U_{uv}I_u\cos(\varphi+30°)$。若在 u 相与地之间接入电感性（空载电焊机之类）负载，电能表将出现：①当三相负载电流较小时，负载电流 I_{uL} 与电感电流 I_L 叠加后使总电流 I_u 与 U_{uv} 的相角差大于 90°，电能表反转；②当三相负载电流较大时，负载电流 I_{uL} 与电感电流 I_L 叠加后使总电流 I_u 与 U_{uv} 的相角差小于 90°，电能表转速变慢；③而当三相负载电流为零时，I_u 与 U_{uv} 的相角差等于 120°，电能表反转。

（2）在三相二元件电能表中，w 相元件的测量功率为 $P_w=U_{wv}I_w\cos(30°-\varphi)$。如果在 w 相与地之间接入电容，则电流 I_w 超前电压 U_{wv}。与 u 相接入电感负载的原理类似，电能表有可能出现转速变慢、停转，甚至反转。

（3）因三相二元件电能表只有 u 相元件和 w 相元件，v 相负荷电流没有经过电能表的测量元件，若在 v 相与地之间接入单相负荷，此时电能表对单相负荷就完全失去了计量。

如果采用三只单相电能表（三相四线电能表）配上 TA 对三相三线客户计量，则电能表的测量功率为 $P_{总}=P_u+P_v+P_w=U_uI_u\cos\varphi_u+U_vI_v\cos\varphi_v+U_wI_w\cos\varphi_w$。因为三相均有测量元件，所以从任何一相接入单相负荷都能正确计量。三个元件的测量功率分别是各自的相电压、相电流与两者夹角余弦的乘积，从任何一相接入电感或电容都不可能使相电压与相电流的相角差大于 90°，因而可以有效地防止利用电感或电容移相窃电。

4. 扩差法窃电

窃电者私拆电能表，改变电能表的机械参数，使电能表本身的误差扩大；利用电流或机械力损坏电能表，破坏电能表的运行条件，使电能表少计，这种窃电手法称为扩差法窃电。

（1）扩差法窃电的常见手法。

1）私拆电能表，改变电能表内部的结构性能。例如：①减少电流线圈匝数或短接电流线圈；②增大电压线圈的串联电阻或断开电压线圈；③更换传动齿轮或减少齿数；④增大机械阻力；⑤调节电气特性；⑥改变表内其他零件的参数、接法或制造其他各种故障等。

2）大电流或机械力损坏电能表。例如：①用过负荷电流烧坏电流线圈；②用短路电流的电动力冲击电能表；③用机械外力损坏电能表等。

（2）扩差法窃电举例。

【例 6-1-7】 某单相客户采用感应型电能表，用电检查时发现铅封被伪造，后拆开表盖见电流线圈由串联改为并联，分析计量结果。

更改前电流线圈产生的磁动势为

$$F = I(W/2 + W/2) = IW$$

更改后电流线圈产生的磁动势为

$$F_1 = \frac{I}{2} \times \frac{W}{2} + \frac{I}{2} \times \frac{W}{2} = \frac{I \times W}{2}$$

可见，电流线圈由串联变为并联后，电能表的记录电量只有实际电量的一半。

5. 无表法窃电

未经报装入户就私自在供电部门的线路上接线用电，或有表客户私自甩表用电，叫做无表法窃电法。其危害性不仅使公司造成电量流失和经济损失，而且还可能由于私拉乱接和随意用电而造成线路和公用变压器过荷损坏（特别是农村小容量公用变压器），扰乱、破坏供电秩序，极易造成人身伤亡及引起火灾等重大事故发生。

常见的手段有：直接在低压绝缘子处挂表，在客户变压器低压侧导线的绝缘皮上扎入钢针窃电等。

6. 智能窃电法

窃电者采用特制的窃电器或专用的仪器、仪表改变电能表的电气参数、分时表的时段设置、时段电量数据以及电能表的正常运行条件，以达到少计或不计电量、少交或不交电费的目的。常见的表现手法有：

（1）高科技大功率无线干扰窃电技术防范。客户利用高科技智能化的大功率无线技术对电能表进行干扰窃电的方法在有些地区窃电猖獗，已有蔓延之势。其利用窃电装置的大功率无线信号对电能表的 CPU 进行干扰，使电能表不能正常工作，不计或少计电量，还可随时恢复电能表计量。该方法窃电图例说明见表 6-1-1。这种窃电方法操作时间短，隐蔽性强，且在表箱外发射大功率信号就能达到干扰电能表的目的，不动任何电力设备，所以供电部门在明知其窃电的情况下却在现场找不到任何蛛丝马迹。有的供电部门为了能全面监控客户，投资大量资金安装了远程监控系统，但应用后发现，因上述窃电方法使电能表本身少计电量，系统根本无法判断其是负荷减小还是窃电行为，即使能判断出其正在窃电，马上去客户现场核查，也因其窃电器操作时间短（只需几秒钟），在核查人员赶到时，还是无法找到任何窃电的线索。由于对这种高科技智能化窃电方式供电系统尚无有效的防范方式，结果导致其在某些地方迅速扩展，造成线损升高，损失巨大。

表 6-1-1　高科技大功率无线干扰窃电图例说明演示

步　骤	示　意　图
第 1 步　窃电装置外形	

续表

步　骤	示 意 图
第 2 步　电能表正常运行	
第 3 步　用窃电装置对电能表发射大功率信号	
第 4 步　电能表停止运行	
第 5 步　恢复电能表正常运行时用窃电装置对电能表发射信号	
第 6 步　电能表恢复运行，电能表恢复后运行正常	

（2）高频高压电源干扰窃电防范。由于防窃电产品的广泛应用，以及供电部门自身反窃电管理的加强，使传统的窃电客户频频成为打击的对象，所以越来越多的窃电分子采用更隐蔽的高科技窃电手段逃避供电部门的反窃电监察。如利用高频高压电源［例如高压大功率警用电击棒（瞬间电压可达500kV，频率10GHz以上）］进行窃电的方法，见表6-1-2。高频高压电源产生的电磁干扰能够影响广播、电视和通信信号的接收，造成电子仪器和设备的工作失常、失效甚至损坏。高频高压电源在电流系统中干扰电能表的内部工作流程，破坏电能表的工作曲线，造成电能表计量精度低，无法正常计量。窃电分子用高频高压棒在表箱外对电能表发射高频电磁信号，造成电能表少计电量。由于高频信号的极大穿透力，使传统表箱无法阻拦，特别是带有抄表观察窗型的电能表箱，对电子式电能表造成巨大的破坏，而且其操作时间短（几秒钟即可），在现场不留任何窃电痕迹，使用电部门监察部门即使在短时间内发现窃电，也无法判别定性，只能更换电能表，且电量追补困难重重。由于目前供电部门对这种高度隐蔽化的窃电方式无能为力，使其在个别地区日益蔓延，给供电部门造成极大的经济损失且助长了窃电风气。

表6-1-2　　高频高压电源干扰窃电图例演示说明

步　骤	示 意 图
第1步　窃电装置外形	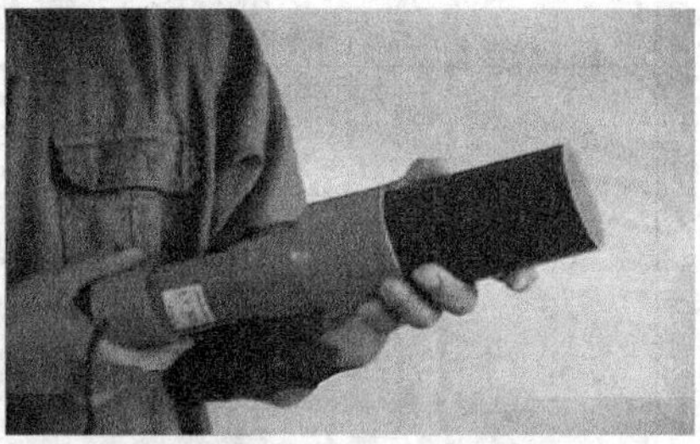
第2步　电能表正常运行	
第3步　将窃电装置放在电能表100mm左右，连续电击电能表30s，电能表明显变慢	

续表

步　骤	示　意　图
第4步　将窃电装置对准电能表50mm以内，发出“啪”“啪”声音	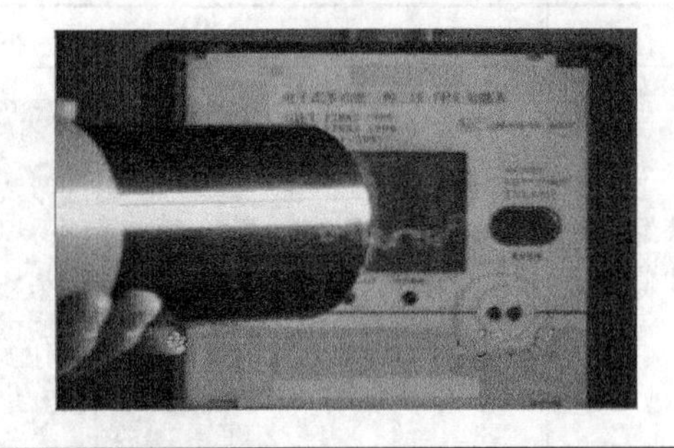
第5步　电能表的显示屏已完全损坏	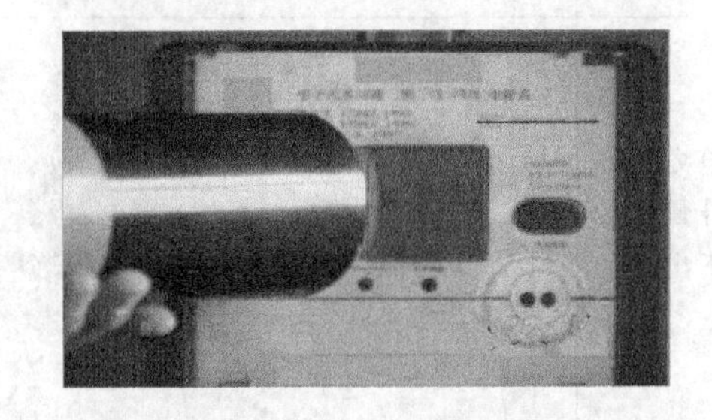
第6步　经实际检验，电能表比标准表转慢约40％	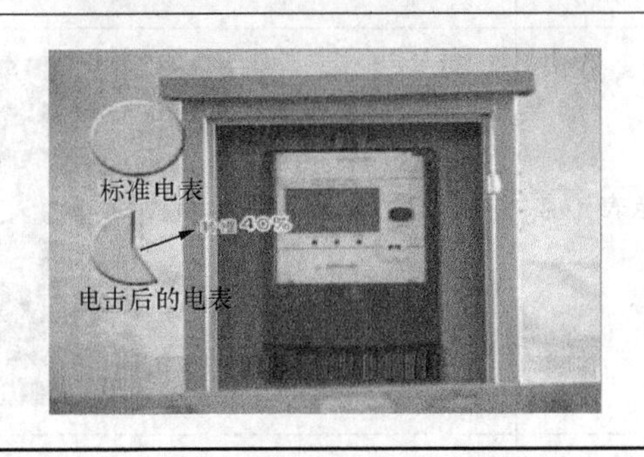

（3）高科技遥控窃电防范。随着高供高计改造的深入，高压计量箱在电能计量中的应用越来越广泛。由于计量在高压侧，传统窃电防范越来越困难，但窃电分子受巨额利润的驱使，千方百计采取各种手段进行窃电，其窃电方法日趋高科技化和隐蔽化。例如在高压计量箱内使用电子遥控装置进行窃电的方法，见表6-1-3。目前国内流行的计量箱基本上分为两类，一种是油浸式，一种是金属外壳式。金属外壳式计量箱内装三相三线电能表和三相四线电能表，中间采用电缆线连接，其结构设计安装方便，价格低廉，深受广大供电部门欢迎，其使用占到30％以上。但在个别地区，受经济利益驱使，一些用电企业为获取非法高额利润，窃电分子人为地造成停电事故。将高压计量箱打开，吊芯后，在电压绕组加可遥控的可调电阻，经无线遥控可随意调整计量电压回路大小，使电能表少计电量，或在电压绕组电压回路加遥控开关，经遥控造成计量电压回路开路，导致计量电压回路故障，使电能表的电压线圈失电压，从而导致电能表不计。窃电者可十分方便地根据自己的要求随时进行遥控。由于该装置使用了电子遥控等高新技术，具有体积小、安装方便、隐蔽性强、可随意控制的特点，即使供电部门对其用电产生怀疑，对计量箱误差进行复测（此时遥控装置已经复位，变比误差仍

然合格）也极难发现。

表 6-1-3 高科技遥控窃电图例演示说明

步 骤	示 意 图
第1步 窃电装置外形包括信号发射端和信号接收端	
第2步 这是电力公司普遍使用的高压计量箱从外表上看根本看不出来有什么不同	
第3步 电能表正常运行	
第4步 用窃电装置对计量箱发射信号	
第5步 发射信号后电能表虽然还在运行，但已经不能准确表示电能的走量	

续表

步　骤	示 意 图
第6步　用窃电装置发射恢复信号，电能表恢复后运行正常。整个计量箱的各个标准都恢复符合国家标准	

（二）常用的检查窃电方法

由于窃电行为近年来呈现了多元化、隐蔽性、多发性、复杂性和智能化的特点，甚至出现了有组织和有计划的发展趋势，而且窃电者逐渐具备了一定的反检查手段和能力，增大了反窃电工作的难度。因此，用电检查人员应顺应形势，加强培训和锻炼，提高反窃电的策略手段和政策水平，根据需要变换检查方法，采用周期性检查和突击检查相结合、常规检查和重点检查相结合、日常检查和节假日、夜间突查相结合等灵活机动的方式，并熟练掌握多种检查方法。常用的检查方法归纳起来有直观检查法、仪表检查法、电量分析检查法和经济分析法四类。

1. 直观检查法

用电检查人员通过眼看、耳听、口问、手摸对电能表、计量二次回路连线、计量互感器、客户配电装置、仪表等进行检查，从中发现窃电的蛛丝马迹。

(1) 检查电能表。

1) 观察电能表的外壳是否完好。

2) 观察电能表运转情况，是否有转动摩擦声、卡阻现象，用手摸电能表外壳有无抖动现象。

3) 观察铅封是否完好、正确，有无伪造痕迹。

4) 观察表计型号、规格、表号是否与客户档案信息一致。

5) 观察表计的安装和运行环境、条件。

6) 观察表计接线是否规范、牢固，有无杂线。

7) 观察表计外壳灰尘，是否留有接触过表计的痕迹。

8) 观察表计是否有因内部故障在外壳玻璃、塑料透明部分造成的污渍。

9) 观察电流、电压、功率表的指示情况和客户的现场负荷情况及工况是否吻合。

(2) 检查接线。

1) 观察接线有无开路或接触不良。

2) 观察电压指示表，检查 TV 熔断器是否存在开路或接触不良。

3) 观察电能表接线盒、计量电流端子排、TA 端子是否短路。

4) 检查计量二次回路接线，极性是否正确、连接是否有效、有无杂线存在。

5) 检查计量二次回路接线是否有改接的痕迹。

6) 检查是否有绕表接线和私拉乱接的线。

（3）检查互感器。

1）观察TA的端子螺钉压接是否紧固，是否存在虚接。

2）观察TV、TA接线是否符合要求，接线中间是否连接有其他负载（其他的如监测仪表等），连接组别是否正确。

3）观察TV、TA的变比、型号、规格、编号是否与客户档案信息一致。

4）观察TV、TA的运行工况，是否有不正常的声音、不正常的发热现象或因绝缘材料过热发出的焦灼味。

2. 仪表检查法

用电检查人员通过采用钳形电流表、电压表、相序表、相位仪、电能表现场检定仪等仪器、仪表对计量装置的各电气参数进行现场测量，以此对计量装置是否正常运行作出判断。

（1）用钳形电流表检查。

1）检查低供低计直读表时，将相线、中性线同时穿过钳口。正常情况下相线、中性线电流的代数和应为零，钳形表的读数应为零，如有电流，则必然存在窃电或漏电。

2）检查高供低计套接TA的电能表时，要同时测量一、二次回路的电流，以此判断TA变比是否与铭牌一致，是否存在开路、短路现象或极性错误等。

3）通过现场测得的电流值，可粗略计算出有功功率，并与客户现场实际负荷和电能表反映出的功率作对比，三者是否基本一致。

（2）用电压表检查。

用电检查人员通过对表头电压的测量，可对以下几方面的问题作出判断。

1）电压二次回路是否存在开路、接触不良或回路上串接了负载而引起的失电压、电压明显偏低。

2）检查是否存在TV极性接错造成的二次电压异常。

3）检查TV出线端至表头的电压是否在规程规定的压降范围内。

（3）用相序表检查。

用电检查人员通过对表头电压相序的测量和无功表运行状况作比较，可对以下几方面的问题作出判断。

1）检查电压是否反相序接入。

2）检查是否存在二次电压线相别错误接入。

（4）用相位仪检查。

用电检查人员通过用相位仪检查电能表的电压和电流的相位关系，根据测量显示的相量图或根据测量数据画出的相量图，可判断是否存在表计接线错误。

1）对于三相三线两元件电能表，主要是测量电能表进出线U_{uv}与I_u，U_{wv}与I_w之间的相位差。

2）对于三相四线三元件电能表，主要是测量电能表进出线U_u与I_u，U_v与I_v，U_w与I_w的相位差。

使用相位仪检查时，应特别注意客户现场的功率因数，由于φ角的不同，会引起相量图中电流、电压夹角的较大变化，否则会影响正常判断。

（5）用计量故障分析仪（专用窃电检查仪器）检查。

用电检查人员可采用专用窃电检查仪器对有窃电嫌疑的客户进行检查，该仪器功能较之普通仪表更近完善，能显示出多项相关电气参数及相量图，由检测出的参数和结果可简捷快速对现场情况作出判断。

1）现场检查客户计量装置的综合误差。

2）显示客户现场一、二次电流、电压相量图。

3）现场检测出 TA 的实际变比值。

4）根据检测出的综合误差结果可粗略判断是否存在二次回路故障、错误接线以及表计内部故障。

5）根据现场显示的电流、电压一、二次相量图的对应关系和相位差，可粗略判断是否存在二次回路故障、错误接线，是否存在窃电行为。

3. 电量对比分析法

用电检查人员根据客户运行变压器容量、用电负荷性质、用电负荷构成、现场负荷状况、生产经营情况与近期用电量、历史同期用电量作分析对比，从中判断客户是否存在窃电行为。

（1）根据运行设备容量检查电量。根据客户运行中的变压器容量、变压器的负荷情况与电能表记录的累计电量和各时段的电量作分析对比，判断客户是否存在窃电行为。

（2）根据负荷情况检查电量。根据客户现场实测负荷情况和用电时间推算出日电量，与电能表记录的电量作对比分析，判断客户是否存在窃电行为。

（3）根据三种对比分析电量。将客户近期月用电量与历史同期电量作分析对比；将客户当月月用电量与前几个月电量作分析对比；将客户近一时期月平均用电量与同行业、同属性的其他用户作对比，分析是否存在电量突增、突减的较大波动，或用电能耗明显低于其他客户、同行业客户的情况，并查明原因，以此作出判断。

4. 经济分析法

经济分析法即采取内外结合的方式进行调查，对内主要是对线损率进行综合分析，从线损波动较大或线损居高不下的线路入手，找到检查窃电的突破口；对外主要是对客户的单位产品耗电量、产品产量等入手进行调查分析，查找窃电线索。

（1）线损分析。电网的线损率由理论线损和管理线损两部分构成。理论线损由电网设备的参数和运行工况决定，而管理线损则是由供电部门的管理因素和人为因素构成，这其中就包含了因窃电因素造成的电量损失。线损分析主要应做好以下几方面：

1）做好线损率的统计、计算和分析。

2）做好理论线损的计算，并建议实施理论线损在线监测。

3）减少因内部管理因素造成的线损波动。

4）将线损的变化情况作时间上的纵向对比以及与同类线路设备作横向对比，查找波动原因。

通过以上调查分析，可以缩小检查范围，找到检查窃电的突破口，开展针对性的检查。

（2）客户单位产品耗电量分析。通过将国家对一些常见工业产品颁布的产品单耗定额或同类型企业正常的产品单耗与被检查客户的实际产品单耗作对比分析，可以判断客户是否存在窃电行为。

1）将客户用于生产的总用电量除以该客户生产报表中的产品总量，得出产品单耗。

2）将客户用于生产的总客电量除以已了解掌握的产品单耗，推算出该客户的产品总量。

3）将同类别、同生产属性客户的用电单耗进行横向比较，或者是将重点嫌疑户的单耗按时间作纵向对比。

5. 客户功率因数分析法

一个生产比较稳定、计量装置和无功补偿运行正常的企业，其功率因数应该是比较稳定的，一般都在10%内变动。而窃电的企业很难保证其功率因数的变化在这个正常范围内，因此用电检查人员可以通过电费信息系统查找功率因数超范围波动或突变的客户，对其波动和突变的原因进行横向对比和纵向分析，从中可查找到客户窃电或计量装置故障的线索。

三、防治窃电的措施

（一）预防窃电的技术手段

1. 采用专用计量箱或专用电能表箱

这项措施对五种窃电手法都有防范作用，适用于各种供电方式的客户，是首选的最为有效的防窃措施。

在实施这项对策时，通常根据客户的计量方式采取相应的做法：

（1）高供高计专变客户采用高压计量箱或计量柜。

（2）高供低计专变客户采用专用计量柜或计量箱，即容量较大采用低压配电柜（屏）供电的配套采用专用计量柜（屏），容量较小无低压配电柜（屏）供电的采用专用计量箱。

（3）低压客户则采用专用计量箱或专用电能表箱，即①容量较大经TA接入电路的计量装置采用专用计量箱；②普通三相客户采用独立电能表箱；③单相居民客户采用电能表箱；对于较分散居民客户，可根据实际情况采客适当分区后在客户中心安装电能表箱；④另外，专用计量箱或专用电能表箱的箱门应加封印、配置防盗锁或将箱门焊死。

2. 采用防伪、防撬铅封

这条措施主要针对私拆电能表的扩差法窃电，同时对欠电压法、欠电流法和移相法窃电也有一定的防范作用，适用于各种供电方式的客户。

防撬铅封通常分为三种，即校表、装表、用电字样，各自均有对应的权限范围。校表组封表盖，装表组及计量外勤组封接线盒及TA二次接线端。各组封铅外形不同，封铅本身的编号不同，每个工作人员的封铅号码也不同，使窃电者撬开铅封后难以伪造。任何工作人员不得私自开封，应根据工作凭证启封并详细记录。

与过去传统铅封相比，新型防撬铅封在铅封帽和印模上增加了标识字数，并适当分类和增加防伪识别标记，从而使窃电者难以得逞。

3. 封闭变压器低压侧出线端至计量装置的导体

这项措施主要用于防止无表法窃电，同时对通过二次线采用欠电压法、欠电流法、移相法窃电也有一定的防范作用，适用于高供低计专变客户。

（1）对于配变容量较大采用低压计量柜（屏）的，计量TV、TA和电能表全部装于柜（屏）内，需封闭的导体是配电变压器的低压出线端子和配电变压器至计量柜（屏）的一次导体。配电变压器低压出线端子至计量柜（屏）的距离应尽量缩短；其连接导体宜用电缆，并用塑料管或金属管套住。

当配电变压器容量较大需要铜排或铝排作为连接导体时，可用金属线槽或塑料线槽将其密封于槽内；配电变压器低压出线端子和引出线的接头可用一个特制的铁箱密封，并注意封前仔细检查街头的压线情况，以确保接触良好；另外，铁箱应设置箱门，并在门上留有玻璃窗以便观察箱内情况。

（2）对于配电变压器容量较小采用计量箱的，当计量互感器和电能表共箱者，可参照上述采用计量柜时的做法进行；当计量互感器和电能表不同箱者，计量用互感器可与配电变压器低压出线端子合用一个铁箱加封，互感器至电能表的二次线可采用铠装电缆，或采用普通塑料、橡胶绝缘电缆并穿管套住。

为了便于查电，从配电变压器低压出线至计量装置的走线应清晰明了，要尽量采用架空敷设，不得暗线穿墙和经过电缆沟。

对于因客观条件限制不能对铝排、铜排加装线槽密封时，可在铝排、铜排刷上一层绝缘色漆，既有一定绝缘隔离作用，又可便于侦查窃电；也可刷普通色漆，但应注意所采用的色泽应与铜排或铝排明显区别。

4. 规范电能表安装接线

这条措施对欠电压法、欠电流法、扩差法、移相法窃电均有一定防范作用，具体做法如下：

（1）单相电能表相线、中性线应采用不同颜色的导线并对号入座，不得对调。这样可以防止一线一地制或外借中性线的欠电流法窃电，同时还可以跨相用电时造成电量减少。

（2）单相客户的中性线要经电能表接线孔穿越电能表，不得在主线上单独引接一条中性线进入电能表，以防止窃电者利用中性线外接相线造成某相欠电压或接入反相电压使某项电能表反转。

（3）电能表及接线安装要牢固，进出电能表的导线预留长度要尽量小，可以防止利用改变电能表安装角度的扩差法窃电。

（4）三相客户的三元件电能表或三个单相电能表中性线要在计量箱内引线，绝不能从计量箱外接入，以免一旦中性线开路时引起中性点位移，造成单相客户少计电量。

（5）三相客户的三元件电能表或三个单相电能表的中性线不得与其他单相客户的电能表中性线共用，以免一旦中性线开路引起中性点位移，造成少计电量。

（6）三相客户电能表要有安装接线图，并严格按图施工和注意核相，以免由于安装接线错误直接造成少计电量。

（7）认真做好电能表铅封、漆封，便于一旦出现窃电为侦查提供证据。

（8）接入电能表的导线截面积太小造成与电能表接线孔不配套的应采用封、堵措施，防止采用U形短路线短接电流进出线端子。

5. 规范低压线路安装架设

采用这一措施目的主要是防止无表法窃电，以及在电能表前接线分流等窃电手法。具体做法如下：

（1）从公用变出线至进户电能表电源侧的低压干线、分支线应尽量减少迂回和避免交叉跨越。

（2）表前的干线、分支线与表后进户线应有明显间距，尽量避免同杆架设和交叉。

（3）不同公共变供电的客户应有街道明显隔开，同一建筑物内的客户应由同一公用电源供电，不同公用变台区的客户不要互相交错，商业街布线应尽量避免被装饰物遮挡。

（4）相线与中性线应按U、V、W、N采用不同颜色的导线并按一定顺序排列。

（5）当采用电缆线时，接近地面部分宜穿管敷设；当采用架空明线时，应清晰明了，尽量避免贴墙安装。

6. 采用双向计量或逆止式电能表

这是针对移相法窃电所采用的对策，适用于无倒供电能的高压供电客户和普通低压客户。

采用双向计量电能表，能使反转的电量记录下来；若采用止逆式电能表，主要是防反转。这一措施对电能表慢转，不转都无能为力。

(1) 适用范围。这是针对移相法窃电所采取的对策，适用于无倒供电能的高压供电客户和普通低压客户。采用双向计量电能表，移相法窃电使电能表倒转时计度器不但不减码反而照常加码。若采用止逆式电能表，其作用主要是防倒转。

(2) 不足之处。

1) 移相法使电能表慢转、停转时，本措施无能为力。

2) 旧式普通表要改装成双向计量或加装止逆机构比较麻烦，且需增加投资。

3) 在不同相别的单相电能表用电户间跨相用电时可能造成计量失准。例如，用电焊机的380V抽头接入不同相别的单相电能表客户间，正常情况下是一个电能表正转，另一个电能表反转，两个单相电能表的计量结果之和为真实电量，而采用双向计量或逆止式电能表的计量结果就不能反映真实电量，这一点必须向客户说明。

7. 三相四线客户改用三只单相电能表计量

这一措施适用于高供低计三相四线供电客户和普通低压三相四线供电客户。这样做会使查电比较容易。当某相电流开路、某相电压开路或某相TA反接、三相三元件电能表慢走时，从直观上查电是很难察觉出来的。但使用三只单相电能表，故障相的电能表会马上停转或反走，使窃电比较困难。采用三相三元件电能表计量时只有一个电能表，而采用三只单相电能表时的电表数是三相三元件电能表数的3倍。如果窃电者采用拆开表壳作案，其难度将大得多。

8. 三相三线客户改用三元件电能表计量

采用这一措施目的是防止欠电流法和移相法窃电，适用于低压三相三线客户。

由于三相二元件电能表只有u相元件和w相元件，这样窃电者就会在v相与地之间接入单相负荷而使电能表无法计量；另外窃电者也会在u相与地之间接入电感负荷或在w相与地之间接入电容，而使电能表转慢、停转，甚至倒转。如果采用三相三元件电能表，电能表的测量功率为 $P=P_u+P_v+P_w=U_uI_u\cos\varphi_u+U_vI_v\cos\varphi_v+U_wI_w\cos\varphi_w$。从任何一相接入单相负荷都可照常计量，三个元件的测量功率分别来自各自的相电压、相电流与两者夹角余弦的乘积，从任何一相接入电感或电容都不可能使相电压与相电流的相角差大于90°，因而可有效防止利用电感或电容移相的窃电手法进行窃电。

9. 计量电压互感器回路配置失电压记录仪或失电压保护

这一措施主要防止高供高计用户采用欠电压法窃电，对其他经TV接入的计量方式也同样适用。同时也是对计量电压回路出现故障时的一种补救措施。实施时应结合实际，灵活运用。例如：

(1) 对于35kV、110kV变电站和其他需要保证供电的重要客户，如矿山、医院等一类负荷或重要的二类负荷，因停电可能造成重大的经济损失或产生严重后果的，则宜采用失电压记录仪。

（2）对于主回路开关无电控操作的，因失电压保护无法实施，因此也只能采用失电压记录仪；但是如果客户多次窃电不改，必要时取消 TV 的二次熔断器。

（3）对于主回路开关配置电控操作的，既可采用失电压记录仪，也可以采用失电压保护，或者两法同时并用。

10. 低压客户配置漏电保护开关

此项措施既可以起到漏电保护作用，又可对欠电压法、欠电流法、移相法窃电起到一定的防范作用，适用于低压三相客户和普通单相客户。但对经互感器接入的电能表防窃电作用不大。对于分散装表的居民单相客户，应将漏电保护开关与单相电能表装于同一地点，以免为窃电者提供方便；漏电保护开关不能装在表箱内，而应另设开关箱，因表箱的门锁由供电公司掌握，而开关箱仅作防雨用，不需设锁。另外对漏电保护开关应定期检查，以保证其正常工作。三相电流型漏电保护开关，可以起防窃电作用。

11. 采用防窃电表或在电能表内加装防窃电器

这项措施主要用于防止欠电压法、欠电流法和移相法窃电，比较适合于小容量的单相客户。

当客户正常接线时，防窃电器中断电器闭合，向客户正常供电；当客户窃电时，由中断电器切断客户电路。客户中止窃电后，防窃电器又取消断电指令而自动恢复向客户正常供电。

12. 禁止私拉乱接和非法计量

所谓私拉乱接，就是未经报装入户就私自在供电部门的线路上随意接线用电，这种行为实质上属于一种无表法窃电。所谓非法计量，就是通过非正常渠道采用未经供电公司计量所校验合格的电能表计量。这种行为表面上与无表窃电有所不同，而实质上也是一种变相窃电。因此，这两种行为都应坚决禁止。

13. 改进电能表外部结构，使之利于防窃电

此项目的主要是防止私拆电能表的扩差法窃电，其次是防止在电能表表尾进线处的欠电流法、移相法窃电。主要做法如下：

（1）取消电能表接线盒的电压连接片，改为在表内连接。

（2）电能表表盖的螺钉改由底部向盖部上紧。

（3）加装防窃电表尾盖将表尾封住，使窃电者无法触及表尾导体。表尾盖的固定螺钉应采用铅封等防止私自开启的措施。

14. 实行在线监控运行

电能计量装置全部被密封并采用电力负荷管理系统，实行在线监控运行，相当于稽查人员装上“千里眼”、“顺风耳”，只要有人靠近或者触动计量装置，监控设备就立即发出警报信号，负荷主站或调度中心集中监视，稽查部门快速捕获，使窃电者难逃法网。

（二）预防窃电的管理措施

1. 加强装表接电管理

（1）把好开票关。业务人员每开具一张装表工作票必须依据相应的业务传票，工作票所载内容应与实际发生的业务内容相吻合。

（2）把好工作票的质量关。对于每一张装表接电工作票，应按照工作项目填写完备，准确记录计量器具的型号、规格、编号、互感器变比、电能表的起止度等数据，装表人员必须

规范填写并签字。工作完成后应由客户代表确认签字，如有遗漏项目必须查明原因。

(3) 把好工作票的审查关。每一张装表接电工作票必须经计量班长、计量专责人员审查，签字确认后，装表人员方可按工作票所载内容开展工作，严禁无票工作。

(4) 把好工作票的归档关。对于每一张完成的工作票，电费审核人员应及时根据工作票内容建卡、立账或修改计费信息系统的相关数据，保证计费基础信息的适时性和正确性。

2. 强化计量封印管理制度

(1) 严格区分封印的分类和使用范围。在封印上用“××计量中心”、“××供电公司”等字样严格区分封印的使用区域，用“内校”、“外校”、“装表”、“用检”等字样或颜色严格区分不同工种使用的封印，并按照不同工种划分电能表上表盖、电能表下接线盒、计量箱（柜）门、二次接线实验端子、失电压记录仪使用封印的范围，不得混用；封印钳与此对应使用，否则视为无效。

(2) 严格划分加封权限。供电公司的外校、装表、用电检查人员可对用于结算的电能表、计量箱（柜）门、二次接线实验端子及失电压记录仪进行加封；供电公司管理人员只能对结算点以下的分表进行加封，并在封印的字样上严格区分。

(3) 健全铅封钳和封印的管理和领用制度。由供电公司统一定做封印和刻制封印钳，各供电公司计量专责人员负责铅封钳的登记、领用，定人定编号；严格对照工种领用封印。因工作需要拆下的封印必须如数交回保管员，留存备查。

(4) 完善加封确认手续。外校、装表、用电检查人员对计量设备加封后，必须开具加封确认书一式三份，由客户代表签字后，一份交客户，一份由加封人保存，一份交用电检查班留存。

3. 严格抄表卡管理

(1) 抄表卡上的计费基础信息应采用微机打印，项目齐全、数据准确，不得使用铅笔、圆珠笔填写抄表数据。

(2) 计量器具的更换时间、起止度、编号等重要信息必须及时、准确记录在卡上。

(3) 抄表卡的新建或所载内容的更动，必须经相关负责人员的审查批准，任何人员未经批准不得随意新建抄表卡或修改抄表卡所载内容。

(4) 抄表员使用抄表卡应建立领用、退还制度。

4. 健全抄表监督机制

(1) 客户监督。实行客户监督，发现电量差异及时反映是防止抄表误差，防止人为多抄、少抄电量的有效手段。

(2) 轮换抄表区域，实行相互监督。对抄表区域根据实际情况定期轮换一次，可以实现抄表员之间的相互监督，提高抄表的真实性。

(3) 定期抽查。营销专责人员对各抄表员的抄表区域定期进行抽查，对于估抄、漏抄现象是一种有效的监督、检查办法，提高实抄率。

5. 严把电费审核关

(1) 通过审核分析和熟悉客户的用电变化规律，发现其月用电量或低电价时段用电量与一次设备（变压器）容量不相吻合的情况，立即报查。

(2) 建立电量异常波动筛选程序，发现电量波动异常的客户，立即报查。

(3) 随时掌握客户功率因数的变化情况，发现功率因数异常波动（超出10%）的客户，立即报查。

6. 健全用电检查常态机制

（1）建立健全用电检查档案，特别是“窃电易发群体”的检查档案，实行动态监控。

（2）按照检查周期开展工作，使用电检查日常化。

（3）定期开展营业普查工作，使普查工作制度化。

（4）定期检查和临时检查相结合，营业普查与集中整治相结合，日常检查与重点突击检查相结合，全面检查与专项检查相结合，保持反窃电工作的高压态势。

（5）加强用电检查人员的业务培训和技能修炼，注重在反窃电工作中的方法和策略，强化法治观念，增强程序意识和证据意识，以合法性保证反窃电工作的有效性。

7. 建立健全反窃电快速反应机制

首先应建立和畅通举报信息渠道，并制定一套与之相适应的登记、受理、查处、奖励和保密制度；用电检查与其他各部门应做到分工明确、职责分明，相互协调，以此建立和完善反窃电工作的快速反应机制。

8. 加大反窃电的宣传力度

在各类媒体上大力进行《中华人民共和国电力法》及其配套法规的宣传；电能是商品的宣传；窃电就是违法犯罪的宣传，营造一个强大的舆论氛围，帮助广大客户树立依法用电光荣、违法用电可耻的观念，对由司法机关处理典型窃电案件，应在媒体上予以曝光，以起到警示和震慑作用。同时将举报奖励办法向全社会公开并大张旗鼓地进行宣传，广开信息渠道，鼓励市民积极举报窃电行为，提供案件线索，也借此引起全社会以及有关部门对窃电违法犯罪现象的关注。

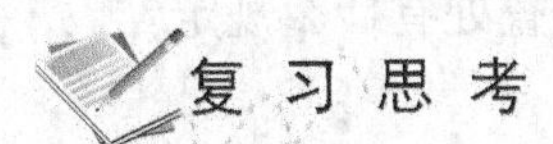

复习思考

（1）窃电行为和违约用电行为如何界定？

（2）电力客户的常见窃电行为有哪些？

（3）防窃电的技术措施和组织措施分别是什么？

（4）检查窃电的方法主要有哪些？

任务二　窃电侦查与处理

教学目标

知识目标

（1）能了解并熟悉与（反）窃电有关的法律法规。

（2）能掌握窃电基本侦查方法。

（3）能掌握窃电证据的获取方法。

（4）能熟悉查电的程序及安全注意事项。

能力目标

（1）能正确使用查电所用的相关仪器仪表和电工工具。

（2）能合理进行窃电和违约用电的正确处理。

（3）能正确界定窃电和违约用电行为。

（4）能根据窃电和违约用电事实进行窃电量以及窃电金额的确定和计算。

态度目标

（1）能主动学习相关知识，认真做好实训作业方案。

（2）在严格遵守安全规范的前提下，小组成员分工协作，密切配合，高标准、高质量地按时完成实训任务。

（3）在完成任务过程中能主动发现、分析并创造性地解决问题。

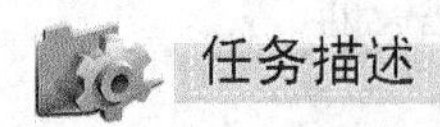

任务描述

本任务包含窃电行为与处理、违约用电与处理；（反）窃电基本侦查方法；窃电行为、窃电量以及窃电金额的确定和计算等内容。通过概念描述、原理说明、条文解释、要点归纳、案例分析，掌握窃电、违约用电的基本侦查方法，在遵循相关法律法规的前提下能对窃电和违约用电行为进行正确侦查，并对窃电量以及窃电金额进行正确的确定和计算等。

任务准备

课前预习相关知识部分，学习和分析《供电营业规则》、《电力供应与使用条例》等有关规定及电能计量装置安装的安全要求和技术规定有关法律法规条文，复习该情境中“任务一　防窃电技术手段”中的有关知识，并独立回答下列问题：

（1）窃电行为和违约用电行为有何区别？

（2）窃电行为和违约用电行为查处有什么规定？

（3）窃电侦查方法有哪些？

（4）窃电量以及窃电金额如何确定和计算？

（5）查处窃电和违约用电行为的程序是什么？

任务实施

检查电力客户电能计量装置（包括接线），遵行相应的法律法规要求，遵照查电程序，对窃电行为进行侦查和处理。

一、条件与要求

（1）设备条件：单相或三相电能表及通电计量柜（或电能表接线模拟装置）。

（2）熟悉窃电侦查工作程序及相关法律法规等要求。

（3）能通过对电能计量装置进行外观检查和采用各种侦查方法进行分析检查，准确判断电能计量装置是否正常运行，对存在异常的电能表（含互感器），规范填写“用电检查单”、“违约用电、窃电处理工作单”等，并对窃电量以及窃电金额进行合理确定和计算。

二、施工前准备

（1）分组进行，明确分工及责任，查阅资料，学习相关知识与规范。

（2）按照规范及给定要求，结合电能计量装置的实际接线情况，制定详细的作业步骤及用电检查规范要求，做好危险点分析及预控和监护措施等。

（3）使用设备。除了该情境中“任务一　防窃电技术手段”的仪器仪表和电工工器具外，还有手电筒照明器具等。

(4) 危险点分析与控制措施。窃电侦查与处理危险点方面有许多方面，列举见表6-2-1。

表6-2-1　窃电侦查与处理危险点分析与控制措施

序号	危险点	控制措施
1	违约用电或窃电的物证、人证不齐全	(1) 工作前准备好取证的工具，如照相机、摄像机、录音机等 (2) 获取物证并妥善保管 (3) 请人证真实书面证词 (4) 必要时请公安部门直接参与取证
2	运用流动或隐蔽的变压器窃电	(1) 发现线损较大，经检查又查不出原因时，可考虑是否有人在运用流动或隐蔽的变压器窃电 (2) 加大对靠近高压线附近客户的稽查力度 (3) 在各分支上设置电量监控装置
3	使用专用装置为他人窃电	(1) 加强反窃电宣传工作 (2) 不定期检查计量装置，发现异常及时处理 (3) 实行举报有奖制度，加大打击力度
4	用电检查未遵守客户保卫、保密规定	(1) 到客户处工作事先要与客户联系 (2) 遵守客户的保卫、保密有关规定 (3) 进行规范的用电稽查
5	对窃电、违约用电取证不规范	(1) 加强法律法规知识学习 (2) 获取有法律效力的证据 (3) 对所获取的证据经过法律专业部门和专业人员鉴定
6	未穿工作服、绝缘鞋，未戴安全帽进行检查作业	(1) 坚持“两穿一戴”制度，未按规定的不能进行检查作业 (2) 对未“两穿一戴”而进行检查作业的，现场其他人员应及时制止 (3) 要使用合格的绝缘鞋和安全帽
7	内外勾结窃电或违约用电	(1) 加强职工思想教育和电是商品的社会宣传工作 (2) 依法打击窃电行为 (3) 规范供用电合同，明确违约责任 (4) 加强检查工作，发现问题，及时处理等

三、任务实施参考（关键步骤及注意事项）

（一）开工前准备

参见学习情境二“任务二　单相电能表的安装”对应内容。

（二）人员要求

参见学习情境二“任务二　单相电能表的安装”对应内容。

（三）查电工作程序

(1) 核对表计和抄表卡是否相符（装表班有台账）。现场核对各表计的公司号、厂名、厂号、型号以及表计所计量的负荷性质（照明、企业动力、农业动力）与抄表卡和客户同步抄表卡是否相符；若不同，即为窃电嫌疑，应追查；私自更换表计，并且不入账（不计表计起止码）是窃电方式之一。

(2) 检查计量箱的封闭是否完好。封闭计量箱的铅封、封条、锁是保证计量箱发挥作用的关键，私自破坏封铅、封条、锁的行为是窃电行为。

(3) 查表计的接线盒是否封闭完好。

(4) 测试计量误差，判断计量装置是否正常。

1) 对于中小客户，尽可能用电炉（电吹风）测试法，该方法安全、准确、方便。

2) 对于大、中客户，如能短时停负荷，应采用电容测试法或电炉测试法（多用几个电炉）。

3) 对于连续性生产，一时不能停负荷的工业客户，如有电容器（用其判断表计元件是否是有功元件）在三相负荷平衡、稳定的前提下，可用负荷测试法。

(5) 查找故障点，获取窃电证据。该程序仅适用于异常的计量装置。

(6) 查表壳封铅是否正常，表壳上有无微小孔洞和铁丝。

(7) 检查电流互感器一次匝数是否与抄表卡倍率相符，TA 编号、厂号、厂名、变比相符否，如不符则为问题。

(8) 检查 TA、TV 的二次接线端子有无松动、开路、短路或烧坏痕迹、接触不良等。

(9) 检查 TA 选择是否正常。

(10) 查表计型号是否正确，禁止用三相三线表计量不平衡负荷。

(11) 核算表内电量，抄出表计的现表码，计算出表计的现存电量。若表内现存电量比其正常的用电量大许多或少许多，应查原因。

(12) 查二次线材质是否正确，必须用 1.5mm^2 以上铜芯塑料线做二次线，否则为违章。如果用铝线做二次线，一是铝线电阻较大，二是压接点铜铝接触易氧化，致使接触电阻过大，造成 TA 误差。

(13) 检查二次线中有无接头，根据有关规程规定，二次线不许有接头。

(14) 检查二次回路中有无串并联其他表计，如电流表、功率表、定量器等。二次回路中串联其他表计，会增加二次回路阻抗，使 TA 精度下降。

二次回路中并联其他表计，会起分流作用，其危害性更大。

(15) 检查表计电压线与 TA 是否同相位，不同相如 u 相 TA 接 w 相电压进表则为错误接线，电流、电压不相同，引起表计严重计量误差。

(16) 检查配电变压器主干中性线是否和其他相线一样首先进入了计量箱，以及表计中性线是否从箱内主中性线接取。

(17) 查计量箱进出线、二次线是否被短接。

(18) 查表尾电压、电流线是否接线正确。

(19) 查配电变压器低压瓷嘴有无封闭或有接线痕迹。

(20) 查瓷嘴至计量箱的导线绝缘有无损坏或破口，低压铝排油漆有无人工刮掉痕迹。该程序仅适用于低压计量装置。

(21) 对需要校字码的表计，可由校表员现场校字。

(22) 查电终结或临时终结，应将表尾和计量箱加双封。

（四）查处窃电的根据

1. 用电流表检查电能表及有关电流回路

（1）用钳形电流表检测经电流互感器接入电路的三相电能表的电流值。具体方法是：将电能表的相线、中性线同时穿过钳口，测出相线、中性线电流之和。在正常情况下，单相电能表的相线、中性线电流应相等，和为零；三相电能表的各相电流可能不相等，中性线电流不一定为零，但相线电流之和则应为零，否则必有窃电或漏电。

（2）用钳形电流表或普通电流表检查电流互感器有无开路、短路或极性接错。若测得电流互感器二次电流为零或明显小于理论值，则通常是TA断线或短路，vv接线时若某线电流为其他两相电流的倍数，则有一只TA极性接反。

2. 用普通电压表或万能表的电压挡检查电压回路

（1）检查有无开路或解除不良造成的失电压或电压偏低。

1）检查单相电能表电压端子的电压。正常情况下，电压端子的电压应等于外部电压，无电压则为电压小钩开路或电能表的进出中性线开路；电压偏低则可能是电压小钩接触不良或者电能表接中性线串有高电阻。

2）检查不经电压互感器（TV）接入的三相四线三元件电能表或三只单相电能表。无电压则为电压小钩开路；电压偏低则可能是电压小钩接触不良或者某相电压小钩开路，同时中性线断（这时一个元件电压为零，另两个元件的电压为1/2线电压）。

3）检查TV采用Vv12接线的三相两元件电能表。正常情况下，三个线电压约为100V，若明显小于100V，则有断线或接触不良。如u相断线，则U_{uv}为零，w相断线，则U_{wv}为零，v相断线，则U_{uv}和U_{wv}均为1/2线电压。TV若采用Yy12接线时三相两元件电能表电压回路的检测判断方法与上述方法大同小异。

（2）检查有无TV极性接错造成的电压异常。例如，当Vv12接线的TV一相极性反接，则检测时会出现某个线电压升高为$\sqrt{3}$倍正常线电压；当Yy12接线的TV，一相或两相极性反接，则检测时会出现某个线电压为正常线电压的1/3。

（3）检查TV出线端至电能表的回路电压降。正常情况下三相应平衡且电压降不大于2%。如三相平衡但电压降较大，则可能是线路太长，线径太小或二次负荷太重；TV出线端电压正常但至电能表的某相电压降太大，则可能是某相接触不良或负载不平衡，也可能在某相回路中串有阻抗。

（4）用相位表检查电能表电压和电流间相位关系。可用普通相位表或相位伏安表，通过测量电能表电压回路和电流回路间的相位关系，从而判断电能表接线的正确性。用相位表检查主要适用于经互感器接入电路的电能表，测量前应确认电压正常，相序无误，并注意负荷潮流方向和电能表转向，以免造成错误判断。

相关知识

理论知识　窃电取证方法、窃电侦查方法、窃电处理方法，查电程序和注意事项，实际客户的窃电查处。

实践知识　对客户的电能计量装置的侦查与处理。

一、防窃电工作的要求

（1）提高工作人员业务水平，及时准确发现和处理各种违约用电和窃电。

(2) 通过用电设备、用电量等情况分析发生违约用电、窃电的可能。

(3) 注意从窃电手段、窃电容量、窃电时间等方面及时取证。

(4) 做好法律、法规宣传，防止违约用电和窃电发生。

(5) 掌握各种基本窃电手段。

二、窃电证据的获取

收取窃电证据是政策性、技术性很强的一项复杂的工作，而合法取得窃电证据直接涉及所查获的窃电案件是否成立，是否得到准确处理的关键。因此，要求从事窃电检查的工作人员不仅要熟悉相关政策，同时还必须具备法律、用电、营业、电能计量等多种专业基础知识具备综合技术业务素质及工作方法和工作技巧。根据多年查处窃电所遇到的实际情况，将收取窃电证据工作时注意的问题加以归纳整理，并不断加以补充完善，以便使今后的收取窃电证据乃至查处、打击窃电工作做得更好。

（一）窃电证据的概念及特点

1. 窃电证据的概念

证据是用来证明事物的凭证。窃电证据是用来证明各类电力用户盗取国家电力事件存在的凭证。

2. 窃电证据的特点

(1) 窃电证据具有证据的一般特性，即客观性和关联性。

1) 窃电证据的客观性，是指窃电案件存在和发生的证据是客观存在的事实，而非主观猜测和臆想的虚假的东西。

2) 窃电证据的关联性，是指证据实施与窃电案件有客观联系，二者之间不是牵强附会或者毫不相关。

(2) 窃电证据的特殊性（不同于其他证据的独立性），即不完整性和推定性。

1) 窃电证据的不完整性，是指由于电能的特殊属性所致，只能获得窃电行为的证据，而无法直接获取窃得财物（电能）的证据，即窃电案件无法人赃俱获。

2) 窃电证据的指定性，是指窃电量无法通过计量装置直接记录，只能依赖间接证据推定窃电时间进行计算。

（二）对窃电证据的要求

(1) 同其他证据一样，用来定案的窃电证据，必须同时具备合法性、客观性和关联性，缺一不可。

(2) 引入公证固定窃电证据并保证其合法性。

依法按程序查电、取证完备、证据保全好是依法追究窃电分子刑事责任的前提。引入公证固定证据的方法是针对一些窃电者态度蛮横，甚至对检察人员举出证据也不认账，妄图逃避窃电责任而采取的方法。该方法对有争议的现场窃电证据进行法律公证，使证据的关联性以法律的形式得以固定，为提高窃电证据可信程度开辟了一条新的途径。

1) 窃电证据公证的概念：根据当事人的请求，由国家公证机关证明法律行为以及具有法律意义的文件和事实的合法性、真实性的非诉讼活动。

2) 窃电证据公证的客观对象：对窃电的现场证据有争议，检查方和客户各抒己见，窃电客户企图逃避责任的。

3) 窃电证据公证的实施主体：应邀到场的国家公证机关的公证人员。

4）窃电证据公证的实施内容：对有争议的现场证据部分进行法律公证，制作公证文书，固定窃电现场证据。

5）窃电证据公证后的处理：用具有法律效力的公证内容通过法律诉讼手段进行民事赔偿。

（三）窃电证据的获取

1. 窃电取证部门

对窃电案件具有法定取证职责的部门包括供电企业、公安机关和人民法院，以供电企业为主，如图6-2-1所示。

2. 窃电取证的形式

窃电取证的形式如图6-2-2所示。

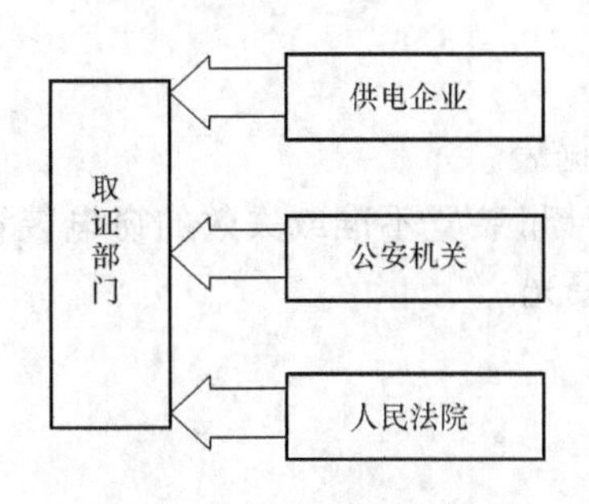

图6-2-1 窃电取证部门

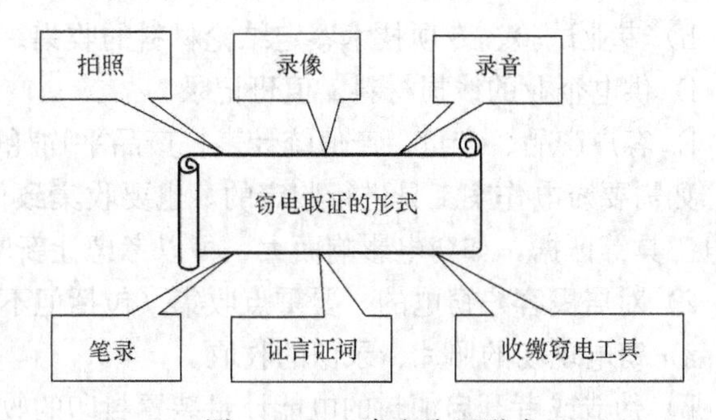

图6-2-2 窃电取证形式

3. 窃电取证的内容

（1）供电企业应收取的主要内容。

1）损坏的计量装置的提取。

2）伪造或开启加封的计量装置封印的收集。

3）用电计量装置不准或失效的窃电装置、窃电工具的收集。

4）在用电计量装置上遗留的窃电痕迹的提取及保全。

5）制作用电检查的现场检查笔录。

6）经当事人签名的询问笔录。

7）客户用电量显著异常变化的电费清单的收集。

8）当事人、知情人、举报人的书面陈述材料的收集。

9）专业试验、专项技术鉴定结论材料的收集。

10）违约用电、窃电通知书。

11）供电企业的线损材料、值班记录。

12）客户产品、产量、产值统计表。

13）该产品平均耗电量数据表。

（2）要求法院收集的材料。要求法院收集的材料是指因客观原因供电企业不能自行收集的证据，例如：

1）不允许供电企业查阅的有关档案等资料。

2）人民法院认为需要鉴定、勘察的证据材料。

3）当事双方之间各自提供的证据相互矛盾，无法认定的材料。

4）人民法院认为应当由法院本身收集的其他证据。

(3) 针对不同的窃电主体，收集、提取不同的窃电证据。

1）对企业、事业单位，个体户窃电的，主要应收集（包括但不限于）：

a）窃电现场的照片、录像的收取。

b）伪造或者开启加封的电能计量装置封印的收集。

c）电能计量装置不准或失效的窃电装置、窃电工具的收集。

d）在电能计量装置上遗留的窃电痕迹的提取及保全。

e）制作用电检查的现场勘查笔录。

f）客户用电量显著异常变化的电费清单的收集。

g）当事人、知情人、举报人的书面陈述材料的收集。

h）专业试验、专项技术鉴定结论材料的收集。

i）供电企业的线损材料、值班记录。

j）客户产品、产量、产值统计表；产品平均耗电量数据表。

如需要窃电作案工具进行鉴定的，也要收集致使电能计量装置不准或失效的窃电装置、窃电工具等证据，如窃电影响面大，可以考虑让新闻单位曝光。

2）对居民客户窃电的，要重点收集（包括但不限于）：

a）窃电现场的照片、录像的收取。

b）伪造或者开启加封的电能计量装置封印的收集。

c）致使电能计量装置不准或失效的窃电装置、窃电工具的收集。

d）在电能计量装置上遗留的窃电痕迹的提取及保全。

e）制作用电检查的现场勘查笔录。

f）经当事人签名的询问笔录。

g）客户用电量显著异常变化的电费清单的收集。

h）专业试验、专项技术鉴定结论材料的收集。

i）供电企业的线损材料、值班记录等窃电证据。

3）对制造、销售窃电根据产品的，要收集（包括但不限于）：

a）该产品的说明书。

b）产品、产量、生产销售资料。

c）设计图纸等。

(四) 窃电行为界定与处理

1. 查处窃电的原则

从事查处窃电的用电检查人员在现场查处窃电及在窃电证据收取过程中，应根据《中华人民共和国电力法》、《电力供应与使用条例》、(供电营业规则》、《用电检查管理办法》等国家现行电力法律法规的有关规定，明确对窃电行为的界定及处理的计算原则。

2. 对窃电行为的界定

窃电是指公民、机关、团体、企事业单位和其他社会组织以不交或少交电费为目的，采用秘密或其他手段非法占有电能的行为。

根据《电力供应与使用条例》第三十一条，窃电行为包括：

(1) 在供电企业的供电设施上，擅自接线用电。

（2）绕越供电企业的用电计量装置用电。

（3）伪造或者开启法定的或者授权的计量检定机构加封的用电装置封印用电。

（4）故意损坏供电企业用电计量装置。

（5）故意使供电企业的用电计量装置不准或失效。

（6）采用其他方法窃电。

一些地方性法规将“安装窃电装置用电”专门列为一种窃电行为。

现场检查有确凿证据证实有窃电行为的，用电检查人员有权制止，应当场对客户相关人员制作现场询问笔录，依法收集和保存相关证据，并向客户发出“用电检查结果通知书”、“窃电通知书”，并根据现场实际情况决定是否立即采取中止供电的措施。

3. 对窃电处理的计算原则

（1）除在供电企业的供电设施上擅自接线用电者，按所接用电设备容量计算外，其他行为窃电均应按电能表铭牌额定电流值计算（有限流器按限流器额定值计算）。

（2）由于电能表被砸或因过负荷使其损坏，看不清楚铭牌有关参数时，按现场所测实际电流值或根据实际情况按容量计算。

（3）熟练掌握本地区各类电力客户应执行的电价。

4. 窃电量的确定与窃电行为处理

（1）窃电量的确定。

1）在供电企业的供电设施上，擅自接线用电的，所窃电量按私接设备额定容量（千伏安视同千瓦）乘以实际使用时间计算确定。

2）以其他行为窃电的，所窃电量按计费电能表标定电流值（对装有限流器的，按限流器整定电流值）所指的容量（千伏安视同千瓦）乘以实际窃电用的时间计算确定。窃电时间无法查明时，窃电日数至少以180天计算。电力客户每日窃电时间按12h计算，照明客户每日窃电时间按6h计算。

（2）窃电处理。处理窃电是一项政策性很强、复杂而又棘手的工作，稍有不当，将会对以后的反窃电工作带来危害。

处理窃电，应从以下做起：

1）查获窃电后，当场向窃电客户的领导和电工展示证据。

2）停电。实践证明，这是迫使窃电客户就范的有效手段，对立即停电会危及人身安全或造成财产重大损失者，可写临时书面通知，指定时间，到时停电。

3）将窃电证据带回妥为保管。

4）以管电领导成员、业务员、查电人员组成3人以上小组处理窃电。严禁现场处理、一人处理窃电，以防在各种压力和干扰下处理不公平。

5）窃电量的确定。根据《中华人民共和国电力法》和《电力供应和使用条例》的有关规定确定。如窃电时间无法查明的，窃电日数至少以半年计算，每日窃电时间：动力客户按12h计算，照明客户按6h计算。除追缴电费外并处应交电费5倍以下的罚款。

6）责令窃电客户的户主写出书面检查。以此作为处理窃电的先决条件，以防日后不认账。若户主是单位，应由单位写；户主是个人，应由个人写。检查中必须叙述窃电的手段与经过，否则应责令其重写。在没有证据的情况下，不要让客户的电工写检查，因为有的窃电情况较复杂，有的前任电工窃电栽赃现任电工，有的户主授意电工窃电，要注重当事人写检查必须确有证据。

必须指出，无论窃电是谁所为，窃电发生在该客户，责任应由户主承担，对于用电承包为由户主不承担责任的狡辩应予以驳斥。

7）在窃电客户未交出书面检查前，不要研究怎样处罚，对于窃电客户的试探与有关熟人的说情应不予理睬。以免窃电者见罚款结果过重而反口抵赖，造成不必要的麻烦。

8）在处理窃电过程中，若窃电客户以排渍抗旱、生活吃水为由要求暂时恢复供电，应坚决拒绝。因为一旦临时恢复供电，停电也就成了儿戏，可以临时供电一回，当然也可以多回，所谓停电，只是一句空话。

处理窃电过程中，应经常派人查看客户是否私自挂线用电，一旦发现，应解除其高压线路T接线，并按违章用电处以罚款。

9）窃电客户拒不写检查，可将停电原因向窃电客户村民及主管单位张榜，从内部给窃电者施加压力，迫其就范。窃电者多是为了个人利益而窃电的，对其村民收费必然不少，因窃电而被停电后，其不敢向村民讲实情，若将停电原因公布，将是对其沉重打击。其宁可多受罚，也不愿丢丑。因此抓其弱点，攻心为上。

10）窃电客户交出书面检查后，应按《电力供应和使用条例》等有关规定，并结合具体情况作出处罚决定。对于其反窃电技术措施不完备的应责令其立即购买计量箱等设备，并作为处理决定的一项执行，处罚决定切忌过轻，以免再次窃电，或被其他人仿效。

11）如果客户对处理决定同意，应共同签订窃电处理协议书，连同客户的窃电物证、检查一起封存。

12）如客户对处理决定不服，或严重违法者，应交上级机关处理，必要时可依法起诉。

13）待窃电处理协议书中有关条款执行完毕后，方可恢复送电。

5. 提取、保存证据的程序

（1）窃电证据严格依法提取。

1）用电检查人员应当严格按照法定程序进行用电检查，程序合法是证据合法有效的前提。

2）用电检查人员执行检查任务时应严格履行法定手续，而不能滥用或超越电力法律法规所赋予的用电检查权。

3）经检查确认，确定有盗窃电能的事件发生。

4）提取、保存证据的用电检查人员不得少于2人，配合公安人员进行。

（2）提取、保存证据的用电检查人员在前往客户提取窃电证据时，应向被检查客户出示“用电检查证”，向客户说明正在执行任务，告知其应按电力法律法规有关规定予以配合。

（3）发现有窃电行为时，应及时做好照相和录像等取证工作。

1）照相时应拍摄清楚电能表铭牌的所有参数，特别是表号、表示数及窃电的接线部位；计量装置的全景照片，窃电部位特写照片。

2）录像时应从能反映该窃电户名称或单位名称开始，不间断录至电能计量装置、铭牌及窃电接线部位；在窃电户当事人在场的情况下对窃电部位、计量装置、窃电负荷等边拍摄边讲解并当场适时询问窃电户当事人的有关情况，要将当事人或能代表该窃电户的在场人员及有关对话同期录入。

3）收缴窃电工具，进行现场勘查，询问窃电行为人均应拍照、录像。

4）调查、询问、取证的当事人均应有民事行为能力人。

（4）现场提取窃电证据时，应按《供电营业规则》履行手续，按要求填写“用电检查工作单”，统计窃电容量，做好有关笔录，要求窃电户签字。

（5）根据实际需要，在调查过程中对窃电的客户设备仍中止供电的，应采用封印封条予以封存，并向客户说明启用封存设备将受到更加严肃处理及后果，同时要进行拍照、录像。

（6）在收取窃电证据中，应使用等级、准确度符合要求的仪器仪表；在读取电能表现场校验仪（用于准确测量有关数据）、钳形电流表（20～600A），感应式验电笔（低压），高压验电笔（10kV）、秒表等仪器仪表的数据及用放大镜查看电能表真伪及表铭牌细小划痕时应进行拍照、录像。

6. 收取、保存窃电证据应注意的事项

（1）提取窃电证据工作应有组织地进行，用电检查人员赴客户提取窃电证据前应向有关领导请示和获得批准，或由有关领导布置组织实施后方可进行。严禁私自取证，严禁酒后取证。

（2）在提取证据过程中要讲究文明。

1）每个用电检查人员都代表着供电企业的形象，要使用文明语言。

2）遇到个别蛮横不讲理的客户时，一定要耐心细致地讲明道理，做好宣传解释工作，避免矛盾激化。

3）用电检查人员在提取窃电证据过程中，如遇与客户有亲属、朋友等关系时应尽量回避，以免影响工作效果，干扰其他人工作情绪，造成不良影响。

4）严格为举报窃电和提供窃电证据者保守秘密，取证时应遵守客户的保密制度。

5）提取窃电证据是一项政策性和技术性很强的工作，是否证明客户窃电一定要在取得证据后再下结论。不能根据怀疑、推断就说是窃电，特别是在现场不可不负责任地轻易下结论。

6）大多数窃电客户在窃电行为被发现时，为了阻止取证工作，往往采取贿赂手段要求与用电检查人员私下解决。这时要求用电检查人员一定要坚持原则，把握住自己，绝不能因贪图私利而损害供电企业的利益，甚至触犯法律。

（3）提取证据时，应劝阻群众围观，禁止儿童进入现场，以免影响查电工作，造成混乱，发生意外；特殊情况需夜间工作时，应有专人负责保卫工作，尤其是进入客户变电站检查或收取证据时，应设专人在室外监护；不得在检查现场替代客户进行电工操作。

（4）对窃电现场一定要取证完整，并做好证据保全工作。如因对窃电客户停电撤回来的电能表应由具有提取权利的部门或公安机关携带并妥善保管。

（5）提取窃电证据是一项长期、复杂的工作，应时刻注意保持车况良好及行车安全；在工作中遇有养狗的客户一定在要求客户将狗看好的前提下，方可进行检查，防止被狗咬伤。

（6）现场取证时应正确使用测量仪表，保证接线和操作的正确性。应特别注意的是：

1）多量程电能表或功率表要注意电流端子正确连接，以免造成电流互感器（TA）开路。

2）使用万能表时应正确选择挡位，测电压时不但要选择合适的量程，还要注意避免错打至电流挡位；测电流时也要将挡位选择正确方向方可接入电路。严禁在测量TA二次电流过程中随意换挡，确需换挡时应先短接。

(7) 现场取证接近带电设备时，应特别注意包括客户在内的人身安全，与高压设备应保持足够的安全距离。

(8) 进入配电房或变压器台前应注意观察看周围环境的安全状况，例如：有无乱接乱拉的导线，建筑物或构架是否牢固，室内有无易燃易爆品。当确认无危险后方可进入，并采取措施使房门处于开启状态，选择好撤退路径。

三、窃电侦查的方法

窃电的侦查方法归纳起来主要有直观检查法、电量检查法、仪表检查法和经济分析法，可简称为“查电四法”。具体可参见本情境“任务一 防窃电技术手段”。

四、窃电的证据获取

(1) 物证。物证是指凡是能够证明案件真实情况的物品和留下的痕迹。物证具有以外形特征、字迹特征或者物质属性来证明真实情况、稳定性和不可替代性的特征。如实施窃电时使用窃电器、移相器、升流器等窃电的工具和设备；对计量装置、互感器、导线等电力设施和设备的毁坏及留下的痕迹。

(2) 书证。书证是指以其所载文字、符号、图案等表达出的思想内容来证明案件事实的书面材料或其他材料。如“用电检查结果通知书”或“违章用电、窃电通知书”、现场调查笔录、检查笔录或询问笔录、抄表卡、用电记录、电费收据、铅封使用登记表、客户生产记录等。

(3) 勘验笔录。勘验笔录是指公安机关或电力管理部门、供电企业对窃电现场进行检查、勘验所做的笔录，这些笔录应由勘验人员、见证人，客户负责人签名。

(4) 视听资料。视听资料是指以声音、图像及其他视听信息来证明案件待证事实的录音带、录像带、磁带、照片、电脑软件、电脑文件等信息资料。视听资料证据具有生动形象性、便利高效性、物资依赖性等特征。

(5) 鉴定结论。鉴定结论是指为查明案件情况，由公安机关、司法机关指定或聘请的有专业知识的人进行鉴定后所得出的结论性报告。如公安机关指定或聘请电力科研所、技术监督、计量单位等专家对计量装置、互感器、导线的检测鉴定。

(6) 证人证言。证人证言是指知道案情的人，就其所了解的情况向电力部门或公安机关的陈述证词。如举报人的举报，查电人员和在现场的无利害关系人员的证言等。这些是供电企业可以直接收集的证人证言。供电企业收集的其他了解窃电相关事项人员的证言也是证人证言。如负荷管理人员对窃电客户负荷变化的检测情况的证言、电能计量检定人员对检定结果的证言等。

(7) 当事人陈述。当事人陈述是指供电、用电双方就案件的有关情况，向电力管理部门和公安机关所作的陈述或供述。当事人陈述只有在窃电案件进入诉讼阶段才有，当事人包括原告、被告、第三人、共同诉讼人。

(8) 照片。照片实际上属于视听资料的一种，但因其在这类案件的查处中得到普遍运用，发挥了极大的作用，所以单独列出。照片又分为：①现场方位照；②现场全貌照；③现场局部照；④现场细节照；⑤分段连续照。

五、查电安全注意事项

保证查电中安全，是反窃电工作的基础。

为确保反窃电的成功，防止查电时表尾短路，人身触电和设备损坏事故的发生，必须提高用电检查人员的安全素质。增强用电检查人员的自我保护能力，需要对查电过程中的安全注意事项进行全面系统的分析与研究。

查电过程中应注意以下事项：

（1）只有具备相当的电工常识，熟悉电工安规、装表规程和高低压停送电程序；熟悉计量设备原理和各种查电用量仪表的性能和使用方法，具有一定的低压带电操作技术，身体健康，无妨碍性疾病，以及正确掌握人工呼吸方法的人员方可进行查电的测量、操作工作。装表工须从事专业两年以上方可单独工作，同时应有人监护。

（2）禁止私自查电。查电前应向有关领导请示并获批准。

（3）严禁一人查电。一人查电工作时无人监护，万一触电后无人救护，查获窃电后缺少必要的人证。因此，白天查电应两人以上，夜晚查电应三人以上。

（4）严禁酒后查电。饮酒后人的中枢神经迟钝，视力减弱，动作迟缓，思维能力降低，自我约束能力下降。极易发生事故。由于饮酒后人体本身电阻减小，一旦触电，伤害会更严重。

（5）禁止疲劳查电。人在疲劳时，记忆力差，注意力分散，视力下降，力不从心，易发生事故。

（6）禁止打饭前歼灭战。人在饥饿之中，会出现心慌、虚汗、头晕等症状，使人注意力分散，思维混乱。中午 12 点半后应吃饭。必要时可派人专门保护现场，饭后再查。

（7）查电人员必须戴电工安全帽，穿电工鞋，戴线手套，穿长袖工作服，带电查表尾时，应戴防护眼镜。

（8）进入配电室之前，应仔细检查有无危房、私拉乱接等严重危及安全的情况，当确信没有，或虽有，但采取了可靠的安全措施以及选择了紧急情况下撤退路线后方可进入。

（9）进入配电室，要使室门始终处于敞开状态，并检查室内有无易燃、易爆物质，如有，应采取相应的安全措施。

（10）白天查电时，应劝阻群众不要围观。禁止妇女、儿童及无关人员进配电房。

（11）夜晚查电应有足够的照明，必须每组有 2～3 支手电筒。

（12）夜晚查电时配电房外应留专人负责室内人员的安全保卫工作和对不明真相群众的宣传解释工作（最好是经济民警守门外）。

（13）若客户有两台配电变压器，则应检查其低压是否并列运行。

如低压并列运行，但母联隔离开关未投入，不可操作该隔离开关，如必须操作，应先测出隔离开关两侧的电压相位，相位正确方可投入。

如母线隔离开关已投入，或无母联隔离开关，只有一道母线，但只一台配电变压器运行，万不可将另一台配电变压器也投入，因为有的客户用的是母子变压器，装有两套计量装置分别计量，如投入另一台，相位不同，难防短路。

遇到以上情况，应分别停、送电查电。

（14）在操作低压开关时应先检查开关的完好情况，在确保安全的前提下方可操作，如客户电工在场，可让电工操作。

（15）在停电的低压线上接线时，应先验电，以防窃电者短接计量箱进出线而使停电后的低压线带电，造成事故。

（16）触及低压计量箱、屏前，应先验电，以免由于计量箱（屏）内导线漏电而使计量箱带电。

(17) 在触及配电变压器低压瓷管上的铁箱子时，要先观察箱子与高压线之间的距离，在确保安全的情况下，验明铁箱子是否带电，若无电，应检查该铁箱子的牢固情况。如是防窃箱再查封铅及表计运转。

(18) 停送高压跌落开关应用合格的绝缘工具。

(19) 在配电变压器台架上工作应防止高空摔跌。

(20) 带负荷检测计量装置之前，应仔细听 TA 有无异常声响，以判断 TA 是否开路，工作中严禁带负荷晃动表尾电流二次线，以防将电流二次线抽出，造成 TA 开路，弧光伤人。

(21) 带电检测计量装置时，应有专人监护。

(22) 使用万用表严禁由别人打挡，测试前应仔细核对挡位，量电压用交流 500 伏挡位，量电流用交流安培挡。

(23) 在带电解除表尾电压线时，必须使用带塑料套或包胶布的绝缘起子，除起子口外无裸露金属，以防计量箱接地或接中性线后因导线漏电而带有电压，如起子的金属部分未绝缘，万一触及表壳会产生短路事故。

对于电压跨接法接线（即电流二次线带电）的表计，不宜用连接板，因连接板解除时比跨接线困难和危险。

(24) 在带电分析判断计量装置是否正常时，对从表尾抽出的电压线，应用塑料管或胶布套缠住其裸露的金属部分，并用人把牢，以防电压线弹起，甩掉塑料管及胶布发生短路事故。

(25) 在投入电容器的时候，要注意切除电容器 3min 后再投入，以免造成电容器过电压损坏。

(26) 查获窃电后，需要停电时，如窃电一方以武力阻止，不要硬停，以免造成不必要的流血冲突，因为停电的机会和方法是很多的，可以事后停电。

总之，查电人员的自我保护是建立在过硬的技术、扎实的基本功和良好的工作状态基础上的，只有抱着科学态度，养成严细认真的工作作风，才能保证查电中的安全，保证反窃电工作顺利进行。

复习思考

(1) 试述违约用电与窃电的定义、种类。

(2) 违约用电与窃电检查方法分别有哪些？

(3) 发现违约用电和窃电时，取证的方法和内容有哪些？

(4) 对违约用电和窃电该如何处理？

(5) 窃电侦查方法有哪些？

学习情境七

智能电能表及信息采集终端安装

【情境描述】

智能化电能表及终端的安装。

【教学目标】

(1) 理解智能电能表的功能及参数的含义。

(2) 能检查并识读抄录智能电能表的测量数据信息。

(3) 能根据显示对电能表异常进行判定，并规范填写"电能计量装置故障、缺陷记录单"。

(4) 了解用电信息采集（负控）系统的组成基本功能及原理。

(5) 能对用电信息采集（负控）终端进行安装接线。

【教学环境】

装表接电实训室及一体化教室。

任务一　智能电能表的安装与识读

教学目标

知识目标

(1) 了解智能电能表铭牌参数的含义及一般功能。

(2) 掌握多功能电能表的常规测量信息及含义，异常报警信息及含义。

(3) 了解多功能电能表的常规检验项目、内容及方法。

(4) 了解多功能电能表内部参数设置的一般方法。

能力目标

(1) 能正确完成多功能电能表的基本接线。

(2) 能通过按键及显示实现各种电量及参数的识读。

(3) 能对异常信息进行准确的判断和处理。

态度目标

(1) 能主动学习相关知识，认真做好实训作业方案。

(2) 在严格遵守安全规范的前提下，小组成员分工协作，密切配合，高标准、高质量地按时完成实训任务。

(3) 在完成任务过程中能主动发现、分析并创造性地解决问题。

任务描述

给定在线运行的多功能电能表及互感器型号、规格信息，完成指定“客户”计量装置的指定信息抄录、计算、判读以及对被抄电能表运行状况进行检查、分析，对异常信息进行书面处理。

任务准备

课前查阅 Q/GDW 354—2009《智能电能表功能规范》等相关规范。了解各项功能的准确含义及显示代码，复习电子式多功能电能表的结构原理，并独立回答下列问题：

(1) 电子式多功能电能表的优点？

(2) 最大需量的含义？

(3) 何谓阶梯电价，分时电价及时段的是如何划分的？

(4) 功率因数与无功功率的关系？

任务实施

一、条件与要求

(1) 设备条件：三相三线（或三相四线）多功能电能表及通电计量柜（或抄核收培训模拟装置及模拟多功能表）。

(2) 对给定的多功能电能表显示信息进行判读，正确识读电能表的正向有功峰、平、谷、总电量，反向有功总电量，正、反向无功总电量，以及实时电流、电压、功率、功率因数、核对电能表内部时钟等，并规范填写在电能表识读记录卡上。

(3) 对存在异常的电能表，规范填写“电能计量装置故障、缺陷记录单”。

二、施工前准备

(1) 复习多功能电能表测量值信息的术语和定义，通信与控制的原理方法。

(2) 对照相关实训装置及多功能电能表的使用说明书，熟悉其功能、技术指标及各种显示符号的含义，按键的操作方法，各种参数如何设置，各种端子的接线原理。

(3) 制定多功能电能表的安装及识读检查的作业方案。

(4) 危险点分析与控制。

三、任务实施参考

(1) 多功能电能表的安装。依据给定多功能电能表的端子接线原理图，按照学习情境二中的电能表安装接线方法及规范的要求安装多功能电能表。

(2) 检查通电。接线经老师检查无误后通电，可由老师设定一些异常状况。

(3) 外观检查及基本信息核对。检查与核对结果填入表 7-1-1 中。如遇计量装置异常、故障、封印缺失应注明现场调查故障原因，如果存在异常项，正确填写在“电能计量故障、缺陷记录单”(表 7-1-5)。

表 7-1-1　基本信息表

客户电能表信息			
户名		户　号	
电能表名称		型　号	
规格		出厂编号	
		生产厂家	
TV 变比		TA 变比	
表计封印		表计有效期	

（4）电量抄读。读取电子式多功能电能表正向有功峰、平、谷、总电量，反向有功总电量，正、反向无功总电量，正确填写在表 7-1-2 中。

表 7-1-2　电量抄读表

测量数据类别	电量示数					检查各费率电量之和与总电量是否相等
	尖	峰	平	谷	总	
+有功						
+无功						
-有功						
-无功						

（5）记录。记录实时电压、电流、功率信息，并填入表 7-1-3 中。

表 7-1-3　电压、电流、功率信息表

电压（V）			电流（A）			有功功率（kW）	无功功率（kvar）	功率因数
U_u（b）	U_v	U_w（b）	I_u	I_v	I_w			

（6）多功能电能表设置项目检查。检查时钟偏差、时段设置，结算日（冻结日），结果填写于表 7-1-4 中。

表 7-1-4　时钟、设置与记录表

序号	检查项目	检查结果	备　　注
1	日历时钟		
2	费率时段设置		
3	结算日（冻结日）		
4	失电压（断电压）记录检查		
5	失电流（断电流）记录检查		
6			

(7) 异常信息及分析。对电能表界面的信息进行判读，如存在异常，将信息填写在“电能计量装置故障、缺陷记录单”(表7-1-5)。

表7-1-5 电能计量装置故障、缺陷记录单

户 名			户号	
故障、缺陷发现时间		用电地址		
异常项目检查结果				
故障原因				
处理意见				
检查人		检查日期		

(8) 结束整理。

相关知识

一、智能电能表概述

智能电网（电网2.0）是电网发展的方向，智能电网是将先进的传感量测技术、信息通信技术、分析决策技术、自动控制技术和能源电力技术相结合，并与电网基础设施高度集成而形成的新型现代化电网。目前，我国正在大力建设以特高压电网为骨干网架的坚强智能电网。坚强智能电网是以特高压电网为骨干网架、各级电网协调发展的坚强网架为基础，以通信信息平台为支撑，具有信息化、自动化、互动化特征，包含电力系统的发电、输电、变电、配电、用电和调度各个环节，覆盖所有电压等级，实现“电力流、信息流、业务流”的高度一体化融合的现代电网。

智能电能表（Smart Electricity Meter）由测量单元、数据处理单元、通信单元等组成，具有电能量计量、信息存储及处理、实时监测、自动控制、信息交互等功能的电能表，是在电子多功能表基础上增强了信息交互及控制功能，实现坚强智能电网总体框架要求下的电能计量、营销管理、客户服务的目的，具备智能电网终端的所有特征。智能电能表是智能电网（Smart Grid）的一个重要智能终端设备，也是智能电网的重要组成部分。

智能电能表系统按信息交互的方式分为两大类：AMR（Automatic Meter Reading，自动抄表）单向系统和AMI（Advanced Metering Infrastructure，高级电表架构）系统。AMR是定时收集客户用电信息并通过网络上传到供电企业的单向信息系统。而AMI是全面的双向信息交流系统，它支持远程控制、远程开关电表、断电定位、实时信息反馈、实时定价等，而且每户家庭有自己内部的网络和控制界面。AMI系统更符合智能电网的发展趋势。

国家电网公司为了规范电能表的功能、技术性能及验收试验等相关要求，满足电能信息采集需求，体现智能电网建设思路及要求，提高电能表规范化、标准化管理水平，促进公司系统经营管理水平和优质服务水平的不断提高，切实支撑电能表集中规模招标工作，制定的相关规范如下：

Q/GDW 205—2008《电能计量器具条码》；

Q/GDW 354—2009《智能电能表功能规范》；

Q/GDW 355—2009《单相智能电能表型式规范》；

Q/GDW 356—2009《三相智能电能表型式规范》；

Q/GDW 357—2009《0.2S级三相智能电能表技术规范》；

Q/GDW 358—2009《0.5S级三相智能电能表技术规范》；

Q/GDW 359—2009《0.5S级三相费控智能电能表（无线）技术规范》；

Q/GDW 360—2009《1级三相费控智能电能表（无线）技术规范》；

Q/GDW 361—2009《1级三相费控智能电能表（载波）技术规范》；

Q/GDW 362—2009《1级三相费控智能电能表技术规范》；

Q/GDW 363—2009《1级三相智能电能表技术规范》；

Q/GDW 364—2009《单相智能电能表技术规范》；

Q/GDW 365—2009《智能电能表信息交换安全认证技术规范》。

二、智能电能表的功能信息

智能电能表是在电子式多功能电能表的基础上不断发展起来的。智能电能表由测量单元和数据处理单元等组成，除计量有功/无功电能量外，还具有分时、测量需量等两种以上功能，并能显示、存储和输出数据的电能表。

（一）常规测量信息

常规测量信息包括电能计量、需量测量、电网监测（含潮流方向）、当前运行时段等信息。

1. 电能计量

智能电能表一般将当前电量设置在轮流显示界面上供人工抄读“本月电量”，这是电能表最基本的计量功能。显示信息一般有：

正向尖、峰、平、谷、总有功电量；

反向尖、峰、平、谷、总有功电量；

正向尖、峰、平、谷、总无功电量；

反向尖、峰、平、谷、总无功电量。

每组电量信息轮显顺序有可能不同，比如，先显示总电量，再连续显示时段电量。同时，将上月、上上月及以前6个月（至少）以上的电量信息记录存储，供需要时调取。

智能电能表一般还具有数据冻结功能，可在任意时间即时冻结当前各费率时段电量。由于冻结电量数据相对较多，所有表计都不在轮显信息中反映该类信息，大多数电能表的冻结电量需要利用抄表器或读表程序读取相关电量信息。

2. 需量测量

在测量电能的同时，智能电能表还要将最大需量进行存储，供需要时读取。记录最大需量所需需量周期和滑差时间等参数可在电能表中进行设置。

最大需量及需量发生时间一般都跟随正向、反向有功电量和正向、反向无功电量进行轮显。需量的单位是kW，实际反映表计测量的电能计量装置二次功率。

3. 电网监测

智能电能表一般都能检测当前电能表线电压（或相电压）、电流、功率、功能因数等运行参数。

大多数电能表都在读表界面左下角显示以下符号，表示当前接入电能表的各相电压、电流为正常状态，在轮显信息中显示当前接入电能表的各相电压、电流的具体数值。

$U_aU_bU_c$ 或 $U_aU_bU_c$ 或 $L_1\ L_2\ L_3$ 或 $L_1\quad L_3$

$I_aI_bI_c$ I_a I_c ①②③ ① ③

需要说明的是，大多数电能表显示信息中目前仍用A、B、C表示各相。在三相三线电能表中，U_a、U_c分别表示电能表一元件、二元件电压，而非a相、c相电压。

各相有功、无功功率一般在轮显信息中显示具体数值及单位。

功率因数一般在读表界面下方以A、B、C与φ组合显示，表示电能表各元件功率因数，在读表界面右下方显示具体数值。需要说明的是，有的三相三线电能表显示的功能因数值并非a相或c相功率因数，而是电能表一元件或二元件电压、电流相位角的余弦。

4. 潮流方向

智能电能表的功率测量功能是以在线实时测量的方式实现的。以设定时间间隔刷新并显示在电能表的界面上，通过观察，即可获得当前电能表的运行基本参数。

当电能表外部接线形式确定后，流经电能表的功率方向即被确定。比如：接线方式满足从电网流入客户方向，称之为"下网潮流"（用电模式）；由客户方向流入电网，则可称之为"上网潮流"（发电模式）。智能电能表会自动计算并判定当前接入电能表的有功功率和无功功率的方向（以下简称为：潮流方向），常见的显示方式有以下几种：

（1）用水平箭头表示当前有功、无功潮流方向，如图7-1-1所示。图中var表示无功潮流，watt表示有功潮流。图7-1-1（a）表示当前有功、无功处于下网潮流。图7-1-1（b）表示当前无功处于上网潮流（容性无功），有功处于下网潮流。图7-1-1（c）表示当前有功、无功均处于上网潮流状态。

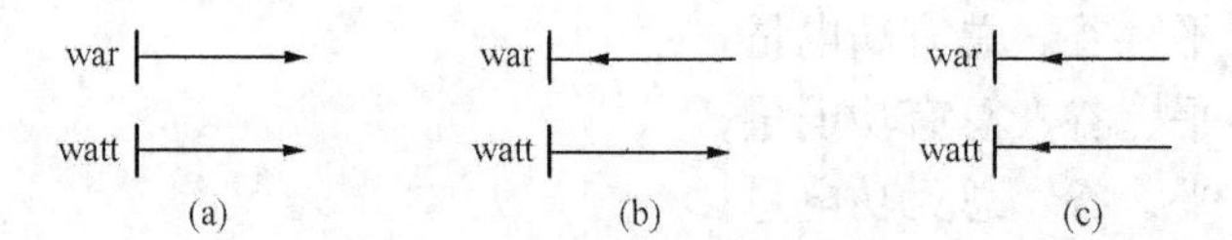

图7-1-1 智能电能表用水平箭头表示当前有功、无功潮流方向

（a）功率方向指示1；（b）功率方向指示2；（c）功率方向指示3

（2）用坐标箭头表示当前有功、无功潮流方向，如图7-1-2所示。图7-1-2（a）表示的是液晶屏上预先设置的四个箭头状态，正常运用时，只显示P、Q各一个方向的箭头。箭头上的P、Q标注可以互换，不影响对有功、无功潮流的指示。图7-1-2（b）表示当前有功、无功处于下网潮流。图7-1-2（c）表示当前有功处于下网潮流，而无功处于上网潮流。图7-1-2（d）表示当前无功处于下网潮流，而有功处于上网潮流。图7-1-2（e）表示当前有功、无功均处于上网潮流状态。

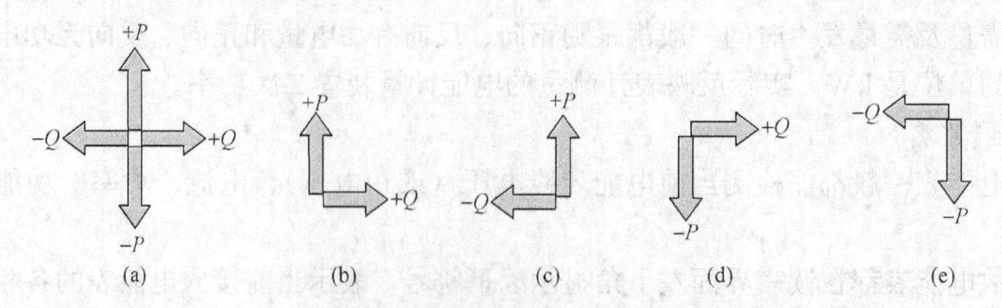

图7-1-2 智能电能表用坐标箭头表示当前有功、无功潮流方向

（a）潮流方向1；（b）潮流方向2；（c）潮流方向3；（d）潮流方向4；（e）潮流方向5

(3) 有功、无功潮流还可以用坐标圆的形式表示当前有功、无功潮流方向，如图 7-1-3所示。图 7-1-3（a）～（c）均表示当前有功、无功处于下网潮流，运行在Ⅰ象限。图 7-1-3（d）表示当前有功、无功运行在Ⅱ象限，至于到底属于有功上网，还是无功上网，并不重要，分析的思路是：当按照本模块设置的前提，感性负荷下网潮流应在Ⅰ象限，感性负荷上网潮流应在Ⅲ象限，对于当前运行在Ⅱ象限的原因，可以观察客户负荷性质及电容补偿情况，判断是否是容性无功运行引起的Ⅱ象限运行。必要时使用现场校验仪类仪器，核查该装置的实负荷相量图是否属于异常接线。

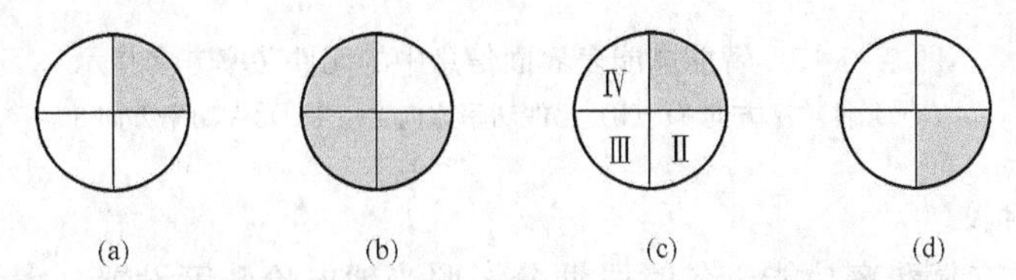

图 7-1-3　智能电能表用坐标圆表示当前有功、无功潮流方向

(a) 潮流方向 1；(b) 潮流方向 2；(c) 潮流方向 3；(d) 潮流方向 4

(4) 用点亮不同字符表示当前有功、无功潮流方向（上、下排各点亮一个字符）。

[正有功] [反有功]

[正无功] [反无功]

(5) 用坐标象限表示当前有功、无功潮流方向，如图 7-1-4 所示。图 7-1-4（a）、(b) 表示当前有、无功均处于下网潮流，运行在Ⅰ象限。图 7-1-4（c）表示当前无功处于上网潮流（容性无功）。

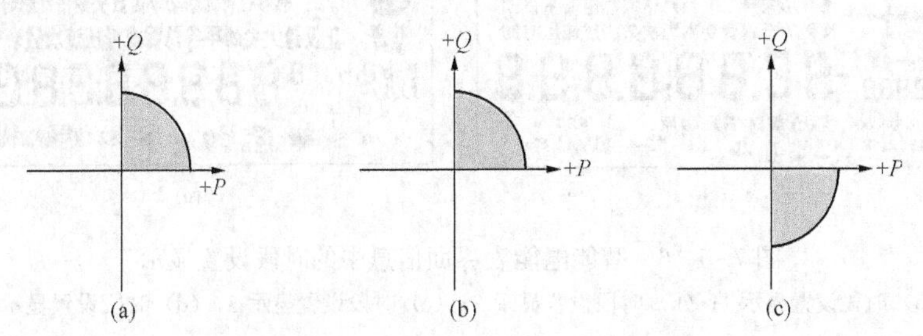

图 7-1-4　智能电能表用坐标象限表示当前有功、无功潮流方向

(a) 潮流方向 1；(b) 潮流方向 2；(c) 潮流方向 3

(6) 部分智能电能表除具有坐标指示功能外，还有当前功率方向指示，如图 7-1-5 中方框内所示。

当接入为三相三线方式时，一元件 $P_1=U_{ab}I_a\cos\varphi_a$，二元件 $P_2=U_{cb}I_c\cos\varphi_c$。当 P_1 或 P_2 为负时，对应的功率方向符号显示。当对应的功率方向为正时该符号不显示。

当接入为三相四线方式时，一元件 $P_1=U_aI_a\cos\varphi_a$，二元件 $P_2=U_bI_b\cos\varphi_b$，三元件 $P_3=U_cI_c\cos\varphi_c$。当 P_1 或 P_2 或 P_3 为负时，对应的功率方向符号显示。当对应的功率方向为正时该符号不显示。

图 7-1-5（a）表示当前三相功率均为负值（或称之为功率反向）；图 7-1-5（b）表示当前 A、C 相功率均为负值；图 7-1-5（c）表示当前 A 相功率为负值。

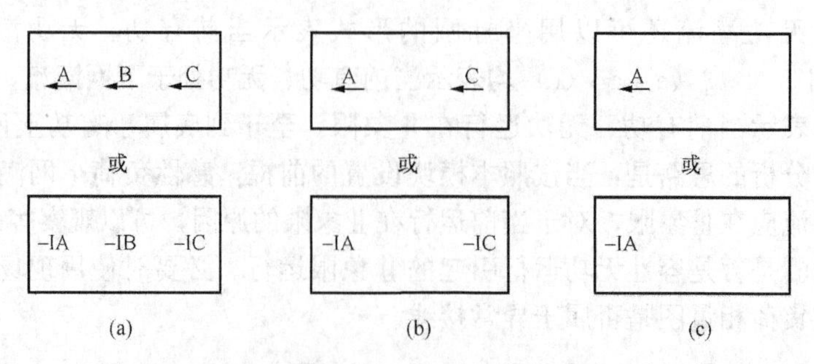

图 7-1-5 智能电能表界面信息中的元件功率方向指示

(a) 元件功率方向 1；(b) 元件功率方向 2；(c) 元件功率方向 3

5. 当前运行时段

智能电能表具有复费率功能，各时段划分按照当地电价政策设置。大多数表计界面上都有运行时段指示信息，与主电量信息存在明显的区别。常见形式如图 7-1-6 中箭头所示。运行时，分别显示相应的符号，表示当前电能表的运行时段。

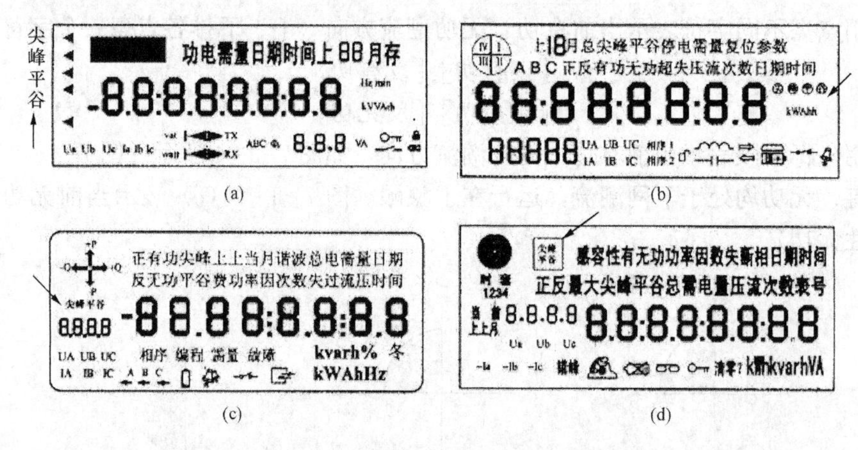

图 7-1-6 智能电能表界面信息中的时段设置显示

(a) 时段设置显示 1；(b) 时段设置显示 2；(c) 时段设置显示 3；(d) 时段设置显示 4

（二）异常信息

在对接入电压、电流量值的采样分析中，表计自动检测采样参数的关系，当关系不能满足正常运行范围时，表计程序要在该表界面上显示提示信息。

1. 失电压、断电压信息

按照 DL/T 566—1995《电压失压计时器技术条件》的规定，失电压故障判定的启动电压应为电能表参比电压的 78%±2V。当电压恢复时的返回电压为参比电压的 85%±2V，“计时器”应停止计时。该定值可通过多功能电能表后台程序设置。

当电能表发生失电压故障时，凡是具有“U_a U_b U_c”或“L_1 L_2 L_3”电压符号的界面，处于低电压相的符号应不停地闪烁。当某相电压趋于零时，该符号应消失。此时，电压轮显的数值也会反映出故障相的具体电压数值。

对于图 7-1-6（a）所示界面类电能表，它的元件电压、电流、功率因数在界面下侧轮显，当发生某相失电压时，轮显会停在故障相电压信息栏并不停显示，提示此时电能表处于失电压状态。

2. 失电流、断电流信息

按照 DL/T 566—1995《电压失压计时器技术条件》的规定，启动电流为额定电流的 0.5%。一般程序设置为“当电能表的最大相电流大于 5%（可设置），并且（最大相电流－某相电流）/最大相电流>30%（可设置），电能表判定此相为电流不平衡，其对应电流符号闪烁。当某相电流趋于零时，该符号应消失。

3. 相序错误信息

常用电能表有两种表示形式：

（1）“U_a、U_b、U_c”（或 L_1、L_2、L_3）三个符号同时闪烁。

（2）中文“相序”点亮。

4. 三相电流接入顺序与三相电压接入顺序不对应

当三相电流与三相电压接入顺序不对应时，“I_1 I_2 I_3” 同时闪烁。

（三）报警信息

当前电能表存在异常时，电能表还应发出其他报警信息。

1. 事件报警提示

该提示表示当前电能表处于异常状态工作或事件记录中存在异常信息，如出现“Errl”、“故障”等字样或中文提示符，报警“警铃”符号闪烁。如图 7-1-6（c）所示界面中下警铃符号。

2. 电池低电压报警

电池符号点亮，如图 7-1-7 所示。

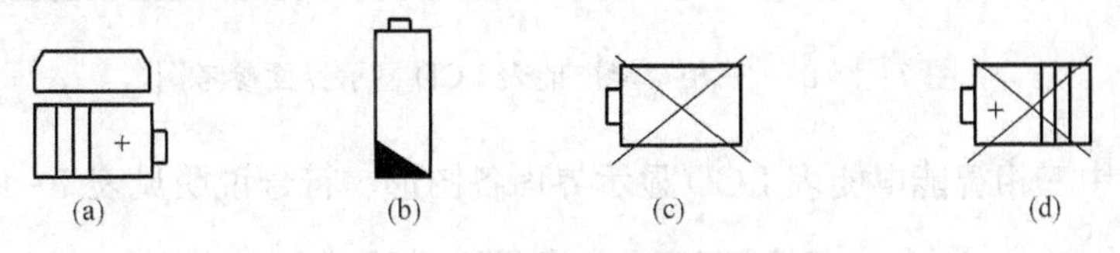

图 7-1-7　电能表电池低电压报警信号

（四）其他信息

智能电能表还应具备以下显示功能：

（1）日历、时钟。一般在轮显信息中显示。

（2）负荷曲线、超限执行信息等。需要通过 RS-485 接口外传至上位机显示或由配套软件读取。

（3）通信状态。有一些电能表具有通信指示，如图 7-1-6（a）中的 TX、RX 符号。TX 表示电能表接收数据，RX 表示电能表发送数据。这两个符号闪烁，只与通信状态有关，不代表异常信息。还有图中的 7-1-6（c）“[符号]”符号闪烁时，也表示电能表当前正在通信。

（五）智能电能表特有信息

智能电能表除了具备电能计量、运行参数监测、事件记录、冻结等功能外，还具备本地费控功能和远程费控功能，通过主站或售电系统下发拉、合闸命令，经内置 ESAM 摇块严格的密码验证及安全认证后，对电能表进行拉、合闸控制。对电能表进行充值和参数设置，既能使用 IC 卡也可通过虚拟介质远程实现。智能电能表具有一些独有的显示信息，如

图 7-1-8 所示，主要有以下字符显示：①当前、上 1～12 月的正反向有功电量，组合有功或无功电量，Ⅰ、Ⅱ、Ⅲ、Ⅳ象限无功电量，最大需量，最大需量发生时间；②时间、时段；③分相电压、电流、功率、功率因数；④失压、失流事件纪录；⑤阶梯电价、电量；⑥剩余电量（费），尖、峰、平、谷、电价。另外，还有诸如 IC 卡“读卡中”、“读卡成功”、“读卡失败”，“请购电”（剩余金额偏低时闪烁），“透支”状态指示，“囤积”（IC 卡金额超过最大储值金额时闪烁），“拉闸”（跳闸前延时过程中字符闪烁，延时时间到停止闪烁，合闸延时前字符停止显示）。

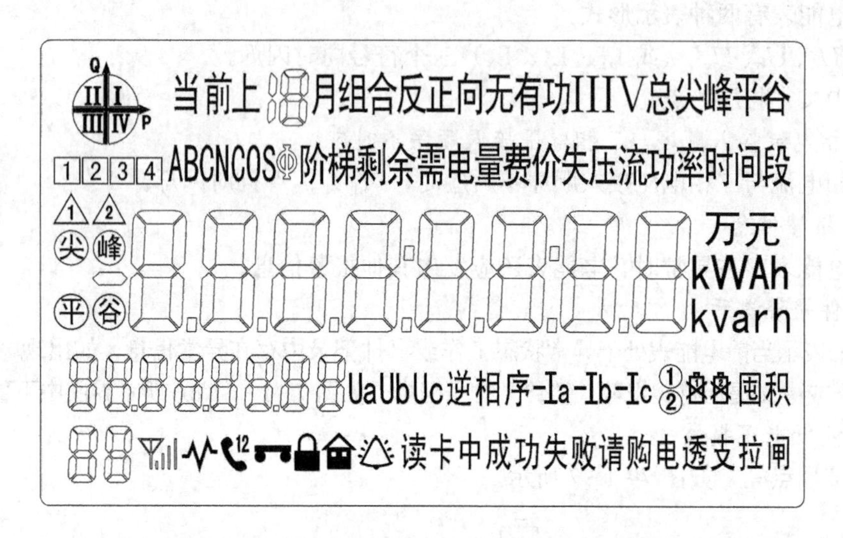

图 7-1-8　三相智能电能表 LCD 显示界面参考图

图 7-1-8 中三相智能电能表 LCD 显示界面各图形、符号说明见表 7-1-6。

表 7-1-6　　三相电能表 LCD 各图形、符号说明

序号	LCD 图形	说　　明
1	Q Ⅱ Ⅰ Ⅲ Ⅳ P	当前运行象限指示
2	当前上 月组合反正向无有功IIIV总尖峰平谷 ABCNCOSΦ阶梯剩余需电量费价失压流功率时间	汉字字符，可显示： （1）当前、上 1 月～上 12 月的正反向有功电量、组合有功或无功电量，Ⅰ、Ⅱ、Ⅲ、Ⅳ象限无功电量、最大需量、最大需量发生时间 （2）时间、时段 （3）分相电压、电流、功率、功率因数 （4）失电压、失电流事件纪录 （5）阶梯电价、电量 1234 （6）剩余电量（费），尖、峰、平、谷、电价
3	万元 kWAh kvarh	数据显示及对应的单位符号

续表

序号	LCD图形	说　明
4	88.88.88.88 88	上排显示轮显/键显数据对应的数据标识，下排显示轮显/键显数据在对应数据标识的组成序号，具体见DL/T 645－2007
5	①② 12	从左向右依次为： (1) ①②代表第1、2套时段 (2) 时钟电池欠电压指示 (3) 停电抄表电池欠电压指示 (4) 无线通信在线及信号强弱指示 (5) 载波通信 (6) 红外通信，如果同时显示"1"表示第1路485通信，显示"2"表示第2485通信 (7) 允许编程状态指示 (8) 三次密码验证错误指示 (9) 实验室状态 (10) 报警指示
6	囤积 读卡中成功失败请购电透支拉闸	(1) IC卡"读卡中"提示符 (2) IC卡读卡"成功"提示符 (3) IC卡读卡"失败"提示符 (4)"请购电"剩余金额偏低时闪烁 (5) 透支状态指示 (6) 继电器拉闸状态指示 (7) IC卡金额超过最大费控金额时的状态指示（囤积）
7	UaUbUc逆相序-Ia-Ib-Ic	从左到右依次为： (1) 三相实时电压状态指示，U_a、U_b、U_c分别对于A、B、C相电压，某相失电压时，该相对应的字符闪烁；某相断相时则不显示 (2) 电压电流逆相序指示 (3) 三相实时电流状态指示，I_a、I_b、I_c分别对于A、B、C相电流。某相失电流时，该相对应的字符闪烁；某相电流小于启动电流时则不显示。某相功率反向时，显示该相对应符号前的"－"
8	1 2 3 4	指示当前运行第"1、2、3、4"阶梯电价
9	1 2 尖 峰 平 谷	(1) 指示当前费率状态（尖峰平谷） (2)"1 2"指示当前使用第1、2套阶梯电价

三、智能电能表功能检查

1. 智能电能表显示和测量功能检查

检查智能电能表是否能自动轮显，显示数据是否清晰可辨，按键能否正常切换显示界面；智能电能表显示的实时电压、电流、功率、相位或功率因数等数值有无异常，功率方向指示是否与实际负荷运行情况一致，当前运行时段是否与用电营业规定一致。

2. 智能电能表内部日历时钟检查及校对

(1) 检查智能电能表内部日历时钟是否与当前日历时钟一致。通常，现场校对智能电能表内部时钟的方法是采用北京时间校对法。北京时间的获取方法可将便携式电脑连接在互联网上，通过登录标准授时台网址，校对便携式电脑时钟，再用电脑中预装的智能电能表校时软件，对智能电能表内部时钟进行校准。校对前应记录智能电能表时间差，校对后应检查智能电能表时钟显示界面，确认校时成功。

实际工作中，现场校时条件受限，除了利用智能电能表管理软件校时外，通用手段较少。利用抄表器小偏差校时的技术，随电能表厂家和款式的增多，基本上没有实用性。

当现场需要校时而不具备校时手段时，应请求技术支援或做换表处理。

(2) 现场运行的智能电能表内部时钟与北京时间相差原则上每年不得大于5min；校准周期每年不得少于1次或结合现场校验周期完成校对工作。

(3) 若检查被试智能电能表内的日历时钟与北京时间相差在5min及以下。在具备时钟校准手段的前提下，可现场校对表内时间。与北京时间误差在5min以上，需分析原因，必要时应更换表计。

3. 智能电能表费率时段设置检查

大多数表型都需要配套软件才能设置检查此功能，鉴于营情管理权限，配套软件一般由专门机构管理，通常的现场校验工应不具备此项职权。也有部分表型可以通过代码调读时段设置，但不具备修改功能。可以利用该项功能检查时段设置是否满足当地电价政策。

4. 智能电能表结算（冻结时间）日检查

大多数智能电能表都需要通过配套软件才能设置检查此功能，部分表款可以通过代码调读结算日设置，但不具备修改功能。可以利用该项功能检查结算日设置是否满足当地营销规则。

5. 报警内容检查

智能电能表对运行状态有很强的监视和自检功能。一旦出现异常，会产生故障代码或报警信息。报警方式有多种，常见的有报警指示灯亮、报警符号闪烁，异常项目的标示不停闪烁或消失。现场应做详细观察，如有异常，应及时处理并做相应记录。

报警指示至少包括下列内容：

(1) 功率方向改变。

(2) 电压相序反。

(3) 失电压、断电压。

(4) 电流不平衡、断流。

(5) 电池电压不足。

(6) 自检功能报错等。

需要说明的一点是，并不是所有的报警信息都表示异常。比如，三根三线有功电能表在功率因数低于 0.5 时，一元件反映的功率为负值，电能表将发出分相功率方向改变的报警信息，但此时电能表运行情况恰恰是正常的。低压三相四线电能表也会因为低压配电网三相负荷不平衡而触及电流不平衡报警阈值。引起电流符号闪烁，所以对电能表报警内容检查时要结合电能表实际运行工况进行。

6. 智能电能表特有功能检查

对智能电能表进行现场检验时除了检查上述项目外，还应特别检查以下项目：

（1）检查存储器是否归零，电量是否丢失。

（2）检查费控功能，检查当前电价设置是否正确（时区、时段）。

（3）检查电能表通信是否正常，包括红外通信、RS-485 通信、载波通信，现场检验前应检查下发指令有无应答。

（4）检查是否有误拉闸报警，剩余电费未到报警限时是否有误报警。

（5）检查是否有报警和跳闸失效故障。

（6）检查是否有超过囤积金额情况。

（7）首次现场校验时检查密钥下装是否正常。

7. 检查计量差错

对于现场计量有差错的，应及时更正处理，对超出装表接电工范围的项目应逐级上报。在现场检验电能表时，应检查下列计量差错：

（1）电能表倍率差错。电能表的计费倍率 K_G 计算式为

$$K_G=K_I K_U$$

式中：K_I、K_U 分别为电能表连用的计量用电流互感器和电压互感器的变比。

（2）电压互感器熔断器熔断或二次回路接触不良。

（3）电流互感器二次回路接触不良或开路。

（4）电压相序反。

（5）电流回路极性不正确。

（6）电压接入元件与电流接入元件不对应。

8. 检查不合理计量方式

发现有不合理计量方式，应及时更正处理，对超出装表接电工范围的项目应逐级上报。在现场检验电能表时，应检查下列不合理计量方式：

（1）电流互感器的变比过大，致使电流互感器经常在 30%额定电流以下运行。

（2）电压互感器的额定电压与线路额定电压不相符。

（3）电能表接在电流互感器非计量二次绕组上。

（4）多绕组或多抽头电流互感器，非计量二次绕组的不规范处理。

（5）电能表电压回路未接到相应的母线电压互感器二次绕组上。

复习思考

（1）三相智能电能表一般由哪几部分组成？

（2）三相智能电能表主要功能有哪些？

(3) 三相智能电能表复费率功能有年时区、日时段、费率，通常所说的费率用什么表示，分别对应时段是什么？

(4) 三相远程智能费控表的面板上有哪几种指示灯？

(5) 三相智能电能表按电压规格可分为哪几种？

任务二 用电信息采集（负控）终端安装

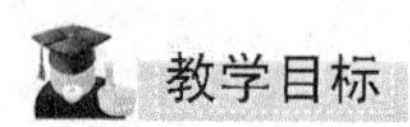

知识目标

(1) 掌握各种客户用电信息采集终端的功能。

(2) 掌握各种客户用电信息采集终端的安装方式及规则。

(3) 了解客户用电信息采集的工作原理。

能力目标

(1) 会安装专用变压器采集终端。

(2) 能判定专用变压器采集终端的初始状态，并进行简单设置。

态度目标

(1) 能主动学习相关知识，认真做好实训作业方案。

(2) 在严格遵守安全规范的前提下，小组成员分工协作，密切配合，高标准、高质量地按时完成实训任务。

(3) 在完成任务过程中能主动发现、分析并创造性地解决问题。

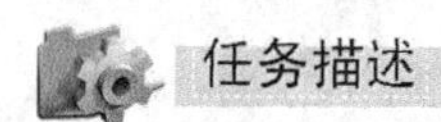

能依据用电信息采集终端使用说明书和 Q/GDW 380.3—2009《电力用户用电信息采集系统管理规范：采集终端建设管理规范》等规范的要求，安装专用变压器采集终端，连接电子式多功能电能表与终端的 RS-485 接口通信线路。

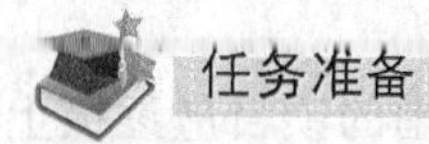

课前预习用电信息采集终端使用说明书和 Q/GDW 380.3—2009《电力用户用电信息采集系统管理规范：采集终端建设管理规范》等相关知识部分。复习用电信息采集系统的构成原理等基本常识，并独立回答下列问题：

(1) RS-485 接口是串口还是并行接口？有何优点？

(2) 如何安装 RS-485 接口？

(3) 专用变压器采集终端、集中器、采集器功能有何异同？

(4) 专用变压器采集终端有哪些上行、下行通信方式？

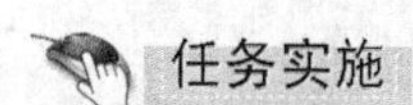

一、条件与要求

在已经安装有多功能电能表的计量箱内（或负控模拟装置上）再安装一个给定终端，连接电源线和 RS-485 通信电缆，并进行简单设置与调试。

二、施工前准备

（1）对照实物学习终端及集抄系统使用说明书。了解基本功能，掌握端子接线和基本的设置方法等。

（2）安装配件及材料。

1）RS-485 通信电缆：可选用红黑双色屏蔽双绞线，不低于 $2\times0.5mm^2$；

2）电压线：选用铜质单芯绝缘线，电压导线截面积不低于 $2.5mm^2$。导线按 u、v、w、n 相色黄、绿、红、黑配置。

（3）制定安装实训方案。

1）安装时注意事项：

a）设备搬运时应轻拿轻放，防止损坏设备或划伤外壳。

b）对照接线标示接线，强弱电一定要分开，不能接错，防止烧毁设备。

c）终端天线为定向天线，其方向应对向主台天线，场强要在 20dB 以上。

d）接地线应与地网可靠连接。

2）在终端与二次回路接线的过程当中，要注意以下几点：

a）遥控接线要注意是得电压跳闸还是失电压跳闸。

b）遥信接线一定要接开关回路的辅助触点（不能带电），另外要注意是动合触点还是动断触点。

c）脉冲接线要注意计量表是有源表还是无源表，如是无源表要将终端+12V 引过来。

d）RS-485 接线要注意表的 A、B 口。

（4）危险点分析与控制（自行分析）。

三、任务实施参考

（1）终端的安装与固定。将用电现场管理终端垂直悬挂在挂钩螺钉上，并拧紧下方固定螺钉。注意保证挂钩与挂钩螺钉之间、挂钩螺钉与大地之间接触良好。

（2）按说明书要求接通电压线、电流线。分清终端电压、电流端子，并接于合适位置，接线工艺符合规范要求。

接线注意事项（三相三线为例）：

1）断电，打开联合接线盒的盖子，TA 短路、TV 开路，取 u、v、w 三相电压直接连接到终端相对应的接线柱上。

2）分别断开 u、w 三相表计到接线盒的电流线。按照电流线串联到计量回路的方式（类似有功无功表的接法），把终端串到计量回路里，如图 7-2-1 所示。

（3）连接 RS-485 通信线。终端与电能表之间接线如图 7-2-1 所示。终端 RS-485 接口的 A 端与电能表 RS-485 接口的 A 端（或 A+端）相连，RS-485 接口的 B 端与电能表 RS-485 接口的 B 端（或 A-端）相连，屏蔽层最好能有一端接地。

（4）GPRS/CDMA 模块及天线的安装（选做，需要建抄表主站）。终端安装前，在通信模块中插入 SIM/UIM 卡，确认 SIM/UIM 卡金属面与座中的金属触点紧密接触，并按下 GPRS/CDMA 模件上的通信模块断电自锁按键，保证其为通电状态。SIM/UIM 卡必须开通短信和 GPRS 功能。

当终端已经上电需要装卡或者换卡时，请先按下通信模块断电自锁按键，使其弹出，此

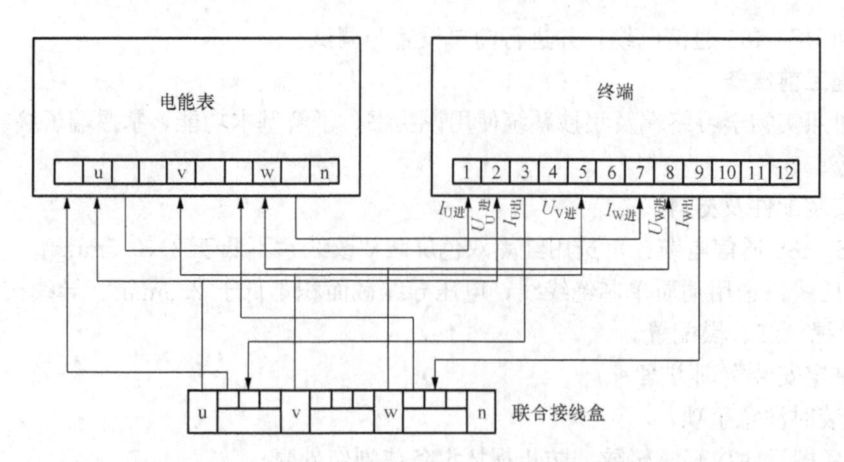

图 7-2-1 终端与电能表电压线及电流线的连接方法

时通信模块处于断电状态。卡安装完毕，再按下通信模块断电自锁按键，使通信模块恢复供电。

（5）通电前的检查。

1）检查终端电源接线是否正确，终端电源选择（220V 或者 100V）是否正确。

2）检查控制触点类型是否正确。有电压跳闸的开关应该接动合触点，失电压跳闸的开关应该接动断触点。

3）遥信输入应该接受控开关辅助触点的空触点上。

4）电能表的脉冲接线和抄表接线。

5）接地线应该牢靠（包括终端接地和天线的避雷接地）。

6）天线接头要接牢，定向天线要检查天线方向是否正确。

（6）上电检查。

1）查看运行指示灯是否亮，正常状态是一闪一闪的。

2）查看网络指示灯是否闪烁，如果不亮或常亮都是不正常的。

3）查看终端显示屏上的信号强度是否在两格以上；信号强度小于两格的建议加装终端的延长天线。

4）如果有掌机，可以进行中继抄表及读取测量点数据，无掌机的可查看终端显示屏的电量示数是否和电能表的示数一致。

（7）异常处理。根据屏幕提示信息，对照说明书“常见问题”尝试解决。

（8）按老师要求进行结束整理。

相关知识

一、用电信息采集终端及分类

电力客户用电信息采集系统是对电力客户的用电信息进行采集、处理和实时监控的系统，实现用电信息的自动采集、计量异常监测、电能质量监测、用电分析和管理、相关信息发布、分布式能源监控、智能用电设备的信息交互等功能。

用电信息采集终端是对各信息采集点用电信息采集的设备，简称采集终端，可以实现电能表数据的采集、数据管理、数据双向传输以及转发或执行控制命令。

按应用场所，用电信息采集终端的分类：

(1) 专用变压器采集终端：高压供电的客户配置，对专用变压器客户用电信息进行采集，可实现电能表数据的采集、电能计量设备工况和供电电能质量监测，以及客户用电负荷和电能量的监控，并对采集数据进行管理和双向传输。

(2) 集中抄表终端：低压供电的客户配置，是对低压客户用电信息进行采集的设备，包括集中器、采集器。

(3) 分布式能源监控终端：对有需要接入公共电网分布式能源系统的客户配置分布式能源监控终端。

二、国家电网公司终端使用的情况

2009年末，国家电网公司发布了新的终端标准，共24册。编号从Q/GDW 373到Q/GDW 380.7，其核心是将以往已在各级供电公司广泛应用的各种类型的“负荷控制终端”进行了统一规范。关于终端的主要有：Q/GDW 375.1—2009《电力用户用电信息采集系统技术规范：专变采集终站型式规范》、Q/GDW 375.2—2009《电力用户用电信息采集系统技术规范：集中器型式规范》、Q/GDW 375.3—2009《电力用户用电信息采集系统型式规范：采集器型式规范》。国家电网公司的这套新标准，将所有的终端规范成五种型式六个规格，其中Ⅰ型、Ⅱ型、Ⅲ型是专用变压器采集终端。

专用变压器采集终端选型建议见表7-2-1。

表7-2-1　国家电网公司专用变压器采集终端选型建议

类型	类型标识	配置描述
专用变压器采集终端Ⅰ型	FKXA4X	大型壁挂式，有控制功能，上行通信信道可选用230MHz专网、GPRS无线公网、CDMA无线公网、以太网，配置交流模拟量输入，4路遥信输入、4路脉冲输入、4路控制输出、2路RS-485，温度选用C2或C3级
	FKXB8X	大型壁挂式，有控制功能，上行通信信道可选用230MHz专网、GPRS无线公网、CDMA无线公网、以太网，配置8路遥信输入、8路脉冲输入、4路控制输出、2路RS-485，温度选用C2或C3级
专用变压器采集终端Ⅱ型	FKXB2X	中型壁挂式，有控制功能，上行通信信道可选用230MHz专网、GPRS无线公网、CDMA无线公网、以太网，配置2路遥信输入、2路脉冲输入、2路控制输出、2路RS-485，温度选用C2或C3级
	FKXB4X	中型壁挂式，有控制功能，上行通信信道可选用230MHz专网、GPRS无线公网、CDMA无线公网、以太网，配置4路遥信输入、4路脉冲输入、4路控制输出、2路RS-485，温度选用C2或C3级
专用变压器采集终端Ⅲ型	FKXA2X	小型壁挂式，有控制功能，上行通信信道可选用230MHz专网、GPRS无线公网、CDMA无线公网、以太网，配置交流模拟量输入、2/2路开关量输入（可设置为有源或无源遥信/脉冲）、2路控制输出、2路RS-485，温度选用C2或C3级
	FKXA4X	小型壁挂式，有控制功能，上行通信信道可选用230MHz专网、GPRS无线公网、CDMA无线公网、以太网，配置交流模拟量输入、2/2路开关量输入（可设置为有源或无源遥信/脉冲）、4路控制输出（其中2路通过扩展模块实现）、2路RS-485，温度选用C2或C3级
	FCXA2X	小型壁挂式，无控制功能，上行通信信道可选用230MHz专网、GPRS无线公网、CDMA无线公网、以太网，配置交流模拟量输入、2/2路开关量输入（可设置为有源或无源遥信/脉冲）、2路RS-485，温度选用C2或C3级

三、专用变压器采集终端简介

专用变压器采集终端比集中器、采集器功能复杂得多。专用变压器采集终端的技术要求简介如下：

1. 数据传输信道技术要求

（1）终端装有符合要求的硬件安全防护模块（芯片），采用国密 SM1 算法。

（2）信道介质可选用无线（公网、专网）、有线（光纤、电力线、电话线等）。

（3）通信协议：远程 Q/GDW 376.1、本地 DL/T 645—2007。

2. 输入输出接口的技术要求

（1）交流采样模拟量输入：输入电压范围为（0～120%）U_n，输入电流范围为 0～6A 。

（2）脉冲输入：脉冲宽度为 80ms±20ms。

（3）状态量输入：无源接点，功耗小于或等于 0.2W。

（4）控制输出：交流 250V/5A，380V/2A 或直流 110V/0.5A 的纯电阻负载。

3. 基本功能

（1）数据采集：电能表数据采集、状态量采集、脉冲量采集、交流模拟量采集。

（2）数据处理：实时和当前数据、最近日末（次日零点）30 天日数据、最近 30 天曲线数据、最近 12 次抄表日数据、最近 12 个月月末零点（每月 1 日零点）历史月数据。

（3）电能表运行状况监测：监测电能表运行状况，可监测的主要电能表运行状况有电能表参数变更、电能表时间超差、电表故障信息、电能表示度下降、电能量超差、电能表飞走、电能表停走等。

（4）参数设置和查询：终端接收主站的时钟召测和对时命令，对时误差应不超过 5s。终端时钟 24h 内走时误差应小于 1s。电源失电后，时钟应能保持正常工作。

设置脉冲常数、控制定值、控制轮次、费控参数、终端地址、抄表时间、抄表间隔等。

（5）控制功能：主要分为功率定值控制、电能量控制、保电和剔除、远方控制四大类。

功率定值控制根据控制参数不同分为时段功控、厂休功控、营业报停功控和当前功率下浮控等控制类型。控制的优先级由高到低依次是当前功率下浮控、营业报停功控、厂休功控、时段功控。

电能量定值控制主要包括月电控、购电量（费）控等类型。

（6）事件记录：终端根据主站设置的事件属性按照重要事件和一般事件分类记录。每条记录的内容包括事件类型、发生时间、参数变更、跳闸、停/上电、越限、故障等记录信息。

（7）其他功能：具有本地状态指示和本地显示，指示终端电源、通信、抄表等工作状态。显示当前用电情况、抄表数据、终端参数、维护信息等。通过本地维护接口设置终端参数，进行软件升级等。另外，可通过本地通信接口为客户提供数据服务功能。

终端软件可通过远程通信信道实现在线软件下载。

终端能够完成与主站的通信流量的统计。

四、用电信息采集终端显示信息

1. 专用变压器采集终端

专用变压器采集终端是对专用变压器客户用电信息进行采集的设备，可实现电能表数据的采集、电能计量设备工况和供电电能质量监测，以及客户用电负荷和电能量的监控，并对采集数据进行管理和双向传输。专用变压器采集终端显示主画面如图 7-2-2 所示，各菜单内容见表 7-2-2。

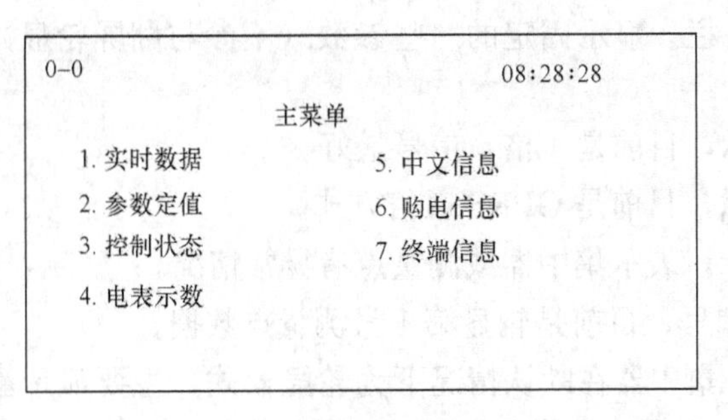

图 7-2-2　专用变压器采集终端显示主画面

表 7-2-2　菜　单

<table>
<tr><td rowspan="23">菜单</td><td rowspan="10">实时数据</td><td>当前功率</td><td>当前总加组功率和当前各个分路脉冲功率</td></tr>
<tr><td rowspan="2">当前电量</td><td>当日电量（有功总、尖、峰、平、谷、无功总）</td></tr>
<tr><td>当月电量（有功总、尖、峰、平、谷、无功总）</td></tr>
<tr><td>负荷曲线</td><td>功率曲线</td></tr>
<tr><td>开关状态</td><td>当前开关量状态</td></tr>
<tr><td>功控记录</td><td>当前功控记录</td></tr>
<tr><td>电控记录</td><td>当前电控记录</td></tr>
<tr><td>遥控记录</td><td>当前遥控记录</td></tr>
<tr><td>失电记录</td><td>当前失电及恢复时间</td></tr>
<tr><td colspan="2"></td></tr>
<tr><td rowspan="6">参数定值</td><td>时段控参数</td><td>时段控方案及相关设置</td></tr>
<tr><td>厂休控参数</td><td>厂休定值、时段及厂休日</td></tr>
<tr><td>下浮控参数</td><td>控制投入次数、第 1 轮告警时间、第 2 轮告警时间、第 3 轮告警时间、第 4 轮告警时间、控制时间、下浮系数</td></tr>
<tr><td>K_v K_i K_p</td><td>各路 K_v K_i K_p 配置</td></tr>
<tr><td>电能表参数</td><td>局编号、通道、协议、表地址</td></tr>
<tr><td>配置参数</td><td>行政区码、终端地址</td></tr>
<tr><td rowspan="2">控制状态</td><td colspan="2">(1) 功控类：时段控解除/投入、报停控解除/投入、厂休控解除/投入、下浮控解除/投入</td></tr>
<tr><td colspan="2">(2) 电控类：月定控解除/投入、购电控解除/投入、保电解除/投入</td></tr>
<tr><td>电能表示数</td><td colspan="2">电能表数据：局编号、正向有功电量总尖峰平谷示数、正反向无功示数，月最大需量及时间</td></tr>
<tr><td>正文信息</td><td colspan="2">信息类型及内容</td></tr>
<tr><td>购电信息</td><td colspan="2">购电单号、购前电量、购后电量、报警门限、跳闸门限、剩余电量</td></tr>
<tr><td>终端信息</td><td colspan="2">地区代码、终端地址、终端编号、软件版本、通信速率、数传延时</td></tr>
</table>

2. 集中器

集中抄表终端是对低压用户用电信息进行采集的设备，包括集中器、采集器。

集中器是指收集各采集器或电能表的数据，并进行处理储存，同时能和主站或手持设备进行数据交换的设备。集中器显示主画面如图 7-2-3 所示，包括顶层显示状态栏、主显示画面、底层显示状态栏三部分。

（1）顶层显示状态栏。显示固定的一些参数（不参与翻屏轮显），如通信方式、信号强度、异常告警等。

ıll 信号强度指示，目前是 4 格，信号最好。

G 通信方式指示，目前是 GPRS 通信方式。

① 异常告警指示，表示集中器或测量点有异常情况。

[01] 当前测量点编号，目前是轮显第 1 号测量点数据。

（2）主显示画面。集中器在默认情况下为轮显模式，主要显示翻屏数据，如瞬时功率、电压、电流、功率因数等。轮显模式下按任意键可进入按键查询（或设置）模式，如图 7-2-4 所示，停止按键 1min 后回到轮显模式。在按键查询模式下，可通过按键翻屏显示所有未被屏蔽的内容；在按键设置模式下，可设置与主站通信参数、测量点运行参数、密码、时间等参数。

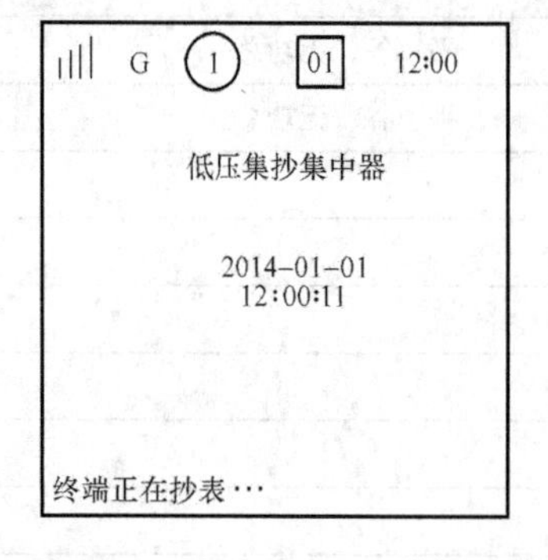

图 7-2-3 集中器显示主画面

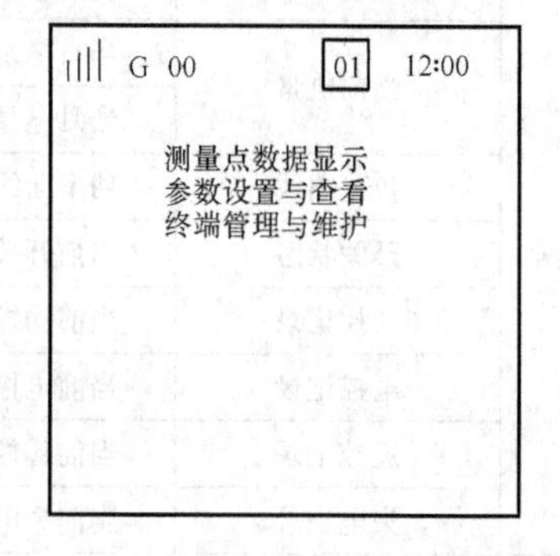

图 7-2-4 集中器非轮显模式下主菜单

（3）底层显示状态栏。显示集中器运行状态，如任务执行状态、与主站通信状态等。

3. 采集器

采集器是指采集多个或单个电能表的电能信息，并可与集中器进行数据交换的设备。采集器显示信息较少。一般采用指示灯显示上电/失电、异常告警、与主站通信状况等内容，如图 7-2-5 所示。

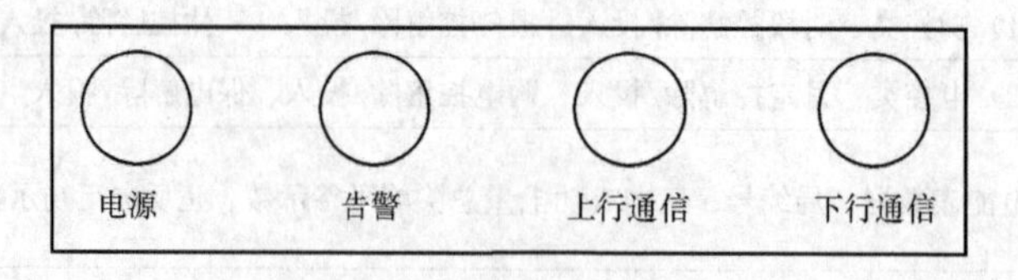

图 7-2-5 采集器状态显示图

（1）电源灯：上电指示灯，绿色。采集器上电时灯亮，失电时灯灭。

（2）告警灯：告警指示灯，红色。

（3）上行通信灯：上行通信状态指示灯，红绿双色灯。红色闪烁时表示采集器上行通道接收数据，绿色闪烁时表示采集器上行通道发送数据。

(4) 下行通信灯：下行通信状态指示灯，红绿双色灯。红色闪烁时表示采集器下行通道接收数据，绿色闪烁时表示采集器下行通道发送数据。

五、用电信息采集终端安装

1. 终端基本接线

按照国家电网公司企业标准 Q/GDW 129—2005《电力负荷管理系统通用技术条件》的规定，由电能表 RS-485 接口输出电能量值管理技术参数至终端，在实际运用中，也存在部分终端的工作电源需要接至电能计量装置电压回路的技术要求。

一般的数据采集终端仅接入电压回路，分为三相四线和三相三线。电压来源可引自电压互感器柜中的二次电压或低压母线电压分别为（100V 和 220/380V）。根据终端电压规格接入对应接线端口，如图 7-2-6 所示。

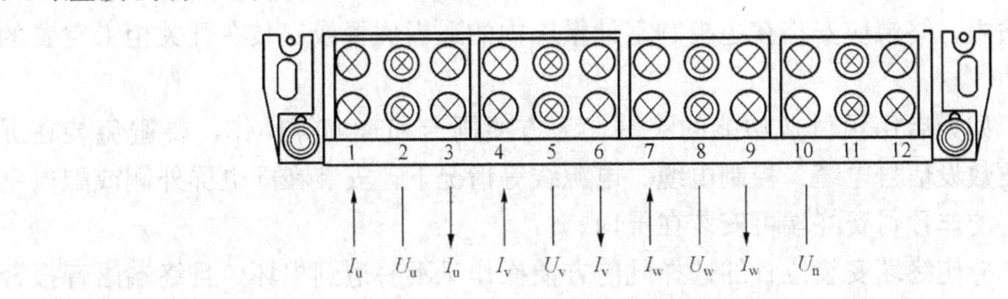

图 7-2-6　三相四线终端强电端子接线图

终端控制回路：装置中带有 2 对动合、动断触点，可分别控制 2 个开关，根据供电企业需要选择所要控制的开关，接入其跳、合闸回路中，可实现分轮次控制两个开关的跳、合。

终端采集回路：终端电能表的数据采集通过 RS-485 串口采集。通信线采用 2 芯屏蔽线，线径不小于 0.5mm，最大接入线径为 2.0mm。终端 RS-485 接口的 A 端与电能表 RS-485接口的 A 端相连，B 端与 B 端相连，屏蔽层必须一端接地。

对于具有负荷控制功能的终端，还需要将电能计量装置二次电压、电流接入终端装置（也有从电能表 RS-485 口获取实时功率量值，发出跳、合开关指令的型式）。

2. 终端安装基本原则

对于装表接电工，终端的安装主要包括采集终端、附属装置、电源、信号、控制线缆等设备的安装与连接。

(1) 由于现场环境的不同，安装要求应满足各网省公司的相关设计。终端的连接应遵照厂家提供的安装使用说明书和技术要求，并符合电力营销管理要求。

(2) 终端的安装位置应方便管理、调试、充值，线缆在计量箱、柜外的走向应做好安全防护措施。

(3) 不得将终端输出控制负荷开关的跳闸电源接入电能计量装置的电压回路。

(4) 终端的工作电源应根据现场条件，尽可能取自不可控电源上，以保证终端正常工作。

3. 终端安装的一般规定

(1) 针对不同的环境和条件，终端安装必须考虑计量表计和电动断路器的位置，并根据客户侧的电压等级、计量方式和配电设施的不同，采用不同的安装方案。

（2）应方便客户刷卡充值和查询终端数据。

（3）有利于控制电缆、通信电缆、电源电缆的走线和可靠连接。

（4）尽可能使客户的值班人员或相关人员听到终端语音报警信息。

4. 终端安装位置

（1）终端安装位置根据电动断路器的位置来确定，电动断路器位置在柱上，终端安装在柱上；电动断路器位置在配电室里，终端安装在配电室里；电动断路器位置在箱变内，终端安装在箱变侧壁上。

（2）终端安装位置根据计量表计的位置来确定，计量表计位置在柱上，终端安装在柱上；计量表计位置在配电室里，终端安装在配电室里；计量表计位置在箱式变电站内，终端安装在箱式变电站侧壁上。

（3）在变电站内，终端应安装在主控制室计量屏内的适当位置或安装在开关柜上空置的仪表室内。

（4）在户内，如为启用预付费功能的终端，为方便刷卡和查询等操作，要避免装在屏内，应在满足方便敷设信号电缆、控制电缆、电源线等情况下，安装在配电屏外侧或配电室墙上；只用于监测的非预付费终端可安装在屏内。

（5）在户外，应使终端安装位置的选择既能方便操作又不易遭到损坏，且终端语音报警信息能被客户察觉。如终端与电能表受现场客观条件限制，无法采用电缆连接时，可选用微功率无线数传模块（也称“小无线”）进行无线连接。

（6）在地下室，或安装位置的信号强度弱不能保证正常通信时，应当采用远程无线通信中继器进行无线通信。

5. 终端安装方式

（1）户外杆架式安装。终端装在电力配电箱中，通过抱箍安装在户外计量杆上，安装高度不小于1.5m。控制线、电压回路线通过PVC（或镀锌电线管）保护管接入终端。

（2）公用变压器箱式安装。终端装在电力配电箱中，通过螺栓固定安装在箱式变电站固定箱体上（如有空间可在箱式变电站内装设），安装高度不小于1.5m。控制线、电压回路线通过PVC（蛇皮管）保护管接入终端。

（3）地面室内挂式安装。终端装在电力配电箱中，通过螺栓固定安装在墙体上，安装高度不小于1.5m。由一次设备引出控制线、电压回路线通过电缆沟（地下）、PVC管（地上）敷设接入终端。

（4）地下室内挂式安装。终端装在电力配电箱中，通过螺栓固定安装于墙体上，安装高度不小于1.5m。由一次设备引出控制线、电压回路线通过电缆沟（地下）、PVC管（地上）敷设接入终端。通信系统由RS-485引出通过中继器（安装在信号良好的区域）进行抄读。

（5）变电站内安装。终端可直接装入变电站主控制室计量屏内。该计量屏必须要有充足的空间，面板上预留安装孔洞；可装入开关柜空置的仪表室内，控制线、电压回路线均可利用现有电缆沟敷设接入终端。通信系统中所用通信线必须外引，如通信线长度大于50m，另加装中继器进行通信。

6. 采集和控制线接入要求

（1）终端连接电能表原则上采取“一台终端与接入的所有电能表的RS-485接口的同名端并联”方式，即每只电能表和数据设备连接终端装置共用一根屏蔽电缆用于RS-485数据采集，如图7-2-7所示。连接电缆的网状屏蔽层应在终端一侧可靠接地。

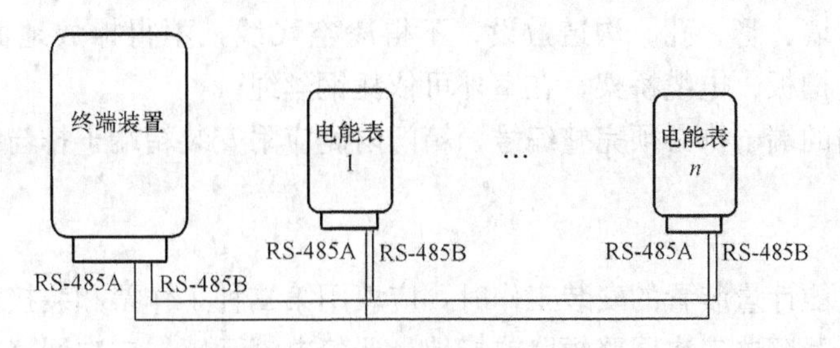

图7-2-7　终端装置数据线连接原理图

(2) 为满足抄表实用化的要求，客户的计量总表必须接入终端，同时还应尽量将客户的扣减表全部接入。

(3) 终端连接负荷控制开关原则上采取“一个负荷控制开关一根控制电缆”方式。终端应保证接入两路跳闸，原则上第一轮跳闸应接入客户的非重要负荷，第二轮跳闸接入高压侧或低压侧总开关。

终端装置控制开关输出接点如图7-2-8所示。对于具有跳闸功能的终端，还要根据被控开关是失电压型式还是施压型式，将跳闸控制线缆准确接入采集终端的对应接点端口。接入终端的被控开关如采用给压跳闸（分励脱扣）方式，终端侧接线应接动合触点；如采用释压跳闸（无压释放）方式，终端侧接线应接动断触点。被控开关接入应尽可能选择给压跳闸（分励脱扣）方式。

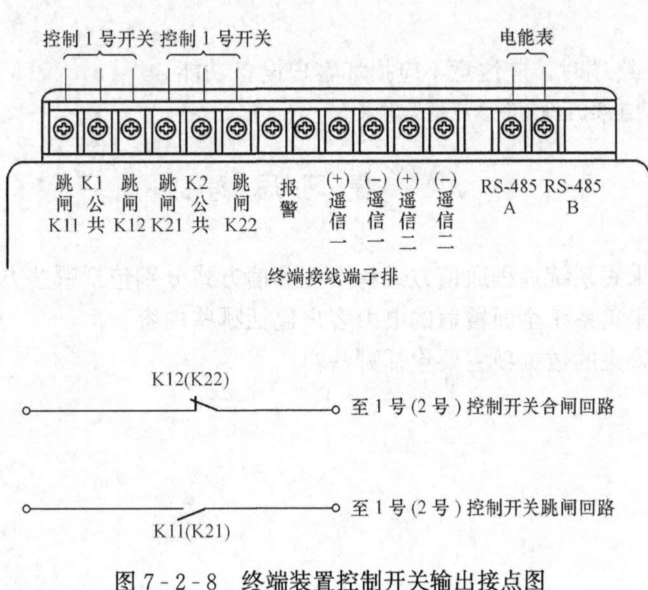

图7-2-8　终端装置控制开关输出接点图

(4) 电缆进入配电屏柜，应绑扎、整齐固定。电缆在屏、柜内敷设应与带电、发热、可动部件保持足够的距离。

(5) 终端电源线、抄表线、控制电缆在配电盘内及安装箱内的连接均应按照电力行业规范编号并套上号箍。

(6) 各类电缆的敷设都应横平竖直，转角处应满足转弯半径要求，不得陡折、斜拉、盘绕和扭绞，导线的颜色应遵循电力行业规范。

（7）电缆应沿墙、管、孔、沟道敷设，不得凌空飞线，不得摊放地面。必须横空跨越的，在室内应通过槽板、电缆桥架，在室外可依托钢丝绳。

（8）安装箱内的端子排必须完整编号，箱门内侧应附安装箱端子排与终端端子对应接线简图。

7. 注意事项

（1）在进行电能计量装置的安装工作时，应填用第二种工作票和装接工作单。

（2）严禁电压互感器二次回路短路或接地；严禁电流互感器二次回路开路。

（3）测试引线必须有足够的绝缘强度，以防止对地短路，且接线前必须事先用绝缘电阻表检查一遍各测量导线每芯间、芯与屏蔽层之间的绝缘情况。

（4）终端装置接电工作时，应采取防止短路和电弧灼伤的安全措施。

（5）电杆上安装终端装置与电压互感器配合时，宜停电进行。

（6）终端箱均应可靠接地且接地电阻应满足规程要求，作业人员在接触运用中的终端箱前，应检查接地装置是否良好，验电后方可接触。

（7）带电接电时作业人员应戴绝缘手套。

（8）终端装置在二次回路上工作需将高压设备停电或做安全措施，并应提前通知客户，做好备用电源的投入使用准备。

（9）工作中禁止将回路的永久接地点断开。

（10）变电站内工作时，满足其行业规定的施工技术要求，并注意二次线路的敷设，采取必要的屏蔽措施。

（11）安装客户终端时，应注意不应损坏客户设备功能。

注：绝缘电线长期连续负荷允许载流量见附录 M。

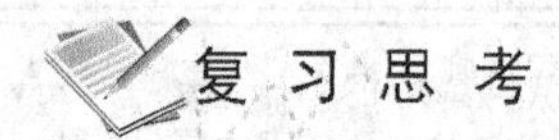

（1）用电信息采集系统远程通信方式和本地通信方式分别包括哪些方面？

（2）用电信息采集系统全面覆盖的电力客户包括哪些内容？

（3）用电信息采集的数据项主要包括哪些？

附　录

附录 A　登高工器具试验标准表

序号	名称	项目	周期	要求		说　　明	
				种类	试验静拉力（N）	载荷时间（min）	
1	安全带	静负荷试验	1年	围杆带	2205	5	牛皮带试验周期为半年
				围杆绳	2205	5	
				护腰带	1470	5	
				安全绳	2205	5	
2	安全帽	冲击性能试验	按规定期限	受冲击力小于4900N		使用寿命：从制造之日起，塑料帽≤2.5年，玻璃钢帽≤3.5年	
		耐穿刺性能试验	按规定期限	钢锥不接触头模表面			
3	脚扣	静负荷试验	1年	施加1176N静压力，持续时间5min			
4	升降板	静负荷试验	半年	施加2205N静压力，持续时间5min			
5	竹（木）梯	静负荷试验	半年	施加1765N静压力，持续时间5min			
6	软梯 钩梯	静负荷试验	半年	施加4900N静压力，持续时间5min			
7	速插字空器	冲击试验	1年	拉出绳长0.8m，安全带与悬挂物处同一水平位置，自由落体荷载980N模拟人，要求模拟人坠落下滑距离不超过1.2m			

附录B 高压电能计量装置现场安装标准化作业卡样式

高压电能计量装置现场安装准化作业卡

编号：

客户名称		客户编号		执行班组	
作业时间	年 月 日 时 分 — 年 月 日 时 分				

一、施工前准备

1. 接收任务		2. 人员交底		3. 领用计量器具		4. 准备装表工单	
5. 工器具、标准设备准备				6. 工作票准备			

二、风险辨识及作业前培训

1. 风险辨识及预控		2. 作业前培训	

现场工作人员已组织学习作业指导书及本执行卡背面所列“风险辨识及控制措施”，并补充完备；作业任务、危险点、作业程序、安全措施都已交代清楚，人员、措施、执行、监督都已落实到位；作业前培训工作已完成；已具备作业条件。

工作负责人： 工作班成员：

三、安全措施实施及准备（在完成项目后打“√”）

1. 安全措施执行		2. 现场交底		3. 施工电源使用		4. 计量点核对	

四、作业程序记录

作业 \ 完成 \ 计量点		计量点1	计量点2	计量点3	计量点4	计量点5	计量点6	计量点7	计量点8
1. 互感器安装									
2. 电能表及接线盒安装									
3. 二次回路接线及核对									
4. 电流互感器检验									
5. 恢复正确接线									
6. 电压互感器检验									
7. 恢复正确接线									
8. 计量装置安装后检查	检查人								
	时间								
9. 计量装置加封									

五、工作完结

1. 工作现场检查并清理		2. 计量装置评级		3. 工作记录已完备		4. 办理工作终结手续	

六、作业评价

已按上述流程执行完结，工作负责人签字： 工作班成员：

附录C　低压电能计量装置现场新装标准化作业卡样式

低压电能计量装置现场新装标准化作业卡

编号：

<table>
<tr><td>客户名称</td><td></td><td>客户编号</td><td></td><td>执行班组</td><td></td></tr>
<tr><td>作业时间</td><td colspan="5">年　月　日—　年　月　日</td></tr>
<tr><td colspan="6">一、施工前准备</td></tr>
<tr><td>1. 接收任务</td><td colspan="5">□登录系统接收任务 □打印工单 □联系客户</td></tr>
<tr><td>2. 作业文件准备</td><td colspan="5">工作票：□第一种（编号：　）□第二种（编号：　）□派工单（编号：　）□风险辨识及控制措施卡 □标准化作业卡</td></tr>
<tr><td>3. 作业前培训</td><td colspan="5">□组织学习标准化作业卡、风险辨识及控制措施卡</td></tr>
<tr><td>4. 核对装表工单</td><td colspan="5">□装表工单 □验收和接线检查单</td></tr>
<tr><td>5. 领用、计量器具</td><td colspan="5">□表计 □互感器 □表箱 □电线、电缆</td></tr>
<tr><td>6. 工器具、标准设备准备</td><td colspan="5">□电锤 □电钻 □压线钳 □绝缘梯 □吊绳 □个人工器具</td></tr>
<tr><td colspan="6">二、现场站队三交</td></tr>
<tr><td colspan="6">现场工作人员已进行站队“三交”：作业任务、危险点、作业程序、安全措施都已交代清楚，人员、措施、执行、监督都已落实到位；已具备作业条件。
工作负责人：　　　　工作班成员：</td></tr>
<tr><td colspan="6">三、安全措施实施及准备（在完成项目后打“√”）</td></tr>
<tr><td colspan="6">□检查安全措施执行到位 □检查施工电源使用规范 □核对计量点无误</td></tr>
<tr><td colspan="4">四、作业程序记录（未能一次完成的项目打“\”）</td><td colspan="2">完成情况“√”</td></tr>
<tr><td colspan="4">作业流程</td><td>计量点1</td><td>计量点2</td></tr>
<tr><td colspan="4">1. 核对领用计量装置与工单所配实际是否相符/是否经检验合格/是否超出规程规定的时间要求</td><td></td><td></td></tr>
<tr><td colspan="4">2. 计量表箱（屏）安装并检查位置是否方便抄表，安装是否牢固</td><td></td><td></td></tr>
<tr><td colspan="4">3. 安装互感器、电能表等并注意安装牢固，接线正确</td><td></td><td></td></tr>
<tr><td colspan="4">4. 高供低计专用变压器客户安装信息采集终端</td><td></td><td></td></tr>
<tr><td colspan="4">5. 送电前接线检查。检查表计电压连接片接触是否良好\带TA的计量装置核对一、二次接线，极性是否接反</td><td></td><td></td></tr>
<tr><td colspan="4">6. 通电检查，观察表计运转是否正常，采用瓦秒法或计量装置检测仪测量表计是否正常。检查表计显示是否正常，是否有逆相序、失电压等报警指示</td><td></td><td></td></tr>
<tr><td colspan="4">7. 检查预付费表计控制跳闸线和开关是否正常（外置）</td><td></td><td></td></tr>
<tr><td colspan="4">8. 加封，加封时防止钢封反弹，造成相间短路，误触电</td><td></td><td></td></tr>
<tr><td colspan="6">五、工作完结</td></tr>
<tr><td colspan="6">□工作现场检查并清理 □工作记录已完备 □办理工作终结手续</td></tr>
<tr><td colspan="6">六、作业评价</td></tr>
<tr><td colspan="6"></td></tr>
<tr><td colspan="6">已按上述流程执行完结。
工作负责人签字：　　　　工作班成员：</td></tr>
</table>

附录D 电能计量装置现场新装风险辨识及控制措施卡样式

电能计量装置现场新装风险辨识及控制措施卡				
序号	风险辨识	控制措施	责任人	执行情况
1	施工电源取用不当或不使用漏电保护器，造成人员或设备事故	（1）施工电源取用必须由两人进行 （2）测量电压是否符合电压等级要求，检查移动电源盒及导线是否损坏 （3）从接线插座取电源，应检查接线插座是否完整无缺 （4）如从配电箱（柜）内取电源，应先断开电源再接线，接线应牢固		
2	高处作业，易造成人员摔跌事故	（1）在离坠落高度基准面2m及以上的地点进行作业，高处作业均应先搭设脚手架、使用高空作业车、升降平台或采取其他防止坠落措施，方可进行 （2）在平行移动作业的杆塔（构架）上作业时，还应使用有后备绳的双保险安全带 （3）站在离坠落高度基准面2m及以上的梯子上工作时，应有专人扶持梯子，并将安全带（绳）挂在高于工作地点的梯子或其他可靠位置		
3	施工现场高处作业，工器具跌落，造成人员伤害	上下传递物品，不得抛递。高处作业人员使用工具必须使用工具夹或工具袋，防止工具跌落		
4	电流互感器二次侧开路，造成人员或设备事故	（1）工作前必须认真检查试验线及接头完好无损，与标准设备的连接可靠无松动 （2）非检验绕组二次必须可靠短接 （3）现场工作不得少于两人，应使用绝缘工具，戴手套。工具的多余金属外露部分必须使用绝缘带可靠包扎		
5	工作移动中，误碰误动其他运行设备而造成跳闸事故	工作位置挂“在此工作”标示牌。工作移动迁移时，加强监护，注意与其他运行设备的距离		
6	计量用二次回路或电能表接线错误，导致现场实际电能计量不准	（1）计量装接工作必须两人以上进行，并相互检查 （2）装接完结应认真核对互感器、电能表的接线按正相序连接 （3）电流回路采用四线制或六线制接线		
7	装表时未向客户确认新装电能表的初始电量，导致客户对电能表底度表码不认可的风险	（1）抄录表码时，应按照表计显示位数抄录，并由其他工作班成员核对 （2）抄录完后，请客户核对并签字		

附录E 低压电能计量装置验收报告单样式

<table>
<tr><th colspan="5">低压电能计量装置验收报告单</th></tr>
<tr><td>用户名称
（或台区名称）</td><td colspan="2"></td><td>所属线路</td><td></td></tr>
<tr><td>变压器容量</td><td></td><td>客户联系人及电话</td><td colspan="2"></td></tr>
<tr><td colspan="3">验收检查情况</td><td>不合格（记录存在的问题）</td><td>合格</td></tr>
<tr><td rowspan="3">工程资料是否齐全</td><td colspan="2">（1）电能计量装置计量方式原理接线图，一次接线图等</td><td></td><td></td></tr>
<tr><td colspan="2">（2）电能表、电流互感器的检定合格证</td><td></td><td></td></tr>
<tr><td colspan="2">（3）计量柜的出厂检验报告，说明书等</td><td></td><td></td></tr>
<tr><td rowspan="9">计量现场验收检查</td><td colspan="2">（1）检查计量屏（箱）安装是否牢固，表计安装位置是否方便抄表；安装环境是否符合电气设备运行条件</td><td></td><td></td></tr>
<tr><td colspan="2">（2）检查计量装置接线是否正确、牢固</td><td></td><td></td></tr>
<tr><td colspan="2">（3）检查表计电压连接片接触是否良好，联合接线盒的各电流电压连接片状态是否正确，接触是否良好</td><td></td><td></td></tr>
<tr><td colspan="2">（4）送电前检查完成后，进行带电检查，观察表计运行是否正常</td><td></td><td></td></tr>
<tr><td colspan="2">（5）检查多功能表的显示内容，月电量、需量冻结日是否与抄表例日一致</td><td></td><td></td></tr>
<tr><td colspan="2">（6）检查负控终端与表计的RS-485通信是否正常</td><td></td><td></td></tr>
<tr><td colspan="2">（7）检查负控终端与开关的控制跳闸线圈连接是否正确，开关是否能可靠动作</td><td></td><td></td></tr>
<tr><td colspan="2">（8）检查卡式预付表与开关的控制跳闸线圈连接是否正确，开关是否能可靠动作</td><td></td><td></td></tr>
<tr><td colspan="2">（9）检查装置封印是否完好、齐全</td><td></td><td></td></tr>
<tr><td rowspan="2">验收结论</td><td colspan="2">计量装置验收合格，可以送电运行</td><td colspan="2"></td></tr>
<tr><td colspan="2">计量装置验收不合格，还需整改，暂不能送电</td><td colspan="2"></td></tr>
<tr><td colspan="2">验收人：
批准：</td><td colspan="3">日期：
日期：</td></tr>
</table>

附录F 单相电能表新安装标准化作业卡样式

单相电能表新安装标准化作业卡

工作日期： 年 月 日 编号：

客户地点						
项目	序号	工作内容	危险点	执行	执行	执行
安装准备	1	工作负责人向工作人员交待工作事项，明确安装内容	不漏项、缺项			
	2	工作人员现场核对和检查安装处，并布置预控措施，工作负责人监督检查	预控措施不完善			
	3	携带的工具和材料能够满足安装作业的需求	工具不完好，未使用绝缘工具			
安装过程	4	监护人到位，工作人员查找并核对应新装电能表的位置	监护人未到位或中途离开			
	5	排列进户线导线，垂直、水平方向的相对距离达到安装标准，固定良好后外形横平竖直。导线加装PVC管（或槽板），进出线不能同管	进出线不能同管			
	6	检查导线外观无松股，绝缘无破损，导线连接头、分流线夹无金属面裸露	绝缘破损，金属面裸露			
	7	安装固定电能表箱，电能表安装高度1.8～2.2m，表箱成垂直、四方固定。将电能表固定于计量箱内或配电计量屏或楼层竖井表计安装处，要求垂直牢固	表箱固定不牢，高处安装时坠落或坠物			
	8	从电能表端钮盒（火门）施放相线至表后自动空气开关上端（自动空气开关处于分位）。将进中性线、进相线穿管（板）施放入表箱，并接入电能表端钮盒（火门）内，拧紧固定。检查电能表接线是否正确，无误后，搭接中性线、相线	先搭接中性线、后搭接相线			
安装终结	9	安装接电正常，确认无误后，抄录电能表相关参数，对电能表及表箱完善铅封，请客户在工作单上履行确认签字手续	未完善铅封			
	10	清理工作现场，终结工作票（派工单）手续	终结手续送电			

工作负责人： 监护人： 工作班成员：

附录G　现场带电换装单相电能表标准化作业卡样式

现场带电换装单相电能表标准化作业卡

工作日期：　年　月　日　　　　　　　　　　　　　　　　　　　　　　　　编号：

客户地点						
项目	序号	工作内容	危险点	执行	执行	执行
安装准备	1	工作负责人向工作人员交待工作事项，明确安装内容	不漏项、缺项			
	2	工作人员现场核对和检查安装处，并布置预控措施，工作负责人监督检查	预控措施不完善			
	3	携带的工具和材料能够满足安装作业的需求	工具不完好，未使用绝缘工具			
安装过程	4	监护人到位，工作人员查找并核对应新装电能表的位置	监护人未到位或中途离开			
	5	断开负荷开关（或刀开关），验证（火门）进、出相线、中性线是否带电，做好记号	不验电			
	6	将（火门）进、出相线、中性线在端钮盒处拆下，用绝缘胶布包好，防止相线、中性线误碰，并保证相互距离不小于5cm；验证负荷开关（隔离开关）下装头和中性线端子处是否带电	拆下导线裸露部分未用绝缘胶布包好拆出顺序错误相线、中性线误碰			
	7	在电能表固定时，使用电钻要防止碰及带电体。电能表安装按先接电能表出线，后接进线的顺序依次接入电能表的接线端钮盒（火门），连接应牢固、可靠	搭接顺序错误			
	8	做好装（换）表的原始记录和时间纪录。用万用表测试换表后的电压、电流值或用试电笔验证是否通电，观察电能表运转是否正常	原始记录和时间记录未记			
安装终结	9	对电能表及表箱完善铅封，抄录电能表相关参数，履行运行单位、客户签字认可手续	未完善铅封			
	10	清理工作现场，终结工作票（派工单）手续	未终结手续送电			

工作负责人：　　　　　　　　监护人：　　　　　　　工作班成员：

附录H 直接接入式低压三相电能表新安装标准化作业卡样式

直接接入式低压三相电能表新安装标准化作业卡

工作日期： 年 月 日 编号：

客户地点						
项目	序号	工作内容	危险点	执行	执行	执行
安装准备	1	工作负责人向工作人员交待工作事项，明确安装内容	不漏项、缺项			
	2	工作人员现场核对和检查安装处，并布置预控措施，工作负责人监督检查	安装位置错误，预控措施不完善			
	3	携带的工具和材料能够满足安装作业的需求	工具不完好，未使用绝缘工具			
安装过程	4	监护人到位，工作人员查找并核对应新装电能表的位置	监护人未到位			
	5	排列进户导线，垂直、水平方向的相对距离达到安装标准，固定良好后外形横平竖直。导线加装PVC管（或槽板），进出线不能同管	进出线同管			
	6	检查导线外观无松股，绝缘无破损，导线连接头、分流线夹无金属面裸露	绝缘破损，金属面裸露			
	7	安装固定电能表箱，电能表安装高度1.8～2.2m，表箱成垂直、四方固定。将电能表固定于计量箱内或配电计量屏或楼层竖井表计安装处，要求垂直牢固	表箱固定不牢，高处安装时坠落或坠物			
	8	从电能表端钮盒（火门）施放相线至表后自动空气开关上端（自动空气开关处于分位），中性线接入电能表（计量）箱内中性线母排或直接与负荷侧中性线接通。按照先中性线后相线的顺序穿（槽板）管施放入计量箱，并依次接入电能表端钮盒（火门）内，拧紧固定。检查电能表接线正确无误后，按照先中性线、后相线的顺序依次搭接	搭接中性线、相线的顺序			
安装终结	9	安装接电正常，确认无误后，抄录电能表相关参数，对电能表及端钮盒实施铅封，确认铅封完好。请客户在工作单上履行签字手续	未完善铅封			
	10	清理工作现场，终结工作票（派工单）手续	未终结手续而送电			
备注：						

工作负责人： 监护人： 工作班成员：

附录I　低压带电流互感器三相电能表新安装标准化作业卡样式

低压带电流互感器三相电能表新安装标准化作业卡

工作日期：　年　月　日　　　　　　　　　　编号：

客户地点						
项目	序号	工作内容	危险点	执行	执行	执行
安装准备	1	工作负责人向工作人员交待工作事项，明确安装内容	不漏项、缺项			
	2	工作人员现场核对和检查安装处，并布置预控措施，工作负责人监督检查	安装位置错误，预控措施不完善			
	3	携带的工具和材料能够满足安装作业的需求	工具不完好，未使用绝缘工具			
安装过程	4	监护人到位，工作人员查找并核对应新装电能表的位置	监护人未到位			
	5	排列进户导线，垂直、水平方向的相对距离达到安装标准，固定良好后外形横平竖直。导线加装 PVC 管（或槽板），进出线不能同管。检查导线外观无松股，绝缘无破损，导线连接头、分流线夹无金属面裸露	进出线不能同管绝缘破损，金属面裸露			
	6	安装低压带电流互感器的计量装置，必须在互感器前端有明显的断开点（隔离开关或熔断器），互感器安装排列极性方向一致，便于维护，螺栓连接齐全紧固	互感器前端无明显断开点			
	7	施工前，必须对安装互感器的前、后端进行停电、验电、挂接地线，做好安全防范措施。将进相线接入低压电流互感器一次侧，电流进出方向应与电流互感器极性方向一致；如低压电流互感器为穿心式，则一次侧绕越匝数应一致，极性方向一致	不验电、挂接地线			
	8	安装固定电能计量箱（或计量屏），计量箱内电能表垂直牢固，安装高度 1.8～2.2m，计量屏内电能表安装高度不低于 0.8m，表箱成垂直、四方固定	表箱固定不牢，高处安装时坠落或坠物			
	9	从电流互感器施放二次导线至计量箱（或计量屏）内的二次接线端子盒，从二次接线端钮盒施放二次导线至电能表端钮盒（火门），要求接线正确。严禁电流二次回路开路，电压回路短路；相色标示正确、连接可靠，接触良好，配线整齐美观，导线无损伤绝缘良好	电流二次回路开路，电压回路短路			
	10	检查电能表接线正确无误后，进行通电测量电压及相序，观察	漏检查接线			
安装过程	11	安装接电正常，抄录电能表相关参数，确认无误后，对电能表、互感器二次端子盖及计量箱（或计量屏）实施铅封，确认铅封完好。请客户在工作单上履行确认签字手续	未完善铅封			
	12	清理工作现场，终结工作票（派工单）手续	未终结手续送电			
备注						

工作负责人：　　　　监护人：　　　　工作班成员：

附录 J-1 低压表装拆工作单样式

低压表装拆工作单

申请编号： 计量点编号： 申请类别： 申请时间：

客户名称					客户编号		合同容量		变电站				用电性质	
地址					行政区域		变压器容量		供电线路				装置分类	
联系人		联系电话			客户类型		电压等级		计量点性质				计量方式	
抄表号		台区				柜箱屏型号		柜箱屏编号		制造厂家			出厂日期	
安装位置					二次回路截面		长度		导线型号		柜箱屏封印		锁编号	
装	名称	型号	资产编号	出厂编号	额定电压	电流	准确度	综合倍率	有功总	尖	峰	谷	需量	
	电能表													
									无功正总	无功反总	Q1(Ⅰ)	Q2(Ⅱ)	Q3(Ⅲ)	Q4(Ⅳ)
	电流互感器	型号	资产编号	出厂编号	额定电压	在用变比	准确度	相别	一次接线	二次接线	额定容量	制造厂家		
拆	名称	型号	资产编号	出厂编号	额定电压	电流	准确度	综合倍率	有功总	尖	峰	谷	需量	反有功总
	电能表													
									无功正总	无功反总	Q1(Ⅰ)	Q2(Ⅱ)	Q3(Ⅲ)	Q4(Ⅳ)
	电流互感器	型号	资产编号	出厂编号	额定电压	在用变比	准确度	相别	一次接线	二次接线	额定容量	制造厂家		
备注：														
堪查备注：														

装拆人员： 装拆日期： 年 月 日 客户签字： 年 月 日 归档编号

附录 J-2　营销部配电线路设备现场勘察单样式

营销部配电线路设备现场勘察单

编号：________

工程编号		施工勘察单位	
工程名称		线路设备名称	
工作范围			
工程主要内容			
现场勘察情况	1. 高压电源		
	2. 低压电源		
	3. 停电设备与带电设备间距		
	4. 交叉跨越情况		
	5. 其他		
现场简图：			
现场施工安全要求			

部门审核：　　勘察人员：　　勘察日期：　　年　　月　　日

附录J-3　低压工作任务单样式

××电业局低压工作任务单

编号：___

1. 部门：______________　　工作班组：______________　　工作负责人：______________

2. 工作班成员____共________人。

3. 工作线路或设备名称（配变台区、低压支线、接户线等）：______________________________

4. 工作地点：____

5. 工作任务____

6. 计划工作时间：自______年___月___日___时___分至______年___月___日___时___分

7. 主要工作内容（更换导线、接户线拆装、装拆表等）：______________________________

8. 安全措施和注意事项：

停电作业：在断开低压电源后，应在低压开关上悬挂“禁止合闸、线路有人工作”标示牌，并将所在配电箱上锁。

带电作业：(1) 作业工具导电部位应采取防止相间或相对地短路的绝缘措施。

(2) 工作人员应穿全棉长袖工作服和绝缘鞋，并戴手套、护目镜和安全帽。

(3) 人员应站在干燥的绝缘物上。

(4) 作业前应检查作业设备的相间绝缘或相间距离是否完好或满足要求，必要时应采取相间绝缘隔离措施。

(5) 登杆前应分清相线、中性线并合理选择作业位置。

(6) 断导线应先断相线后再断中性线，接导线时顺序相反。

(7) 在没有绝缘防护的情况下，人体不能同时接触两根线头。

通用措施：(1) 使用梯子高空作业的，必须设专责监护人，监护人负责扶持梯子并密切监护作业人员行为。

(2) 使用梯子高空作业的，作业人员的双手不得高出梯子最上一根横杠 20cm 以上。

工作负责人补充安全措施和注意事项：______________________________

工作任务派发人及本单签发人：______________工作负责人：______________

9. 交任务、交安全措施栏确认：我对工作负责人布置的工作任务及安全措施已明白无误，所有安全措施已能确保我的工作安全。

工作班人员签名：____

10. 停电作业，已确认停电，并做好防止误送电措施。停电执行人：______________

11. 实际开始工作时间：______年___月___日___时___分，工作负责人：________

12. 停电作业：工作人员已全部撤离，设备上没有遗留异物，具备恢复送电条件。送电执行人：________

13. 实际工作结束时间：______年___月___日___时___分，工作负责人：________

14. 评价情况：

经检查本单为______________单，存在______________问题，已向________线反馈。

检查人：______年___月___日

附录 J-4　低压表箱电能表安装、更换现场作业标准卡（停电）样式

<table>
<tr><td colspan="3">低压表箱电能表安装、更换现场作业标准卡（停电）
低压工作任务单编号：________
监护人（签名）：__________操作人（签名）：__________时间：________年____月____日____时____分</td></tr>
<tr><td colspan="2">工作名称</td><td></td></tr>
<tr><td colspan="2">工作范围</td><td></td></tr>
<tr><td colspan="2">工作主要内容</td><td></td></tr>
<tr><td>√</td><td>顺序</td><td>作业步骤及标准</td></tr>
<tr><td></td><td>1</td><td>检查作业环境，并采取相应安全措施</td></tr>
<tr><td></td><td>2</td><td>使用梯子或凳子前先外观检查、冲击试验、检查是否符合安全要求，是否完整牢靠；并做好防滑和防散开措施；工作时应有人扶持或将梯子绑牢</td></tr>
<tr><td></td><td>3</td><td>接触表箱前必须先用验电笔验电，检查表箱是否带电，保持清醒的头脑和良好的工作情绪，以免造成意外伤害</td></tr>
<tr><td></td><td>4</td><td>打开表箱注意防带电部分与表箱接触放电，防止误碰带电裸露元件；观察是否有马蜂窝等，防止小动物伤害</td></tr>
<tr><td></td><td>5</td><td>操作停电必须戴手套和护目眼镜，防止眩光伤眼、灼伤。先断开客户侧开关再断开分开关，后断开主开关</td></tr>
<tr><td></td><td>6</td><td>停电操作后检查操作是否正确到位，在开关出线处验明确无电压并悬挂“禁止合闸，有人工作”的标示牌</td></tr>
<tr><td></td><td>7</td><td>工作前检查电源线及进户线线径是否与电能表容量相符并确保电源相线接入电能表相线端，中性线接入电表中性线端</td></tr>
<tr><td></td><td>8</td><td>进行电能表安装、更换，过程中电能表传递防止磕碰</td></tr>
<tr><td></td><td>9</td><td>电能表安装、更换完毕后，应重新检查一遍工作质量是否符合要求（表体安装牢固、无倾斜，接线正确无误，导线连接牢固等）</td></tr>
<tr><td></td><td>10</td><td>清理现场有无遗留物，完毕后对整套计量装置进行铅封（对电能表接线端盖、联合接线盒、箱门加封）</td></tr>
<tr><td></td><td>11</td><td>工作结束后恢复送电。送电时必须戴手套和护目眼镜，防止眩光伤眼、灼伤。先送主开关，后送分开关再送客户侧开关</td></tr>
<tr><td></td><td>12</td><td>用验电笔验电检查客户进出线极性正确</td></tr>
<tr><td></td><td></td><td></td></tr>
<tr><td colspan="3">备注：</td></tr>
</table>

附录J-5 低压表箱电能表安装、更换现场作业标准卡（带电）样式

低压表箱电能表安装、更换现场作业标准卡（带电）

低压工作任务单编号：

监护人（签名）：_________操作人（签名）：_________时间：_____年_____月___日___时___分

工作名称		
工作范围		
工作主要内容		
√	顺序	作业步骤及标准
	1	检查作业环境，并采取相应安全措施
	2	使用梯子或凳子前先外观检查、冲击试验、检查是否符合安全要求，是否完整牢靠；并做好防滑和防散开措施；工作时应有人扶持或将梯子绑牢
	3	接触表箱前必须先用验电笔验电，检查表箱是否带电，保持清醒的头脑和良好的工作情绪，以免造成意外伤害
	4	打开表箱注意带电部分与表箱接触，防止放电，防止误碰带电裸露元件；观察是否有马蜂窝等，防止小动物伤害
	5	带电安装更换电能表必须严格执行低压作业着装，戴手套和护目眼镜，防止眩光伤眼、灼伤
	6	工作前检查电源线及进户线线径要与电能表容量相符并确认接线正确；检查电源线相线是否绝缘包扎，并确保电源相线接入表计相线端，中性线接入电能表中性线端
	7	电能表（更换）应先断开客户侧开关再拆除电能表进线相线端并及时进行绝缘包扎，后拆除电能表进线中性线端最后拆除电能表出线端及旧表拆除
	8	电能表（安装）过程中应先将电能表安装牢固，再接入电能表出线端及中性线端最后接入电能表相线端（注意：相线端头绝缘层剖削时应严禁误碰带电导线）
	9	电能表安装、更换完毕后，应重新检查一遍工作质量是否符合要求（表体安装牢固、无倾斜，接线正确无误，导线连接牢固等）
	10	清理现场有无遗留物，完毕后对整套计量装置进行铅封（对电能表接线端盖、联合接线盒、箱门加封）
	11	电能表（更换）工作结束后恢复客户侧开关。送电时必须戴手套和护目眼镜，防止眩光伤眼、灼伤
	12	用验电笔验电检查客户进出线极性正确
备注：		

附录J-6　低压电能表安装、更换现场作业标准卡（三相停电）样式

低压电能表安装、更换现场作业标准卡（三相停电）

低压工作任务单编号：

监护人（签名）：＿＿＿＿操作人（签名）：＿＿＿＿时间：＿＿年＿＿月＿＿日＿＿时＿＿分

工作名称		
工作范围		
工作主要内容		
√	顺序	作业步骤及标准
	1	检查作业环境，并采取相应安全措施
	2	使用梯子或凳子前先外观检查、冲击试验、检查是否符合安全要求，是否完整牢靠；并做好防滑和防散开措施；工作时应有人扶持或将梯子绑牢
	3	接触表箱前必须先用验电笔验电，检查表箱是否带电，保持清醒的头脑和良好的工作情绪，以免造成意外伤害
	4	打开表箱注意防带电部分与表箱接触放电，防止误碰带电裸露元件；观察是否有马蜂窝等，防止小动物伤害
	5	操作停电必须戴手套和护目眼镜，防止眩光伤眼、灼伤。先断开客户侧开关再断开分开关，后断开主开关
	6	停电操作后检查操作是否正确到位，在开关出线处验明确无电压并悬挂“禁止合闸，有人工作”的标示牌
	7	进行电能表安装、更换过程中电能表传递防止磕碰
	8	电能表安装、更换完毕后，应重新检查一遍工作质量是否符合要求（表体安装牢固、无倾斜，接线正确无误，导线连接牢固等）
	9	清理现场有无遗留物，完毕后对整套计量装置进行铅封（对电能表接线端盖、联合接线盒、箱门加封）
	10	工作结束后恢复送电。送电时必须戴手套和护目眼镜，防止眩光伤眼、灼伤。先送主开关，后送分开关再送客户侧开关
	11	用验电笔验电检查客户进出线极性正确
备注：		

附录J-7 低压表箱电能表更换现场作业标准卡（三相带互感器）样式

低压表箱电能表更换现场作业标准卡（三相带互感器）

低压工作任务单编号：______

监护人（签名）：________操作人（签名）：________时间：________年___月___日___时___分

工作名称		
工作范围		
工作主要内容		
√	顺序	作业步骤及标准
	1	检查作业环境，并采取相应安全措施
	2	使用梯子或凳子前先外观检查、冲击试验、检查是否符合安全要求，是否完整牢靠；并做好防滑和防散开措施；工作时应有人扶持或将梯子绑牢
	3	接触表箱前必须先用验电笔验电，检查表箱是否带电，保持清醒的头脑和良好的工作情绪，以免造成意外伤害
	4	打开表箱注意防带电部分与表箱接触放电，防止误碰带电裸露元件；观察是否有马蜂窝等，防止小动物伤害
	5	工作前必须戴手套和护目眼镜，防止眩光伤眼、灼伤，打开联合接线盒，断开三相电压连接片，短接三相电流连接片
	6	操作后检查是否正确到位，并在联合接线盒出线处验明确无电压
	7	工作中防止电压回路短路或电流回路开路
	8	进行电能表更换，过程中电能表传递防止磕碰
	9	电能表更换完毕后，应重新检查一遍工作质量是否符合要求（表体安装牢固、无倾斜，接线正确无误，导线连接牢固等）
	10	工作结束后恢复联合接线盒，连接三相电压连接片，断开三相电流连接片
	11	清理现场有无遗留物，完毕后对整套计量装置进行铅封（对电能表接线端盖、联合接线盒、箱门加封）
	12	用验电笔验电检查客户进出线极性正确
备注：		

附录K-1　高压三相电能表安装标准化作业卡样式

高压三相电能表安装标准化作业卡

工作日期：　年　月　日　　　　编号：

客户地点						
项目	序号	工作内容	危险点	执行	执行	执行
安装准备	1	工作负责人向工作人员交待工作事项，明确安装内容	不漏项、缺项			
	2	工作人员现场核对和检查，并布置预控措施，工作负责人监督检查。工作现场装设遮栏或围栏，设置临时工作区，悬挂“止步，高压危险”标示牌；明确监护人	预控措施不完善			
	3	携带的工具和材料能够满足安装作业的需求	工具不完好，未使用绝缘工具			
安装过程	4	现场核实电流、电压互感器的变比和精度与装表工单内容是否一致	不核实变比和精度			
	5	根据现场情况确定电能表及专用端钮盒安装位置，将电能表及专用端钮盒固定于计量箱内，要求固定牢靠	表箱固定不牢，高处安装时坠落或坠物			
	6	从端子排（端钮盒）施放电压、电流二次导线到电能表，先电流后电压的顺序依次接入电能表的端钮盒（火门），进出电能表导线垂直、水平方向的相对距离达到安装标准，固定良好后外形横平竖直	接入顺序错误			
	7	接线严禁电流二次回路开路，电压二次回路短路。相色标示正确、连接可靠，接触良好，配线整齐美观，导线无损伤绝缘良好，检查电压、电流二次导线外观无松股	电流二次回路开路，电压二次回路短路			
	8	检查电能表接线正确无误后，进行通电测量电压及相序，观察电能表运转是否正常	漏检查接线			
安装终结	9	监护人到位，拆除现场已经做的安全措施	漏拆除安全措施			
	10	对电能表及计量屏端钮盒实施铅封，确认铅封完好。安装接电正常，确认无误后，抄录电能表相关参数，请客户在工作单上履行确认签字手续	未完善铅封			
	11	清理工作现场，终结工作票（派工单）手续	未终结手续而送电			
备注						

工作负责人：　　　　监护人：　　　　工作班成员：

附录K-2 现场带电安装高压三相电能表安装标准化作业卡样式

现场带电安装高压三相电能表安装标准化作业卡

工作日期： 年 月 日 编号：

客户地点						
项目	序号	工作内容	危险点	执行	执行	执行
安装准备	1	工作负责人向工作人员交待工作事项，明确安装内容	不漏项、缺项			
	2	工作人员现场核对和检查，并布置预控措施，工作负责人监督检查。工作现场装设遮栏或围栏，设置临时工作区，悬挂“止步，高压危险”标示牌；明确监护人	预控措施不完善			
	3	携带的工具和材料能够满足安装作业的需求	工具不完好，未使用绝缘工具			
安装过程	4	监护人到位，工作人员查找并核对应装（换）电能表的位置及所在的电流、电压端钮盒（排）。用万用表测试换表前的电压、电流值，同时用秒表测算出换表前的瞬时功率	不核实变比和精度			
	5	在仪表监视下，在端钮盒（排）处用短路片（线）短接好电能表的电流回路，要牢固可靠，防止电流回路开路。启动秒表记录换表时间，将应换表的电量止数抄录正确	电流回路开路			
	6	电压回路要有明显的断开点，对有端钮盒的，电能表的电压回路在端钮盒处断开；对无端钮盒的，电能表的电压回路应在电能表端钮盒（火门）处分相断开，并用绝缘胶布包好，防止相线、中性线误碰，并保证相互距离不小于5cm	电压回路无明显的断开点；相线、中性线误碰			
	7	按照先电压后电流的顺序拆除电能表端钮盒（火门）处的进出线，并做好标记。将电能表固定在装（换）表位置。使用电钻时，要防止碰及带电体	拆除顺序错误			
	8	用万用表核对进表线的正确性。按照做好的标记，先电流后电压的顺序依次接入电能表的端钮盒（火门），连接应牢固、可靠。在监护人的监护下，拆除电流回路的短路片（专用短接线）；恢复电压回路的连接，且均应牢固可靠	接入顺序错误			
	9	截止换表时间计数，做好装（换）表的原始记录和时间记录。用钳形万用表测试换表后的电压、电流值，同时用秒表测算出换表后的瞬时功率	原始记录和时间记录未记			
	10	监护人到位，拆除现场已经做的安全措施	漏拆除安全措施			
安装终结	11	完善铅封，抄录电能表相关参数，履行运行单位、客户签字认可手续	未完善铅封			
	12	清理工作现场，终结工作票（派工单）手续	未终结手续			
备注						

工作负责人： 监护人： 工作班成员：

附录L　电能计量装置验收评价表样式

<table>
<tr><td colspan="5">电能计量装置验收评价表</td></tr>
<tr><td colspan="3">客户名称：</td><td colspan="2">安装地址：</td></tr>
<tr><td colspan="3">线路名称：</td><td colspan="2">用电量情况：</td></tr>
<tr><td colspan="2">供电电压：　kV　相　线</td><td>装置电压：　kV</td><td>装接容量：　kVA</td><td>装置类别：</td></tr>
<tr><td colspan="2">装置接线：　相　线</td><td colspan="3">准确度等级：有功　级，无功　级，TV　级，TA　级</td></tr>
<tr><td rowspan="7">电压互感器</td><td>变比：　kV/　kV</td><td>接线方式：/</td><td>额定负载：　VA</td><td>计量法制标示□</td></tr>
<tr><td colspan="4">检定机构：　检定人员：　有效日期：　证书□　合格证□</td></tr>
<tr><td>高压熔断器□</td><td colspan="3">低压熔断器：无□　螺旋式□　插接式□　自动空气开关□　其他</td></tr>
<tr><td colspan="3">专用TV□　专用绕组□　回路其他设备：</td><td>回路接点：</td></tr>
<tr><td colspan="4">二次线长　m　线径　mm²，铠装电缆□ 多股铜芯□ 单股铜芯□ 其他</td></tr>
<tr><td colspan="4">二次压降：　，检定日期：　实际二次负载：　，检定日期：</td></tr>
<tr><td colspan="4">安装位置：高度　，户外变电站□　户内高压柜□　线路杆□　其他</td></tr>
<tr><td rowspan="6">电流互感器</td><td>变比：　A/　A</td><td>接线方式：　/</td><td>额定负载：　VA</td><td>计量法制标示□</td></tr>
<tr><td colspan="4">检定机构：　检定人员：　有效日期：　证书□　合格证□</td></tr>
<tr><td colspan="3">专用TA□　专用绕组□　回路其他设备：</td><td>试验端钮：</td></tr>
<tr><td colspan="4"></td></tr>
<tr><td colspan="3">二次接线：三线制□　四线制□　六线制□</td><td>备用变比：　A/　A</td></tr>
<tr><td colspan="4">安装位置：高度　，户外变电站□　户内高压柜□　线路杆□　其他</td></tr>
<tr><td rowspan="7">电能表</td><td colspan="3">规格：　相　线，　V　A，常数</td><td>计量法制标示□</td></tr>
<tr><td colspan="4">机械表□　机电式□　全电子□　多功能□　三费率□　二费率□　需量计量□　正向有功□</td></tr>
<tr><td colspan="4">正向无功□　反向有功□　反向无功□　四象限无功□　反向有功正计□　反向无功正计□</td></tr>
<tr><td>时间□　时段□</td><td>电量冻结：</td><td>通信规约：</td><td>表计数量：　只</td></tr>
<tr><td colspan="4">检定机构：　检定人员：　有效日期：　证书□　合格证□</td></tr>
<tr><td>现场实际接线：</td><td>现场实际误差：</td><td colspan="2">检验日期：</td></tr>
<tr><td colspan="4">安装位置：高度　，距离带电部位　，户内□　户外□　线路杆□　其他</td></tr>
<tr><td rowspan="5">防窃电性能</td><td colspan="4">全敞开式□　全封闭式□　互感器柜□　表箱□　一体式计量柜□　其他</td></tr>
<tr><td colspan="4">监测：无□　监测仪□　失电压□　全失电压□　断流□　短流□　相序□　远程□　其他</td></tr>
<tr><td colspan="4">加封方式：未加封 X 无须加封 0 专用铅封 1 普通铅封 2 纸封 3 加锁 4 专用螺杆 5 其他</td></tr>
<tr><td colspan="4">加封部位：TV一次□ TA一次□ TV二次端子□ TA二次端子□　中间接线盒□ 编程加密□</td></tr>
<tr><td colspan="4">表接线盒□　表大盖□　表箱□　计量柜□　其他</td></tr>
<tr><td colspan="5">结论与说明：</td></tr>
<tr><td colspan="5">客户：　设计施工：　工作人员：　日期：</td></tr>
</table>

附录 M-1 低压单根架空绝缘电线在空气温度为 30°C 时的长期允许载流量

允许载流量 \ 材质与绝缘 / 导线标称截面	铜		铝		铝合金	
	PVC（A）	PE（A）	PVC（A）	PE（A）	PVC（A）	PE（A）
16	102	104	79	81	73	75
25	138	142	107	111	99	102
35	170	175	132	136	122	125
50	209	216	162	168	149	154

注 PE—聚乙烯，PVC—聚氯乙烯。

附录 M-2 500V 铝芯聚氯乙烯绝缘导线长期连续负荷允许载流量

导线截面（mm^2）	线芯结构			导线明敷		聚氯乙烯绝缘导线多根穿在同一根管内时允许负荷电流（A）											
	股数	单芯直径（mm）	成品外径（mm）	25℃	30℃	25℃						30℃					
				塑料		穿金属管			穿塑料管			穿金属管			穿塑料管		
						2根	3根	4根	2根	3根	4根	2根	3根	4根	2根	3根	4根
10	7	1.33	7.8	59	55	49	44	38	42	38	33	46	41	36	39	36	31
16	7	1.68	8.8	80	75	63	56	50	55	49	44	59	52	47	51	46	41
25	7	2.11	10.6	105	98	80	70	65	73	65	57	75	66	61	68	61	53
35	7	2.49	11.8	130	121	100	90	80	90	80	70	94	84	75	84	75	65
50	19	1.81	13.8	165	154	125	110	100	114	102	90	117	103	94	106	95	84

附录 M-3 500V 铜芯聚氯乙烯绝缘导线长期连续负荷允许载流量

导线截面（mm^2）	线芯结构			导线明敷		聚氯乙烯绝缘导线多根穿在同一根管内时允许负荷电流（A）											
	股数	单芯直径（mm）	成品外径（mm）	25℃	30℃	25℃						30℃					
				塑料		穿金属管			穿塑料管			穿金属管			穿塑料管		
						2根	3根	4根	2根	3根	4根	2根	3根	4根	2根	3根	4根
10	7	1.33	7.8	75	70	65	57	50	56	49	44	61	53	47	52	46	41
16	7	1.68	8.8	105	98	82	73	65	72	65	57	77	68	61	67	61	53
25	19	1.28	10.6	138	128	107	95	85	95	85	75	100	89	80	89	80	70
35	19	1.51	11.8	170	159	133	115	105	120	105	93	124	107	98	112	98	87
50	19	1.81	13.8	215	201	165	146	130	150	132	117	154	136	121	140	123	109

附录M-4　VJV、VJY交联聚乙烯绝缘护套电力电缆规格

型　号		芯数	额定电压（kV）
			0.6/1
铜	铝		标准截面（mm^2）
YJV YJY	YJLV YJLY	1	1.5-400
		3	1.5-300
		2	1.5-150
		3+1	4-400
		3+2、4+1	5-240
		5	1.5-35
YJV22 YJY23	YJLV22 YJLY23	1	1.5-400
		3	1.5-300
		2	1.5-150
		3+1	4-400
		3+2、4+1	5-240
		5	1.5-35

附录M-5　0.6/1kV交联聚乙烯绝缘电力电缆允许持续载流量（A）

型号	YJV、YJLV、YJV22、YJLV22、YJY、YJLY、YJV23、YJLV23、JYV32、YJLV32				YJV、YJLV、YJY、YJLY							
芯数	2芯、3芯、4芯、3+1芯、3+2芯、4+1芯、5芯				单芯							
敷设	空气中		土壤中		空气中				土壤中			
单芯电缆排列方式					○ ○○		○○○		○ ○○		○○○	
线芯材质	铜	铝	铜	铝	铜	铝	铜	铝	铜	铝	铜	铝
6	45	36	66	54	56	45	70	57	70	54	74	60
10	63	49	90	69	77	59	97	75	94	69	99	76
16	84	65	117	91	100	78	125	99	120	90	128	99
25	113	88	151	117	130	100	165	125	155	115	164	128
35	139	108	181	140	160	125	200	155	185	135	197	153
50	161	125	210	163	195	150	245	190	220	165	232	180
70	204	158	257	200	245	190	305	240	270	200	285	221
95	252	195	310	240	300	230	375	290	320	240	342	265
环境温度（℃）	40		25		40				25			
线芯最高温度（℃）	90											

参 考 文 献

[1] 张冰．装表接电．北京：中国电力出版社，2010.
[2] 王立波．装表接电．北京：中国电力出版社，2007.
[3] 陕西省电力公司．装表接电．北京：中国电力出版社，2003.
[4] 刘清汉．电能表修校及装表接电工．北京：中国水利水电出版社，2003.
[5] 白玉岷，等．电力架空线路及变台、箱变的安装．北京：机械工业出版社，2010.
[6] 国家电力公司农电工作部．国家电力公司农村电网工程典型设计　第一分册　10kV及以下工程．北京：中国电力出版社，2002.
[7] 林放．装表接电与内线安装．北京：中国水利水电出版社，2004.